大数据和人工智能技术丛书

数据中心基础设施运维基础教程实务

主　编　顾建峰　冷　飚
副主编　徐　骏　郑　涓　武　彤
　　　　于晓宇　徐红伟　段伟伟
　　　　龙全波　王志国　董飞燕
　　　　宿宏毅　王智华

北京邮电大学出版社
www.buptpress.com

内 容 简 介

　　本书涵盖丰富实用内容，既有数据中心运维基础理论、核心管理目标、体系构建等理论知识，又包含标准化程序文档、运维必备技能、实战案例，还涉及 EHS 管理、工具仪表应用、DCOM 系统及表单报告模板。其特点显著，融合多座数据中心运维经验，由行业与高校专家联合编写，助读者构建知识框架、提升效率，推动运维规范化。本书面向广大读者，是从业者能力提升指南、高校专业教材、企业培训蓝本，更是专业人士的参考依据。

图书在版编目（CIP）数据

数据中心基础设施运维基础教程实务 / 顾建峰，冷飚主编． －－ 北京：北京邮电大学出版社，2025．
ISBN 978-7-5635-7518-3

Ⅰ．TP308

中国国家版本馆 CIP 数据核字第 2025LP9582 号

策划编辑：姚　顺	责任编辑：满志文	责任校对：张会良	封面设计：七星博纳

出版发行：北京邮电大学出版社
社　　址：北京市海淀区西土城路 10 号
邮政编码：100876
发 行 部：电话：010-62282185　传真：010-62283578
E-mail：publish@bupt.edu.cn
经　　销：各地新华书店
印　　刷：保定市中画美凯印刷有限公司
开　　本：787 mm×1 092 mm　1/16
印　　张：20.25
字　　数：538 千字
版　　次：2025 年 4 月第 1 版
印　　次：2025 年 4 月第 1 次印刷

ISBN 978-7-5635-7518-3　　　　　　　　　　　　　　　　　定　价：78.00 元

·如有印装质量问题，请与北京邮电大学出版社发行部联系·

本书编者名单

主　编　顾建峰　冷　飚
副主编　徐　骏　郑　涓　武　彤　于晓宇　徐红伟
　　　　　段伟伟　龙全波　王志国　董飞燕　宿宏毅
　　　　　王智华
参加者　杜　洋　姚　遂　李曙光　张娟芝　陈　凯
　　　　　沈庆飞　彭　飞　赵银国　王　磊　张刚尔
　　　　　马　朋　范　伟　张　伟　郇　磊　黄建伟
　　　　　侯　婷　李　杨　陈太伟　孙　波　王学鑫
　　　　　段　瑞　张彦来　常桐瑾　袁桂珍　杨树珍
　　　　　杨耀东　付欣龙　刘　永　李　卓　王景璐
　　　　　王　沿　张　力　崔　浩　闫　茹　韩　吉
　　　　　王　鹏　樊利鹏　吕凌剑　闫秀芳　魏成林
　　　　　窦东东　张　鑫　芬亚男　胡　涛　廖　琨
　　　　　贾　磊

前　　言

随着数字化转型和数字经济的飞速发展,数据从生产要素变为数据资产,技术的不断进步和应用场景的不断拓展,使作为海量数据载体的数据中心建设规模近五年年均增速达到约30%,为经济社会发展提供了有力支撑。同时,全国范围内也在积极推动数据中心产业的发展,例如,通过优化数据中心布局,提升算力资源使用效率,促进数字经济和实体经济深度融合的"东数西算"工程。此外,政府为鼓励和支持数据中心产业的创新和发展,出台了一系列政策,包括加大资金投入、推动技术研发等,推动数据中心产业的健康发展。

数据中心的发展,离不开运维人才的支持。本书旨在通过系统性的分析,以运维工程师岗位技能需求为基础,场景化教学为途径,实现人员的技术赋能。本书从数据中心基础设施运维管理的策略和原则出发,详细阐述数据中心基础设施的名称和组成部分,包括基础设施管理、人员组织、运行与维护、规划管理、质量管理和供应商管理等以及各种设备和系统的功能和操作方法。同时,通过对长期运维经验的提炼,从管理的视角为"如何确保数据中心的安全性和稳定性"提供了一些实用的建议和最佳实践方法,包括防火、防盗、防爆、常见故障及处理方法等。通过对各类工具表单的整理,提供帮助运维及管理人员的记录和规划数据中心的各项信息,例如维护变更工单、关键设备全生命周期管理规划表、容量管理表、设备状态配置表、值机记录表、年度维护计划表和巡检表等,提高数据中心管理员工作效率,降低运营成本。

我们希望通过这样的努力,能够为读者全面而深入地了解数据中心基础设施运维与管理提供帮助,同时也为推动该领域的研究和应用贡献一份力量。

本书共计9章:第1章,主要对与数据中心基础设施运维相关的基本概念与术语进行了定义与阐释,为后续章节的深入讨论奠定了理论基础;第2章,重点阐述了运维管理的核心目标,包括安全管理目标、绿色运行目标等,为运维管理指明了方向;第3章,系统介绍了数据中心基础设施运维管理体系的构建与完善,涉及组织架构、职责划分、流程管理等多个方面,旨在提升运维管理的整体效能;第4章,详细描述了运维过程中所需遵循的程序性文件,如手册、规程、预案等,以确保运维工作的规范性和有效性;第5章,针对运维工程师的专业技能需求进行了深入剖析,为其提供了明确的学习与发展方向;第6章,通过实际案例和模拟场景的方式,对运行管理实训进行了全面展示,有助于运维工程师提升实际操作能力;第7章,围绕数据中心运维中的EHS(环境、健康与安全)问题进行了深入探讨,提出了相应的管理策略与措施;第8章,详细介绍了运维工程师在工作中常用的工具仪表,如万用表、热成像仪等,并对各类仪器的操作步骤和注意事项进行了详细阐述;第9章,对数据中心基础设施运维管理软件DCOM系统进行了介绍,有助于读者了解并应用先进的运维管理工具;附录,提供了常用表单与报告模板,供读者在实际工作中参考和使用,以提高工作效率和规范性。

  本书由顾建峰、冷飚担任主编,由徐骏、郑涓、武彤、于晓宇、徐红伟、段伟伟、龙全波、王志国、董飞燕、宿宏毅、王智华担任副主编。由于编者的水平有限,以及相关技术在不断变化,书中难免有不足之处,恳请各位专家和读者批评指正。

编 者

目 录

第1章　名词解释 ··· 1

第2章　数据中心基础设施运行与维护管理目标 ··············· 2
  2.1　数据中心安全管理目标 ··· 2
  2.2　数据中心的绿色管理目标 ··· 3

第3章　数据中心基础设施运维管理体系 ···························· 4
  3.1　运维管理体系的组成 ··· 4
  3.2　运维管理体系管理策略及原则 ································· 5
  3.3　运维管理体系具体内容 ··· 6
    3.3.1　战略发展 ·· 6
    3.3.2　运营保障 ·· 12
    3.3.3　组织治理 ·· 45

第4章　程序文件 ··· 50
  4.1　标准操作程序-SOP ··· 50
    4.1.1　配电 SOP 示例 ·· 50
    4.1.2　暖通 SOP 示例 ·· 52
    4.1.3　弱电 SOP 示例 ·· 55
    4.1.4　消防 SOP 示例 ·· 57
  4.2　标准维护程序-MOP ·· 58
    4.2.1　配电 MOP 示例 ··· 58
    4.2.2　暖通 MOP 示例 ··· 68
    4.2.3　弱电 MOP 示例 ··· 72
    4.2.4　消防 MOP 示例 ··· 75
  4.3　标准应急程序-EOP ··· 80
    4.3.1　配电 EOP 示例 ·· 80
    4.3.2　暖通 EOP 示例 ·· 82
    4.3.3　弱电 EOP 示例 ·· 85
    4.3.4　消防 EOP 示例 ·· 87

第 5 章 专业技能培训 ... 92
5.1 电气技能培训 ... 92
5.1.1 电气基本操作 ... 92
5.1.2 电气设备常见问题及处理方法 ... 95
5.2 暖通技能培训 ... 105
5.2.1 暖通基本操作 ... 105
5.2.2 暖通设备常见问题及处理 ... 109
5.3 弱电技能培训 ... 114
5.3.1 弱电系统装调要求 ... 114
5.3.2 弱电设备常见问题及处理 ... 121
5.4 消防技能培训 ... 126
5.4.1 消防基础操作技能 ... 126
5.4.2 消防设施保养 ... 143

第 6 章 运行管理实训 ... 147
6.1 数据中心基础设施值班工作管理内容及要求 ... 147
6.1.1 值班人员配置 ... 147
6.1.2 值班人员资质要求 ... 148
6.1.3 值班管理要求 ... 148
6.1.4 交接班管理要求 ... 148
6.1.5 特殊来访接待注意事项 ... 150
6.2 数据中心基础设施巡检工作管理内容及要求 ... 151
6.2.1 巡检管理要求 ... 151
6.2.2 巡检时间及频次 ... 151
6.2.3 巡检内容 ... 151
6.2.4 巡检路线 ... 152
6.2.5 巡检流程 ... 152
6.2.6 巡检注意事项 ... 153
6.3 数据中心基础设施操作工作管理内容及要求 ... 153
6.3.1 操作工作概述 ... 153
6.3.2 操作工作内容 ... 153
6.3.3 操作工作流程 ... 153
6.3.4 操作工作管理要求 ... 154
6.4 数据中心基础设施预防性维护工作管理内容及要求 ... 156
6.4.1 预防性维护工作内容 ... 156
6.4.2 预防性维护工作计划 ... 156
6.4.3 预防性维护工作流程 ... 157
6.4.4 预防性维护工作中的注意事项 ... 157
6.5 数据中心基础设施应急工作管理内容及要求 ... 157

6.5.1　应急工作概述 ………………………………………………………… 157
　　6.5.2　应急工作范围 ………………………………………………………… 158
　　6.5.3　应急组织架构 ………………………………………………………… 158
　　6.5.4　应急响应流程 ………………………………………………………… 159
　　6.5.5　应急工作注意事项 …………………………………………………… 160

第7章　EHS管理 ……………………………………………………………… 161
7.1　PPE安全防护指南 ……………………………………………………………… 161
7.2　受限空间管理 …………………………………………………………………… 163
7.3　动火作业管理 …………………………………………………………………… 165
7.4　高处作业管理 …………………………………………………………………… 166
7.5　临时用电作业管理 ……………………………………………………………… 168
7.6　动土作业管理 …………………………………………………………………… 169
7.7　吊装作业管理 …………………………………………………………………… 169
7.8　带电作业管理 …………………………………………………………………… 170
7.9　危险化学品作业管理 …………………………………………………………… 171
7.10　梯子的正确使用 ……………………………………………………………… 172
7.11　手持电动工具的使用 ………………………………………………………… 173
7.12　人员受伤的急救处置措施 …………………………………………………… 174

第8章　工具与仪表 …………………………………………………………… 178
8.1　仪表与工具管理 ………………………………………………………………… 178
　　8.1.1　仪表的检查内容 ……………………………………………………… 178
　　8.1.2　工具的管理及使用规章 ……………………………………………… 179
　　8.1.3　常用仪表及工具推荐清单 …………………………………………… 181
8.2　电气仪表与工具 ………………………………………………………………… 181
　　8.2.1　电气仪表 ……………………………………………………………… 181
　　8.2.2　电气工具 ……………………………………………………………… 201
8.3　暖通仪表与工具 ………………………………………………………………… 207
　　8.3.1　暖通仪表 ……………………………………………………………… 207
　　8.3.2　暖通工具 ……………………………………………………………… 215
8.4　弱电仪表与工具 ………………………………………………………………… 217
8.5　消防仪表与工具 ………………………………………………………………… 231
　　8.5.1　消防仪表 ……………………………………………………………… 231
　　8.5.2　消防工具 ……………………………………………………………… 234

第9章　管理软件的使用 ……………………………………………………… 237
9.1　运行环境 ………………………………………………………………………… 237
　　9.1.1　硬件资源 ……………………………………………………………… 237
　　9.1.2　移动终端资源 ………………………………………………………… 238

9.2 安装配置说明 ·238
9.2.1 智兔系统架构 ·238
9.2.2 系统安装说明 ·238
9.3 系统的登录 ·240
9.3.1 登录系统 ·240
9.3.2 软件界面介绍 ·241
9.3.3 数据中心选择 ·242
9.4 系统基础功能模块介绍 ·243
9.4.1 角色管理 ·243
9.4.2 用户管理 ·244
9.4.3 终端管理 ·245
9.4.4 日志管理 ·246
9.4.5 项目权限管理（选配） ·247
9.5 关键模块介绍 ·248
9.5.1 配置管理 ·248
9.5.2 运行维护管理 ·255
9.5.3 应急演练管理 ·269
9.5.4 培训配置 ·271
9.5.5 资料库管理 ·276
9.5.6 流程配置 ·278
9.5.7 系统功能使用 ·278

附录　常用表单与报告模板 ·286

附录1：数据中心机房施工安全协议书 ·286
附录2：数据中心机房施工申请单 ·289
附录3：数据中心机房施工用电申请单 ·290
附录4：数据中心机房动火作业证 ·291
附录5：数据中心机房工程施工日志 ·292
附录6：数据中心施工流程管理统计表 ·293
附录7：数据中心机房施工管理承诺书 ·293
附录8：数据中心工作票（动火、有限空间、高处、吊装、临时用电、一般作业） ·294
附录9：交接班记录表 ·302
附录10：变更工单 ·303
附录11：维护变更工单 ·304
附录12：关键设备全生命周期管理规划表 ·305
附录13：容量管理表 ·306
附录14：设备状态配置表（SCP） ·307
附录15：值机记录表 ·308
附录16：年度维护计划表 ·309
附录17：巡检表 ·311

第1章 名词解释

1. 标准作业流程(SOP)

标准作业流程就是将标准操作步骤和要求以统一的格式描述出来的程序。用于指导和规范基础设施运维日常工作。

2. 维护作业流程(MOP)

维护作业流程是对机房关键基础设施设备的每次维护、维修、安装操作进行制定作业程序。

3. 应急作业流程(EOP)

应急作业流程是指在突发设施或者系统故障时,为避免扩大事件,确保业务连续性或者恢复业务,而启动冗余或备用系统所需要执行的操作流程。

4. 场地配置流程(SCP)

用于动态管理数据中心基础设施系统与设备的运行配置。这包括设备系统的固定信息(类型、数量、物理位置、资产编号、投入时间等)和动态信息(运行状态、剩余容量等),实现设备系统的全生命周期管理。

5. 电能利用效率(PUE)

电能利用效率是表征数据中心电能利用效率的参数。其数值为数据中心内所有用电设备消耗的总电能与所有电子信息设备消耗的总电能之比。

6. 水利用效率(WUE)

水利用效率是表征数据中心水利用效率的参数。其数值为数据中心内所有用水设备消耗的总水量与所有电子信息设备消耗的总电能之比。

7. 总控中心(ECC)

总控中心是为数据中心各系统提供集中监控、指挥调度、技术支持和应急演练的平台,也可称为监控中心。

8. 服务等级协议(SLA)

服务等级协议为服务提供商和客户提供明确的服务标准,包括服务的可用性、响应时间、故障恢复时间等关键指标。

第 2 章 数据中心基础设施运行与维护管理目标

数据中心是企业和组织的关键基础设施之一，需要稳定、可靠地运行，以保证业务的连续性和安全性。为实现这一目标，数据中心基础设施的运行和维护需要制定管理目标，以确保数据中心的可用性、安全性、能源效率、故障恢复、系统性能和管理效率。

2.1 数据中心安全管理目标

数据中心是一个组织内部或外部用于管理的基础设施，用于存储、处理、管理和分发数据和应用程序。由于数据中心存储的数据和应用程序可能包含敏感信息，如市场信息、身份信息、财务数据、科研数据等，因此数据中心的安全管理是至关重要的。其安全管理主要包括以下内容。

1. 访问控制

访问控制是控制用户可以访问数据中心及其资源的过程。这包括物理安全和逻辑访问控制。物理安全措施可以包括门禁、摄像头、安全系统等；逻辑访问控制措施可以包括身份验证、授权、权限管理等。

2. 网络安全

数据中心的网络安全是保护网络免受未经授权访问、攻击和滥用的过程。网络安全包括网络设备安全、防火墙、入侵监测系统等安全措施的实施。

3. 物理安全

物理安全是指防止未经授权的访问及保护数据中心硬件和设备的安全措施。这包括门禁、摄像头、安全系统、消防系统等物理安全措施。

4. 人身安全

人身安全是保障数据中心基础设施运行和维护人员人身不受到伤害和威胁的措施。这包括防止受伤、死亡、火灾等发生的安全程序、装备、培训教育等措施。

5. 灾难恢复

灾难恢复是在数据中心发生灾难时恢复数据和系统的过程。灾难恢复计划可以包括备份、冗余设备、快速恢复计划等。

6. 员工安全意识培训

员工安全意识培训是为了增强员工的安全意识，强化安全知识，以避免安全事件的发生。这包括培训员工如何使用安全控制技术，如何发现和报告安全事件等。

综上所述,数据中心基础设施运行和维护的数据(或信息)安全是保护数据中心的信息不被非授权人员获取、修改、损坏或泄露的一系列措施。要实现数据安全,数据中心需要采取访问控制、数据加密、数据备份、安全审计和威胁检测等措施。

2.2 数据中心的绿色管理目标

数据中心的绿色管理目标是通过优化能源使用、减少碳排放和节约资源来实现环保和可持续性发展。随着数字化时代的到来,数据中心的能源消耗量越来越高,使其成为能源消耗的重要来源。因此,实现数据中心的绿色管理目标不仅可以保护环境,还可以降低企业的能源成本,提高企业的竞争力。

以下是一些数据中心的绿色管理目标。

(1)节能:通过使用高效的IT设备和优化数据中心的物理布局来减少能源的消耗。例如,使用虚拟化技术和能效高的服务器,调整数据中心的温度和湿度等方法。

(2)使用可再生能源:采用可再生能源如太阳能、风能等来为数据中心供电。

(3)节约水资源:优化数据中心的冷却系统,如使用回收水、冷却塔等减小水资源的消耗。

(4)废物处理:采用环保的废物处理方法如回收、重复利用等,以减少数据中心的废弃物量。

(5)绿色建筑:在建造新的数据中心时,使用环保的材料和设计理念,如使用天然通风、被动冷却等方法,以减少数据中心的碳排放。

综上所述,数据中心的绿色管理目标是通过优化能源使用、减少碳排放和节约资源来实现环保和可持续性发展。要实现绿色管理,数据中心需要采取节能、使用可再生能源、节约水资源、废物处理和绿色建筑等措施。

第 3 章 数据中心基础设施运维管理体系

3.1 运维管理体系的组成

数据中心运维管理体系作为数据中心基础设施运维管理工作的指引与准则，为达成规范、有序、安全开展数据中心基础设施运维管理工作，并持续改进运维质量、逐步提高运维精细化水平、降低能耗和合理控制成本的目标，特制定对于数据中心基础设施运维的纲领性、原则性、指导性文件。

如何实现数据中心管理方针与目标？北京中航信柏润科技有限公司积累数十个运维项目管理经验，并结合全球数据中心管理权威 UPtime 及 CQC8302 经验，认为数据中心运维管理体系应从管理能力、运营保障、组织治理等方面进行统筹管理。

如何有效地开展数据中心运维管理工作？《数据中心基础设施运行与维护评价技术规范》(CQC 8302—2018)由中国计量科学研究院与中国质量认证中心联合业内相关机构于 2019 年 8 月正式发布。该规范适用于企业自用数据中心、第三方托管数据中心、互联网云数据中心、金融业数据中心等含有基础设施环境的数据中心，指导开展数据中心基础设施运行与维护的评价工作，也可以作为数据中心行业建立运维体系和相关企业标准的参考。

数据中心从业人员需要从数据中心运维管理者视角对数据中心基础设施运维管理体系部分内容进行了解，《数据中心基础设施运行与维护评价技术规范》(CQC 8302—2018)中的数据中心基础设施运维管理体系如图 3-1 所示。

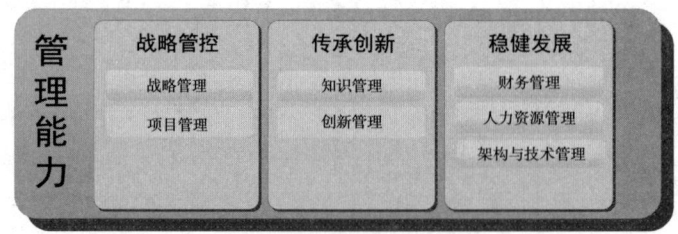

图 3-1　CQC 8302 数据中心基础设施运维管理体系

图 3-1 CQC 8302 数据中心基础设施运维管理体系（续）

3.2 运维管理体系管理策略及原则

在数据中心基础设施运维管理体系建立和维护的过程中，应充分遵循相关标准的要求，采用 PDCA 模式建立、实施和维护管理体系，以保证其持续有效性。

1. 策划与准备（Plan）

主要是做好建设管理体系的各种前期工作，包括：管理需求调研及分析，基于整体管理方针及目标要求明确数据中心基础设施运维管理各项工作目标和需求，明确相关管理工作的角色和管理框架的结构，确定管理审核和改进工作质量的方法。

进行管理体系设计，根据数据中心基础设施运维管理方针和业务特点，对基础设施运维管理的工作内容、过程进行识别，确定管理范围，明确过程控制的方法及过程之间的相互关系和接口。

2. 建设与实施（Do）

根据策划与准备阶段的结果，建立并推广、执行数据中心基础设施运维管理体系，规范各属地数据中心站点的运维管理以实现预期的管理目标，为实现风险控制、评价和改进管理体系，提供不可或缺的实践依据。

3. 评估审核（Check）

通过对管理体系运行情况的监视、测量，定期实施内部审核，确保数据中心基础设施运维管理体系下的各项管理制度得到落实，及时发现管理体系运行过程中存在的问题，为管理体系的持续改进提供基础。

4. 持续改进（Act）

建立管理体系持续改进测量，根据评估审核的结果，制定执行纠正和预防措施，进一步改进完善各项管理制度，以保证管理体系的持续有效性，保障管理目标的达成。

3.3 运维管理体系具体内容

3.3.1 战略发展

数据中心战略发展能力体现在能够按照业务发展需要以及管理要求制定数据中心的战略规划,并贯彻实施。同时通过对数据中心战略资源(人力、财务、技术、知识)的管理来保证数据中心的持续发展和不断创新。

1. 战略管控

1) 战略管理

战略管理指明了数据中心的发展方向,是推动数据中心各项工作落地的指导方针。战略规划一般可分为中长期规划和年度规划,其中,中长期规划可通过3年或5年予以实现。这类规划一般具有两个特点,一是其内容往往不宜过细,二是需要每年滚动更新。而年度规划一般会落实为数据中心的年度工作计划。一个具有优秀战略管理的组织会将其年度工作计划,分解成月度计划,乃至周计划和个人工作计划,并在日常工作中予以跟进和验证。除了战略管理的通用特点和要求之外,数据中心的战略管理一般应具有如下特点。

(1) 战略应充分考虑技术。数据中心的战略管理需要以全局为对象,根据总体发展的需要来制定。数据中心作为IT行业的运维管理机构,既需要确保运维的稳定和对组织业务的持续支撑,又需要面对IT行业技术发展的日新月异。数据中心的运作是IT技术的集中体现,在制定战略时应充分考虑技术。

(2) 资源的合理利用和规划。数据中心业务开展的核心在于对容量的有效管理,而这既包括了对当前容量的有效监管,也包括了对未来容量使用的合理规划。尤其在IT快速发展的今天,一份优秀的资源规划,能够有效地实现业务需求与成本控制。

2) 项目管理

经过多年的发展和总结,项目管理已经拥有了成熟的方法论和丰富的实践经验——受控环境下的项目管理(Project IN Controlled Environment,PRINCE2)和项目管理知识体系(Project Management Body of Knowledge,PMBOK),在业界已经得到了相当广泛的应用。依据这些理论体系,项目管理被普遍认为是"通过对交付项目产出的专业工作加以管控,满足预期的时间、成本、质量、风险和收益等各项绩效指标范围,从而保障项目目标实现的过程"。国际知名的组织项目管理协会(Project Management Institute,PMI)将项目管理分为"项目整体管理、项目范围管理、项目时间管理、项目费用管理、项目质量管理、项目人力资源管理、项目沟通管理、项目风险管理和项目采购管理"9个领域及"启动、计划编制、执行、控制和收尾"5个过程。

项目管理在数据中心基础设施运维中的应用包括以下3个方面:

(1) 围绕数据中心的战略目标,开展对项目范围、进度、质量、成本的控制,保证项目的有效执行,落实战略目标。

(2) 数据中心应能够识别作为项目管理的基础设施运维场景,制定项目管理的程序并执行。

(3) 在基础设施运维场景中,建立面向客户的项目管理档案;对于场地扩容或改建项目,应同样依照项目管理的方式进行管理。

2. 传承创新

1) 知识管理

数据中心承载着企业的核心业务系统,其稳定性至关重要。通过知识管理,可以系统化地整理、存储和分享运维过程中的各类知识,如故障处理经验、最佳实践、技术文档等。知识管理不仅是一个单向的知识传递过程,更是一个团队协作与知识共享的平台。通过知识管理,运维团队成员可以互相学习、及时跟踪新技术、新工具和新方法的发展动态,为应对技术挑战和变革提供有力的支持。

知识管理在数据中心基础设施运维中的应用包括以下两个方面:

(1) 通过知识的识别、创建、共享及应用,确保数据中心实现知识在服务生命周期内的积累和传承。

(2) 知识条目范围应包含:故障的解决方案、临时应急方案、问题根本性解决方案、SOP、MOP、EOP 等。

2) 创新管理

数据中心基础设施运维进行创新管理对于提升运维效率、降低运维成本、提高系统可用性和稳定性、强化风险管理和应对能力、推动数字化转型和升级、促进团队协作和知识共享以及满足业务发展和市场需求等方面都具有重要意义。

创新管理在数据中心基础设施运维中的应用包括以下两个方面:

(1) 基础设施运维团队应运用新思路、新技术、新方法创造有价值的成果或对运维管理体系进行持续改进,提升数据中心的价值。

(2) 通过创新管理对运营保障的各方面能力进行提升。

3. 稳健发展

1) 财务管理

数据中心基础设施运维进行财务管理的重要性体现在成本控制与预算规划、优化资源配置、提高经济效益、风险管理、决策支持以及合规性管理等多个方面,提高其经济效益和市场竞争力。

数据中心预算和核算管理,是在财务合规的基础上,提高资金使用效益,提升投资回报率。运维团队应做好运维财务预算,上报主管领导及财务部门,并做好预算必要性的沟通解释工作,具体财务预算可围绕以下 5 点进行:

(1) 基于 SLA 的人力预算;

(2) 备件及工具、仪器采购预算;

(3) 应急维护材料预算;

(3) 专业外包维保和应急服务预算;

(4) 政策性等强制检测服务预算;

(5) 整改、节能改造和创新成果转化的预算。

财务管理模型示例如表 3-1 所示。

表 3-1 数据中心财务支出预算表

××年费用支出

序号	项目类型	预算编号	项目名称	责任人	预算情况			执行跟踪			备注
					预算金额（元）	签报金额（元）	合同状态	合同金额（元）	执行金额（元）	执行率（%）	
1	机房运营		数据中心水费								
2			数据中心电费								
3	运维人力		数据中心运维外包服务								
4			数据中心园区安保管理服务								
5			数据中心园区保洁服务								
6			柴油发电机设备维保								
7			高压变配电系统设备维保								
8			UPS系统维保								
9	设备维保		冷水机设备维保								
10			精密空调维保								
11			冷却塔设备维保								
12			其他设备维保								
13			运维工具\器材采购								
14	物资采购		设备耗材采购								
15			备品配件采购								
16	技改实施		客户需求改造								

2）人力资源管理

数据中心基础设施运维进行人力资源管理的重要性不容忽视。通过合理的人力资源规划和人才配置优化来应对市场变化和业务发展的需求，同时提高员工的积极性和工作满意度，促进团队协作和沟通，可确保数据中心的稳定运行和高效运营。

人力资源管理在数据中心基础设施运维中的应用包括以下 8 个方面：

（1）规范数据中心人力资源的选、育、用、留的管理，确保人员任前、任中、任后能够满足数据中心的需要。

（2）数据中心应建立对运行维护人员的日常管理制度，包括招聘、资质管理、绩效考核、团队建设等。

（3）涉及数据中心安全和人员安全的数据中心运行维护人员，其资质及证照应满足监管该岗位从业法规的强制要求。

（4）数据中心运行维护管理团队的能力应满足数据中心运行维护所需的各专业技能。

（5）数据中心应制订年度维护人员培训计划，培训计划应涵盖数据中心运行各相关系统和管理领域；培训内容宜包括各系统工作原理、操作流程、应急预案，以及管理制度等。

（6）数据中心运行维护人员应经过岗前培训且通过考核后方能上岗，岗前培训应包括理论培训和操作培训；数据中心运行维护人员在新设施设备投产前、变更岗位或职责前应参加岗位能力培训。

（7）数据中心应对员工培训计划的执行情况进行管理；数据中心运行维护人员的培训记录应记入员工档案，并保留培训记录备查。

（8）数据中心人员绩效考核应包括安全运营状况、岗位纪律遵守情况、日常工作完成情况、培训和能力提升情况等，具体应参照绩效管理要求。

人力资源管理模型示例如表 3-2～表 3-6 所示。

表 3-2　人员信息汇总表

××××数据中心——基础设施运维人员信息统计表													
文件编号：×××					更新人：×××					更新日期：×××			
序号	姓名	部门	岗位	身份证号	电话	学历	毕业院校	专业	从业日期	资质证照	状态	备注
1												
2												
3												
4												

说明：

1. 该表在新员工入职时由机房运维团队项目助理安全员负责进行信息采集及录入备案，并每季度至少复核更新一次该表；

2. 人员状态包含在岗、新员工和离岗 3 种。在岗表示正常在职承担岗位职责；新员工表示处于入职新员工培训期，无法完全承担岗位职责；离岗表示已离职或调岗人员。

表 3-3 证照信息管理表

××××数据中心——基础设施运维人员证照管理表												
文件编号:×××			更新人:×××				更新日期:×××				
序号	姓名	部门	岗位	必备证照要求	证照名称	证照编号	领证日期	截止有效日期	剩余天数	是否必备	备注
1											
2											
3											
4											

说明:
1.该表在新员工入职时由机房运维团队项目助理安全员负责进行信息采集及录入备案,并每季度至少复核更新一次该表;
2.剩余天数在90～120天以橙色预警,剩余天数低于90天时以红色预警,当证照无需复审是"/"标识。

表 3-4 培训签到表

基础设施运维人员培训签到考核评价表					
文件编号:×××			资料类别:管理政策文件		
培训类型		□供应商培训 □员工例行培训 □提升培训 □其他:_____			
培训课程				培训地点	
培训讲师				培训时间	
考核方式合格分数		□笔试:_____ □口试:_____ □实操:_____ □其他:_____			
序号	应到人员	签到确认	签到时间	考核时间	考核分数	备注
1						
2						
3						
4						
5						
6						
培训效果评价: 考核人: 时间:					

表 3-5 培训计划

×××× 年 基础设施人员年度员工例行培训计划

管理编号：××××　编制人：××××
审核人：××××　批准人：××××

培训类别	课程名称	课程概述	培训课时	讲师	受训对象	培训方式	考核方式	笔试/实操合格分数	计划时间							
									活动	一月份				二月份		
										第1周	第2周	第3周	第4周	第5周	第6周	第7周
专业培训									计划							
									执行							
体系培训									计划							
									执行							
提升培训																
应急演练																

图例：□ 法定节假日　■ 已完成　■ 未实施　■ 实施中　□ 计划完成率

表 3-6 新员工培训档案

××××数据中心——基础设施运维人员新员工培训档案

文件编号：			资料类别：		更新日期：		更新人：	
姓名		专业				岗位		
入职时间		入职导师				培训时段		
序号	培训课程		培训时间	培训讲师	考核方式	考核时间	笔试/实操合格分数	笔试/实操考核分数	备注
1									
2									
3									
4									

3）架构与技术管理

数据中心基础设施运维中的架构与技术管理对于保障业务连续性、提高系统可用性、优化资源利用率、适应业务发展需求以及提升运维效率与安全性等方面都具有重要意义。因此，在数据中心运维过程中，应充分重视架构与技术管理的作用，不断完善和优化相关策略和实践。

架构与技术管理在数据中心基础设施运维中的应用是指制定明确的技术管理制度文件及规范，明确基础设施架构设计目标及存在的问题，通过制定相应的优化改善方案，逐步提升数据中心运营能力及标准。

3.3.2 运营保障

数据中心运营保障能力体现在能够保证数据中心所承载的各种IT服务安全、稳定、可靠、持续地交付与运行，包括日常的例行检查、故障处理和系统变更、应急处理和质量保障等各种能力。

1. 例行管理

1）监控管理

监控作为数据中心运营保障之基石，其范畴涵盖了数据中心内部各类设施与设备，诸如机房环境、系统运行情况、平台软件以及应用软件等。监控管理旨在全面收集、精确分类与高效处理这些监控对象的信息，以便实时掌控其运行状态，迅速发现并妥善处理潜在的运行异常。因此，监控管理在数据中心运维管理体系中扮演着至关重要的"眼睛"角色，是数据中心必须构建并确保其有效运行的核心能力。

监控管理在数据中心基础设施运维中的应用包括以下11个方面。

（1）通过对基础设施设备运行信息的收集、分类和处理，实现运行状态的实时掌握及运行异常的及时发现与处理；

（2）应能实时并连续监控基础设施的运行，监控范围应包括供配电、空调环境、安防、消防以及IT设施；

（3）应具备监控对象数据采集、处理、阈值设置、阈值判断与异常告警功能，采用包括声光、文字短信、语音短信、邮件等告警方式；

（4）应具有故障级别设置功能，故障等级设置应满足不同数据中心的等级划分，并与服务等级协议匹配；

（5）高等级故障告警延迟应根据数据中心故障升级时效灵活定制；

（6）监控系统应具有故障定位功能，应防止告警潮发生，且应与事件管理关联；

（7）监控系统的容量应可弹性扩展，扩容过程不造成系统中断；

（8）安防、视频监控数据存储在安全的存储介质中，保留时间应大于或等于3个月，其他监控数据宜保留3年；

（9）监控系统覆盖率、准确性应与数据中心规模、等级、组织管理成熟度相匹配；

（10）监控系统应具有趋势分析功能并提供分析结果，能为决策提供数据支撑，并为运行维护管理提供分析数据；

（11）应提供预警数据分析，提供与运维管理工具联动操作，包括自动化和半自动化操作的可监可控能力。

监控系统告警等级如表3-7所示。

表3-7 监控系统告警等级表

监控系统	告警等级	响应时效	通报时效	方式	告警类别描述
动态监控系统	紧急	5 min	10 min	立即通报	设备状态变化、冷通道温湿度超过设定值和电流超过下限值等情况
	重要	10 min	15 min	立即通报	电池内阻与电压超过设定值、温度超过设定值、灰尘及小水珠告警等情况
	严重	15 min	20 min	确认后通报	电池通信中断、电容补偿柜通信中断、电力监控通信异常等情况
	次要	30 min	35 min	确认后通报	加湿器通信中断、氢气探测器告警等情况
	预警	—	1 h	确认后通报	设备状态乱码及类似情况
BA系统	紧急	5 min	10 min	立即通报	设备状态变更、冷机及冷冻泵异常停机等情况
	重要	10 min	15 min	立即通报	BA压力、温度等超过设定范围
	严重	15 min	20 min	确认后通报	BA单个设备通信中断及异常掉线等情况
消防系统	紧急	5 min	10 min	立即通报	火警及烟感报警反馈
	重要	10 min	15 min	立即通报	单个烟感、温感故障或通信中断、水流指示器压力开关反馈异常等

2）值班管理

值班管理在成熟度模型中，是与运营保障域内各项能力紧密关联的核心要素之一。值班管理聚焦于数据中心人员的能力发展，与监控管理、作业管理、服务请求管理、事件管理、变更管理等能力项均存在直接的逻辑联系，成为保障这些能力项有效实施的关键切入点之一。在异常情况发生时，值班人员往往扮演着首要发现者的角色，对于整个运营体系的稳定运转起着举足轻重的作用。由此可见，值班管理的重要性不容忽视，其影响深远且广泛。

值班管理在数据中心基础设施运维中的应用包括以下5个方面。

（1）通过规范值班岗位的职责、工作纪律和行为，保证值班工作有序进行，保障数据中心安全稳定运行。

（2）运维管理团队应根据数据中心的等级和服务要求，安排专职人员，值守设施监控系统、消防系统、安防系统。A级数据中心应7×24小时有人值守，其他等级宜7×24小时值守。非业务运行期间或中小规模数据中心可远程值守或自动模式；监控中心值守人员，不得长时间离开监控岗位。

（3）发现警情，应根据警情等级，通报给运维人员处置，紧急情况可协助处置。

（4）值班人员交接班时应对当班执行的操作、变更及观察到的任何异常数据或现象进行交接和签收。如果接班人员未到岗，就应等到替班人员到岗。如果替班人员超时4小时未到岗，就应及时汇报主管。

（5）值守人员连续值守时间不得超过12小时。

交接班记录单如表3-8所示。

表3-8 交接班记录单

×××数据中心交接班记录表

日期时间：	年　　月　　日		时至　年　　月　　日		时	班次：	（□白/夜□）	
值班长：				值班员：				
视频监控系统	设备在线	正常□　异常□		环境动力监控系统		语音报警功能	正常□	异常□
	图像显示	正常□　异常□				设备通信状态	正常□	异常□
	录像回放	正常□　异常□				状态报警功能	正常□	异常□
日常值班情况记录								
专项事宜通知及跟进记录								
物品交接	备注：							
交班人员				接班人员				
备注：①在各班次交接时应仔细检查各系统的运行情况，并清点并确认物品，一经签字，就需对值班记录情况负责。②各班组巡检时注意照明灯具的管理和维护。								

3）作业管理

作业管理通过制定明确的运维作业流程、操作规范和安全标准，确保运维人员在执行各项任务时能够遵循统一的指导原则，以减少人为错误和操作失误。有效的作业管理能够优化运维资源的配置，减少不必要的资源浪费，并通过制定合理的工作计划和时间表，确保运维工作能够按时完成，提高运维效率、保障数据中心的安全性和稳定性、降低运维成本、提升运维团队的专业素质以及满足业务需求与提高客户满意度等。

作业管理在数据中心基础设施运维中的应用包括以下5个方面：

（1）通过保证一系列预定作业单的正确执行，达到数据中心基础设施日常运营正常运转的基本需要。

（2）作业管理包含日常巡检和预防性维护工作，目的是延长设备的使用寿命和减少设备故障的概率而进行有计划的维护、检查。通过定期检查和保养，使设备的某些缺陷或隐患及时被发现。

（3）运维团队应根据系统设备情况与供应商进行沟通，按照供应商的建议提前制定年度、季度、月度预防性维护计划及日常巡检计划。各专业运维人员需按照各设备系统特性、维护流程及规范，及时、完整地落实维护工作，并形成客观实际的记录和报告予以存档。运维团队还应定期对设备的运行状态数据进行统计和趋势量化分析，对于异常的趋势，做出报警及制定相关预案。

（4）所有关键基础设施设备在各种情况下的常用操作都应制定标准操作流程SOP。SOP的制定应由设备供应商或集成商完成或审核，纳入知识库中。例如，手动启动发电机组的操作流程或将UPS转换到旁路的操作流程等。

（5）对数据中心关键基础设施设备的每次维护、维修、安装操作，都应事先制定一份MOP。可要求设备供应商提供MOP的建议，但对于MOP最终确认审核的责任在于运维团队，批准责任在于运维管理团队。

预防性维护计划和列表如表3-9和表3-10所示；巡检管理手册和记录表如表3-11和表3-12所示。

第 3 章 数据中心基础设施运维管理体系

表 3-9 预防性维护计划表

表 3-10 预防性维护项列表

服务器维护实施记录表										
开始时间				年	月	日	时	分		
设备编号	用途	IP 地址/掩码	网关	操作系统	运行状态	指示灯状态	电源状态	重要进程的运行情况	系统和数据备份检查/存放位置	系统运行情况分析	备注
					□正常 □异常	□正常 □异常	□正常 □异常	□正常 □异常			
	CPU 利用率:	总内存量: 可用容量:		使用率:			磁盘总量: 剩余空间:		使用率:		
维护总结										
实施工		完成时间		年 月 日 时 分					复核人		

注：若维护对象设备部分的维护项未被投用或无此项配置，则在维护实施记录中须填写"/"。

表 3-11 巡检管理手册

基础设施巡检管理标准					
文件编号：××× 更新人：×××					
更新时间：××××.××.××					
序号	巡检设备	巡检内容	巡检频次	巡检要求、方法	标准
1	工作环境	设备外观	1/4 h	观察设备外观，门是否有效关闭，外表有无破损	正常
2					
3		异响、报警声音	1/4 h	检查设备有无报警声音，有无异响	正常
4		异常震动	1/4 h	检查设备有无异常振动	正常
5		烟雾、异味	1/4 h	是否闻到烟味、异味，是否看到烟雾	正常
6		跑、冒、滴、漏	1/4 h	有无跑冒滴漏情况	正常
7		门窗	1/4 h	查看门窗是否正常关闭，门禁功能是否有效	正常
8		照明	1/4 h	查看照明是否完好，有无闪烁、灰暗现象发生	正常
9		卫生	1/4 h	查看设备、环境卫生状况，有无阻挡，设备表面、地面、墙面等卫生是否整洁	正常
10		鼠虫害	1/4 h	查看有无鼠虫害，粘鼠板功能是否正常，是否粘有鼠虫	正常
11		强弱电飞线	1/4 h	有无私拉线缆、强弱电飞线	正常
12		易燃易爆物品	1/4 h	查看有无纸箱、塑料、泡沫等易燃易爆物品	正常
13		地板天花板水渍	1/4 h	查看地板和天花板是否有水渍、破损现象	正常
		风口节点结露	1/4 h	查看进风口有无结露，有无滴水	正常
14		挡水坝和漏水绳	1/24 h	是否启用机房或空调间，打开地板查看挡水坝内是否无水，漏水绳是否固定良好	正常

续表

序号	巡检设备	巡检内容	巡检频次	巡检要求、方法	标准
15	VRV空调	开关状态	1/24 h	记录VRV空调面板的开关机状态与标识是否一致	正常
16	VRV空调	工作模式	1/24 h	记录VRV空调的工作模式与标牌是否一致,夏季为制冷模式,冬季为制热模式	正常
17	风机盘管	工作状态及设置	1/4 h	面板开启状态是否与SCP一致,设置冬季温度为22 ℃、夏季温度为26 ℃	正常
18	风机盘管	管路及风口	1/4 h	管路无漏水,无冷凝水,保温效果是否良好	正常
19	冷水机组	冷机开关机状态	3/24 h	观察记录冷机的开关机状态是否与标识一致	正常
20	冷水机组	冷凝器状态	3/24 h	查看翅片是否清洁,风扇运行是否正常	正常
21	冷水机组	蒸发器状态	3/24 h	查看蒸发器保温效果是否良好	正常
22	冷水机组	电动阀状态	3/24 h	查看电动阀开关状态是否与冷机开关状态一致	正常
23	冷水机组	冷冻水管路保温	3/24 h	查看管路保温效果是否良好	正常
24	冷水机组	管路供水压力	3/24 h	查看处于开机状态的冷机管路,记录管路供水压力	0.5 MPa~0.7 MPa
25	冷水机组	管路供水温度	3/24 h	查看处于开机状态的冷机管路,记录管路供水温度	13 ℃~17 ℃
26	冷水机组	管路回水压力	3/24 h	查看处于开机状态的冷机管路,记录管路回水压力	0.3~0.7 MPa
27	冷水机组	管路回水温度	3/24 h	查看处于开机状态的冷机管路,记录管路回水温度	15 ℃~21 ℃
28	冷水机组	电伴热	3/24 h	记录温控器面板显示温度,电伴热工作状态	<5 ℃应该开启,>10 ℃应该关闭
29	水泵系统	水泵运行状态	1/4 h	记录循环泵的运行状态与标识一致	正常
30	水泵系统	水泵进水压力	1/4 h	记录处于运行状态的循环泵进水压力	0.25 MPa~0.45 MPa
31	水泵系统	水泵出水温度	1/4 h	记录处于运行状态的循环泵的出水温度	13 ℃~17 ℃
32	水泵系统	水泵出水压力	1/4 h	记录处于运行状态的循环泵出水压力	0.55 MPa~0.8 MPa
33	水泵系统	水泵泵体温度	1/4 h	用点温枪测试并记录运行状态的循环泵泵体温度	>75 ℃
34	水泵系统	水泵控制柜指示灯	1/4 h	查看变频柜指示灯状态与水泵的运行状态是否一致	正常
35	水泵系统	补液箱液位	1/4 h	查看补水箱液位是否在标记范围之内	正常
36	水泵系统	补水压力表指示	1/4 h	补水压力表指针是否在绿色正常范围之内	0.20 MPa~0.30 MPa
37	水泵系统	管路保温	1/4 h	管路保温效果是否良好	正常

续表

序号	巡检设备	巡检内容	巡检频次	巡检要求、方法	标准
38	精密空调	开关机状态	1/4 h	查看空调控制面板的开关机状态是否与标牌一致,记录空调开关机状态	正常
39		风机运行状态	1/4 h	查看处于开机状态的空调控制面板,听风机声音,判断风机运行状态	正常
40		控制面板告警信息	1/4 h	查看处于开机状态的空调控制面板,报警页面有无报警信息	正常
41		控制面板温度	1/4 h	查看处于开机状态的空调控制面板,记录空调控制面板温度	10 ℃～32 ℃
42		控制面板湿度	1/4 h	查看处于开机状态的空调控制面板,记录空调控制面板湿度	30%～85%
43		管路进水压力	1/4 h	查看处于开机状态的空调管路,记录管路进水压力	0.3 MPa～0.75 MPa
44		管路进水温度	1/4 h	查看处于开机状态的空调管路,记录管路进水温度	10 ℃～22 ℃
45		管路出水压力	1/4 h	查看处于开机状态的空调管路,记录管路出水压力	0.25 MPa～0.55 MPa
46		管路出水温度	1/4 h	查看处于开机状态的空调管路,记录管路出水温度	15 ℃～30 ℃
47		管路有无漏水	1/4 h	查看空调供水管路,有无跑冒滴漏	正常
48	列头柜	显示屏告警信息	1/4 h	(不开柜门)观察列头柜显示屏,查看有无报警信息,有无报警声音	正常
49		指示灯状态	1/4 h	(不开柜门)观察列头柜三相电指示灯,红、绿、黄3个指示灯是否全亮	正常
50		空开状态	1/4 h	(不开柜门)观察每个开关的标记和开关分合闸的状态是否一致	正常
51	UPS	工作状态	1/4 h	查看UPS面板的工作状态与标牌是否一致,记录UPS的工作状态	正常
52		运行指示灯	1/4 h	UPS运行指示灯与UPS工作状态是否一致	正常
53		控制面板告警信息	1/4 h	观察UPS控制面板,查看有无报警信息,有无报警声音	正常
54		输入开关状态	1/4 h	查看UPS输入开关状态与开关标记是否一致,与分合闸指示灯是否一致,储能指示灯是否正常	正常
55		输出开关状态	1/4 h	查看UPS输出开关状态与开关标记是否一致,与分合闸指示灯是否一致,储能指示灯是否正常	正常
56		输出屏开关状态	1/4 h	查看UPS输出开关状态与开关标记是否一致,与分合闸指示灯是否一致	正常

续 表

序号	巡检设备	巡检内容	巡检频次	巡检要求、方法	标准
57	电池	电池外观	1/4 h	查看电池表面有无漏液、鼓包等现象	正常
58		开关柜开关状态	1/4 h	查看电池开关柜的开关是否正常合闸	正常
59	发电机	发电机水温	1/4 h	记录发电机控制屏显示的水温	停机时:35 ℃～45 ℃ 运行时:不大于 90 ℃
60		电池电压	1/4 h	记录发电机控制屏显示的电池电压	不大于 24 V
61		控制屏告警信息	1/4 h	查看控制屏上有无报警信息	正常
62		控制屏开关状态	1/4 h	查看控制屏开关状态是否为自动状态	正常
63		电池状态	1/4 h	查看电池外观,有无变形、鼓包、漏液等现象	正常
64		油箱液位	1/4 h	查看并记录油箱间油箱的液位	不低于 1/2 液位
65		加热水套指示灯	1/4 h	查看加热水套指示灯的红灯是否常亮	正常
66	弱电系统	设备状态	1/24 h	查看录像机、服务器等设备是否正常开机,有无报警信息	正常
67		消防电源箱	1/24 h	消防电源箱是否有电,有无报警指示,打开电源箱查看电池有无鼓包、漏液等现象	正常
68	视频监控系统	电视墙	1/30 min	查看电视墙实时监控,图像是否正常轮循,是否有图像显示,图像是否清晰,有无非法人员出入,门是否全部关闭,有无火情,有无其他异常情况	正常
69		录像机通道	1/24 h	查看每个摄像头画面,有无黑屏、不抖动等现象,显示是否清晰	正常
70		录像回放	1/24 h	根据 CCTV 巡检表,查询相应通道的昨日录像有无缺失	正常
71		录像容量	1/24 h	根据 CCTV 巡检表,查询相应通道的录像保存时间是否满足要求	不少于 3 个月
72	环控系统	系统状态	1/1 h	查看系统监控页面是否开启,切换监控页面验证有无死机、卡滞现象	正常
73		报警信息	1/1 h	查看系统监控页面有无未处理的报警信息	正常
74		报警提示音	实时	随时关注是否听到系统报警提示音,听到报警提示音后应立即查看处理	正常
75	楼控系统	系统状态	1/1 h	查看系统监控页面是否开启,切换监控页面验证是否死机、页面是否卡死	正常
76		报警信息	1/1 h	查看系统监控页面是否有未处理的报警信息	正常
77		报警提示音	实时	随时关注是否听到系统报警提示音,听到报警提示音后应立即查看处理	正常
78	值班邮箱	邮件处理	实时	随时处理收到的邮件,做相应处理和跟进	正常
79		邮箱状态	1/30 min	查看值班邮箱是否能正常打开	正常
80		未处理邮件	1/30 min	查看值班邮箱有无未处理的邮件	正常

表 3-12　巡检记录表

基础设施巡检表					
机房编号：××××　　巡检日期：　　年　　月　　日　　巡检时间：　　时　　分					
序号	设备名称	巡检内容	状态参数	运行状态	备注
1	机房环境	环境温湿度是否满足设备运行要求（环境温度：<35 ℃；湿度：<70%）	℃ %	□正常　□异常	
2		机房有无烟雾、有无异味	—	□正常　□异常	
3		照明是否良好，有无灰暗、闪烁现象	—	□正常　□异常	
4		机房有无杂物堆放，有无易燃易爆品	—	□正常　□异常	
5		有无跑、冒、滴、漏现象，地板、天花板有无水渍、破损	—	□正常　□异常	
6		门窗是否正常关闭，门禁功能是否有效	—	□正常　□异常	
7		查看设备有无阻挡现象，设备表面、地面、墙面等卫生是否整洁	—	□正常　□异常	
8		查看有无私拉线缆、强弱电飞线现象	—	□正常　□异常	
9		查看有无异响、报警声音、异常振动等现象	—	□正常　□异常	
10		有无鼠虫害，粘鼠板功能是否正常，有未粘鼠虫	—	□正常　□异常	
11	弱电系统	门禁系统读卡器（指纹仪、人脸识别）是否正常	—	□正常　□异常	
12		摄像头有无遮挡现象，运行是否正常	—	□正常　□异常	
13		交换机及采集器指示灯是否正常	—	□正常　□异常	
14	精密空调配电柜	查看设备标识是否完好，标识是否清晰，有无破损、丢失等现象	—	□正常　□异常	
15		查看设备指示灯、仪表、控制按钮有无破损、缺失现象	—	□正常　□异常	
16		查看设备所有开关回路分合闸状态、二次指示灯、运行状态标识是否一致	—	□正常　□异常	
17	1号空调 (2F-KT-1)	查看空调机组开关机状态是否良好	—	□开机　□关机	
18		开关机状态是否与标识状态一致	—	□正常　□异常	
19	精密空调	检查设备外观是否完好，有无变形、掉漆等现象，安装是否牢固，有无晃动、开焊等情况	—	□正常　□异常	
20		检查并查看精密空调控制面板当前有无异常告警信息	—	□正常　□异常	
21		检查并查看配电柜指示灯、仪表、控制按钮等有无缺失、破损等现象	—	□正常　□异常	
22		检查并查看精密空调回风过滤网是否脏污	—	□正常　□异常	
29	精密配电柜	检查设备外观是否完好，有无变形、掉漆等现象，安装是否牢固，有无晃动、开焊情况	—	□正常　□异常	
30		检查设备标识是否完好，标识是否清晰，有无破损、丢失现象	—	□正常　□异常	
31		检查设备指示灯、仪表、控制按钮有无破损、缺失情况	—	□正常　□异常	
32		检查并查看精密配电柜控制面板当前有无异常告警信息	—	□正常　□异常	
33		检查设备所有开关回路分合闸状态、二次指示灯、运行状态标识是否一致	—	□正常　□异常	
34		检查机架柜PDU分合闸状态、指示灯运行是否正常	—	□正常　□异常	
35		精密配电柜各运行参数是否正常，运行参数与动环运行参数是否一致	—	□正常　□异常	

续表

序号	设备名称	巡检内容	状态参数	运行状态	备注
填表说明		1. 标准依据《电子信息系统机房设计规范》GB 50174—2017、《供电营业规则》《UPS厂家技术资料说明书》；0.4 kV电压（362～428 V）、0.22 kV电压（209～242 V）、输入功率因数（>0.9）、IT机房（18 ℃～27 ℃，35%～70%）。 2. 在巡检项目对应处抄录数据及状态检查处打"√"，异常状态应在备注中详细说明情况并及时向上级汇报。			
巡检人签字：		审核人签字：			

2. 服务支持

1）服务请求管理

服务请求管理是确保用户能够快速、准确地获得所需服务的关键环节。通过快速响应和处理用户的服务请求，可提高运维效率、降低运维成本、增强风险管理能力、促进跨部门协作、提升运维团队的专业素质。

服务请求管理在数据中心基础设施运维中的应用包括以下两方面：

（1）有明确的服务请求管理制度（适用于基础设施运维范围）；

（2）设备上下架（上下电）、迁入迁出类服务请求能够有效转入变更管理流程，交由基础设施运维团队对容量管理、资产管理、配置管理进行联动，对基础设施资源能力容量和设备状况进行复核确认和协同执行。

服务请求管理模型示例如表3-13所示。

表3-13　机房上下电申请单

申请单位				工单编号	
申请人			联系方式	上电日期	
运营管理中心审批			日　　期		
上电前核查			详见上电核查单		
序号	工作类型	上电机房	加电日期	加电机柜数量	加电机柜位置	备注
1	□上电 □下电	207	2023/12/14			
上下电后验证	序号	执行项目		人员确认	日期
	1	确认机柜PDU已　□上电　□下电		客户代表	
	2	已与ECC确认动环监控报警信息，动环报警阈值、报警等级已修改开启		弱电系统	
	3	上电区域需求冷量以及通风地板调整		暖通系统	
	4	列头柜报警阈值已设定，列头柜门已上锁		供配电系统	
	5	上电位置图及机柜统计表已更新			
	6	完工邮件已发送各方，工单已存档			
	7	确认加电机柜及设备统计		机房服务部	
运营管理中心确认：				日期	

2）事件管理

数据中心基础设施的高可靠性与高效率是业务连续性、稳定性的重要保障。事件管理能够及时发现和处理可能导致服务中断或性能下降的事件，并通过迅速响应和处理该类事件，使其对业务的负面影响最小化，保证业务的连续性和稳定性。确保数据中心的稳定运行。

事件管理在数据中心基础设施运维中的应用包括以下3个方面：

（1）事件是指引起或可能引起服务中断或服务质量下降的不符合服务标准的事态。事件管理应确保在事件发生后，服务能够迅速恢复至服务级别协议中所定义的服务级别，最大限度地减小事件对业务的负面影响。

（2）应制定事件管理流程，明确事件的发现与报告、事件的记录、事件的分类、分级与分派、事件的调查与诊断、事件排除、事件关闭等全过程的控制程序。

（3）应建立事件的分级策略；建立事件的通知策略（包括通知的内容与通知矩阵）；建立事件的目标时间策略（包括不同等级事件的分派、通知、跟踪和恢复的时间要求）；建立事件的升级策略；建立复发事件的策略；明确事件关闭的策略。

事件管理模型示例如表 3-14 和表 3-15 所示。

表 3-14　事件分级原则

等级	定义	响应时间/min	通报时间/min	处理时间/min	升级时间/min
1级	造成IT设备异常或发生异常概率较大、影响较广泛的全面性事件	≤5	≤10	≤8	≤2.5
2级	降低IT设备运行可靠性，影响范围小、影响性较低的突发事件	≤10	≤30	≤24	≤8
3级	对IT设备运行无直接影响，存在一定隐患的突发事件	≤15	≤24	≤120	≤48
说明	1.响应时间：从设备触发报警或发现异常到运维人员现场确认报警信息的时间。 2.通报时间：从设备触发报警或发现异常到运维人员将事件通报出去的时间。 3.处理时间：从设备触发报警或发现异常到恢复机房稳定运行的时间，包括通过设备修复或冗余切换等方式的处理时间。 4.升级时间：事件发生后经分析判断不能在有效时间内解决的，需要更多有技术、有经验的人员和有更高权限的人参与进来的情况下，应进行事件升级。 （1）升级启动在过程周期的早期阶段，比如事件调查分析时。 （2）升级动作的发起不能晚于相应级别事件的处理时限。升级发生时，工单中的原处理人继续配合事件处理，直至事件关闭。				

表 3-15　事件工作单

工单编号					
事件状态		发生【　】→通报【　】→处理【　】→关闭【　】			
事件基本信息	发生时间	年　　　月　　　日　　　时　　　分			
	发生地点		涉及设备		
	关联专业		事件等级	一级【　】　二级【　】　三级【　】	
	＿＿＿＿年＿＿＿月＿＿＿日＿＿＿时＿＿＿分，数据中心人员＿＿＿＿＿＿通过（在）＿＿＿＿＿＿发现＿＿＿＿＿＿＿＿＿＿＿＿＿＿＿＿＿＿＿＿＿＿＿＿＿＿＿。				

续表

应急处理过程	1.事件发生后,数据中心人员 _____ 迅速到现场查看。 2.确认现场情况: _____ 。 3.事件通报: _____ 时 _____ 分,数据中心 _____ 将该事件通报至 _____ 。 4.应急处理措施: _____ 。 5.应急处理结果: _____ 。		
故障处理及优化措施	1.事件发生的原因是: _____ 。 2.故障维修处理过程: _____ 。 3.优化措施: _____ 。		
	处理人	完成时间	年 月 日 时 分
运维主管审核	年 月 日 时 分	专业会签	
运维经理审核	年 月 日 时 分	运维总监审核	年 月 日 时 分
事件关闭	解决【 】 未解决【 】 撤销【 】		
备注	表格内容不需填写时,在下划线处填"\"。 如事件不能及时解决或需要供应商支持,事件关闭,新建工单号为: 如撤销,请填写撤销原因:		

3) 问题管理

问题管理聚焦于根本原因分析和预防措施,它可以协助识别和解决潜在的、可能导致服务中断或性能下降的问题。此外,问题管理也为事件管理提供了重要的背景信息和支持,通过解决基础设施中的问题,可以减少事件发生的频率、降低严重程度、事件管理的工作量和复杂性。

问题管理在数据中心基础设施运维中的应用包括以下 6 个方面:

(1) 问题管理的目标是查找事件发生的根本原因,提出解决办法,杜绝和减少事件的再次发生。

(2) 运维团队应针对问题找出导致已发生事件的根本原因,并提出解决措施或纠正建议。同时,通过系统运行状态和趋势,分析潜在的安全隐患和风险,进而采取措施以避免同类事件的再次发生。

(3) 基础设施运维团队应将已发生且未彻底解决的事件,及时转换至问题管理流程,针对问题的根本原因,制定并实施相应的解决方案。

(4) 对于暂时无法查明的问题,应提供事件管理临时解决方案。

(5) 对于查明原因但无法解决的问题(如设备已停产),应采取规避的措施解决问题(如更换设备或系统)。

(6) 数据中心应对问题进行回顾和关闭。

问题管理模型示例如表 3-16 和表 3-17 所示。

表 3-16 问题分级原则

等级	定义	处理时限
1级	可能造成较大面积的 IT 设备发生异常,影响范围广,频繁发生的问题	15 天
2级	可能降低 IT 设备运行可靠性,影响范围小、影响性较低,多次发生的问题	45 天
3级	对 IT 设备运行无直接影响,存在一定隐患的问题	90 天
说明	处理时限:重新建问题工单审批通过后计算,到问题工单关闭审批结束的时间	

表 3-17 问题工单

××数据中心－问题工单				
编号				
问题状态	新建【 】 派发【 】 处理中【 】			
基本信息	问题来源			
	事件发生次数		涉及设备	
	事件发生时间			
	重要程度	高【 】 中【 】 低【 】		
问题描述及影响				
问题处理过程及结果	关联工单单号:			
问题原因分析总结				
问题处理部门		处理人		完成时间
主管审核	年 月 日	关联专业会签	年 月 日	
项目经理审核	年 月 日 时 分			
运维总监审核	年 月 日 时 分			
问题关闭	解决【 】 未解决【 】 撤销【 】			
备注				

4）变更管理

变更是满足业务产品需求、系统优化升级和缺陷修正的必要措施。变更管理是数据中心生产运行管理的重要活动。变更管理通过严格的变更审批流程,确保对变更的有效控制和监管,防止未授权或未经充分测试的变更对数据中心的数据安全造成威胁。

变更管理在数据中心基础设施运维中的应用包括以下9个方面:

(1)管理各类变更活动,控制变更风险,减小变更对生产运行的影响,保障数据中心基础设施安全、稳定地运行。

(2)确保所有的变更都通过评估和审批,变更的过程可控且可追溯;应记录变更请求,组织相关的部门对变更请求进行评估。

(3)数据中心应对所有类型的变更实施审批后执行;非工作时间可以采取电子方式(电话、微信、短信等)审批,事后补办流程。

(4)数据中心运行维护团队应跟踪变更的全过程,并严格把控变更的时间和应急回退的窗口;当变更异常或失败时,应组织资源实施回退及采取其他应急措施。

(5)变更上线前应对变更实施的结果进行验证。

(6)数据中心应对变更实施过程进行回顾与关闭。

(7)任何对生产环境的改变均应通过变更管理控制风险。应编写变更方案,该方案至少应包括详细的实施方案、风险点及应对措施、回退方案、实施时间计划等。变更方案应通过审批后实施。

(8)对于已经过充分评估和识别风险、已有通过测试的标准实施方案,并且已获得审批并记录在案的变更,为了提高工作效率,可以遵循简化的变更管理流程执行。

(9)为应对突发事件,运维团队应设立紧急变更程序,并应严格限定其适用范围。

变更管理模型示例如表3-18和表3-19所示。

表3-18 变更分级原则

变更分级原则			
变更等级	定义	提前申请周期	备注
1级	可直接对IT设备供电、供冷等外部环境造成影响或导致大面积设备运行状态发生变化的变更活动	7天	1. 计划内变更:提前申请周期的变更,仅在计划内变更时适用 2. 紧急变更:不受提前申请周期的限制
2级	降低IT设备运行可靠性,小范围影响设备运行状态发生变化的变更活动	3天	
3级	对IT设备影响较小,不会对设备运行状态发生变化,但存在一定潜在风险的活动	1天	
说明:无明确定义或无法判定的变更项,须经过项目经理、部门变更流程经理、CAB和客户共同评估确定等级。			

表3-19 变更工作单

×××数据中心——变更工作单	
工单编号	
变更状态	新建【 】→ 审批【 】→ 实施【 】→ 完成【 】

续 表

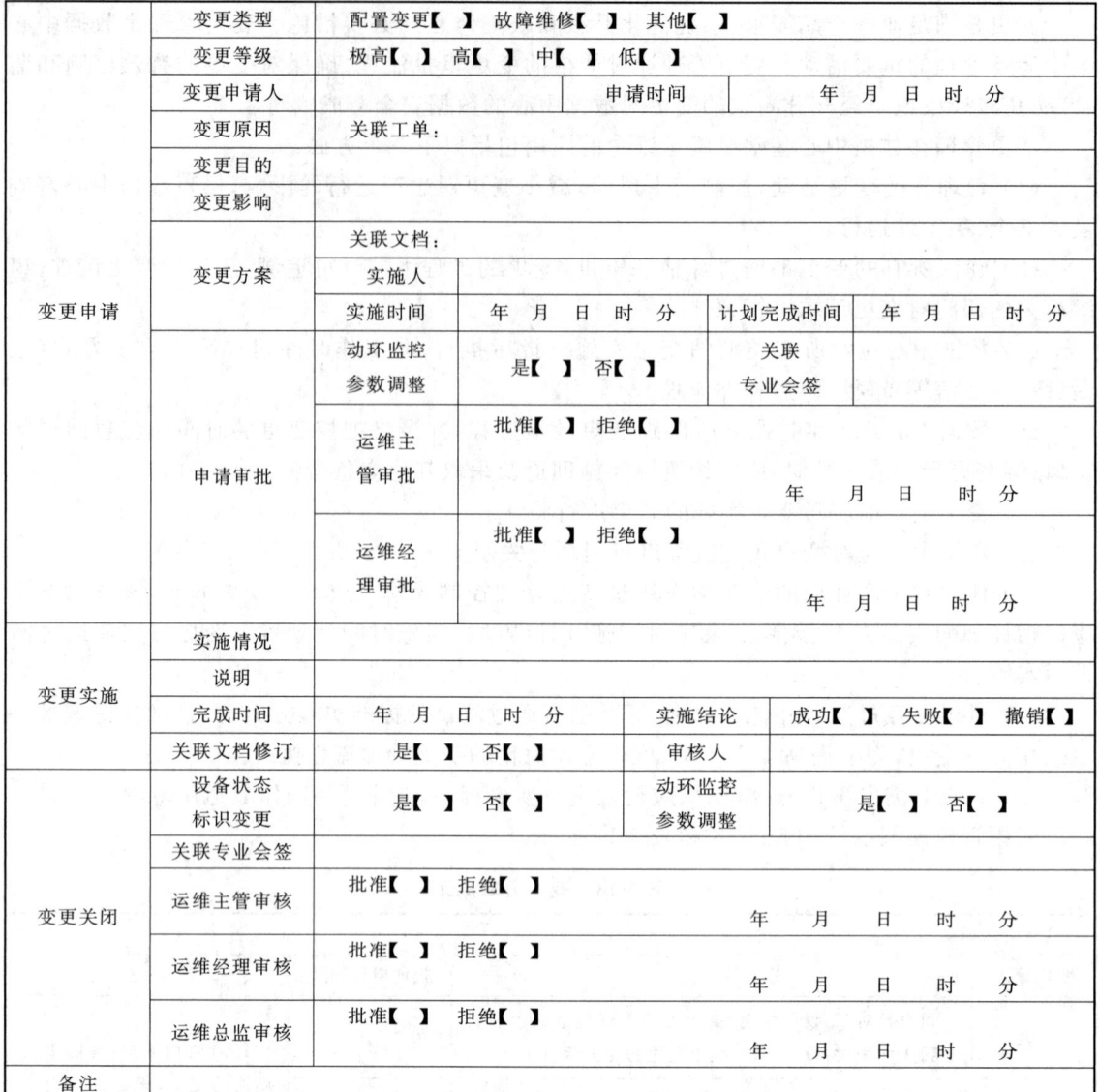

5）资产与配置管理

数据中心基础设施进行资产与配置管理对于提高资源利用率、增强系统稳定性、加强风险管理和合规性、提高管理效率以及支持决策制定等方面都具有重要意义。这些优势不仅有助于提升数据中心的运营效率，还能够为企业的业务发展提供有力支持。

资产与配置管理在数据中心基础设施运维中的应用包括以下 6 个方面：

（1）定义和控制基础设施的组件、维护服务及其历史、规划和当前状态，保证数据中心运营环境信息的完整性和稳定性。

（2）应建立并严格执行资产管理制度，确保资产的安全与完整。防止未经授权的使用、损失、破坏、丢失或湮灭，防止信息和数据资产的泄露。资产管理制度也是资产维护和更新的指导依据。

（3）应建立完整及实时更新的资产数据库。数据库应包含所有关键基础设施设备的清单，同时记录设备设施的运行情况、事件情况、变更情况、维护保养频次等信息。

（4）面向基础设施运维时，资产管理作为配置管理的设备信息入口，运维团队在对资产做全生命周期管理的同时,应针对设备资产对象建立适用于基础设施运维的配置管理库,并将相关的电气关系、暖通管路关系、综合线路关系等体现在配置管理的关系模型中。

(4) 应涵盖备品备件管理,根据资产分类清单及其类别制定最低备件库存清单并及时补充备件。

(5) 应涵盖工具管理,包含测试分析仪器仪表,如要进行电气性能参数测试、电池测试、接地电阻测试、绝缘性能测试、设备运行温度测试、风速测试、环境温度测试、噪声测试等的仪器仪表。仪器仪表应该定期校准并标注在仪器上。应制定明确的管理规定,对操作工具、仪器仪表实行人员负责制或者交接班负责制等管理制度。对资产管理范围内的对象应制定周期性的盘点计划,确保每年进行至少一次的全覆盖盘点。

(6) 应涵盖标识标签管理,建立针对数据中心基础设施设备和物理环境的完整且清晰的标签标识管理系统。

资产与配置管理模型示例如表 3-20 所示。

表 3-20 信息配置表

序号	名称	设备编号	类别	子类	条目	管理员	通用属性							专有属性		
							资产信息			服务信息					
							制造商	用途	位置	安装日期	开保日期	出保日期	序列号	型号	主要参数	规格
1																
2																
3																

3. 服务交付

1) 服务级别管理

服务级别管理在标准架构中占据着举足轻重的地位。通过实施服务级别管理,我们能够深入识别并理解客户的需求,明确服务内容及其提供方式,确保业务履行的规范性,并使之与客户的预期高度契合。同时,服务级别协议(SLA)作为服务级别管理过程中的一项关键成果,详细反映了服务的目标、工作量的特性以及客户的期望等多方面的内容。

服务级别管理在数据中心基础设施运维中的应用包括以下两方面:

(1) 服务级别管理是衡量服务水平的重要标准。数据中心在实践服务级别管理时,可充分考虑自身的组织机构性质、业务职能以及服务管理模式,重点把握用户需求、服务目录和服务级别协议 3 个核心。

(2) 通过服务级别管理建立一个服务标准框架来约束数据中心和最终用户,促进双方均形成对服务质量负责的共识,加强理解,合理配置资源和服务,确保数据中心服务有沟通、定义、评估和承诺。

2) 可用性管理

可用性是指在所有必需的外部资源得到提供的情况下,数据中心能够在规定的时刻或规定的时间段内保持执行所需功能状态的能力。它是衡量数据中心等级、运维水平的重要指标。通过可用性管理,可准确地预测资源需求,避免资源浪费、降低运营成本,同时提高数据中心的服务质量,确保客户获得稳定、高效的数据服务。

可用性管理在数据中心基础设施运维中的应用包括以下两方面:

(1) 可用性管理的目标是提供确保业务目标的、成本合理的、符合可用性级别定义的 IT 服务。即客户需求应该与 IT 结构及 IT 组织所能提供的能力相一致。

(2) 如果两者之间存在差距,则需要由可用性管理流程来提供解决方案,因此,数据中心应制定相应的可用性管理制度、制定相关计划并有效执行。

可用性管理模型示例如表 3-21 和表 3-22 所示。

表 3-21 生命周期规划管理表

基础设施设备生命周期规划总表

管理编号：×××　更新人：
更新日期：

规划年份 设备名称	1 2017	2 2018	3 2019	4 2020	5 2021	…	11 2027	投用年份 12 2028	13 2029	14 2030	15 2031	16 2032	17 2033	18 2034	19 2035	更换 20 2036	21 2037	大修 22 2038	23 2039	"2"已 执行 24 2040	25 2041	26 2042	"-1"已 延期 27 2043	28 2044	29 2045	"-2"未 实施 30 2046
柴油 发电机									■	★		组件	◆													
启动 蓄电池																										
整机																										
…																										

表 3-22　生命周期执行记录表

管理编号：×××			更新人：				更新日期：			
序号	设备编号	出厂序列号	名称	品牌	型号	安装位置	安装时间	投用时间	执行记录	
									执行年份	执行内容
1										
2										
3										
4										
...										

3）容量管理

容量管理是对基础设施在空间、电力承载能力、制冷能力等方面的评估，以确保满足IT系统和业务处理的需要容量。数据中心基础设施进行容量管理对于提高资源利用率、降低运营成本、提升机房安全性等方面都具有重要意义，因此，企业应该重视数据中心基础设施的容量管理，并采取相应的措施来确保其实现。

容量管理在数据中心基础设施运维中的应用包括以下两个方面：

（1）确保关键设施设备的能力容量符合当前和未来的需要，以实现成本合理性；

（2）容量管理应包含空间容量（机柜空间、楼板承重能力）及基础设施能力容量（电力、制冷、网络带宽等）。

容量管理模型示例如表3-23至表3-26所示。

表 3-23　机房容量信息采集表

机房容量信息采集表							
机房编号	列头柜编号	设计容量（kW）	上电机柜（个）	未上电机柜（个）	实际使用容量（kW）	剩余容量（kW）	使用率
××机房	×××						0.00%
	×××						0.00%
××机房	×××						0.00%
	×××						0.00%
	×××						0.00%
	×××						0.00%
××机房	×××						0.00%
	×××						0.00%

表 3-24 机柜 U 位、功率信息采集表

管理编号：×××-×××-×××-××

机房 U 位、功率统计明细采集表								
更新人：×××　　更新时间：××××年××月××日　　复核人：×××								
异常说明：								
3		黄色填充为 已用 U 位				黄色填充为 已用 U 位		
××列头柜		机柜编号名称××××	标定功率	实际功率		机柜编号名称××××	标定功率	实际功率
	15U			A 路	15U			A 路
	14U	网络设备		0.87	14U	网络设备	0.075	0.28
	13U	网络设备	需提供	B 路	13U			B 路
	12U	网络设备	需提供	0.85	12U			0.33
	11U				11U	网络设备	0.075	
	10U				10U			
	9U				9U			
	8U				8U			
	7U				7U			
	6U				6U			
	5U				5U			
	4U				4U			
	3U				3U			
	2U				2U	网络设备	0.075	
	1U				1U			
	3		需提供	1.72	3		0.225	0.61
	0	DCIM 控制器			0	DCIM 控制器		
	0	ODF			0	ODF		
	0	服务器			0	服务器		
	0	交换机			0	交换机		
	0	存储设备			0	存储设备		
	3	网络设备			3	网络设备		

表 3-25 机房 U 位信息统计表

管理编号：×××-×××-×××-××

××××数据中心—机房 U 位统计表												
楼层	机房号	总 U 位量	占用 U 位数量	机房 U 位占比	DCIM 控制器	ODF	服务器	交换机	存储设备	网络设备	总机柜数量	未上电机柜	备注
XF	××机房			%									
	××机房			%									
	××机房			%									
总 U 位量 及占用比				%									
备注：如有新上架设备，请在所在 U 位上涂黄色。								0					

表 3-26 机房容量管理信息表

管理编号：××××—××××—××××—××
更新时间：×××年×××月×××日
更新人：×××
复核人：×××
异常说明：无

机房编号	机房面积/m²	机柜资源/台					配电/kW					制冷（显冷量/kW）				
		规划机柜	非标机柜占用	已进驻机柜	剩余机柜	总U位	使用U位	剩余U位	U位使用率	配电容量	区域预警容量	已使用容量	剩余容量	使用率	制冷容量	区域预警容量	已使用容量	剩余冷量	使用率
××机房									0.00%					0.00%					0.00%
××机房									0.00%					0.00%					0.00%
××机房									0.00%					0.00%					0.00%
××机房									0.00%					0.00%					0.00%
××机房									0.00%					0.00%					0.00%
总计	0	0	0	0	0			0		0			0		0		0	0	0.00%

4）能效管理

数据中心作为高耗能行业，进行能效管理有助于企业准确评估现有资源的使用情况，避免资源的过度配置或不足，在优化资源配置、降低运营成本、提高运营效率、履行社会责任以及推动技术发展等方面都具有重要意义。企业应当重视能效管理，采取有效措施提升数据中心的能效水平，以适应不断变化的市场需求和技术环境。

能效管理在数据中心基础设施运维中的应用包括以下两方面：

（1）数据中心运维团队应在确保信息系统及其支撑设备安全运行的条件下，最大限度地节约资源、保护环境，在取得资源效率最大化的同时，将其对环境的影响最小化。运维团队应了解国内外关于数据中心节能的最新科技成果、发展趋势及成功案例等，熟悉当地政府针对数据中心的相关用能政策，并确保我们的数据中心至少满足当地政府节能降耗相关政策标准。

（2）数据中心运维团队应监测并记录数据中心不同工况及不同外界气候条件下 PUE、WUE 及综合 CUE 的变化情况，持续跟踪和分析趋势，持续优化节能运行方案。

能效管理模型示例如表 3-27 和表 3-28 所示。

表 3-27 数据中心能耗采集表

日期	市电		变压器				冷机				用水量/m²	采集人	备注
	201市电/kWh	202市电/kWh	401/kWh	402/kWh	403/kWh	404/kWh	1D20-1/kWh	1D21-1/kWh	1D7-1/kWh	1D6-1/kWh			

表 3-28 数据中心能耗分析表

日期	201	202	精密空调	冷机	水泵	新风机	其他及损耗	动力设备	IT设备	UPS损耗	总能耗	IT环比	动力环比	总能耗环比

5）业务连续性管理（应急管理）

数据中心基础设施运维进行应急管理对于确保业务连续性、降低风险与损失、提高运维效率等方面都具有重要意义。通过制定和完善应急预案、加强团队协同能力、优化资源配置等措施，企业可以建立起有效的应急管理体系，提升数据中心的稳定性和可靠性，保障企业的业务发展。

业务连续性管理（应急管理）在数据中心基础设施运维中的应用包括以下 6 个方面：

（1）确保在灾难发生之后基础设施和 IT 服务能够在规定的时间内得到恢复，从而实现总体的业务连续性要求。

（2）应建立、实施并保持一个正式的、形成文件的业务影响分析和风险评估过程。对场地、设施及服务中存在的可能影响运维目标和持续提供服务能力的风险进行识别、分析和评价，在业务影响分析的基础上，根据风险发生的可能性和发生后果的严重性制定相应的应急预案。

（3）运维团队应针对可能出现的各种严重事件，制定应急操作流程（EOP），以便在该事件发生时，运维团队能采取正确的操作程序，防止事件扩大为严重故障。

（4）应定期或当运营环境出现重大变化时对应急预案和恢复程序进行演练和测试。每次演练后应形成正式的演练总结报告，其内容应包括输出的结果、提出的建议和下一步的实施改进措施。

（5）演练主要包括：

① 沙盘演练：参与演练的运维人员集合，并逐一口述在发生紧急情况下自身所应承担的职责及对应的方案及步骤。

② 跑位演练：参与演练的人员跑位到模拟故障现场，模拟处理故障，参与人员应清晰地说出故障的处理方案及步骤。

③ 模拟演练：在确保生产安全的前提下，模拟真实中断场景，进行实际操作演练。

（6）应急演练的演练原则是：力求真实，在条件允许的情况下模拟实际故障处理。在运行中的一些特定场景下也可以进行应急演练，如发电机带载试验等。业务连续性管理（应急管理）模型示如表 3-29 和表 3-30 所示。

表 3-29 演练计划表

XX数据中心2024年维护计划表

系统分类	设备名称	维护单位	计划时间
供配电系统	工业连接器温度贴检查	运维	1月：月；4月：月；7月：月；10月：月
	蓄电池	运维	6月：放电；11月：放电
	变频器	运维	1月：季；4月：季；7月：季；10月：季
	列头柜	运维	2月：季；5月：季；8月：季；11月：季
	动力配电箱	运维	3月：季；6月：季；9月：季；12月：季
	柴油发电机系统	运维	每月：月；12月：年
	EPS	运维	5月：半年；11月：半年
	48V直流	运维	6月：半年；11月：半年
	机房照度检查	运维	1月：月；4月：月；7月：月；10月：月
	辅助设备装置	运维	每月：月
	加药装置	运维	1月：季；4月：季；7月：季；10月：季
	水箱	运维	3月：年度检测
暖通系统	三层精密空调	运维	1月：季；4月：季；7月：季；10月：季
	三层加湿加湿器	运维	4月：季；7月：季；10月：季
	列间空调及主机	运维	2月：季；5月：季；8月：季；11月：季
	漏水缆测试	运维	2月：季；5月：季；8月：季；11月：季
	排水系统	运维	7月：季
	一层精密空调	运维	3月：季；6月：季；9月：季；12月：季
	一层加湿器	运维	3月：季；6月：季；9月：季；12月：季
	蓄冷罐	运维	3月：季；6月：季；9月：季；12月：季
	板换	运维	3月：季；6月：季；9月：季；12月：季
	水(蓄)路系统	运维	3月：季；6月：季；9月：季；12月：季
	二层精密空调	运维	3月：季；6月：季；9月：季；12月：季
	二层加湿器	运维	3月：季；6月：季；9月：季；12月：季
	新风机组	运维	3月：季；6月：季；9月：季；12月：季
	集水井潜水泵	运维	2月：半年；9月：半年
	冷却塔	运维	3月：季；6月：季；9月：季；12月：季
	VRV系统	运维	4月：半年；10月：半年
	支持区空调	运维	4月：半年；10月：半年；5月：年；11月：年
	电伴热	运维	5月：年；11月：年
	水源热机组	运维	5月：半年；11月：半年

表 3-30 演练过程记录单

演练场景			演练日期	年 月 日
演练类别	□模拟环境演练　□桌面演练　□实战演练			
序号	职务	计划参加人员	部门/团队	确认签字
1	总指挥			
2	现场指挥			
3	演练流程控制			
4	演练实施			
5				
6				
7				
8				
9				
10				
11				
12				
13				
14				
15				

基础设施演练考核及总结如表 3-31 所示。

表 3-31 基础设施演练考核及总结

演练场景					参演人员		
演练类别	□实操演练　　□模拟环境演练　　□桌面演练						
演练时间（起止）	××月××日××:××至××:××		地点				
总指挥			现场指挥				
流程控制人员			参演人员				
演练准备							
演练过程							
演练考核	考核项目	考核要求		考核权重			
	应急响应	反应速度快慢、应急步骤是否井然有序等		30%			
	通报流程	明确流程熟悉度、流程接口人、流程通报机制等内容		20%			
	应急操作	设备的操作步骤及操作熟练度是否达到标准（注：任意步骤操作错误该项得"0"分）		20%			
	信息报告	信息报告准确迅速、故障描述详细等		15%			
	协调	客户、部门领导、同事之间的配合密切度		10%			
	安全意识	按规定穿戴防护用品和使用仪器仪表，具备安全防护意识		5%			
	考核评分	≥90 分：达到预期标准 ≥80 分：基本达到标准 <80 分或应急操作考核"0"分：未达到标准					

续 表

演练总结					
优化改进	EOP 修订	□是	□否	关联文档变更单	
考核人签字		总结人签字		总结时间	

说明：1.所有组织实施的演练应及时进行演练的回顾总结，并将实施总结情况如实反馈在该表。
2.本记录作为应急演练的回顾总结记录进行留存。
3.演练记录中暴露的问题，应指派专人负责对 EOP 进行补充修订。

6）供应商管理

随着数据中心业务量的日益复杂化，供应商对于组织的作用变得至关重要。业务的供应商管理，能够使组织以最低的成本获得满足质量和数量要求的产品或服务。加强对供应商提供服务的管理与监督，可确保其满足服务级别协议的要求，并为数据中心提供高质量的无缝服务。

供应商管理在数据中心基础设施运维中的应用包括以下 4 个方面：

（1）应该根据供应商的数据中心基础设施运维资质、以往的经验、业界的口碑等因素综合考虑，选择出同样注重预防性和预测性维护，并能提高可用性的供应商。通过规范供应商管理，确保供应商为数据中心提供优质的外部技术资源和支持。

（2）所有供应商在到达场地执行维护程序之前，应通过场地相关规程的培训，获得场地运维团队和运维管理层的批准。在执行维护活动的过程中要严格遵循操作流程。操作时需由运维团队的人员陪同并监督记录流程的执行情况。

（3）供应商的每次场地维护活动都应该提交现场服务报告并存档。

（4）运维团队应制定供应商的绩效评估方案，并定期对供应商进行绩效评估。应设立供应商管理文档，记录所有供应商的联系方式、服务级别协议（SLA）、工作范围、针对设施的培训和认证情况等信息。

供应商管理模型示例如表 3-32 和表 3-33 所示。

表 3-32 供应商信息表

管理编号：							更新日期：				更新人：		
序号	供应商名称	合同号	合同名称	合同起始时间	合同终止时间	供应商通信地址	服务电话	供应商接口联系人（至少2人）		供应商管理人/接口人		服务对象及范围	关键SLA	备注
								姓名	电话	姓名	电话			
1														
...														

表 3-33 供应商服务记录表

××××数据中心－基础设施供应商服务评价记录单

<table>
<tr><td rowspan="7">基本信息</td><td>记录单编号</td><td colspan="2">BJDC-GYS-PD-20201223-01</td><td>服务类别</td><td colspan="3">□例行维护　☒故障检修
□技术培训　□其他服务</td></tr>
<tr><td>服务关联工单</td><td colspan="2">BJDC-SJ-PD-20201223-01</td><td>供应商名称</td><td colspan="3">伊顿</td></tr>
<tr><td>供应商联系人</td><td colspan="2">胡八</td><td>供应商联系电话</td><td colspan="3">13555555555</td></tr>
<tr><td>服务发起人</td><td colspan="2">李四</td><td>服务发起时间</td><td colspan="3">2020年12月23日5时40分</td></tr>
<tr><td>服务响应时间</td><td colspan="2">2020年12月23日5时40分</td><td>服务响应方式</td><td colspan="3">□电话　☒简讯　□邮件</td></tr>
<tr><td>服务交付标题</td><td colspan="5">1♯UPS报"UPS散热风扇故障"维修</td></tr>
<tr><td>服务交付目标</td><td colspan="5">修复1♯UPS"UPS散热风扇故障"故障,确保设备正常运行</td></tr>
<tr><td rowspan="4">人员接入</td><td rowspan="4">供应商服务交付人员核实</td><td>姓名</td><td>电话</td><td>身份证</td><td colspan="3">身份核验</td></tr>
<tr><td>胡八</td><td>13555555555</td><td>13044419880091877655</td><td colspan="3">☒已备案　□未备案</td></tr>
<tr><td>/</td><td>/</td><td>/</td><td colspan="3">□已备案　□未备案</td></tr>
<tr><td colspan="3">服务接口人签字:王九</td><td colspan="3">复核时间:2020年12月23日9时30分</td></tr>
<tr><td rowspan="8">服务交付实施</td><td rowspan="4">服务技术交底及安全宣讲</td><td colspan="3">执行活动</td><td colspan="3">执行活动</td></tr>
<tr><td colspan="3">1.对本次服务交付作业技术方案进行了沟通确认,确认具备作业条件</td><td colspan="3">☒已执行　□未执行</td></tr>
<tr><td colspan="3">2.作业前已对供应商交付人员进行了安全技术交底</td><td colspan="3">☒已执行　□未执行</td></tr>
<tr><td colspan="3">服务接口/支持人签字:王九</td><td colspan="3">复核时间:2020年12月23日9时40分</td></tr>
<tr><td rowspan="4">服务结论及意见</td><td>结论及意见</td><td colspan="5">1♯UPS主机1♯风扇主板故障导致设备异常报警,更换故障风扇正常</td></tr>
<tr><td rowspan="2">备件使用信息</td><td>名称</td><td colspan="2">品牌/型号</td><td>数量</td><td>备件渠道</td></tr>
<tr><td></td><td colspan="2"></td><td></td><td></td></tr>
<tr><td colspan="3">供应商服务交付人签字:</td><td colspan="3">完成时间:　年　月　日　时　分</td></tr>
<tr><td rowspan="9">服务评价及关单</td><td rowspan="6">服务评价</td><td colspan="4">评价项目</td><td colspan="2">评价结论</td></tr>
<tr><td colspan="4">1.是否按约定时间及时到场提供交付服务</td><td colspan="2">☒是　□否</td></tr>
<tr><td colspan="4">2.是否准备充分,携带工具或备料满足服务交付目标需要</td><td colspan="2">☒是　□否</td></tr>
<tr><td colspan="4">3.是否遵循场地管理要求及作业安全规范,按照技术方案完成服务交付工作</td><td colspan="2">☒是　□否</td></tr>
<tr><td colspan="4">4.是否具备良好的服务交付态度,积极开展服务交付工作</td><td colspan="2">☒是　□否</td></tr>
<tr><td colspan="4">5.是否如实产生服务交付报告,报告内容清晰、明确,并给出合理建议</td><td colspan="2">☒是　□否</td></tr>
<tr><td colspan="6">主观评价意见:响应及时,故障诊断准确,快速解决设备运行异常</td></tr>
<tr><td>服务评价定级:</td><td>□A级</td><td colspan="2">☒B级</td><td>□C级</td><td>□D级</td></tr>
<tr><td colspan="3">服务接口人签字:王九</td><td colspan="3">评审时间:2020年12月23日11时00分</td></tr>
<tr><td>关单确认签字</td><td colspan="3">供应商管理人签字:　赵五</td><td colspan="3">关单时间:2020年12月23日11时00分</td></tr>
</table>

备注:
1.基本信息及人员接入由供应商接口人录入,服务结论及意见由供应商服务交付人录入,服务评价由服务接口人录入。
2.供应商服务评价记录单编号规则:BJDC(××数据中心)-GYS(供应商管理)-PD/NT/RD/QT(配电/暖通/弱电/其他)-20211222(日期)-01(识别码)。

4. 安全管理

1) 信息安全管理

信息安全在数据中心领域具备特殊的重要性。信息安全管理作为数据中心服务能力的重要组成部分，直接关联并体现组织的核心价值。因此，它也成了组织层面管理者所高度关注和重视的核心能力之一。

信息安全管理在数据中心基础设施运维中的应用为：由于数据中心的门禁系统、各类监控系统、环控系统、访客系统、DCIM、DCOM 等各类弱电系统是支持数据中心运行的关键系统，因此，应制定并采取必要的安全控制措施。此外，针对信息资产在运行环境中所面临的风险，应制定相应的信息安全策略和措施，将风险减少至可接受的程度，从而保障信息的可用性、保密性和完整性。

2) 安健环管理

安健环是安全、健康和环保这 3 个名词的简写，安健环管理即通过对其建立系统化的预防管理机制，彻底消除各种事故、环境和职业病隐患，最大限度地减少事故环境污染和职业病的发生，从而达到改善组织安全、环境保护与健康业绩的管理方法。安健环管理是数据中心服务能力成熟度与运营保障能力域的基础，只有组织保持在安全、健康与环保的基础上，才能更进一步地考虑提升组织、协调和管理数据中心资源。

安健环管理在数据中心基础设施运维中的应用包括以下 3 个方面：

（1）健康环境管理是依据国家及行业安全生产法律法规，结合数据中心安全管理实际，吸收国内外先进安全管理方法与模式，融合关键管理要素，遵循 PDCA 思想，建立有针对性的安健环综合管理制度，确保数据中心人员和环境的安全。

（2）定期进行检查、验证和评审。

（3）按照制定的相关培训计划开展培训。

安健环管理模型示例如表 3-34 至表 3-39 所示。

表 3-34 人员出入登记表

××××数据中心-来访人员出入统计汇总表（×月）											
文件编号：××××××			更新日期：			更新人：					
序号	工单编号	申请日期	访客单位	来访事由	访客姓名	人数	证件号码	手机号码	访客性质	是否审批	录入人员	备注
1												
2												
3												
4												
5												
6												
7												
8												
9												
10												
...												

表 3-35　机房出入审批单

××××× 人员出入申请单			
文件编号:×××××;文件版本:V0.90;更新日期:　　　更新人:			
申办人员信息			
申办人		申请单位/部门	
申办日期		陪同人	
来访人员信息			
来访单位/部门		人数	＿＿＿人
来访目的			
来访人员资料（可附清单）	姓名	证件类型	证件号码	访问卡号（安检人员填写）
是否携带物品	□是　□否	携带物品明细：	
授权信息			
授权期限	＿＿年＿＿月＿＿日＿＿时至＿＿年＿＿月＿＿日＿＿时		
授权范围	监控中心： □指挥中心 □ECC监控中心 □值班室 运维区域： □空调设备 □配电室 □UPS及电池室 □发电机房	其他： □公共区域 □弱电间 □气瓶间(气灭) □未投产机房单元 □楼顶 ＿＿＿＿库房 备注：	机房单元 二层： □机房一　□机房二　□机房三 三层： □机房一　□机房二　□机房三 四层： □机房一　□机房二　□机房三 五层： □机房一　□机房二
来访人员出入审批			
申办人处室领导签字确认			
×××岗签字确认			
×××处负责人签字确认			
说明：未经允许不得在自建数据中心内使用照相机、摄像机、电脑笔记本、PDA、录音笔等工具。如有携带，请交至安检处妥善保管。结束访问后，由接口部门陪同人员负责指引来访人员交还"访客卡"； 请申办部门在申请单内的"授权范围"勾选框内划"√"；来访人员较多可另附附件！谢谢合作！			

表3-36 设备出入审批单

×××××数据中心设备出入申请单				
文件编号:×××××;文件版本:V0.90;更新日期:　　　　更新人:				
申办基本信息				
申办人		申请单位/部门		
申请出入时间	开始日期:　　　年　　　月　　　日 开始时间:　　　　时　　　　分		设备性质	□基础设施设备 □IT设备
设备基本信息				
所属单位/部门		设备使用/负责人		
出入事由				
调入位置	/	调出位置	/	
设备详细信息				
序号	名称/型号	S/N序列号	数量	出入类型
1				□出 □入
2				□出 □入
3				□出 □入
4				□出 □入
5				□出 □入
6				□出 □入
7				□出 □入
出入管理审批				
申办人处室领导签字确认		机房管理岗签字确认		
网络管理处负责人签字确认				
说明:申办部门需配合安检人员检查,并在申请单内的"设备性质"和"出入类型"勾选框内划"√",设备出入数量较多可另附附件!谢谢合作!				
(安检人员填写)			日期:　　年　　月　　日	
实际出入设备确认				
实际出入时间	开始时间:　　时　　分　　　结束时间:　　时　　分			
机房运维人员签字确认		园区安防值班人员签字确认		
备注				

表 3-37 动火证审批单

动火审批单编号：

数据中心动火审批单						
文件编号：××-××-××-××-××			更新日期：×××		更新人：×××	
申请单位			申请人			
动火人			资质证书编号			
动火方式	□焊接 □切割 □其他		动火等级		□特级 □一级 □二级	
动火地点			监火人			
动火时间	年 月 日 时 分 至 年 月 日 时 分					
动火原因说明及采取的安全措施（由动火申请人填写）： 签名： 年 月 日						
现场风险评估（由运维团队动火安全员填写）： 签名： 年 月 日						
××： 签名： 年 月 日						
××： 签名： 年 月 日						
××负责人： 签名： 年 月 日						

续 表

××部负责人：	
	签名： 年 月 日

备注：
1. 动火申请表按规则编号：年度—月份—次数，例如 2021-1-1。
2. 动火前需清理动火现场易燃、易爆品，不能清理的大型物品进行隔离。
3. 动火现场必须配备灭火器材(灭火器、水桶等)，并安排专人看火。
4. 动火人必须持相关岗位证书，并办理动火证方可动火。
5. 动火现场禁止交叉作业。
6. 室外动火当室外风力达到 3 级以上禁止动火。
7. 防火等级与审批动火时间段关系：特级(8 小时)、一级(8 小时)、二级(72 小时)。
8. 动火中断 30 min 后，重新动火需要现场管理人员重新评估动火条件。

表 3-38　临时用电审批单

临时用电审批单编号：

××××数据中心临时用电审批单						
文件编号：××××		文件版本：		更新日期：	更新人：	
用电申请人			资质证书编号			
用电原因			用电负荷		V	kW
用电地点						
用电时间	年 月 日 时 分 至 年 月 日 时 分					
现场安全措施(由用电申请人填写)： 签名： 年 月 日						
现场风险评估(由运维团队用电安全员填写)： 签名： 年 月 日						
机房运维团队项目经理： 签名： 年 月 日						

续 表

机房管理岗：	
	签名： 年　月　日
网络管理处负责人：	
	签名： 年　月　日
实施结果（由运维团队随工人员填写）：	
	签名： 年　月　日
备注： 1. 临时用电申请表按规则编号：年度—月份—次数，例如 2021-1-1。 2. 临时用电按照谁用电谁负责，谁供电谁监督的原则，用方须设专人维护管理。 3. 安装临时用电线路和设施人员须持有电工作业证。 4. 临时用电单相和三相混用线路采用五线制。 5. 临时用电线路架空高度在装置内不低于 2.5 m。 6. 室外临时配电盘（柜）应有防雨措施。	

5. 质量管理

1）文档管理

数据中心基础设施运维的文档管理在保障数据中心高效、稳定运行方面扮演着至关重要的角色。通过文档管理，可以制定和执行标准化的运维流程和操作规范，确保所有运维人员按照统一的标准进行操作。

文档管理在数据中心基础设施运维中的应用包括以下 3 个方面：

（1）文档管理指文本、记录、电子文件、原始程序代码等各类成文信息的产生、存储、修订、查阅、分类和检索；

（2）每个文本都有一个类似索引卡的记录，包含作者、文档描述、建立日期和使用范围等信息；

（3）数据中心需要建立完善的文档管理制度，从安全性、有效性以及文档获取的便捷性等多方面进行管控。

文档管理模型示例如表 3-39 至表 3-41 所示。

表 3-39 文档管理目录

文件资料目录清单											
文件编号：		文件版本：		资料类别：		更新日期：		更新人：			
序号	文件类别	文件名称	文件编号	版本	文件页数	更新时间	更新人	文档归档形式	归档份数	归档日期	归档位置	备注
1								□电子 □纸质				
2								□电子 □纸质				
3								□电子 □纸质				
4								□电子 □纸质				
5								□电子 □纸质				
6								□电子 □纸质				
7								□电子 □纸质				
⋮								□电子 □纸质				

表 3-40 文档资料变更审批表

变更发布申请	发布文件名称及版本		
	废止文件名称及版本		
	变更/发布原因		
	编写/修订内容		
	编写/修订人签字		完成日期	
内容审核	审核意见		
	审核人会签		审核日期	
发布审批	审批意见		
	批准人签字		批准日期	
发布执行	发布范围		
	文件管理员签字		发布日期	
说明	1. 表格内容不需填写时,应在相应位置处"/"; 2. 工单填写应保持字迹工整、清晰,严禁涂改; 3. 文件变更发布通过后,文件管理员应及时通过邮件方式对文件进行发布。		

表 3-41　文档资料借阅登记表

序号	文件名称	文件编号	版本	借阅份数	出借日期	借阅人签字	归还日期	归还人签字	备注
1									
2									
3									
4									
5									
6									
7									
8									
9									
⋮									

2) 评审管理

数据中心基础设施运维进行评审管理的重要性在于确保运维质量、提高运维效率、降低风险、保障业务连续性、促进知识传承和积累以及符合法规和标准要求。通过评审管理，可以不断优化运维工作，提高数据中心的稳定性和可靠性，为企业的发展提供有力支持。

评审管理在数据中心基础设施运维中的应用包括以下两个方面：

（1）评审管理主要依据数据中心的战略目标，对管理体系的现状、适宜性、充分性和有效性进行评估；并对方针和目标的贯彻落实及达成情况进行综合评价。

（2）数据中心需根据生命周期内的重要组织活动，制定相应的评审制度及策略，以提高数据中心运营的规范性和安全性。

评审管理模型示例如图 3-2 所示。

3) 审计管理

审计管理的主要目的是确保数据中心基础设施运维的各个方面都符合相关的法规、政策、标准和行业规范。这包括了对安全、隐私、数据保护、服务等级协议（SLA）等的遵守。通过对运维流程、系统配置、安全策略等方面的审计，识别出潜在的风险点，并制定相应的措施来减轻该类风险。审计管理有助于提早发现和预防潜在的安全威胁。

审计管理在数据中心基础设施运维中的应用包括以下两个方面：

（1）数据中心制定有效的审计管理制度，通过周期性的内部（或外部）审核，验证数据中心的运营情况是否符合体系要求，针对不符合项，应当及时采取预防和纠正措施。

（2）审计管理以改善企业的管理素质和提高管理水平为目的，审查数据中心运营过程中计划、组织、领导控制、决策等管理职能的表现，从而提升数据中心运营的安全性、效率性和可用性。

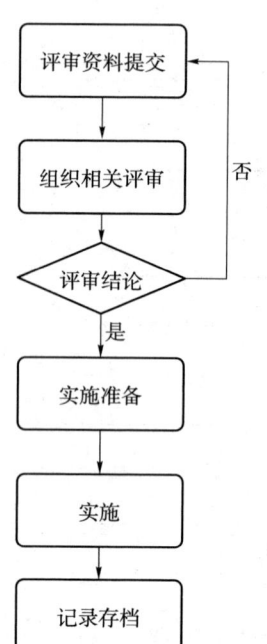

图 3-2　评审管理模型示例

审计管理模型示例如表 3-42 所示。

表 3-42 基础设施运维质量审计表

抽检时间		年 月 日 时 分至		年 月 日 时 分
抽检人员			被抽检对象	
抽检项	常规性检查	专项性检查		紧急性检查
抽检内容				
抽检结果记录				
发现问题				
建议整改措施				
记录人		日期/时间		年 月 日 时 分

4）持续改进管理

通过识别和改进运维流程中的瓶颈和低效环节，并持续进行改进，可确保数据中心基础设施运维持续提高绩效、效率、质量、创新能力和竞争力，进而更好地支撑组织的业务发展与战略目标。

持续改进管理在数据中心基础设施运维中的应用包括以下 3 个方面：

（1）数据中心需制定持续改进管理制度，定期发现并更新不符合项清单，并制定改进计划，同时需作为内部审计的一项重要的审核项。

（2）持续改进管理是数据中心改进运营过程中的部分不符合项以提高数据中心安全稳定的方法。一般步骤包括不符合项的识别、设定改进目标、寻找解决方法、验证实施结果、正式采用等。

（3）要求企业营造一个全员参与、主动实施改进的氛围和环境，确保改进过程持续且有效的实施。

3.3.3 组织治理

数据中心组织治理能力的体现主要从组织层面（职能、内外部关系、文化和绩效）保障数据中心的战略与运营能力，风险管控能力是组织治理能力的重要组成部分。

1. 治理架构

1）职能管理

数据中心基础设施运维进行职能管理的重要性在于明确职责与责任、优化资源配置、规范运维流程、提升服务质量和用户满意度、强化风险管理、促进团队协作与沟通以及支持持续改进和创新。这些方面的提升有助于确保数据中心的高效稳定运行，满足企业的业务需求和发展目标。

智能管理在数据中心基础设施运维中的应用包括以下两个方面：

（1）在数据中心的整个管理活动过程中，职能管理通过划分组织活动的工作职能，实现了管理活动的专业化，使其在实践中的工作效率得到显著提升。

（2）管理者可以运用职能观点去建立或改革组织架构，根据运维职能规定出组织内部的职责、义务、权力及其内部结构，进而确定运维人员的人数、素质、学历、专业、技能、知识结构等的要求。

职能管理模型示例和某数据中心组织架构图如图 3-3 和图 3-4 所示。

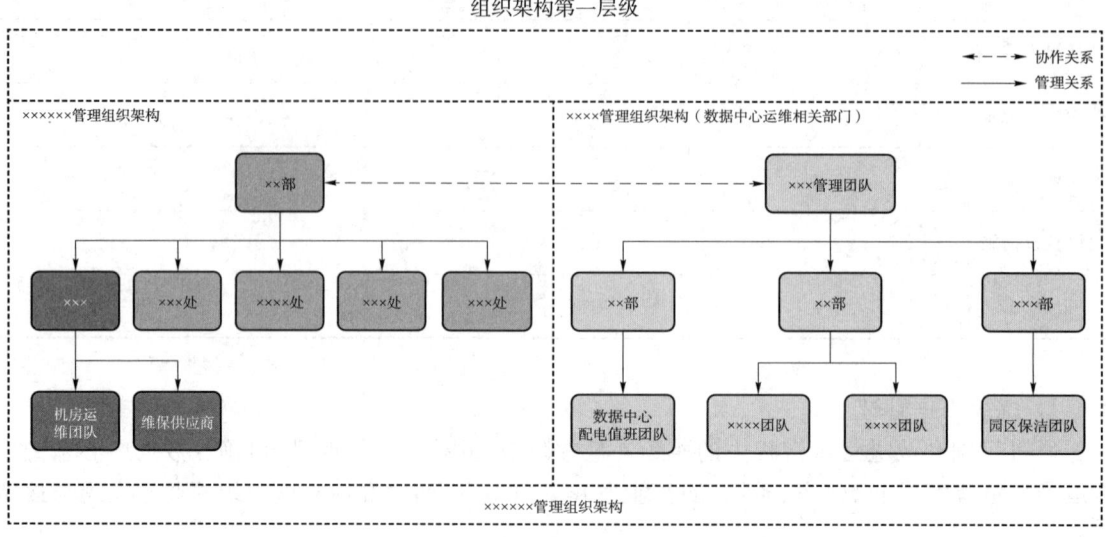

图 3-3 职能管理模型示例

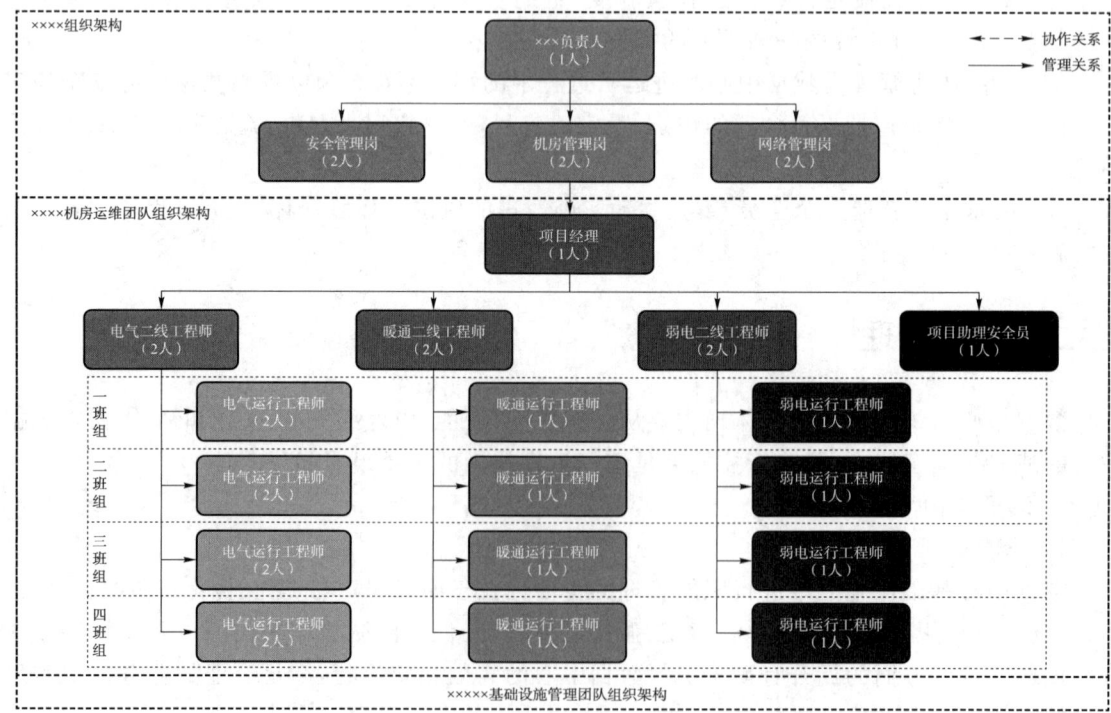

图 3-4 某数据中心组织架构图示例

2）关系管理

数据中心基础设施运维进行关系管理的重要性在于明确职责和协同工作、优化资源调配和共享、提升服务质量和客户满意度、加强风险管理和预防以及支持持续改进和创新。这些方面的提升有助于确保数据中心的高效稳定运行，提高运维团队的整体绩效和竞争力。

关系管理在数据中心基础设施运维中的应用包括以下两个方面：

（1）在数据中心基础设施的运营过程中，会接触到多个维度的组织或者相关方，包括客户、监管机构、合作伙伴、供应商、政府单位等，需要建立有效的沟通管理的机制，识别各相关方、明确各方的需求，做好定期维护及沟通。

（2）关系管理需明确数据中心基础设施运维团队中相对应的联络人，以便及时进行更新和维护。

关系管理模型示例如表 3-43 所示。

表 3-43 运维人员通讯录

序号	部门/单位	岗位/职能名称	联系人信息		备用联系人信息		备注
			姓名	联系电话	姓名	联系电话	
一、客户联系人信息							
1							
2							
3							
4							
5							
二、运维团队联系人信息							
1							
2							
3							
三、关联部门联系人信息							
1							
2							
3							
四、外部供应商联系人信息							
1							
2							
3							
4							
5							
6							
五、市政服务联系信息							
1							
2							
3							

续 表

序号	部门/单位	岗位/职能名称	联系人信息		备用联系人信息		备注
			姓名	联系电话	姓名	联系电话	
4							
5							
6							
7							

说明:
1.××××数据中心—基础设施运维人员通讯录应在运行值班室进行配置;
2.事件流程经理负责协调人员,至少每季度1次协调对该表信息有效性进行复核确认及更新。

2. 组织风险

1) 合规管理

数据中心需要遵守包括数据安全、隐私保护、服务等级协议(SLA)等多个方面的法律法规。通过合规管理,企业可以确保自身运营符合法律要求,避免因违规操作而面临的法律诉讼和罚款风险。

合规管理在数据中心基础设施运维中的应用包括以下两个方面:

(1)建立管理程序,确保能够有效识别、获取、更新相关的法律法规,并及时落实。

(2)数据中心基础设施管理过程中的相关程序制度要求,需依据国家相关法律法规、行业规范及监管要求。

合规管理模型示例如图 3-5 所示。

2) 风险管理

风险管理是组织在有风险的环境中,将风险造成的不良影响降至最低的管理过程。风险管理的目标是全面识别在数据中心工作职能范围内面临的风险,通过对风险进行量化分析和分级管控,将其控制在可接受的范围内,最大限度地降低生产运营的风险。

风险管理在数据中心基础设施运维中的应用包括以下 3 个方面:

(1)数据中心基础设施运维团队,应充分识别运行中的外部不可控风险对数据中心运营的影响,定期评估已识别风险的潜在影响变化。同时,运维团队应扩大认知范围,及时识别可能新生的风险,并依据最新的评估结果制定和更新应对预案,以便采取有效措施,消除或控制风险的影响。通过考量不确定性及其对目标的影响,采取相应的措施,提高风险应对的效果。

(2)外部不可控风险可能有:

① 自然气象灾害:暴雨、雷电、暴雪、暴风、洪水、冰雹等。

② 自然地质灾害:地震、滑坡等。

③ 环境影响风险:噪声、废气、排烟、有害气体。

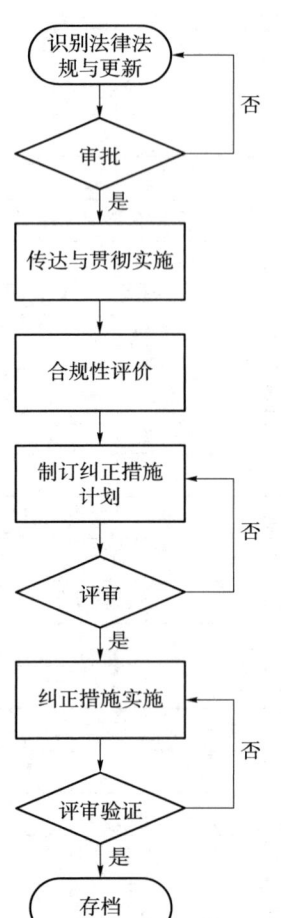

图 3-5 合规管理模型示例

④ 市政风险:长时间的停电、限电、停水、停热、停冷、停气、道路施工、交通管制等。

⑤ 其他风险:火灾、危化品爆炸、重大事故、恐怖袭击、传染疾病暴发、新政策和法规要求、监管部门的监管。

(3) 针对已识别的风险及制定的对应处置办法,应将其纳入应急预案中,并按应急管理的流程进行定期演练。

风险管理模型示例如表 3-44 所示。

表 3-44 风险登记册

序号	风险区域	所属系统	识别日期	风险识别人	风险设备	风险描述	风险等级	风险影响	控制方案	解决方案	责任人	未解决	解决日期	备注

3. 驱动机制

1) 绩效管理

数据中心基础设施运维进行绩效管理对于明确目标与期望、激励与提升员工、识别与解决问题、优化资源配置、提高运维效率、加强跨部门协作、为决策提供支持以及持续改进与创新等方面都具有重要意义。因此,企业应高度重视在数据中心基础设施运维中实施有效的绩效管理系统。

绩效管理在数据中心基础设施运维中的应用主要为:应根据公司及数据中心的战略目标,制定与绩效考核相关的管理规范及流程。在该规范及流程中应细化阶段性的工作要求,确保其落实到数据中心的各个岗位。同时,通过相对科学的评价方式,定期对数据中心的员工进行绩效考评,促进其工作的质量和效率。

2) 组织文化管理

组织文化,亦可称之为企业文化,是一种以人为本的管理哲学的体现。在当今时代,组织文化逐渐获得更多的关注,并在组织发展中发挥着愈发关键的作用。积极构建富有特色的组织文化,并精准把握其建设的核心要点,对于强化组织的向心力和凝聚力具有举足轻重的意义。组织文化的管理过程往往需投入大量资源,且效果显现相对缓慢,但其重要性却不容忽视。

组织文化指组织在长期的实践活动中所形成的、为组织成员普遍认可和遵循的、具有本组织特色的价值观念、团体意识、行为规范和思维模式的总和。它的任务就是努力创造这些共同的价值观念体系及行为准则。通过建立组织文化管理相关的行动,提升企业形象、提高组织凝聚力、使数据中心健康稳定发展。

第4章 程序文件

4.1 标准操作程序-SOP

4.1.1 配电 SOP 示例

低压配电柜操作
DQ-SOP-20-1

概述

描述低压配电柜操作。

风险评估

低压配电柜属于数据中心供电系统中的关键设备操作,是数据中心供电系统的重要组成部分。一旦操作失误将会导致供电设备损坏,严重时可能会导致模块机房双路供电中断,因此操作风险高。

信息通报

(1) 通报各专业主管及基础设施监控室值班人员;

(2) 通报可能受到影响的下端用户。

先提条件

(1) 操作前需确认设备运行状态正常,具备操作条件;

(2) 经过相关领导及部门的变更审批流程及操作票;

(3) 通报监控室值班人员。

安全保障

(1) 操作人员必须穿戴必备的个人防护用品、绝缘手套、绝缘靴,并在监护下操作;

(2) 操作前应保证现场整洁,避免影响人员操作。

专用工具及备件要求

(1) SOP 程序文档;

(2) 设备操作杆、操作摇柄、设备钥匙;

(3) 个人防护用品,包括长袖纯棉工作服、护目镜。

回退计划

操作过程中若发生异常,不可强行操作,应立即停止操作,对设备进行恢复或隔离。待查明问题并修复完成后方可继续按照标准操作程序进行操作。

操作项:低压断路器分合闸

确认低压配电室内的低压配电柜需进行分合闸操作后,手动按下"分闸"或"合闸"按钮,断路器进行分合闸。

操作项：抽屉柜操作

确认低压配电室内的低压配电柜需进行操作后，手动转动开关扳手，可分别设置到"分闸""合闸""试验""检修"位置。当开关扳手处于"试验"位置时抽屉柜开关不能进行分合闸；当开关扳手处于"检修"位置时，同样不能进行分合闸，但此时可以将抽屉柜拉出进行维护检修。

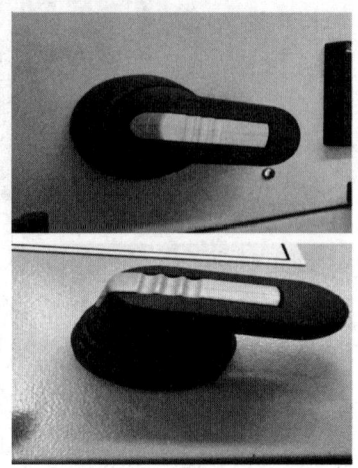

4.1.2 暖通 SOP 示例

风冷机的开机操作

NT-SOP-01-01

概述

描述风冷机开机前的检查项目，并按照标准操作程序进行开机，开机启动后在不影响相应区域其他设备正常运行的情况下检查设备运行状况。

风险评估

风冷机是数据中心冷源提供的主要设备，若运行异常，会导致机房环境温湿度异常波动，严重时可能发生局部热点，操作前应确认各系统设备运行状态配置正常，操作过程中密切监控机房各区域设备运行状态，同时确认数据中心无其他相关操作任务执行，否则会影响操作目标的达成，严重时可能导致机房局部热点超温报警，影响 IT 设备运行。

信息通报

（1）通报各专业主管及基础设施监控室值班人员；

（2）通报可能受到影响的下端用户。

先提条件

（1）现场设备具备操作条件；

（2）操作前须经过相关领导及部门的变更审批流程。

安全保障

（1）操作人员必须穿戴必备的个人防护用品，并在监护下操作；

（2）操作前应保证现场整洁，避免影响人员操作。

专用工具及备件要求

钳形电流表一把。

回退计划

操作过程中若发生设备异响、异味、预期状态指示错误等异常情况,不可强行操作,应立即停止操作,对设备进行恢复或隔离。待查明问题并修复完成后方可继续按照标准操作程序进行操作。

操作项一:开机前检查

(1) 检查并确认冷机上级电源是否合闸(目前空调动力配电柜 A 路送电,B 路未送电)。电源电压是否在额定范围频率 50 Hz、电压是否为 380 V±38 V。

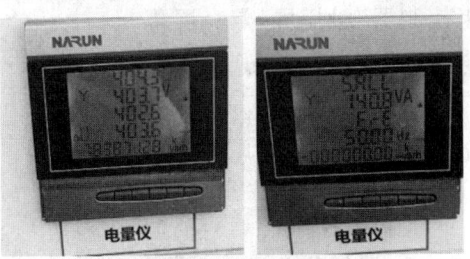

(2) 检查并确认 4#冷水机组已合上电源并送电(目前只有 4#冷水机组可以启动)。

(3) 检查并确认冷冻水补水系统已合上电源。

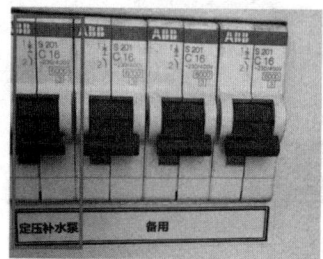

(4) 查看冷冻水出水设定温度是否满足目标需求。

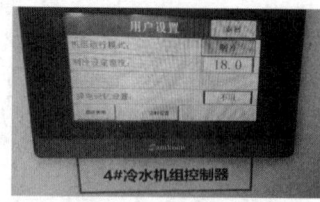

(5) 机组制冷剂无泄漏、无油迹,水系统管路无泄漏。

操作项二:冷机本地开

(1) 单击"4# 冷水机组控制器"触摸屏,点亮屏幕。

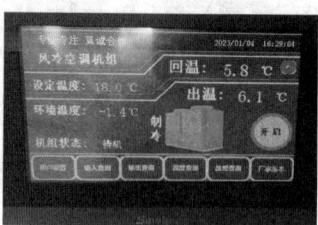

(2) 进入初始界面,单击右下角"开启"按钮。

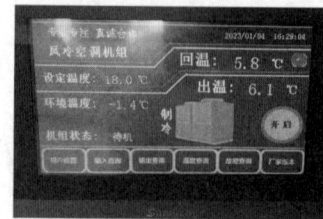

(3) 检查现场冷机及其他设备正常运行且工作状态正常,冷机本地开启完成。

操作项四：运行检查

（1）冷机启动后，检查并确认冷机运转声音是否正常，有无喘振，有无杂音；检查定压补水设备运行状态是否正常。

（2）冷机启动后观察机组出水温度是否趋近设定温度。

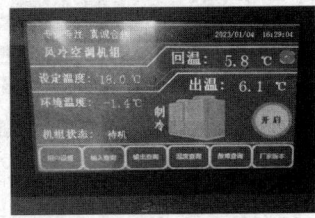

（3）至此，本次冷机开机操作完成。

4.1.3 弱电 SOP 示例

动环系统登录操作

概述

动环系统操作是系统的标准化操作方式，本程序文档描述如何正常开机登录。

风险评估

开机登录不涉及安全问题，无风险。

信息通报

（1）通报各专业主管及基础设施监控室值班人员；

（2）通报可能受到影响的下端用户。

先提条件

（1）操作前需现场确认设备具备操作条件；

（2）经过相关领导及部门的变更审批流程；

（3）通报监控室值班人员；

（4）通报可能受到影响的机房用户部门。

安全保障

操作前应保证现场整洁，避免影响人员操作。

专用工具及备件要求

无。

回退计划

操作过程中若发生异常,不可强行操作,应立即停止操作,对设备进行恢复或隔离。待查明问题并修复完成后方可继续按照标准操作程序进行操作。

操作项:系统登录、信息查看

(1) 打开值班电脑—1,单击360极速浏览器,地址栏输入IP:http://192.168.250.103:8080,或单击浏览器书签"数据中心综合监控平台",输入登录账号:admin,密码:123456,进入动环系统。

(2) 分别单击环境监测、精密空调、配电检测-A、配电检测-B、UPA-A、UPS-B、消防监控、门禁监控进入各设备系统查看监控状态。

(3) 单击"报警信息"查看历史报警记录。

4.1.4 消防 SOP 示例

火灾报警控制器关机操作

概述

描述如何按照标准操作步骤正确操作,同时对火灾显示盘设备操作步骤进行规范。在日常值机及突发火灾情况下,能及时准确查看报警或故障等信息,第一时间做出处置。

先提条件

(1) 操作前须现场确认设备具备操作条件;

(2) 经过相关领导及部门的变更审批流程。

安全保障

(1) 操作人员必须持有《建(构)筑物消防员》资格证,并与监护人共同完成下列操作;

(2) 操作人员熟练掌握设备安全操作规范。

专用工具及备件要求

无。

回退计划

操作过程中若发生异常,不可强行操作,应立即停止操作,对设备进行恢复或隔离。待查明问题并修复完成后方可继续按照标准操作程序进行操作。

操作项:关机操作

(1) 现将控制器设置到手动状态。

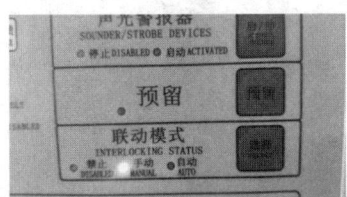

(2) 打开控制器后盖,先关闭备电电源开关,再关闭主电电源开关。

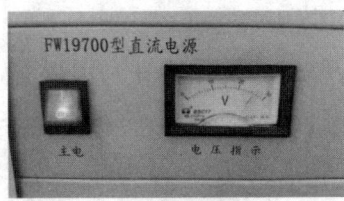

(3) 本次报警控制器关机操作完成。

4.2 标准维护程序-MOP

4.2.1 配电 MOP 示例

英维克-低压配电系统——季度维护
DQ-MOP-02_1

概述

描述如何按照标准维护操作程序对低压配电柜、变压器、封闭母线、电容进行外观检查、状态指示检查、组件检查等季度维护工作,以保证设备正常、稳定运行。

先提条件

(1)经过相关领导及部门的变更审批流程;

(2)通报各专业主管及基础设施监控室值班人员;

(3)通报可能受到影响的机房用户。

安全保障

(1)穿戴必备的个人防护用品(工作服、工作鞋、手套);

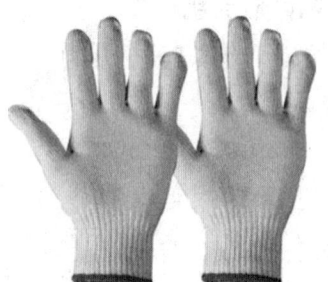

(2)维护工作应至少 2 人配合进行,互相监护。

专用工具

(1)手动维修工具一字螺丝刀、十字螺丝刀、手动活扳手、套筒各 1 把、设备钥匙。

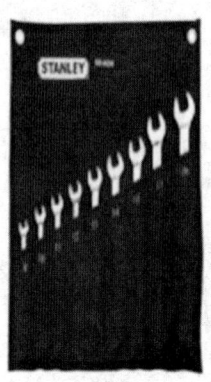
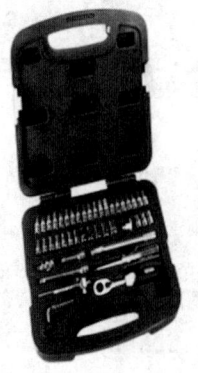

(2)万用表 1 块,温湿度计 1 块、红外成像仪 1 台。

(3) 软毛刷 1 个,吸尘器 1 台,抹布 1 块。

维护工具清单

工具名称	型号	数量	品牌
软毛刷	—	1 个	—
吸尘器	—	1 台	—
抹布	—	1 块	—
手动维修工具一字螺丝刀	—	1 把	—
套筒	—	1 把	—
设备钥匙	—	1 把	—
温湿度仪	SC-153	1 把	深达威
万用表	—	1 块	福禄克
红外线成像仪	—	1 块	福禄克
十字螺丝刀	—	1 把	—
钳形电流表	FLUKE330	1 块	福禄克

回退计划

维护操作过程中若发生异常,不可强制操作,应停止操作,对设备进行隔离,并立即汇报主管及技术工程师,待查明问题并修复完成后方可继续按照标准操作程序进行操作。

维护项一:运行环境检查

(1) 确认维护对象,通过核对维护设备编号及路由进行确认。

(2) 使用温湿度计测量配电室环境温、湿度。
(配电室环境温度:18～30 ℃;环境湿度:30%～80%。)

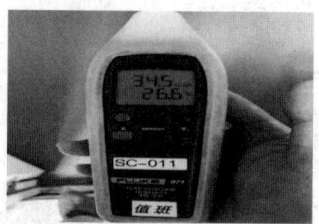

(3)确认设备周边无杂物堆放,无易燃易爆物品。

(4)配电室内部没有异响、异味、孔洞、漏水等情况。

(5)设备周围没有影响设备操作的杂物。

维护项二:设备外观检查

(1)检查变压器的运行声音是否正常,有无异响。

（2）检查低压柜、电容柜指示灯、仪表、控制按钮等有无缺失、破损现象。

（3）检查柜体表面有无划痕，有无变形，有无锈蚀现象。

（4）检查柜体标识有无破损、模糊、脱落等现象。

（5）检测柜体有无封堵不严情况，以及检查防火泥，防火板，防火包等有无脱落现象。

（6）检查电容柜排风扇是否正常运转。

（7）检查电容柜进风和排风过滤网是否干净，并进行清洁。

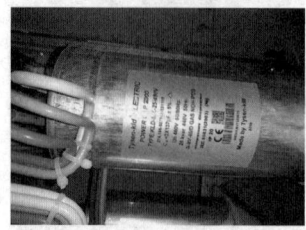

（8）检查电容柜内部电容是否有开裂、漏液、鼓包现象。

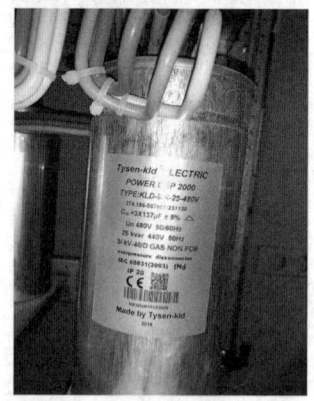

（9）检查封闭母线是否固定牢靠且有无晃动现象。

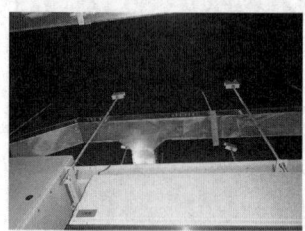

（10）对变压器、低压柜、电容、封闭母线表面进行卫生清洁。

维护项三：设备功能检查

(1) 检查手动启停变压器温控仪风机并测试风机能否正常运行。

(2) 检查所有配电柜开关间隔分/合状态与二次指示灯指示状态的对应情况。

(3) 测试配电柜仪表基本功能是否正常,切换电压、电流等数据是否显示正常。

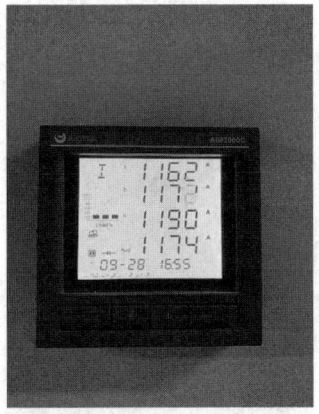

(4) 检查电容柜功率因数是否正常,若低于0.9,检查电容器是否正常投入。

(5) 检查设备外壳、柜门等所有金属部位保护接地是否紧固、有效。

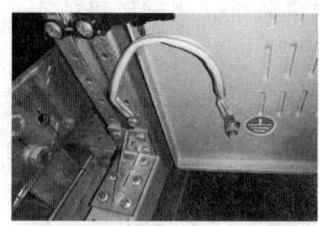

(6) 检查设备防雷接地是否紧固、有效,防雷空开/保险是否闭合,SPD 是否失效。

维护项四:设备组件检查

(1) 依次打开设备二次舱柜门。

(2) 查看设备保险是否缺失,工作是否正常,熔断指示灯是否亮起。

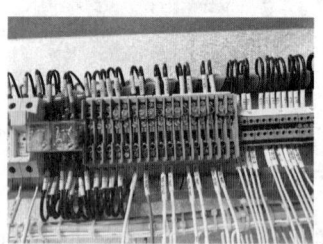

(3) 检查二次线有无脱落,有无绝缘皮破损现象能让检查线号标识有无缺失现象。

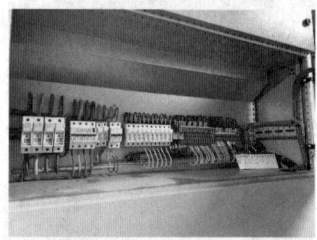

(4) 查看设备继电器有无拉弧、表面有无裂痕等现象。

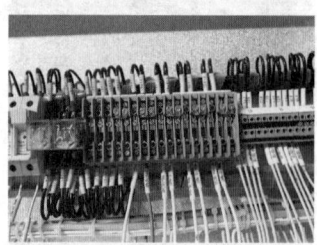

(5) 依次打开设备后柜门查看线缆、铜排是否紧固正常,绝缘支架外观是否完好、清洁。

（6）查看设备接线端子，通过力矩线目视接线端子有无松动、断开、拉弧等现象。

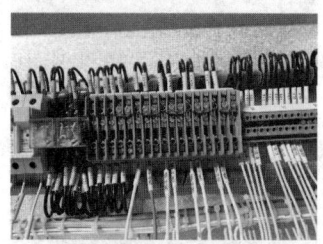

（7）检测断路器外观有无变形，连接处有无氧化拉弧现象。

（8）检查配电柜内是否干燥，看、听、闻有无异常（变色、声音、焦味）。

（9）查看互感器接线有无脱落，有无异常振动、异响。

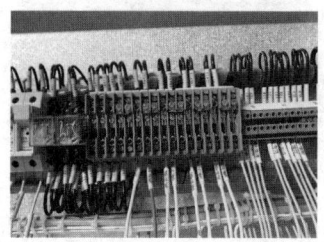

维护项五:运行参数检测

(1) 检查变压器、温度控制器是否正常,并记录最高相温度(标准:低于 100 ℃)。

(2) 打开低压进线配电柜后柜门,使用万用表检测线电压情况,比对设备仪表检测数据并进行记录(电压:342~406.6V)。

(3) 抄录低压进线柜当前的三相电流。

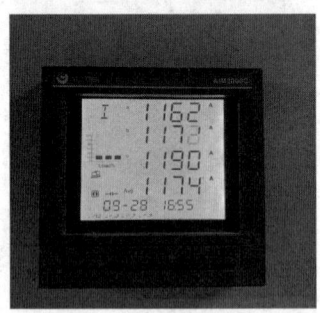

(4) 使用热成像,检查配电柜电气节点、铜排有无异常温升情况。

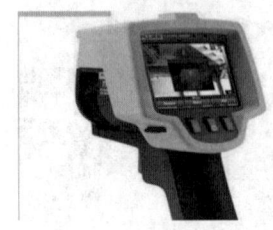

(5)测量电流互感器的温度。

(6)测量电缆(电抗器与电容器相连处)的温度(标准:小于 90 ℃)。

(7)测量铜排的温度(标准:小于 40 ℃)。

(8)测量接线端子的温度(标准:小于 90 ℃)。

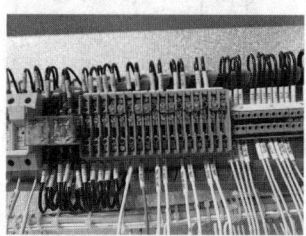

(9)测量电容器的运行温度(标准:小于 55 ℃)。

(10)测量电抗器的运行温度(标准:小于 100 ℃)。

（11）测量接触器的运行温度（标准：小于60 ℃）。

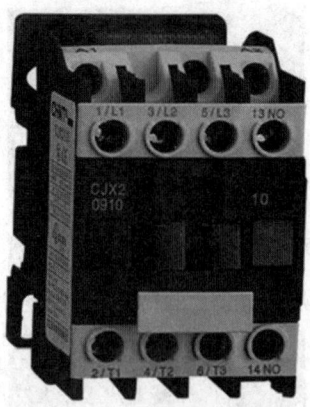

（12）测量从本组配电柜引出至机房或配电室的封闭母线温度（标准：小于60 ℃）。

（13）维护测试完毕，关闭柜门并上锁，清理并恢复现场。

（14）工具全部收回并清点。

4.2.2 暖通 MOP 示例

精密空调——季度维护
NT-MOP-11-1

在对精密空调进行季度维护时，对维护的筹备要求及实施内容进行了明确定义。具体来讲，维护项主要包括环境检查、外观检查、运行情况检查、部件常规检查等内容。

先提条件

(1) 经过相关领导及部门的变更审批流程;

(2) 通报各专业主管及基础设施监控室值班人员;

(3) 通报可能受到影响的机房用户。

安全保障

(1) 穿戴必备的个人防护用品(绝缘鞋、手套、安全帽);

  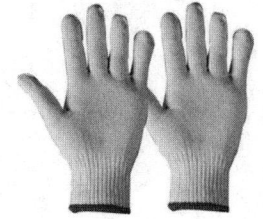

(2) 维护工作应至少有 2 人配合进行,互相监护。

专用工具

(1) 警示牌 1 套。

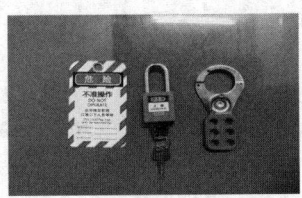

(2) 抹布 1 块、水桶 1 个、毛刷 1 个。

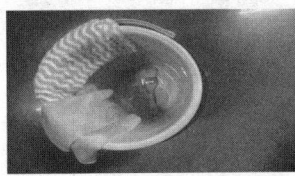

(3) 活口扳手 1 个。

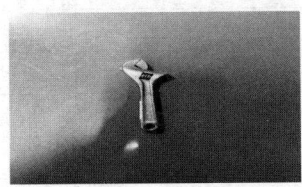

(4) 翅片梳子 1 把。

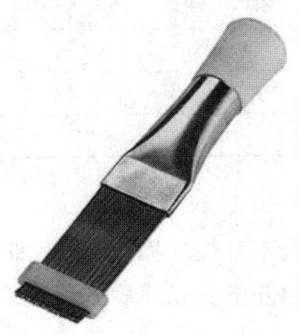

（5）十字螺丝刀和一字螺丝刀各1个。

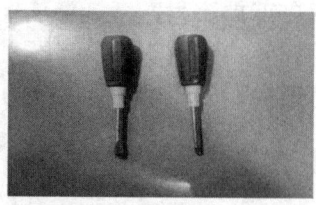

（6）空调扎带若干卷。

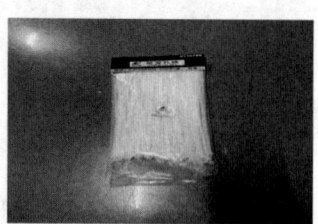

（7）仪器仪表,包括钳形电流表1块、温湿度仪1块、点温枪1支、验电笔1支。

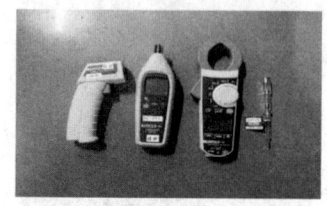

维护工具清单

工具名称	型号	数量	品牌
水桶	—	1个	—
抹布	—	1个	—
硬毛刷	—	1把	—
活口扳手	—	1个	—
LOTO安全锁	—	1把	LOTO
翅片梳子	—	1把	—
十字螺丝刀	—	1个	—
空调绑扎带	—	若干	—
钳形电流表	ZHX-004	1块	福禄克
一字螺丝刀	—	1个	—
点温枪	ZHX-002	1块	福禄克
温湿度仪	011	1块	—
精密空调专用钥匙	—	1把	—
验电笔	—	1个	老A

回退计划

在维护操作过程中若发生异常,不可强制操作,应立即停止,并对设备进行隔离以及及时汇报主管及技术工程师,待查明问题并修复完成后方可继续按照标准操作程序进行操作。

维护项一：设备外观检查
（1）至设备所在位置，检查设备编号与表单授权实施维护对象编号是否一致，明确维护对象。

（2）确认设备控制面板有无告警信息，显示时间与标准时间同步。

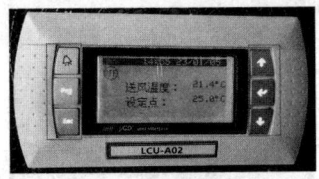

（3）环视设备周边，确认环境是否洁净，有无杂物堆放，有无易燃易爆及腐蚀性物品，并根据现场情况进行清理。
（4）检查并确认精密空调外壳有无磕碰、有无变形，周边有无滴漏水。
（5）检查并确认精密空调面板各参数显示是否正常、有无报警现象。

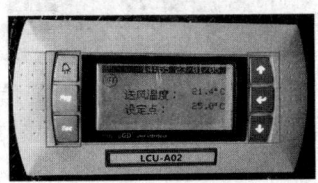

（6）检查并确认精密空调接地线是否完整，有无脱落、缺失现象。
（7）检查并确认精密空调标识是否完整，有无脱落、缺失现象。
维护项二：过滤网及表冷器维护操作
（1）按照精密空调 SOP，关闭精密空调，断开电源上接开关，并挂牌。
（2）在精密空调停止运行后，打开精密空调柜门，使用试电笔确认精密空调是否断电。
（3）检查并确认精密空调回风有无脏、堵及报警现象。

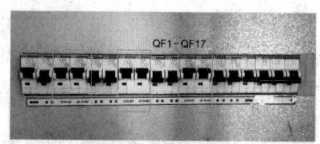

（4）检查并确认表冷器翅片有无脏污。若由污浊引起冷凝水水流不畅或结霜,可使用喷壶冲洗;若翅片出现褶皱,可使用翅片梳子进行梳理。

维护项三：电气维护作业操作

（1）检查并确认精密空调所有电气接线端子有无松动现象。若有松动现象,可使用扳手或螺丝刀进行紧固。

（2）使用吸尘器、干抹布、毛刷等清洁工具对设备外部及内部非带电部分进行除尘作业。

维护项四：冷冻水系统维护作业

（1）检查精密空调地板下管路保温及扎带是否出现破损缺失。

（2）检查并确认精密空调仪器仪表外观及显示是否正常。

（3）检查并确认精密空调冷冻水过滤器前后端压差：——MPa(正常值＜0.1 MPa),对压差大于正常值进行清理。

维护项五：设备系统运行参数检测

（1）拆除挂牌,将精密空调面板送电。

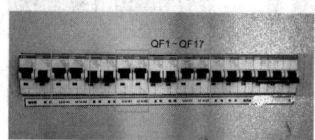

（2）检查并确认精密空调控制面板上设定的温湿度参数是否正常。

（3）检查并确认精密空调控制面板主菜单上的温湿度监测数值是否正常。

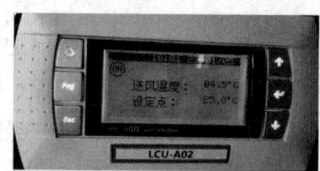

（4）检查并确认精密空调控制面板当前有无异常告警信息,左上角报警灯有未亮。

（5）检查精密空调运行有无振动、异响及异味现象。

4.2.3 弱电MOP示例

动环监控系统-季度维护

概述

本文描述如何按照标准维护操作程序对动环监控系统进行外观检查、状态指示检查、系统检查等季度维护工作,确保设备正常、稳定运行。

先提条件
(1) 经过相关领导及部门的变更审批流程。
(2) 通报各专业主管及基础设施监控室值班人员。
(3) 通报可能受到影响的机房用户。
安全保障
(1) 穿戴必备的个人防护用品(绝缘鞋、手套、安全帽)。

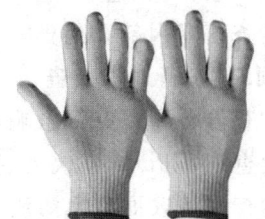

(2) 维护工作应至少2人配合进行,互相监护。
专用工具
(1) 清洁工具:清洁毛刷2把、干抹布1个。

(2) 一字、十字螺丝刀各一把。

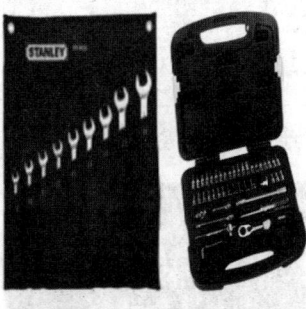

(3) 吸尘器一台。

回退计划
在操作过程中若发生异常,不可强行操作,并立即停止操作,对设备进行隔离,汇报主管及技术工程师,待查明问题并修复完成后方可继续按照标准操作程序进行操作。

维护项一:设备运行环境检查

(1) 至设备所在区域,检查设备编号与表单授权实施维护对象编号是否一致,明确维护对象;

(2) 用温湿度计在稳定位置测量设备周边环境温湿度情况(机房环境温度:18～27 ℃机房环境湿度:<80%);

(3) 环视设备周边,确认环境是否洁净,有无堆放杂物,有无易燃、易爆及腐蚀性物品等情况,并根据情况进行清理;

(4) 检查房间内部有无异响、异味、孔洞、漏水等情况。

维护项二:设备外观检查

(1) 检查设备周围有无影响设备操作的物品;

(2) 检查设备指示灯、仪表、控制按钮等有无缺失、破损现象;

(3) 检查设备表面有无污渍、划痕、锈蚀、变形现象;破损周边有无滴漏水现象。

维护项三:系统工作站运行状态的检查和消毒

(1) 对系统工作站进行消毒。

(2) 对系统工作站进行全盘备份。

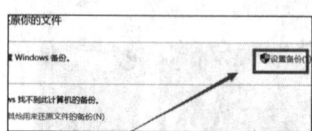

(3) 检查系统工作站各线缆的连接情况。

(4) 对系统工作站内部、外部进行除尘操作。

维护项四:数据核对

(1) 登录动态监控管理软件。

(2) 按 5% 比例对温湿度传感器进行抽查,查看现场数据与动环显示数据是否一致。

(3) 按 25% 比例对电池监控、UPS 进行抽查,查看现场数据与动环显示数据是否一致。

(4) 按 25% 比例对列头柜、漏水绳进行抽查,查看现场数据与动环显示数据是否一致。

维护项五:服务器检查

(1) 查看服务器面板指示灯是否正常,若黄灯亮,则表示有故障;若红灯亮,则表示有严重故障。

（2）检查服务器各线缆的连接情况。
（3）对服务器外部进行清洁除尘操作。

维护项六：模块箱检查

（1）查看模块箱内接线端子螺丝是否松动及连接线外皮是否破损，若有松动，则紧固各接线端子。
（2）对模块箱进行清洁除尘操作。

4.2.4 消防 MOP 示例

消防气灭系统季度维护

概述

本文描述如何按照标准维护操作程序对气灭系统设备进行维护，其包括外观检查、状态指示检查、组件清理和更换等维护工作，以确保设备正常、稳定运行。

先提条件

（1）经过相关领导及部门的变更审批流程；
（2）通报基础设施监控室值班人员；
（3）通报可能受到影响的机房用户。

安全保障

（1）穿戴必备的个人防护用品（服装、绝缘鞋和手套）；

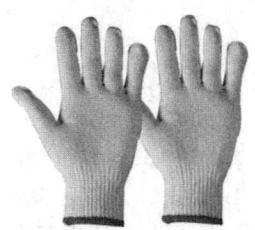

（2）维护工作应至少 2 人配合进行，互相监护。
（3）操作人员须经过专业培训并熟练掌握设备安全操作规范；
（4）消防主机、各设备运行状态良好，无线路故障；
（5）测试前钢瓶间启动瓶电磁阀必须卸下，防止由误操作带来的人员及财产损失。

专用工具

（1）万用表 1 块，阀门专用扳手。

(2) 清洁工具。

(3) 对讲机 2 部。

回退计划

在操作过程中若发生异常,不可强行操作,并立即停止操作,对设备进行隔离,汇报主管及技术工程师,待查明问题并修复完成后方可继续按照标准操作程序进行操作。

维护项:火灾报警、气体灭火控制器查

(1) 用钥匙打开控制盘箱体,查看各条线路接驳情况,包括端子接口是否松动,线路外皮保护层是否破损。

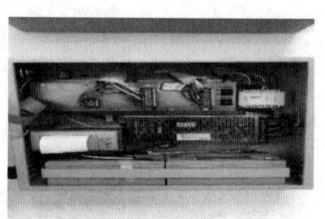

(2) 使用万用表直流电压挡位测量输出电压(参考值:24 V±2.4 V)_____ V。

(3) 检查并确认设备周围无杂物,使用软毛刷清洁箱体内卫生,整理各条线路。

（4）锁闭控制盘箱体。

（5）中控室人员将消防主机设置为手动状态。

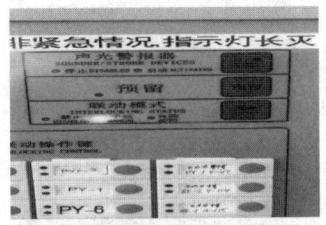

（6）钢瓶间人员将灭火控制盘设置为"手动""允许"状态。

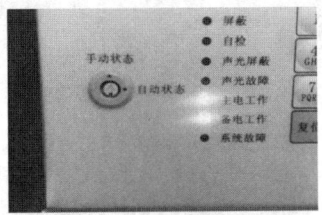

（7）取下控制盘启停按钮的保护罩。

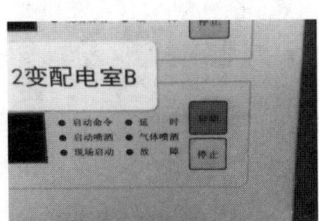

（8）通知中控室,将要测试的防火分区。

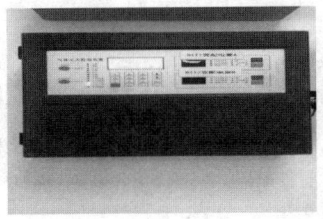

(9) 按下启动按钮,该防火分区声光警报器发出报警及灯光,延时指示灯闪烁,设备进入延时状态,延时为 30 s。

(10) 控制盘操作人员在 30 s 延时内按下停止按钮,测试能否急停,设备停止动作后延时指示灯熄灭(直启盘上的开关按钮皆为自锁按钮)。

(11) 验证气灭主机各项功能是否正常。

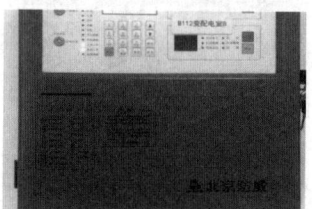

(12) 查看主机是否收到启动及停止信号,并核实与报警位置是否相符。

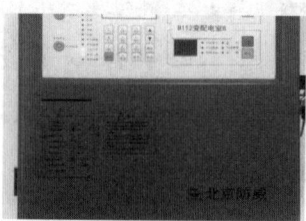

(13) 验证气灭层显示各项功能是否正常。

(14) 按下启动按钮,通过通信设备确认主机及控制盘收到启动信号,延时指示灯在控制盘收到启动信号后开始闪烁,同时现场急启指示灯亮起。

 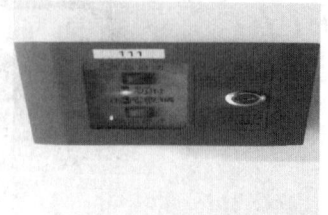

维护项：声光报警控制器

（1）检查灯光保护罩。

（2）检查设备固定情况。

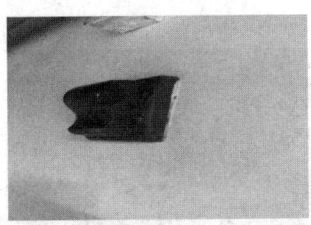

（3）联动信号发出，控制区域内声光报警指示灯发出警报声，并且灯光闪烁。

维护项：放气指示灯

（1）检查外观是否破损。

（2）检查设备固定情况。

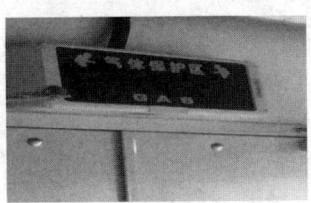

（3）启动信号一经发出，该保护区内放气指示灯立即开始闪烁，30 s后气体释放，此时放气指示灯变为常亮。

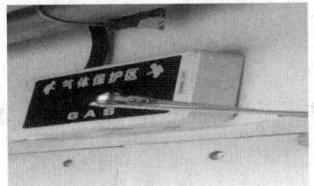

维护项：清理现场

（1）清理现场。

（2）检查所有设备是否复位。

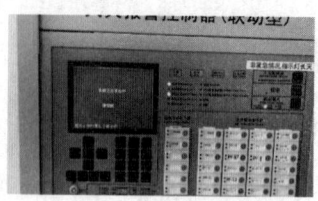

（3）清点工具，维护作业完毕。

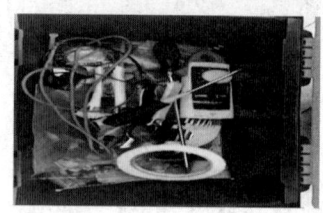

4.3 标准应急程序-EOP

4.3.1 配电 EOP 示例

1. 概述

1）编写目的

为顺利完成数据中心机柜掉电场景模拟演练，有效提高运维人员应急处置能力，加强关联部门间的应急处置协作能力，保障数据中心安全稳定运行，同时对应急程序的有效性进行验证，特制订本应急演练方案。

2）适用范围

本应急演练方案适用于数据中心机柜掉电时的模拟应急演练的组织实施。

3）编制依据

本演练方案依据数据中心现场实际人员配置情况、机房运行情况和机柜掉电应急预案及应急操作程序文档编写而成。

4）应急演练原则

应急演练实施工作坚持统一指挥、负责到人、快速反应、保障有力的原则。

2. 演练筹备安排

1）时间及地点

时间：20××年××月××日。

地点：××数据中心。

2）人员配置

本次演练根据目前阶段机房实际运行后的运行班组人员配置情况开展，共配置现场值班人员 2 人（供配电工程师、空调暖通工程师）。

此外,为更好地模拟真实场景,还配置了外围人员 2 名,其中包括数据中心项目经理 1 名,电气主管 1 名。

3) 工具配置

强光手电 2 把,现场应急工程师每人 1 把;对讲机 2 部,现场应急人员及 ECC 各配置一部;机房设备应急钥匙串 2 套,现场应急人员每人配置 1 套;此外还应准备应急 PDU、万用表各 1 个。

除以上工具配置外,应急人员还应穿戴配发的纯棉工作服、安全鞋等个人防护用具。

4) 场景配置

本次演练为模拟演练,但可以使用未启用的机房进行真实操作,不影响投产机房的运行。考核运维人员响应时间,提升运维人员应急实操能力。

本次演练配置场景为 A-01 机柜支路空开掉电,每组人员随机抽取其中一个场景进行实操演练,在未事先告知本组演练人员的前提下,随机分断上述机柜空开,运维人员需进行确认动环告警、现场确认故障 PDU、应急通报、PDU 检测、临时 PDU 取电等操作,锻炼其行动的快速有效性。因此,设定场景具体如下:

(1) 设备配置场景

① 提前将 A-01 机柜支路送电,并贴上分合闸标识;

② 电气主管将上述机柜随机分断支路空开,触发动环告警;

③ 其余设备运行正常。

(2) 人员配置场景

值班工程师 A、B 位于 ECC 班室正常值机;

网络组位于办公区(可用其他人员模拟替代)。

(3) 时间配置场景

突发事件时间为凌晨 3:00,无二线人员在场情况下。

5) 演练实施流程

按照人员配置情况,将各负责应急执行流程划分如下:

(1) 区域一:ECC 应急操作(值班工程师 B)

当动环系统发出某一小母排(或列头柜)支路开关状态为断开,同时该支路开关电流为 0 的告警信息时,立即通知电气工程师、网络组前往故障模块机房查看。

(2) 区域二:故障模块机房操作(值班工程师 A)

① 当收到值班工程师 B 发出的告警信息后,立即携带万用表同网络组前往故障模块机房。

② 到达模块机房后定位故障小母排(或列头柜)及机柜。

③ 确认故障 PDU 对应支路空开脱扣,PDU 指示灯熄灭。

④ 协助网络组判断机柜内是否有单电源设备。

⑤ 通知值班工程师 B 告警信息正确及机柜内有无单电源设备。

⑥ 申请并得到网络组允许合闸的授权。

⑦ 要求网络组打开机柜柜门,并移除跳电机柜内故障 PDU 上的 IT 设备插头。

⑧ 使用万用表电压挡测量故障 PDU 火线与零线,结果显示电压为 0,表明设备已断电。

⑨ 使用万用表蜂鸣挡,将零火表笔短接,待蜂鸣器响,则确认仪表正常工作,随后用该仪表测量 PDU 火线与零线。

⑩ 此时模拟 PDU 内部短路。

⑪ 通知值班工程师故障信息,通报语言为"PDU 内部有短路,请携带临时 PDU 前往应急现场"。

⑫ 将列头柜(小母线)的备用工业连接器母头取出(E-B 列头柜或 EF 列插接箱),接于临时 PDU 的公头上。

⑬ 使用万用表交流挡测试 PDU 供电正常时,暂时将跳电机柜内的 IT 设备插到临时 PDU 上恢复供电。

⑭ 应急完毕,记录故障信息与应急过程,通报电气主管,等待进一步指示。

(3) 区域三:ECC 值班室应急操作(值班工程师 B)

① 接收到值班工程师 A 信息后通报电气主管告警信息,通报术语为"××机房××小母排(或列头柜)××支路跳闸,导致××机柜单电源失电,机柜内有(无)单电源设备"。

② 启动事件/事态流程,记录告警信息。

③ 当接收到值班工程师 A 小母排(或列头柜)告警消除信息后通报电气主管,通报术语为"××机房××小母排(或列头柜)××支路跳闸故障已恢复"。

④ 当接收到值班工程师 A 小母排(或列头柜)告警消除信息后核对动环系统中该小母排(或列头柜)状态,确认告警信息已消除。

(4) 区域四:数据中心操作(电气主管)

① 及时响应一线值班工程师应急信息,指导一线工程师应急操作。

② 及时向高层次领导/甲方通报故障信息及故障恢复后信息。

6) 实施要求及风险把控

为确保演练实施工作顺利、有效开展,对演练实施中的工作要点做如下明确规定:

① 演练启动后,各演练实施小组成员应严格按照演练方案配置及标准操作程序执行相关操作。

② 演练中如发生设备异常情况,应立即通报演练指挥,经评估后可终止演练,并迅速恢复设备标准配置状态。

③ 演练的实施须实行分级负责制,一线演练实施小组对负责区域内设备的确认及操作负责,二级指挥组对负责区域内的整体人员分配/协调及设备恢复情况负责,演练总指挥对演练实施总体进展把控负责。

④ 各演练实施小组应行动迅速、判断准确,保证规定时间内完成相关区域的演练实施工作。

⑤ 演练实施过程中,各演练小组应如实记录演练实施情况,便于做后期总结分析,从而对演练预案进行优化调整。

4.3.2 暖通 EOP 示例

1. 概述

1) 编写目的

为了顺利完成数据中心机房高温场景模拟演练,有效提高运维人员应急处置能力,加强关联部门间的应急处置协作能力,保障数据中心安全稳定运行,同时对应急程序的有效性进行验证,特制定本应急演练方案。

2) 适用范围

本应急演练方案适用于数据中心机房高温模拟应急演练的组织实施。

3) 编制依据

本应急演练方案依据数据中心现场实际人员配置情况、机房运行情况和空调系统故障应急预案及应急操作程序文档编写而成。

4) 应急演练原则

应急演练实施工作坚持安全第一、统一指挥、负责到人、快速反应、保障有力的原则。

2. 演练筹备安排

1) 时间及地点

时间:2020年××月××日。

地点:数据中心。

2) 人员配置

本次演练根据目前阶段机房实际运行后的运行班组人员配置情况进行开展,此次演练共配置了现场值班人员3人(供配电工程师、空调暖通工程、消安防或弱电工程师)。

此外,为更好地模拟场景,还配置外围人员2名,其中包括数据中心项目经理1名、暖通主管1名。

3) 工具配置

对讲机3部,现场应急人员2部及ECC配置1部;梯子1把、线轴2个、轴流风机2台、地板风机3台、电动螺丝刀1把、内六角扳手1套、空调间应急钥匙串1套、盲板2~3块、盲条若干等。

4) 场景配置

本次演练为实操演练,选定空调间管路作为应急演练对象,在演练开始前对机房环境运行模式进行调整,确保应急演练不影响投产机房的安全运行。该演练既考核运维人员的响应时间,也提升运维人员应急实操及团队配合能力。具体分为以下几个场景。

(1) 场景一

局部高温,机房冷通道单点温湿度传感器监测温度超过管理阈值。

(2) 场景二

单个机房温度升高,机房整体监测温度超过管理阈值。

(3) 场景三

全部机房温度升高,全体机房监测温度超过管理阈值。

(4) 数据中心机房高温应急关键

① 发现机房高温方式[温度传感器告警、设备告警(精密空调、UPS、服务器)、巡检发现、人员反馈、BA状态分析(重大事故,多见于场景三)]。

② 高温的可能原因分析:第一,冷通道封闭环境,盲板盲条阻碍热量散发、架空地板的设计不当等因素;第二,空调匹配冷量不足,例如,业务批量上架时空调配置不足或者业务电流上升;第三,设备故障导致,例如,传感器故障(适用于单点)、精密空调故障或气阻、Y形过滤器脏堵、系统欠压(适用于单个机房)等。

③ 机房高温应急措施包括局部设施调节、末端设备参数调控、末端设备设施改变、冷源设备参数调控、特殊情况应急处理。

④ 通风地板、轴流风机、走廊冷空气利用。

(5)机房高温应急流程(以场景二为例)

① 确认机房温度高温告警情况。

② 确认机房高温原因。

③ 更改末端设备控制参数。

④ 对故障设备进行排查并处理。

(6)人员配置场景

① 值班工程师 A、B、C 位于 ECC 班室正常值机。

② 网络组、消防组 D 位于大厅区(可用其他人员模拟替代)。

(7)时间配置场景

事件突发时间为夜班时段,无二线人员在场情况下。

3．演练实施

1)演练实施流程

按照人员配置情况,将应急执行流程划分如下:

(1)区域一:ECC 应急操作(值班工程师 A)

① 发现××机房动环监控温度触发高温报警,且机房温度属于整体升高情况。

② 通知值班工程师 B 前往××机房,现场组织处理故障。

③ 通知值班工程师 C 前往××机房协助值班工程师 B 现场处理故障。

④ 通知暖通主管工程师故障情况,并对应急现场状况及时反馈。

⑤ 通过动环重点检测其他机房区域环境状态是否正常,并反馈至值班工程师 B 以及暖通专业主管。

⑥ 及时与值班工程师 B 沟通联系,积极协调资源为应急现场提供支持。

(2)区域二:××机房区域现场应急操作(值班工程师 B)

① 当收到值班工程师 A 发出的告警通知后,立即赶往××机房高温现场,确认机房环境情况,判断是否有施工或者上架等操作、是否有封堵需求或者地板开启需求并及时处理。

② 抵达××机房空调间,确认精密空调运行状态是否存在异常。

③ 根据现场情况增开备用机组,满足机房环境制冷需求。

④ 如机房局部仍然高温,假设轴流风机将冷风吹至高温位置服务器。

⑤ 经确认×#精密空调制冷功能欠佳,及时隔离并处理。

⑥ 与值班工程师 C 一同对故障精密空调进行处理,恢复故障。

(3)区域三:空调间区域现场应急操作(值班工程师 C)

① 接收到值班工程师 A 信息通知后,及时与值班工程师 B 取得联系,根据需求准备应急工具。

② 配合值班工程师 B 处理现场高温应急。

(4)高温机房区域巡检(值班工程师 D)

① 接收到值班工程师 A 信息通知后,立即前往其他区域机房进行查看。

② 如有人员支援需求及时抵达现场协助问题处理。

(5)区域四:数据中心操作(暖通主管)

① 迅速响应一线值班工程师应急信息,指导一线工程师应急操作。

② 如有必要协调人员对现场应急进行支援。

③ 及时向高层次领导/甲方通报故障信息及故障恢复后信息。

④ 填写相关表单,跟进相关维修事宜,并对此次事故进行总结分析。

2）演练实施要求及风险把控

为保证演练实施工作顺利、有效开展,对演练实施中的工作要点做如下明确规定:

(1) 演练启动后,各演练实施小组成员应严格按照演练方案配置及标准操作程序执行相关操作。

(2) 演练中如发生设备异常情况,应立即通报演练指挥,经评估后可终止演练,随即迅速恢复设备标准配置状态。

(3) 演练的实施须实行分级负责制,一线演练实施小组对负责区域内设备的确认及操作负责,二级指挥组对负责区域内的整体人员分配/协调及设备恢复情况负责,演练总指挥对演练实施总体进展把控负责。

(4) 各演练实施小组应行动迅速、判断准确,确保在规定时间内完成相关区域的演练实施工作。

(5) 演练实施过程中,各演练小组应如实记录演练实施情况,便于做后期总结分析,从而对演练预案进行优化调整。

4.3.3 弱电 EOP 示例

1. 概述

1）编写目的

为了顺利完成数据中心动环系统故障应急演练操作场景模拟演练,有效提高运维人员应急处置能力,加强关联部门间的应急处置协作能力,保障数据中心安全稳定运行,同时对应急程序的有效性进行验证,特制订本应急演练方案。

2）适用范围

本应急演练方案适用于数据中心动环系统故障模拟应急演练的组织实施。

3）编制依据

本方案依据数据中心现场实际人员配置情况、机房运行情况和动环系统故障应急演练操作应急预案及应急操作程序文档编写而成。

4）应急演练原则

应急演练实施工作坚持安全第一、统一指挥、负责到人、快速反应、保障有力的原则。

2. 演练筹备安排

1）时间及地点

时间:20××年××月××日。

地点:××数据中心。

2）人员配置

本次演练根据目前阶段机房实际运行后的运行班组人员配置情况进行开展,该演练共配置现场值班人员 3 人(含供配电工程师、弱电工程师)。

此外,为更好地模拟真实场景,还配置了外围人员 2 名,其中包括数据中心项目经理 1 名,电气主管 1 名。

3）工具配置

地板吸、强光手电、网线、对讲机、测温枪、温湿度仪、机柜钥匙、网络测线仪。除此外,应急人员还应穿戴配发的纯棉工作服、安全鞋等个人防护用具。

4）场景配置

本次演练为场景模拟演练，只进行现场跑位、确认及模拟操作，不影响设备实际运行。因此设定场景具体如下：

（1）动环系统服务器运行正常。

（2）系统成本成摸模块运行正常。

（3）动环系统嵌入式服务器运行正常。

（4）各末端设备运行正常。

3. 演练实施

按照人员配置情况，将各负责应急执行流程划分如下：

序号	操作步骤	执行
1	阶段一：通报	
2	ECC立即通知巡检人员赶赴现场	
3	通报专业主管现场情况，并实时通报处理情况	
	签字： 时间：	
4	阶段二：处理情景——动环系统嵌入式服务器掉电，动环监控系统工作站告警"×号站点通信中断"	
5	使用动环系统工作站PING站点IP：10.129.12.xx	
6	确认远程连接×号服务器无法连接	
7	快速至×号服务器所在技术夹道	
8	确认×号服务器电源指示灯不亮	
9	对讲机通知ECC嵌入式服务器掉电 通报术语：ECC注意，×号服务电	
10	检查×号服务器电源插头是否紧固	
11	按下×号服务器前面上的电源开关	
12	确认×号服务器前面板电源指示灯亮	
13	确认×号服务器后面板网络通信指示灯亮	
14	对讲机通知ECC嵌入式服务器已启动 通报术语：ECC注意，×号服务器已重新启动，请确认	
15	确认动环监控系统收到告警"×站点网络连接正常"	
16	逐项检查并确认该站点下所有监测点恢复正常	
17	形成相关流程工单，并实时汇报专业主管现场情况	
	签字： 时间：	
情景二：	动环系统嵌入式服务器网络故障，动环工作站告警"×号站点通信中断"	
18	使用动环系统工作站PING站点IP	
19	确认远程连接×号服务器无法连接	
20	快速至×号服务器所在技术夹道	
21	确认×号服务器电源指示灯亮	
22	确认×号服务器后面板网络通信指示灯异常	
23	对讲机通知ECC嵌入式服务器网络故障 通报术语：ECC注意，×号服务器网络故障	
24	检查×号服务器后面板网线连接是否牢固	

续 表

序号	操作步骤	执行
25	使用网线测试仪测试网线是否完好,并正确连接网线	
26	确认×号服务器后面板网络通信指示灯正常	
27	对讲机通知 ECC 嵌入式服务器网络正常 通报术语:ECC 注意,×号服务器网络已恢复,请确认	
28	确认动环监控系统收到告警"×站点网络连接正常"	
29	逐项检查并确认该站点下所有监测点恢复正常	
30	形成相关流程工单,并实时汇报专业主管现场情况	
	签字:　　　　　　　　　　　　时间:	
情景三:	动环系统嵌入式服务器故障,动环工作站告警"×号站点通信中断"	
31	使用动环系统工作站 PING 站点 IP	
32	确认远程连接×号服务器无法连接	
33	快速至×号服务器所在技术夹道	
34	确认×号服务器前面板电源指示灯状态	
35	确认×号服务器电源插头已紧固	
36	确认×号服务器后面板网络通信指示灯状态	
37	使用网线测试仪测试网线是否完好,并正确连接网线	
38	确认机柜供电正常	
39	确认×号嵌入式服务器电源线状态	
40	对讲机通知 ECC 嵌入式服务器状态 通报术语:ECC 注意,现场×号服务器运行状态正常	
41	ECC 通知现场人员重新启动服务器 通报术语:注意,请重新启动×号嵌入式服务器	
42	按住×号嵌入式服务器电源按键 10 s,确认嵌入式服务器关机	
43	拔下×号嵌入式服务器电源插头,等待 15 min	
44	插上×号嵌入式服务器电源插头,按下×号嵌入式服务器的电源按键	
45	对讲机通知 ECC 嵌入式服务器状态 通报术语:ECC 注意,×号服务器已重新启动	
46	确认远程连接×号服务器无法连接	
47	确认×号嵌入式服务器故障,无法恢复,应急结束	
48	形成相关流程工单,并实时汇报专业主管现场情况	

4.3.4 消防 EOP 示例

1. 概述

1) 编写目的

为了规范数据中心在发生火灾时的应急组织实施,增强运维人员的应急处突能力,特编写本标准应急实施程序文档。

2）适用范围

本应急程序文档适用于数据中心在火灾时的应急组织实施。

3）编制依据

本预案依据数据中心现场实际需求情况,结合数据中心人员组织架构、基础设施配置情况等相关信息制定而成。

4）应急原则

机房动力环境系统保障、恢复工作应坚持统一指挥、分级负责、严密组织、密切协作、快速反应、保障有力的原则。

2. 人员组织及职责

1）应急组织架构

下图从总体上描述了应急管理的组织架构情况。

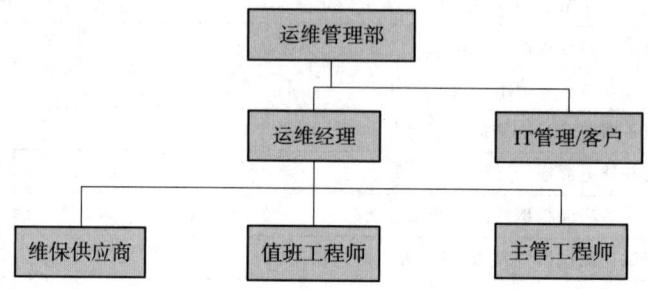

2）应急岗位职责

（1）运维经理

当数据中心发生火情时,负责统筹协调数据中心内各方资源,对初期火灾和发展期(可控)火灾进行扑灭。当火情有进一步发展趋势时,在应急处置完成后,对外协调供应商恢复现场生产。

（2）消防值班工程师

负责火情的发现、通报、应急处理。根据应急事件管理流程要求,对突发事件进行响应、通报;负责对数据中心进行初期火灾和发展期(可控)火灾的现场进行处理;根据应急程序启动防火分区灭火系统等操作,实施应急处置工作。

在发展期至猛烈期(不可控)火灾应急中,负责对外发布消防广播,根据需要协调与引导人员疏散、管控人流,听从运维管理部应急指挥小组的统一指挥、调度,并根据应急程序和上级指示要求,实施应急处置工作。

（3）ECC值班员工程师

配合一线运维工程师做好值机监控工作,同时对应急处置工作提供必要的现场支持。

（4）机房内运维工程师

负责数据中心发生火灾应急启动时的人员疏散引导、维护现场秩序、管控现场人流、进行人员清点、引导消防车辆等,配合领导应急指挥小组进行火灾扑灭工作。

（5）维保供应商

在确认火灾扑灭并接到机房恢复运行的通知后,携工具及备件赶赴机房现场,根据SLA要求提供技术支持,协助事件后续处置。

3. 应急通信

1）应急通信

各应急小组及职能岗位应遵循通信接口原则,确保应急通信的有效、畅通,将通信接口按照应急组织架构结构情况进行划分,原则上应急时采用分级负责制,禁止跨级通报情况。具体联系方式如右图所示。

2)应急通信要求

为保障数据中心的通信在发生应急事件时保持畅通、有效,提高数据中心应急处置效率,特对应急通信规则做如下明确规定:

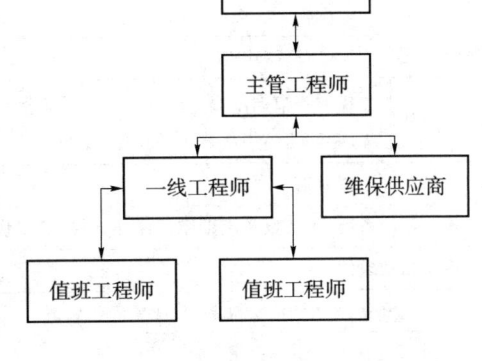

(1)消防值班室、ECC 均配置有对讲机或其他通信设备,并设置应急通信频道。应急条件下,一线运维工程师和值班工程师、维保工程师可通过对讲机或其他通信设备进行应急通信。

(2)消防值班室、ECC 须 7×24 小时有人值班,同时互相留存人员应急通讯录,在发生突发应急事件时确保通信畅通、响应及时。

(3)数据中心运维人员应保持 7×24 小时通信畅通,若远行需按照节假日备勤管理要求,提前通报、备案。

(4)供应商接口人员应按照 SLA 要求,提供 7×24 小时服务电话支持。

(5)应急情况下各应急职能岗位应遵循应急通信接口原则进行通信,尽量避免跨级通报,各应急人员应明确通报对象/主体。

(6)应急情况下应使用规范语言通信,做到简明扼要、信息明确。

4. 应急实施

1)应急启动条件

本应急实施程序描述了当数据中心发生火灾时的应急巡视、操作内容,并对恢复时间进行明确要求,确保应急实施工作的顺利开展。本应急实施程序的启动条件主要有如下:

(1)消防中控室收到消防报警,并现场确认火情;

(2)现场巡视人员发现火情。

2)应急工具配置

数据中心发生火灾时可能导致机房照明系统和通信异常,因此对于应急工具配置应包括对讲机或其他通信设备、强光手电;同时为了救援和延长逃生时间,还需要配备个人防护用品、护目镜、呼吸面罩、手提式灭火器等必要工具。

3)应急实施步骤

当数据中心发生火情时,明确火情扑灭应急流程,确保应急实施工作的顺利开展。本应急内容包含 3 种火情发生时的实施步骤:

火灾初起期:火灾燃烧范围小,火灾仅限于初始起火点附近,佩戴好防护用具,使用灭火器即可熄灭的火情。

发展期火情(可控):发展期火情,火灾范围迅速扩大,尚在可以控制的范围内。通过火灾应急措施,开启机房气体灭火系统即可彻底熄灭的火情。

发展期至猛烈期(不可控):发展期至猛烈期火情,尽管开启气体灭火系统,火情仍无法得到有效控制,此时火势开始发展,整个房间都开始燃烧,从而导致建筑物构件承载能力下降。

事件发生后,一线工程师应迅速确定火灾发生位置,并根据事件响应及通报要求,快速判定事件影响和灾情级别,进行事件通报。同时,按照标准应急操作程序规范开展应急实施工作。针对机房火灾,各区域、各负责人团队应急内容、任务划分及时间要求如下表所示。

步骤	操作内容	执行
火灾处置应急操作		
EOP 标题	XX-XF-EOP-01	
EOP 概述	描述当数据中心消防气体灭火系统保护区域发生火灾时,如何进行应急处置,提高应急事件处置效率,避免损失扩大,出现人员伤亡	
系统标准配置状态		
机房消防系统、消防设备定期维护保养,系统工作状态和性能正常		
应急启动条件		执行
1. 消防中控室收到消防报警,并现场确认火情		
2. 现场巡视人员发现火情		
应急工具配置		执行
应急工具包括 EOP 程序文档、对讲机、消防应急包		
签字:	时间:	
步骤	操作内容	执行
1	阶段一:发现及通报火情	
2	中控室值机人员收到消防报警信息,立即进行火情确认	
3	现场人员发现火情,判断火情状况,通报中控室值机人员	
4	中控接到火情确认信息后,拨打 ECC 值班人员电话,通报火情信息	
5	中控室拨打机房值班人员电话,通报火情信息	
6	中控室广播通知:机房内的全体人员注意"××区域起火,请大家有序疏散至园区紧急集合点"	
7	运维人员接到通知后须通知附近工作人员撤离现场,并在疏散通道口负责引导人员疏散,提示工作人员"请勿乘坐电梯",由通道步行至一层由生产楼北门撤离,到园区紧急集合点处集合	
8	运维人员到达疏散地点后组织清点已撤离人员,在园区入口进行人员管制,防止数据中心工作人员返回火场	
9	中控室拨打主管领导电话,汇报火情信息	
10	中控值班室通过视频监控系统密切关注火情发展趋势	
11	阶段二:火情处置(初期火情)	
12	现场人员判断火情并立即使用上游供电设备,切断起火设备电源	
13	现场人员使用机房内配备的手提式灭火器尝试对火情进行控制	
14	火情得到有效控制,火势完全扑灭	
15	立即开启机房区域排风设备、新风设备,排出机房烟气,补充新风	
16	各部门专业人员清理现场,及时恢复未受影响的设备运行,评估火灾损失	
17	现场处置人员将信息通报中控室	
18	中控室人员通报火情信息给主管领导及已撤离的疏散人员,解除火灾应急	

续表

步骤	操作内容	执行
19	阶段三:火情处置(发展期火情)	
20	火情无法得到有效控制,火势开始发展	
21	现场人员立即将火情通报中控室,准备开启气体灭火设备	
22	确认防区内无人后,处置人员撤出着火防区	
23	通知中控室:中控室灭火器无法扑灭,准备开启气灭	
24	现场开启防火分区气灭系统进行灭火	
25	启动气灭后,所有人员撤离现场,至紧急集合点处集合	
26	值班人员通知消防中控室火灾无法扑灭,启动疏散应急预案并开启消防广播,进行全员疏散	
27	ECC值班人员手动操作门禁系统,释放所有门禁	
28	机房值班人员携带外来人员登记表,撤离现场,至紧急集合点处集合	
29	拨打"119"报警:说明燃烧物质、火势大小、项目地址、联系人及联系电话(留报警人手机号)	
30	通知主管领导火势扩大,已启动气灭系统及应急疏散	
31	机房值班人员统计运维人员及数据中心内其他工作人员疏散情况,并上报主管领导	
32	在园区,进行交通管制,疏通消防应急通道	
33	安排人员接引消防车辆,协助消防车辆入场	
34	消防车辆入场,配合消防人员进行火灾扑灭	
签字:		时间:

4)应急注意事项

为确保应急实施工作顺利、有效开展,对应急实施中的工作要点做如下明确规定:

(1)应急启动后,各一线应急实施的工作应按照预定应急操作程序严格执行,并实时向二级应急指挥组通报执行情况。

(2)应急的实施须实行分级负责制,一线应急实施小组对负责区域内设备的应急确认及操作负责,二级指挥组对负责区域内的整体人员分配/协调及设备应急恢复负责,应急总指挥对应急实施总体进展进行把控,并根据情况进行应急的通告和发布。

(3)各应急实施小组应行动迅速、判断准确,保证在应急要求时间内完成相关区域的应急实施工作。

(4)应急实施过程中,所有参与应急实施的人员不得乘坐电梯,必须通过步梯通道实施应急工作。

(5)应急实施过程中,各应急小组应如实记录应急实施情况,以便做后期总结分析,进而对EOP进行优化调整。

第 5 章 专业技能培训

5.1 电气技能培训

5.1.1 电气基本操作

1. 电气设备介绍

1) 低压电气设备

(1) 按钮开关

按钮开关又称控制开关,是一种短时间接通或断开小电流电路的手动控制器,一般用于在电路中发出启动或停止指令,以控制电磁启动器、接触器、继电器等电器线圈电流的接通或断开,再由它们去控制主电路。按钮也可用于控制信号装置。

断开的触点,称为动合触点或常开触点。

(2) 行程开关

在生产机械中,常需要控制某些运动部件的行程,包括运动到特定位置后停止,或者在一定行程内自动返回或自动循环。这种控制机械行程的方式称为行程控制或限位控制。

行程开关,又称为限位开关,是用于实现行程控制的小电流(5 A 以下)主令电器,其作用与控制按钮相同,但是其触头的动作不是靠手动按压的,而是利用机械运动部件的碰撞来触发的,即将机械信号转换为电信号,进而通过控制其他电器设备来控制运动部件的行程、运动方向和进行限位保护。

(3) 接触器

接触器是指一种具有单一起始位置,能接通、承载和分断正常电路条件(包括过载运行条件)下电流的机械开关电器,其操作是非手动干预的。它可用于远距离频繁接通、分断交直流主电路和大容量控制电路,具有动作快、控制容量大、使用安全方便、能频繁操作和远距离操作等优点,主要用于控制交直流电动机,也可用于控制小型发电机、电热装置电焊机和电容器组等设备,是电力拖动自动控制电路中使用最广泛的一种低压电器元件。

接触器能接通和断开负载电流,但不能切断短路电流,因此常与容器和热继电器等配合使用。

接触器的分类主要有以下几种：
① 按操作方式分类，包括电磁接触器、气动接触器和液压接触器；
② 按接触器主触头控制电流种类分类，包括交流接触器和直流接触器；
③ 按灭弧介质类，包括空气式接触器、油浸式接触器和真空接触器；
④ 按有无触头分类，包括触头式接触器和无触头式接触器；
⑤ 按主触头的极数，还可分类为单极、双极、三极、四极和五极等。

其中，目前应用最广泛的是空气电磁式交流接触器和空气电磁式直流接触器，习惯上简称为交流接触器和直流接触器。常用交流接触器有 CJ20、CJ40 和 B 系列等系列产品，常用直流接触器有 CZO、CZ18 等系列产品。

（4）继电器

继电器是一种自动和远距离操纵用的电器，广泛地用于自动控制系统、遥控、遥测系统、电力保护系统以及通信系统中，起着控制、检测、保护和调节的作用，是现代电气装置中最基本的器件之一。继电器的分类有以下几种方式：
① 按对电路的控制方式分类，包括触头继电器、无触头继电器；
② 按应用领域、环境分类，包括电力系统继电保护用继电器、自动控制用继电器、通信用继电器、船舶用继电器、航空用继电器、航天用继电器、热带用继电器、高原用继电器等；
③ 按输入信号的性质分类，包括直流继电器、交流继电器、电压继电器、电流继电器中间继电器、时间继电器、热继电器、温度继电器、速度继电器、压力继电器等；
④ 按继电器的工作原理分类，包括电磁式继电器、感应式继电器、双金属继电器、电动式继电器、电子式继电器等；
⑤ 按动作时间分类，包括时间继电器、缓动继电器、普通继电器、速动继电器。

（5）断路器

断路器又称自动开关，是指能在正常电路条件下接通、承载及分断电流，也能在特定的非正常电路条件（例如短路）下接通、短时承载和分断电流的一种机械开关电器。可按规定条件对配电电路、电动机或其他用电设备实行通断操作，即当电路内出现过载、短路或欠电压等情况时能自动分断电路的开关电器，可对受控设备起到保护作用。通俗地讲，断路器是一种可以自动切断故障线路的保护开关，它既可用来接通和分断正常的负载电流、电动机的工作电流和过载电流，也可用来接通和分断短路电流，在正常情况下还可以用于不频繁接通和断开的电路以及控制电动机的启动和停止。断路器动作值可调整，兼具过载和保护两种功能，安装方便、分断能力强，特别是在分断故障电流后，一般不需要更换零部件，因此应用非常广泛。

（6）熔断器

熔断器是一种起保护作用的电器，它串联在被保护的电路中，当线路或电气设备的电流超过预设的安全阈值足够长的时间后，其自身产生的热量能够熔断一个或几个特殊设计的和相应的部件，断开其所接入的电路并分断电源，从而起到保护作用。熔断器包括组成完整电器的所有部件。

熔断器结构简单、使用方便、价格低廉，被广泛地应用于低压配电系统和控制电路中，主要作为短路保护元件，也常作为单台电气设备的过载保护元件。

2）高压电气设备

（1）高压断路器

高压断路器是高压开关设备中最重要、最复杂的开关设备。高压断路器有强有力的灭弧装置,既能在正常情况下接通和分断负荷电流,又能借助继电保护装置在故障情况下切断过载电流和短路电流。而且,很多高压断路器还可以借助自动装置实现自动重合操作。显然,高压断路器是能够实现控制与保护双重作用的电器。

(2) 高压熔断器的主要用途

① 在高压线路中与负荷开关配合可起过载和短路保护作用;

② 在配电变压器中起过载和短路保护作用;

③ 在电压互感器的高压侧中起到短路保护作用,当电力线路出现高次谐波谐振过电压时,可起到保护电压互感器绝缘的作用;

④ 跌开式高压熔断器可以在带有小负荷的情况下对空载线路和变压器进行分合闸操作。其操作范围包括直接分合闸正常的电压互感器、避雷器;直接吸合电流不超过 2 A 的空载变压器;分合 10 km 的空载架空线路;直接分合规定长度的电力电缆线路;直接分合感性电流不超过 1 A、容性电流不超过 2 A 的电路。

(3) 高压负荷开关

高压负荷开关有比较简单的灭弧装置,用来接通和断开负荷电流。就分断能力而言,负荷开关是介于隔离开关与断路器之间的一种高压开关。

高压负荷开关也分为户内型和户外型两种。高压负荷开关分断时有明显可见的断开点。

户外型高压负荷开关带有产气式灭弧装置。其灭弧室用有机玻璃等材料制成,在电弧高温的作用下,灭弧室分解出大量的气体吹灭电弧。

户内型高压负荷开关的外形与高压隔离开关有些相似。与隔离开关不同的是这种高压开关除起导电作用的主触头外,还装配有灭弧作用的弧触头。这种高压开关还装配了分闸弹簧,使分闸得以快速进行。正因如此,使高压负荷开关具有一定的灭弧能力,可以接通和分断负荷电流。

2. 常用导线与电力电缆

导电材料大部分是金属,其特点是导电性好,有一定的机械强度,不易氧化和腐蚀,容易加工焊接。

(1) 铜

铜的导电性好,有足够的机械强度,并且不易腐蚀,广泛用于制造变压器、电动机和各种电气线圈。铜根据材料的软硬程度,分为硬铜和软铜两种。在产品型号中,铜线的标志是"T"。其中,"TV"表示硬铜,而"TR"表示软铜。

(2) 铝

铝导线的导电系数虽然比铜大,但是它的密度小。例如,同样长度的铜导线和铝导线,若要求它们的电阻值一样,则铝导线的截面积比铜导线的截面积要大 1.68 倍。铝资源丰富,价格便宜,通常是铜材料最好的代用品,但铝导线焊接比较困难。铝分为硬铝和软铝两种,其中电动机、变压器线圈中大部分是软铝。产品型号中,铝线的标志是"L"。其中,"LV"表示硬铝,"LR"表示软铝。

(3) 电线电缆

电线电缆品种很多,按照它们的性能、结构、制造工艺及使用特点分为裸线、电磁线、绝缘线电缆和通信电缆 4 种。导线按不同的分类方法有以下几种:

① 按制作材料分类为铜线和铝线两种;

② 按绝缘材料分类为聚氯乙烯(PVC)塑料线和橡胶绝缘线两种;

③ 按防火要求分类为普通和阻燃型两种；
④ 按温度分类为普通和耐高温两种；
⑤ 按电压分类，包括额定电压值为 300/500 V、450/750 V、600/1 000 V 和 1 000 V 这 4 种。

3. 电动机星三角降压启动电路

星三角降压启动是指启动初期将电动机的三相绕组做星形连接，等电动机达到一定转速后，再讲绕组切换为三角形连接进行全压运转。

在电源相同的情况下，星形连接的功率是三角形连接的 1/3。在三角形连接时，电动机每相绕组上的电压就是电源的线电压，即 380 V。在进行星形连接时，电动机每相绕组上的电压是电源的相电压，即 220 V。若在启动时使用星形连接，则电动机具有降低电压的作用，启动电流也会跟着下降，大概只有三角形连接的 1/3，在启动过程中的电流大概只有额定电流的两倍，避免了对电网的冲击。

电动机采用星形连接运行一段时间后（通常为十几秒到几十秒，具体时间可以根据负载和电动机功率来调整），当电动机的转速接近额定转速时，通过时间继电器自动切换到正常运行的三角形连接法。这种切换确保了电动机能够在额定扭矩下正常运行，避免了长期处于星形连接而导致的电动机发热与损坏。

目前，功率在 4 kW 以上的三相异步电动机定子绕组在正常运行时，通常连接成三角形。对于这类电动机，可以采用星形-三角形（Y-△）降压启动的方法，如图 5-1 所示。

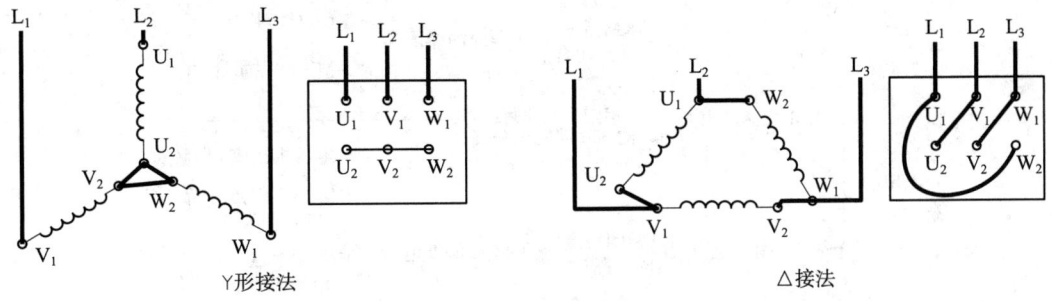

图 5-1　星形-三角形（Y-△）

Y-△启动线路如图 5-2 所示。从主回路可知，如果控制线路能使电动机接成星形（即 KM 主触点闭合），并且经过一段延时后再接成三角形（即 KM 主触点打开，KM₂ 主触点闭合），则电动机就能实现降压启动，而后再自动转换到正常速度运行。

线路工作原理如图 5-3 所示（先合上电源开关 QF）。

5.1.2　电气设备常见问题及处理方法

在运维工作中，我们会遇见不同的电气故障，电气故障的产生是多种多样的，排除故障的方法及处理方式只能根据故障的具体情况而定。在排除故障的过程中，往往会走不少弯路，甚至造成较大损失。因此，在遇到电气故障时，能准确查明故障原因，合理正确地排除故障，对提高劳动生产率、减少经济损失和确保安全生产等方面都具有重大意义。下面介绍几项电气设备检修原则及方法。

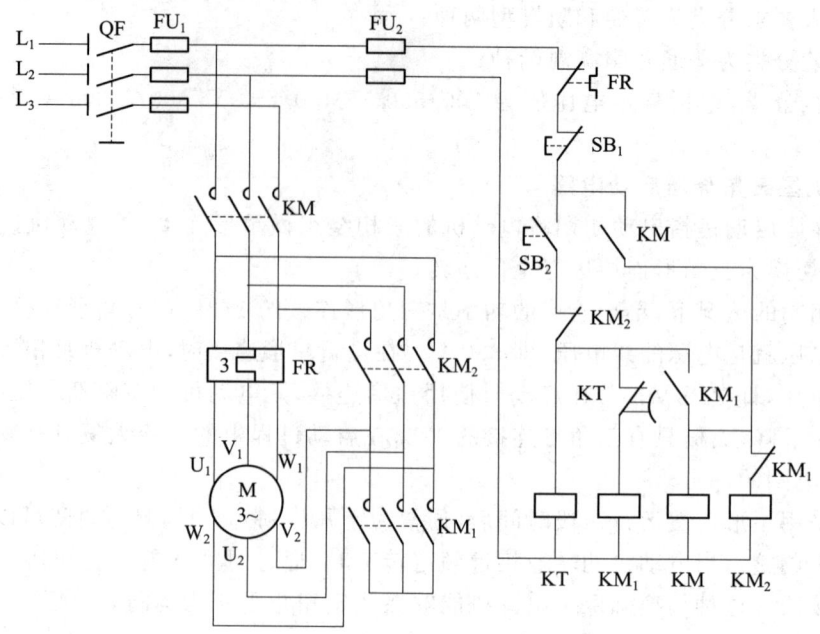

时间断电器控制Y-△降压启动控制线路

图 5-2　Y-△启动线路

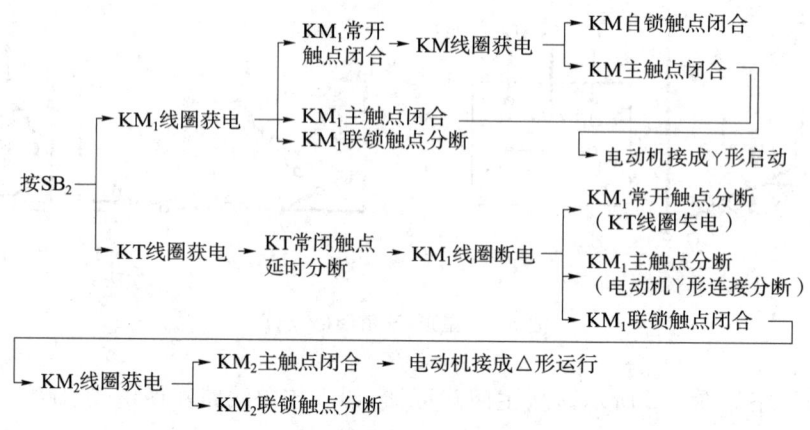

图 5-3　线路工作原理

1. 高压设备常见问题及处理方法

高压配电设备主要包括跌落式熔断器、真空断路器、避雷器、电容器、接地装置等。

1) 跌落保险故障

(1) 熔丝管燃烧：当熔丝熔断时，若熔丝管未能自由落下，则电弧在管子内无法被切断，从而形成连续电弧，将管子烧坏；此外，如果熔丝管的上下转动部分位置不正、阻力过大或不够灵活，也可能导致熔丝管无法正常断开；如果使用铝、铜、铁丝等导线代替熔丝，可能导致熔丝管上端无法断开，进而烧坏管子。

(2) 熔丝管误跌落：熔丝管误跌落的原因基本包括安装熔丝管时尺寸不合适、上下触头未能正常配合；上下触头弹簧失压或压力过小、过大；上触头烧坏不能卡住动触头这3种情况。

(3) 熔丝误断：当使用的熔丝有断丝现象、熔丝容量不足、熔丝质量不合格、焊接处断股及焊接处在外力作用下断开时会出现熔丝误断。

出现跌落保险故障时，应根据故障性质，调整好熔丝管的距离、舌头位置和压簧的松紧度，若仍无法解决问题，则考虑选择新的跌落组件进行更换。

2）高压真空断路器故障

(1) 由于本体漏气使得真空度下降引起绝缘不良；由于制造时工艺不好使其多次开断后出现漏点或在开断电路时爆炸。

(2) 操作机构故障

① 拒动：通常包括操作电源失去电压、合闸或跳闸线圈烧坏、操作把手内的接点错位、操作机构的辅助接点不到位或断开、继电器烧坏或接点烧死几种情况。

② 无法闭合或闭合后立即断开：电源问题、断路器动触杆接触行程过大、辅助开关联锁触点断开、操作机构的四连杆死点过位、机构半轴与上配合轮扣接过小导致跳闸回路一直在接通状态等情况。

③ 烧坏合闸线圈：可能是合闸后直流接触器不能分开、辅助开关在合闸后没能联动转换至分闸位置、辅助开关松动，合闸后控制接触器的电触点没有断开。

断路器出现故障时，应先根据动作原理，检查电源和回路中相应的元件是否完好，查找出回路中元件没有启动或不应启动而动作的原因，先进行手动动作试验，然后进行电动试验，在没有找到原因时不可将断路器投入运行。

3）避雷器故障

大多是由于在雷电作用下击穿，也可能是因受潮老化而导致击穿。

4）高压电容器故障

(1) 外壳鼓胀：在电场的作用下内部的绝缘物质被游离，分解的气化物使内部的部件击穿，使得内部压力增大而鼓胀。

(2) 套管闪络：由于套管表面污秽而在雷电或过电压作用下发生闪络。处理电容器故障时，首先切断电源，将相关的开关和隔离开关断开，并确保电容器充分放电后才可以处理本体故障。

5）接地装置故障

由于接地扁铁或圆钢锈蚀接地体被拔起，加之接地体螺栓丢失，导致设备无法正常运行且出现相电压不平衡。发现故障时应当停电修补，并测量接地电阻合格后再投入运行。

2. 低压设备常见问题及处理方法

1）低压断路器故障

(1) 手动操作不合闸现象

造成手动操作不合闸现象的原因包括失压脱扣器线圈开路、线圈引线接触不良、储能弹簧变形、损坏或线路无电。

检修中，应注意失压脱扣线圈是否正常，脱扣机构是否动作灵活，储能弹簧是否完好无损，线路上有无额定电压。在确定故障点后，根据具体情况进行修理。

(2) 电动操作的断路器不能合闸

造成电动操作的断路器不能合闸的原因包括操作电源不符合要求、电磁铁损坏或行程不够、操作电动机损坏或电动机限位开关失灵。

针对以上 3 种故障的处理方法，分别是调整或更换操作电源；修理电磁铁或调整电磁铁拉杆行程；排除操作电动机故障或修理电动机限位开关。

(3) 失压脱扣器不能使断路器分闸

造成失压脱扣器不能使断路器分闸的原因包括反作用弹簧弹力太大或储能弹簧弹力太小、传动机构卡塞无法动作。

应调整更换有关弹簧；检修传动机构，排除卡塞故障。

(4) 启动电动机时自动跳闸

造成启动电动机时自动掉闸的原因是过载脱扣装置瞬时动作整定电流设置过小。应重新根据实际情况调整整定值。

(5) 工作一段时间后自动掉闸

造成工作一段时间后自动掉闸原因如下：

① 过载脱扣装置延时整定值设置过短，应根据实际情况调整整定值；

② 热元件或延时电路元件损坏，应检查维修或更换。

2) 热继电器故障

(1) 热继电器不动作

造成热继电器不动作原因包括电流整定值设置过大；热元件烧断或脱焊；动作机构卡死或板扣脱落都有可能造成热继电器不动作。

修理时可根据负载容量恰当调整整定电流，检修热元件或动作机构。

(2) 热继电器误动作

造成误动作的可能原因包括电流整定值调得过小；热继电器与负载不配套；电动机起动时间过长或连续起动次数太多；线路或负载漏电、短路；热继电器受强烈冲击或振动等。

检修时应查明原因，合理调整整定电流或调换与负载配套的热继电器；若是电动机或线路故障，应检修电动机和供电线路；如工作环境振动过大，需配用有防振装置的热继电器。

3) 交流接触器

(1) 单相主触点不能闭合

造成单相主触点不能闭合的主要原因包括该主触点损坏、接触不良或连接螺钉、卡簧松脱。当动作中只有两相主触点闭合送电时，会造成电动机缺相运行，这种情况很容易损坏电动机。

遇到该问题应立即断电，检修有故障的触点或直接更换接触器。

(2) 相机间短路

该故障多发生在用两个交流接触器控制电动机作可逆运转的电路上，如果联锁电路有故障，导致动作失灵或误动作，可能会使两只交流接触器同时吸合，即发生相机间短路。如果电路保护装置反应迟钝，故障电流可迅速将触点烧毁、线路烧坏，造成严重后果。

另外，如果电动机在正反转中切换时间太短、动作过快，也可能使相机间拉电弧造成短路。该类故障，可采用在控制线路上加装按钮或辅助触点双重联锁进行保护，也可以选用动作时间长的交流接触器，延长正反转的切换时间。

(3) 通电后不动作

通电后不动作的原因包括电磁线圈开路或线圈电源接触不良。

可按低压电器零部件故障排除方法检修。启动按钮动合触点接触不良，应修理启动按钮；动触点传动机构卡死，转轴生锈或歪斜，应修理传动机构。

4) 时间继电器

延时时间自行增长、自行缩短或不能延时。

延时时间自行增长的原因包括气室不清洁、空气通道不通畅,气流被阻滞,解决方案是清洁气室和空气通道。

延时时间自行缩短或不能延时原因是气室密封不严或活塞漏气所致,应改善气室的密封程度,若活塞漏气应更换。

3. 变压器常见故障及处理方法

变压器在安装和运行时,因受各种因素的影响,变压器的主体或部件会产生故障,这些故障会直接影响变压器的正常安全运行。准确判定和诊断变压器故障发生的部位及性质,分析故障产生的原因并及时处理,才能确保变压器的安全运行。

变压器故障类型(按表现特性)分为以下 4 类。

(1) **热故障**:局部过热故障和整体温升过高。

(2) **电故障**:局部放电、电弧放电和火花放电故障。

(3) **绝缘性能故障**:绝缘击穿和绝缘性能下降。

(4) **其他性质故障**:噪声异常、保护误动和渗漏油等。

检查和检测变压器异常的一般方法。

(1) "看"变压器负荷电流的大小及摆动幅度、三相电流是否均匀、油色的变化、外表有无异常情况;

(2) "听"变压器声响有无增长、有无异音和杂音;

(3) "测"测量三相直流电阻值、测试绝缘电阻值。

1) 绝缘性能下降问题

一般情况下,在进行绝缘电阻测量时应在温度介于 10～40 ℃之间,湿度≤85％的环境条件下进行。具体的绝缘电阻要求如下:

高压对低压及地的绝缘电阻:≥300 MΩ(当电压为 10 kV 时);

高压对低压及地的绝缘电阻:≥1 000 MΩ(当电压为 35 kV 时);

低压对地的绝缘电阻:≥100 MΩ;

铁心对夹件及地的绝缘电阻:≥2 MΩ;

穿心螺杆对铁心及地的绝缘电阻:≥2 MΩ。

在比较潮湿的环境条件下,变压器的绝缘电阻值会相对下降。通常情况下,若每 1 000 V 额定电压,其绝缘电阻值不小于 2 MΩ(一分钟 25 ℃时的读数),即可满足运行要求。然而,如果变压器因遭受异常潮湿而发生凝露现象,无论其绝缘电阻如何,在其进行耐压试验或投入运行前,都必须进行干燥处理。对于铁心而言,只要其阻值≥0.1 MΩ即可运行,一般可通过干燥处理使其达到要求。

2) 电压过高或过低问题

变压器投入运行后,会经常遇到低压侧电压过高或过低问题,可以通过挡位进行调节,电压过高是往上调节挡位,电压偏低是往下调节挡位。具体操作建议如下:

(1) 调节挡位前(未断电时)查看或测量二次侧的输出电压;

(2) 查看变压器调压范围;

(3) 查看变压器目前的分接位置;

(4) 利用电压比对高压侧电压进行倒推;

(5) 将挡位放置在相应的分接位置。对于油浸式变压器,在调节挡位前将分接开关来回转动 3 至 5 个来回后,再置于相应的分接位置;

（6）利用电阻测试仪对调节后的三相电阻值进行测量，并要求三相电阻不平衡率在允许范围内，目的是检查分接开关接触情况。

3）变压器温度异常升高

排除温控器、吹风装置故障，在正常负载条件下，温度不断上升是变压器内部发生故障，应停止运行，进行检修。引起温度异常升高的原因如下：

（1）变压器绕组局部层间或匝间的短路、内部接点有松动、接触电阻加大、二次线路上有短路情况等；

（2）变压器铁心局部短路、夹紧铁心用的穿心螺丝绝缘损坏；

（3）因漏磁或涡流引起油箱、箱盖等发热；

（4）长期过负荷运行或事故过负荷；

（5）散热条件恶化等。

干式变压器的不正常运行主要表现在温度和噪声上。如果温度异常过高，具体处理措施和步骤如下：

（1）检查温控器、温度计是否失灵；

（2）检查吹风装置和室内通风情况是否正常；

（3）检查变压器的负载情况和温控器探头插入情况。

4）变压器声音异常的处理

变压器声音分正常声音和非正常声音。正常声音是由变压器励磁发出的"嗡嗡"声，声音随负载的大小有强弱变化；当变压器出现非正常声音时，首先分析判断声音是在变压器内部还是外部。

（1）如果是内部，可能产生的部位包括：

① 铁心夹持不仅发生松动，还会发出"叮当"和"呼呼"声；

② 铁心不接地将会发出"哗剥""哗剥"的轻微放电声；

③ 开关接触不良将发生"吱吱""噼啪"声，且声音随负载增加而变大；

④ 引线或绕组对油箱放电会发出"啪啪"声；

⑤ 套管表面油污严重时会发出"嘶嘶"声。

（2）如果是外部，可能产生的部位包括：

① 超载运行会发出沉重的"嗡嗡"声；

② 电压过高，会使变压器的声音大而且较尖锐；

③ 缺相运行时，变压器的声音会比平常更尖锐；

④ 电网系统发生磁谐振时，变压器会发出粗细不匀的噪声；

⑤ 低压侧有短路或接地时，变压器会发生巨大的"轰轰"声；

⑥ 外部连接有松动时，会出现弧光或火花。

在排除温控器、吹风装置故障，并且在正常负载条件下，温度不断上升，应确认是变压器内部发生故障，应停止运行，进行检修。

5）三相电压不平衡

导致变压器三相电压不平衡的原因主要包括：

（1）接地故障：当线路单相发生断线并接地时，虽引起三相电压不平衡，但接地后电压值不改变。单相接地分为金属性接地和非金属性接地。金属性接地，故障相电压为0或接近0、非故障相电压升高至正常电压的 1.732 倍,且持久不变;非金属性接地,接地相电压不为 0 而是降低为某一数值,其他两相电压会升高,但升高不达正常电压的 1.732 倍。

(2) 用户三相负荷不平衡:用户三相负荷不平衡一般不会导致三相电压不平衡,但在以下情况下可能发生:

① 当低压电网中中性线断线,并且断点之后负荷不平衡时,三相电压会出现偏移;

② 在低压电网中,如果三相负荷不平衡严重,负荷重的相电压会偏低,而其他相的电压则会略有升高。

解决三相负荷不平衡的几点措施:

① 在低压配电网中,公用主零线采用多点接地,可以降低零线电能损耗,防止因负荷不平衡导致的零线电流产生高电压,避免危及人身安全;

② 对单相负荷占较大比重的供电地区采取单相变压器供电;

③ 开展变压器负荷实际测量和调整工作。

6) 温控故障及处理

(1) 温控上电后不亮:检查温控供电电源、保险管、端子是否插好及开关是否送上。

(2) 温控三相或单相不显示温度:传感器连接是否牢固、使用万用表检测传感器的阻值是否正常。

(3) 温控某相温度偏差较大:检查用户是否将传感器预埋到位、测量其电阻值是否正确、现场是否有空间干扰、工频干扰或其他强电设备干扰以及是否因用户使用调零功能造成了误差。

(4) 通信不正确:检查线路是否存在断点并联系温控的售后单位。

4. 发电机组常见故障及处理方法

1) 机组无法启动

(1) 机组启动电瓶容量不足:对电瓶进行维护(充电、补液),必要时更换此电瓶。

(2) 控制屏没有上电:检查控制屏上熔断器是否熔断。

(3) 启动继电器故障:更换故障继电器。

(4) 启动电动机故障:分析原因,必要时更换。

(5) 机组卡死且无法通过人工盘车解决:彻底检查,寻找原因。

2) 机组启动困难或启动时间过长

(1) 机组启动电瓶容量不足:对电瓶进行维护(充电、补液),必要时更换此电瓶。

(2) 启动前预热不足:检查预热元器件。

(3) 部分电调机组启动油门电位器过小:参阅随机电子调速器说明,适当调高电位器数值。

(4) 燃油系统问题:检查燃油供油系统,检查燃油品质是否符合要求。

(5) 进/排气系统:检查进排气系统,检查空气滤清器。

(6) 电子调速板故障:应检查是否上电,必要时更换。

3) 机组启动后不能保持运行

(1) 燃油系统问题:检查燃油供油系统,检查燃油品质是否符合要求。

(2) 进/排气系统:检查进排气系统,检查空气滤清器。

4) 机组启动时超速

(1) 电子调速机组启动时,油门机爬坡速度和电位器调整不当,应参阅随机电子调速器说明书,对油门机爬坡速度电位器略作调整。

(2) 超速保护值设定偏小,对超速保护数值略作调整,最大不超过 17%。
(3) 对于机械式调速结构问题,检查油门拉杆是否灵活,并确保正确调节。
(4) 喷油泵(系统)故障,请授权人员检查维修。

5) 机组启动冒黑烟
(1) 进排气系统:检查进排气系统,检查气门间隙。
(2) 燃油系统问题:检查燃油供油系统,检查燃油品质是否符合要求。
(3) 发动机温度过低:待发动机达到正常温度后再观察。
(4) 涡轮增压器磨损严重:涡轮增压器必要时更换。

6) 润滑油压力过低
(1) 润滑油相关问题,应检查润滑油油位、规格、品质等是否符合要求,检查润滑油滤清器是否正常。
(2) 曲轴轴承磨损或损坏,应检修或更换并寻找原因。
(3) 减压阀损坏,应更换减压阀。
(4) 润滑油报警开关(传感器)或仪表故障,应检查控制屏、仪表、机电传感器,如有必要进行修理或更换,排除故障。

7) 冷却液温度过高
(1) 冷却液不足或冷却液开关(传感器)及仪表故障:添加冷却液或者维修相关故障元器件。
(2) 散热器故障:散热片阻塞、通风不畅,清洗散热片。
(3) 冷却风扇运行不正常:检查风扇皮带张紧度,必要时更换皮带。
(4) 环境(进气)温度过高:保持机房通风,合理降低机房温度。
(5) 节温器、喷油泵故障:立即更换。
(6) 机组过载严重:控制负载,禁止机组长时间超载运行。

8) 机组无法停机
(1) 自启动机组:ATS 开机信号切断后机组仍运行,应属正常情况,待机组进入冷却运行后停机。
(2) 停机电磁阀失控:检查线路接线是否正确,必要时更换电磁阀。
(3) 电子(机械)调速器故障:应请授权人员检修。
(4) 油机控制仪表故障:检修或更换。

9) 机组停机
(1) 燃油系统问题:检查燃油供油系统,检查燃油品质是否符合要求。
(2) 电子调速器故障:请授权人员检修。
(3) 停机电磁阀保护停机动作:检查报警内容(代码)排除停机故障。
(4) 机组控制屏(系统)故障:按控制屏使用说明书检修机组控制屏。

10) 控制屏故障
(1) 市电故障且机组没有启动,ATS 控制系统未能提供"开机"信号:检查并确认自启动油机仪表已上电且工作在"自动"状态。检查控制联络线接法是否有误,更正接法。若自启动油机仪表故障,检修或更换。
(2) 市电供电正常,但是机组无法停机,即使在冷却运行(3~5 min)、ATS 提供"开机"信号的情况下问题仍未解决:检查 ATS 是否存在故障、检查油机仪表是否将机组油路电磁阀设置错误。

(3) 无法实现远程监控：应确认机组是否按照"三遥"标准进行配置、检查通信线路连接是否正确无误、确认机组通信软件是否正确地安装在控制网络的计算机是否按正确监控密码设置通信、检查控制模块是否故障。

5．UPS 蓄电池常见故障及分析

1) 无市电时报警无输出

从现象判断故障部位为蓄电池和逆变器，具体排查步骤如下：

(1) 检查蓄电池电压，确认其是否充电不足。若蓄电池充电不足，则需要进一步检查是蓄电池本身存在故障还是充电电路出现问题。

(2) 检查逆变器驱动电路工作是否正常。若驱动电路输出正常，但逆变器仍无法正常工作，则说明逆变器损坏。

(3) 检查波形产生电路是否有 PWM 控制信号输出。如果有控制信号输出，但逆变器仍然不能正常工作，则说明故障在逆变器驱动电路。

(4) 检查其输出是否因保护电路工作而封锁，若有则查明保护原因。

(5) 检查保护电路未启动且工作电压正常，但波形产生电路无 PWM 波形输出，则说明波形产生电路损坏。

2) 蓄电池电压偏低，充电蓄电池电压偏低

从现象判断故障部位为蓄电池或充电电路，具体排查步骤如下：

(1) 检查充电电路输入输出电压是否正常；

(2) 若充电电路输入正常，但输出不正常，则断开蓄电池再次进行测量。若此时输出仍不正常则可以判定为充电电路故障；

(3) 若断开蓄电池后充电电路输入、输出均正常，则说明蓄电池已因长期未充电、过放或已到寿命期等原因而损坏。

3) 逆变器功率极功放晶体管频繁损坏

从现象判断引起故障的原因是电流过大，而导致过大电流的原因如下：

(1) 过流保护失效：当逆变器输出发生过电流时，过流保护电路不起作用。

(2) 脉宽调制（PWM）组件故障：该故障时输出的两路互补波形不对称，一个导通时间长，而另一个导通时间短，会导致两臂工作不平衡，严重时甚至两臂同时导通，造成两管损坏。

(3) 功率管参数相差较大：此时即使输入对称波形，输出也会不对称。该不对称波形经输出变压器后，会造成偏磁，即磁通不平衡。这种不平衡积累下去会导致变压器饱和，进而电流骤增，烧坏功率管。一旦一个烧坏，另一个也很可能随之烧坏。

4) UPS 开机面板无显示，UPS 不工作

从故障现象判断，其故障在市电输入部分、蓄电池和其检测回路，以及市电检测部分，具体排查步骤如下：

(1) 检查市电输入保险丝是否烧毁。

(2) 检查蓄电池保险是否烧毁。某些 UPS 在自检过程中检测不到蓄电池电压时，会将 UPS 的所有输出及显示关闭。

(3) 检查市电检测电路工作是否正常。若市电检测电路工作不正常且 UPS 不具备无市电启动功能时，UPS 同样会关闭所有输出及显示。

(4) 检查蓄电池电压检测电路是否正常。

5) 启动 UPS 后继电器反复动作,同时电池电压低报警

根据上述故障现象可以判断该故障是由蓄电池电压过低,导致 UPS 启动不成功而造成的。拆下蓄电池,先进行均衡充电(所有蓄电池并联进行充电),若仍不成功,则需要更换蓄电池。

6) 正常开启 UPS,设备进入逆变状态,但无法切换市电供电

不能进行逆变供电向市电供电转换,说明逆变供电向市电供电转换部分出现了故障,要重点检测以下 4 个部分:

(1) 市电输入保险丝是否损坏;

(2) 检查市电整流滤波电路输出是否正常;

(3) 检查市电检测电路是否正常;

(4) 检查逆变供电向市电供电转换控制输出是否正常。

7) UPS 不能由市电供电转为逆变供电

不能进行市电向逆变供电转换,说明市电向逆变供电转换部分出现故障,要重点检测以下 3 个部分:

(1) 蓄电池电压是否过低,蓄电池保险丝是否完好;

(2) 检查蓄电池电压检测电路是否正常;

(3) 检查市电向逆变供电转换控制输出是否正常。

6. 日常电路常见故障及处理方法

电路的常见故障主要有断路、短路和漏电 3 种。

1) 断路

产生断路的原因主要是熔丝熔断、线头松脱、断线、开关没有接通、铜铝接头腐蚀等。

2) 短路

造成短路的原因大致有以下 3 种:

(1) 照明等用电器具接线不好,以致接头碰在一起;

(2) 线路配电设备内部短路;

(3) 导线绝缘外皮损坏或老化,并在零线和相线的绝缘处碰线。

3) 漏电

相线绝缘损坏而接地、用电设备内部绝缘损坏使外壳带电等,均会造成漏电。漏电不但造成电力浪费,还可能造成人身触电伤亡事故。

漏电保护装置一般采用漏电开关。当漏电电流超过整定电流值时,漏电保护器动作,切断电路。若发现漏电保护器动作,则应查出漏电接地点并进行绝缘处理后再通电。线路的漏电点多发生在穿墙部位和靠近墙壁或天花板的部位等。查找漏电点时,应注意查找这些部位。漏电查找方法如下:

(1) 判断是否漏电。可以使用电表测量其绝缘电阻值的大小。另外,可以在被检查建筑物的总开关上串接一块万用表,然后接通全部电灯开关,并取下所有灯泡,仔细观察仪表指针。若电流表指针摇动,则说明漏电。指针偏转的多少,表明漏电电流的大小,若偏转多则说明漏电电流大。确定漏电后可按下一步继续进行检查。

(2) 判断漏电部位。漏电可能发生在火线与零线之间的、相线与大地之间,也可能是两者兼而有之。以接入万用表检查为例,切断零线,观察电流的变化。电流指示不变,是相线与大地之间漏电;电流指示为 0,是相线与零线之间的漏电;电流指示变小但不为 0,则表明相线与零线、相线与大地之间均有漏电。

(3) 确定漏电范围。取下分路熔断器或拉下开关刀闸,电流若不变化,则表明是总线漏电;电流指示为 0,则表明是分路漏电;电流指示变小但不为 0,则表明总线与分路均有漏电。

(4) 找出漏电点。按前面介绍的方法确定漏电的线段后,依次拉断该线路灯具的开关。若当拉断某一开关时,电流指示回零则是这一分支线漏电;若变小则除该分支漏电外还有其他漏电处;若所有灯具开关都拉断后,电流指示仍不变,则说明是该段干线漏电。

(5) 依照上述方法依次把故障范围缩小到一个较短线段或小范围之后,便可进一步检查该段线路的接头,以及电线穿墙处等位置有无漏电情况。找到漏电点后,包缠好进行绝缘处理。

5.2 暖通技能培训

5.2.1 暖通基本操作

1. 暖通管道连接操作

1) 管道材质及规格

空调供、回水管及凝结水管当管径≤100 时使用镀锌钢管,并采用丝接的方式进行连接;当管径>100 时,使用无缝钢管,并采用法兰及焊接方式进行连接;冷却水管使用无缝钢管,并采用焊接的方式连接。在水管安装之前管内要除锈擦洗干净。

2) 水管及配件的安装流程

水管的安装流程如图 5-4 所示。

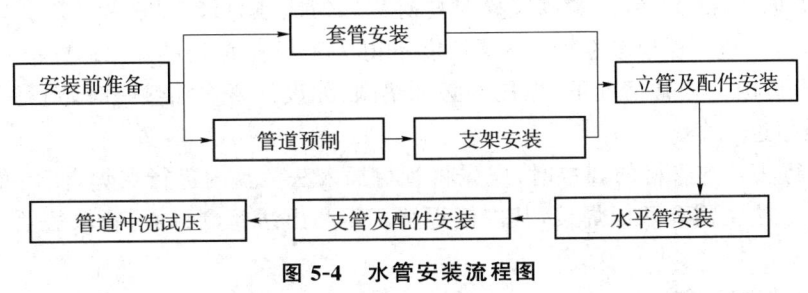

图 5-4　水管安装流程图

3) 套管安装

管道穿越墙体、楼板及屋面处要设置钢套管。按设计或规范要求,预埋套管管径比管道规格大 1~2 号。穿越墙体的套管长度要与墙体两面(含抹灰面)齐平;穿越楼板的套管底端要与楼板下表面(含抹灰面)齐平,套管顶端要高出楼板上表面(含柔性材料找平层、抹灰面)50 mm;穿越屋面的套管除要按穿越楼板的套管要求外,还要求防水层要沿套管涂敷严密,并使之与其他防水层部分连为一体。套管预埋使用膨胀水泥固定,穿楼板的套管需要在地面找平、抹光之后做围水试验,以 24 小时不渗不漏为合格。穿管后其缝隙要用石棉绳等材料填实,水管穿防火墙处设阻火圈。

4) 道支吊架

在结构负重允许的情况下,水平安装管道支、吊架的间距要符合以下要求,如表 5-1 所示。

表 5-1　管道支吊架表

公称直径/mm		20	25	32	40	50	70	80	100	125	150	200	250	300
支架的最大间距/m	L_1	2.0	2.5	2.5	3.0	3.5	4.0	5.0	5.0	5.5	6.5	7.5	8.5	9.5
	L_2	3.0	3.5	4.0	4.5	5.0	6.0	6.5	6.5	7.5	7.5	9.0	9.5	10.5
		对于大于 300 mm 的管道参考 300 mm 的管道												

注：1. 适用于工作压力不大于 2.0 MPa，不保温或保温材料密度不大于 200 kg/m³ 的管道系统。
　　2. L_1 用于保温管道，L_2 用于不保温管道。

如临近阀门和其他较大管路配件时，还要增设辅助支架。临近末端设备处必须安装支架，严禁设备承重。支吊架的结构形式采取型钢吊架与吊杆加抱箍交替使用的方式，这样既能确保管道的牢固可靠，又能减轻支架对建筑结构形成的负荷。特别是对同一走向的管道直径相差较大时，使用吊杆加抱箍的形式更加灵活实用。水管支、吊架的安装应按要求就近安装，同时要注意，当管道的坡度根据设计及规范要求有所不同时，要调整好支吊架的高度，确保每一根管子都符合其坡向及坡度要求。

5) 管道法兰连接

法兰连接管段或管件、设备等，要注意以下几点：

（1）标准法兰盘的选用要注意其公称压力与工作压力相匹配，通常情况下选用低碳钢材质的平焊法兰。

（2）相连接的两片平焊法兰要互相平行，其偏差不能大于法兰外径的 1.5%，且不大于 2 mm。在安装过程中，严禁使用强紧螺栓的方法消除歪斜。法兰的衬垫（推荐使用 δ=3 mm 的石棉橡胶垫）在安装时不得凸入管道内部。

（3）在紧固螺栓时，要根据法兰的厚度选择合适的螺栓长度，不能过长或过短。同时，螺栓规格、安装方向要保持一致。紧固螺栓时要对称均匀地施力，确保松紧适度。紧固完成后外露长度以 2~3 扣为宜，螺栓较粗时，外露长度不得大于螺栓直径的 1/2。螺栓紧固后应与法兰紧贴，不得有缝隙。通常情况下，螺栓不必加垫圈，如设计要求加垫圈时，则每个螺栓所加垫圈的数量不能超过 1 个。

（4）在进行法兰与管材的焊接时，应先将管材插入法兰盘内进行点焊，使用角尺找正找平后再进行焊接。法兰需要两面焊接，其内侧焊缝不得凸出法兰盘封面，确保法兰连接的平整性与密封性。

6) 冷(热)站内管道安装

冷(热)站内管道的布置直接影响系统的工作效果及观感质量，因此，管道布置的好坏是冷(热)站安装成功的关键。冷(热)站内管线的布置主要考虑以下几个原则：

（1）管道的布置首先要保证系统的功能，根据小管避让大管、低压管避让高压管、有压管避让无压管的原则合理布置管路走向；

（2）管路布置时充分考虑水流开关、流量计及压力表、温度计等仪表的安装位置，保证仪表的使用功能，确保获得准确的参数读数；

（3）各设备及阀门等部件必须预留充分的操作及检修空间，便于系统维护管理；

（4）管道安装整体要求平整美观，增强机房观感。

7) 配件安装

阀门到货后，必须按照技术要求从每批中抽检 10%，进行强度和严密性试验（详见 GB

50235—1997《工业金属管道工程施工及验收规范》阀门检验章节）。对于有方向性要求的阀门（例如止回阀、截止阀、蝶阀等），应按照水流方向进行安装，避免将阀门装反，造成阀门失灵。

8）管道冲洗试压

管道冲洗试压是隐蔽前的最后两道工序，也是极其重要的一个环节。

管道清洗前要检查管路上是否有预留孔（如压力表接孔等）未进行必要的封堵，避免冲洗水流出污染其他专业的成品、半成品及原材料。确保阀门的启闭满足冲洗的要求，避免使冲洗水流入末端设备。在清洗时要特别注意排水问题，应将排掉的水接至就近的排水井或排水沟，以保证排泄顺畅和安全。排水管从管道末端接出，排水管截面积不能小于被冲洗管道截面积的60%。冲洗要以系统内可能达到的最大压力和流量进行，直到出口处的水色和透明度与入口处目测一致为合格。

在试压保温完毕后、系统联动试车前，还要对全系统进行一次冲洗，确保系统内的清洁畅通。

管道冲洗完毕后，将整个管路分层、分系统进行压力试验，以检查管路的强度及严密性。本工程采用清洁水进行试压，且试验压力应以图纸说明中规定的压力为标准。压力试验机所用的压力表必须确保是合格产品，同时压力试验管路要对该表进行必要的保护。关断阀门必须严密。

2. 管道吹污操作

吹扫工艺管道系统安装后，可根据其工作介质、使用条件及管道内表面的脏污程度，选择空气吹扫或蒸汽吹扫。管道吹扫的一般要求如下：

（1）不被允许吹扫的设备及管道应与吹扫系统隔离。

（2）管道吹扫前，不应安装孔板、法兰连接的调节阀、主要阀门、节流阀、安全阀、仪表等。对于焊接连接的上述阀门和仪表，应采取流经旁路或卸掉密封件等保护措施。

（3）吹扫的顺序应按主管、支管、疏排管的顺序依次进行，吹出的赃物不得进入已吹扫合格的管道。

（4）吹扫排放的赃物不得污染环境，严禁随意排放。

（5）吹扫前应设置禁区。

（6）管道吹扫合格后不得再进行影响清洁的其他作业。

3. 热力膨胀阀更换

正所谓"三分品质，七分安装"，合理的安装与调试热力膨胀阀，有利于提高蒸发器的利用率和系统变工况时的适应能力，对制冷装置的安全可靠运行、提高运行效率、节约能源及降低运行成本都有着重要的意义。

内平衡与外平衡热力膨胀阀原理如图5-5所示。

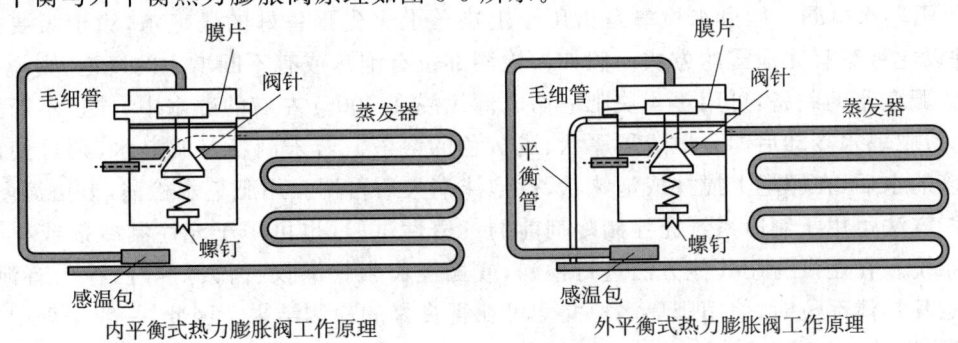

图5-5 内平衡与外平衡热力膨胀阀原理

按照平衡方式不同,热力膨胀阀分为内平衡式和外平衡式两种。

(1) 内平衡式的平衡压力在蒸发器入口处取,用于制冷剂在蒸发器内压力损失较小的系统。

(2) 外平衡式的平衡压力则在蒸发器的出口处取,用于制冷剂在蒸发器内压力损失较大的系统。

热力膨胀阀安装使用前,应检查其组成部件是否完好,特别是热力头部分,感温包内工质有无泄漏。若感温包内的工质泄漏,则阀体内的弹簧将会完全张开,导致热力膨胀阀不通,无法正常工作;检查时应用嘴对准膨胀阀的管口吸气,而不是吹气,避免口中的水蒸气进入节流孔,从而在使用时造成冰堵。若气体可通过膨胀阀的节流孔,则表示热力头部分完好,可以开始进行热力膨胀阀的安装。

(1) 安装热力膨胀阀的阀体时,应尽量安装在靠近蒸发器入口处的水平液管上,减少膨胀阀节流后的压力及温度损失。

(2) 阀体应垂直安装,不能倾斜或颠倒安装。

(3) 阀体一般安装在干燥过滤器的出口处,防止阀芯出现"脏堵"或"冰堵"。为了方便热力膨胀阀的维修和更换,可以在阀体前后安装截止阀。

(4) 阀体安装应牢固,确保其在运行过程中不出现明显的振动,并且要为调试和维修留出足够的空间。

4. 空调制冷系统检漏

(1) 观看油渍检漏。制冷系统泄漏时会伴有冷冻油渗出。利用这一特性,可使用目测法观看整个制冷系统的外壁,特别是各焊口部位及蒸发器表面有无油渍存在。若怀疑泄漏处油渍不明显,可放上洁净的白布,并用手轻轻按压,若白布上有油渍,则说明该处有泄漏。

(2) 卤素灯检漏。卤素检漏灯是以工业酒精为燃料的喷灯,靠鉴别其火焰颜色变化来推断制冷剂泄漏量的大小。其作用原理是利用氟利昂气体与喷灯火焰接触即分解成氟、氯元素气体;氯气与灯内炽热的铜接触产生氯化铜,火焰颜色即变为绿色或紫绿色。但这种方法不能满足家用电冰箱、空调器检漏的要求,只能用于设储液器的大型冰箱或冷库的粗检漏。

(3) 电子卤素检漏仪检漏。电子卤素检漏仪是一个精密的检漏仪器,主要用于精检,灵敏度可达每年 14~1 000 g,但其不能进行定量检测。

由于电子卤素检漏仪的灵敏度很高,因此,不能在有烟雾污染的环境中使用。在做精检漏时,须在空气新鲜的场合进行。检漏仪的灵敏度一般是可调控的,由粗检到精检分为数挡,在稳定的环境中检漏,可选择适当的挡位进行。过量的制冷剂会污染电极,会使检测灵敏度降低,所以在使用电子卤素检漏仪的过程中,应严防大量的制冷剂吸入检漏仪。在检测过程中,探头与被测部位之间的距离应保持 3~5 mm,探头移动速度应低于每秒 50 m。

(4) 肥皂水检漏。肥皂水检漏是指用小毛刷蘸上事先预备好的肥皂水,涂于需要检查的部位,并以此观察有无泄露的方式。假如被检测部位有泡沫或有不断增大的气泡,则说明此处有泄漏。肥皂水的制备:可用 1/4 块肥皂切成薄片浸在 500 g 左右的热水中,并且不断搅拌使其溶化,待肥皂水冷却后即分散成稠厚状、浅黄色的溶液。若未制备好肥皂水,则可使用小毛刷蘸较多的水后,在肥皂上搅拌成泡沫状,待泡沫消失后再用。用肥皂水检漏,方法简便易行。这种检漏方法可用于制冷系统充注制冷剂前的气密性试验,也可用于充注制冷剂或在工作中的制冷系统。在还没有用其他方法进行检漏,或虽经卤素检漏仪、卤素灯等已检出有泄漏,但不能确定其具体部位时,使用肥皂水检漏均可获得良好的检测结果。因此,一般修理中常用肥皂水检漏。

(5) 水中检漏。水中检漏是一种比较简洁而且应用广泛的检漏方法,常用于蒸发器、冷凝器、压缩机等零部件的检漏。其方法是在被测件内充入 0.8~1.2 MPa 压力的氮气,并将被测件放入 50 ℃的温水中,随后认真观看有无气泡产生。若有气泡产生,则说明有泄漏。

5.2.2 暖通设备常见问题及处理

1. 加药装置

1) 报警指示灯红灯亮起

(1) 原因:药剂桶液位过低。解决方法:向液位低的药剂桶添加对应药剂至合适液位。

(2) 原因:急停按键按下。解决方法:旋转急停按键消除急停状态。

(3) 原因:系统循环泵未开启,系统断流。解决方法:循环泵开启时自动消除。

(4) 原因:药剂桶液位计损坏。解决方法:添加药剂至合适液位,报警仍显示液位低时,更换药剂桶液位计或用细导线短路对应端子。

(5) 原因:水流开关损坏。解决方法:主管路循环泵开启,报警仍显示系统断流,则更换加药设备水流开关或用细导线短路电控柜内水流开关对应端子。

2) 计量泵漏液

(1) 原因:计量泵泵体开裂。解决方法:更换或返修。

(2) 原因:计量泵吸药管漏液。解决方法:对应部件拧紧或更换内部部件。

(3) 原因:泵头漏液。解决方法:通过对角线方向旋紧泵头的螺栓;更换计量泵隔膜。

3) 计量泵在满冲程且排气后也吸不上液体

原因:在阀内产生了结晶和沉淀。解决方法:从药剂桶中取下吸入管并冲洗泵头内腔;如果不奏效,可拆卸并清洗阀。

4) 排污电动阀一直排污

(1) 原因:电动阀故障。解决方法:手动模式下判断电动阀好坏,若损坏需更换维修。

(2) 原因:控制排污阀开关的电导率仪损坏或所测水质不具代表性,读数不准确。解决方法:更换电导率仪探头或引入活水测量。

(3) 原因:电导率仪控制参数设置太小。解决方法:将电导率仪控制参数设置 1 600 μs/cm 至 1 400 μs/cm 较为合适。

2. 砂滤装置

1) 石英砂过滤器周期性水量减少

(1) 原因:①可能是过滤砂与悬浮物结块;②反洗的强度不够;③反洗的周期过长;④配水装置损坏而引起了偏流;⑤滤层高度太低;⑥原水水质变得浑浊。

(2) 解决方法:①加强反洗,使水达到澄清的效果;②调整好水的压力和流量;③增加反洗的次数;④缩短反洗的周期;⑤检查配水的装置;⑥增加滤层的高度。

2) 过滤流量不够

(1) 原因:①进水管道阻力过大;②滤层上部被污泥堵塞。

(2) 解决方法:①排除进水管的管道;②用反洗过滤器的方法降低水中悬浮物的含量。

3) 反洗时有石英砂流失

(1) 原因:①反洗强度太大;②排水装置损坏导致水在过滤器截面上分布不均。

(2) 解决方法:①降低反洗的强度;②检查排水装置。

4）长时间反洗后浊度才降低

（1）原因：①反洗水渍过滤器截面分布不均；②滤层脏。

（2）解决方法：①检查排水的装置；②适当增加反洗的次数和强度。

5）产水水质不达标

（1）原因：①滤层表面被污泥污染；②滤层高低不够；③过滤的速度太快。

（2）解决方法：①加强水的澄清工作，增大反洗速度；②增加滤层高度；③调整好过滤水的速度。

6）水中混有石英砂

（1）原因：布水装置损坏。

（2）解决方法：把石英砂卸下，检查排水装置。

3. 风机盘管

风机盘管的常见故障主要出现在滤网、滴水盘、盘管、风机等主要部件上。做好日常维护和保养工作，确保风机盘管正常运行，无不良反应。

室内一般直接安装风机盘管，即我们常说的室内机，其工作状态和工作质量不仅影响空调正常运行，还会影响室内噪声水平和空气质量。

为此，要做好风滤网、滴水盘、盘管、风机等主要部件的日常维修保养，确保风机盘管正常运行。

风机盘管的常见故障及处理方法：

1）风机盘管风机转动，但不出风或风量较小

（1）原因：①电源电压异常；②风机翻转；③风口有障碍物；④阀门被异物堵塞。

（2）解决方法：①检查处理；②更换线路；③清除障碍物；④清理。

2）风机盘管风量不冷（或不热）

（1）原因：①盘管内有空气；②给水循环停止；③调节阀关闭；④阀门有异物堵塞。

（2）解决方法：①从排气阀中排气；②检查给水隔离阀；③调速阀；④排除异物。

3）风机盘管外壳外露

（1）原因：①内部保温破裂；②外壳组装时，火焰烧损保温层；③冷风有泄漏；④室内有条件导致结露。

（2）解决方法：①修补保温层；②重新包裹保温层；③修补、消除渗漏；④消除结露情况。

4）风机盘管有异物吹出

（1）原因：①风扇叶片的锈蚀；②滤芯的损坏；③保温材料的损坏、劣化；④机舱灰尘过多。

（2）解决方法：①更换风扇；②更换滤网；③更换隔热材料；④清理内部。

5）风机盘管漏水

（1）原因：①安装不良；②接水盘倾斜；③排水管口堵塞；④水管有漏水处；⑤凝结水从水管滴出；⑥接水管安装不良；⑦排气阀忘记关闭。

（2）解决方式：①机组水平安装；②调节水盘；③消除堵塞；④检查更换水管；⑤检查后再保温；⑥检查后紧固；⑦关闭阀门。

6）风机盘管出现振动或杂音

（1）原因：①机组安装不良；②机壳安装不良；③固定风机部件松动；④风道有异物；⑤风机电机故障；⑥盘管内有空气；⑦风机叶片损坏；⑧送风口百叶松动；⑨冷冻水（热水）流量过快；⑩使用定量阀时，压差过大。

(2) 解决方法：①重新安装调整；②重新安装调整；③紧固调整；④移除异物；⑤修理或更换电动机；⑥更换叶片；⑦紧固百叶；⑧排出空气；⑨检查流动速度；⑩更换合适的阀。

7) 风机盘管冷风（热风）效果不佳

(1) 原因：①调压器开度不够高；②盘管、空气滤清器堵塞；③供水不足或异常温度；④送风口、回风口有障碍；⑤调温不当；⑥房间日照不佳或开窗。

(2) 解决方法：①调整开度；②清理盘管和过滤器；③检查供水情况；④排除障碍物；⑤调整送风等级；⑥关闭窗户、挂帘。

4. 软化水装置

1) 水压低

(1) 原因：①水管破裂；②水阀门漏水；③进水管堵塞。

(2) 解决方法：①检查水管，更新破裂的水管；②检查水阀门，确认水阀门正常，避免漏水对水压造成影响；③清洗疏通进水管或者更新进水管。

2) 软化水设备不产软水

(1) 出现问题原因：①树脂失效；②树脂泄漏；③旁通阀未开启；④盐箱中的盐不足。

(2) 解决方法：①重新对树脂进行再生；②检查树脂罐是否破损，确认树脂罐的完好性；③开启旁通阀；④检查盐箱中的盐是否足够，向盐箱中添加盐。

3) 软化水设备不运作

(1) 原因：①控制器设置问题；②电源系统故障。

(2) 解决方法：①对控制器进行重新设置，确认控制的设备正确；②检查电源系统，确认软化水设备能够正常通电。

4) 设备耗盐量过多

(1) 原因：吸盐设定不适当。

(2) 解决方法：应检查用盐量及吸盐设定。

5. 新风机组

新风系统是一种能够全面净化室内空气的系统，但是这种系统在长时间的运行过程中会出现一些故障问题，需要及时地进行排除。以下是新风系统常见的故障问题及排除方法。

1) 新风系统不启动或停止运行

(1) 原因：①电源故障；②控制器故障；③传感器故障；④电动机故障等。

(2) 解决方法：①检查电源是否连接正常；②检查控制器是否正常工作；③检查传感器是否正常；④检查电动机是否损坏。

2) 新风系统噪声过大

(1) 原因：①电动机损坏；②风机叶片损伤；③管道堵塞等。

(2) 解决方法：①更换电动机或修复电动机；②更换或修复叶片；③清理管道。

3) 新风系统漏水

(1) 原因：①管道破裂；②水箱漏水等。

(2) 解决方法：①更换管道或修复管道破裂部位；②更换水箱或修复水箱漏水处。

4) 新风系统净化效果差

(1) 原因：①过滤器污染；②UV灯故障；③负离子发生器故障等。

(2) 解决方法：①更换过滤器；②更换或修复UV灯；③更换或修复负离子发生器。

6. 精密空调常见问题

1) EC 风机不能启动

(1) 原因:①断路器跳脱;②控制板故障。

(2) 解决方法:①检查主风机的断路器,检查风机 L_1、L_2 和 L_3 是否存在不带电、缺相、电压过低等情况;②首先通过检查控制板上继电器 K_1 旁的绿灯点亮情况,判断是否为控制板故障。其次检查是否有 0 至 10 VDC 的模拟量输出,如无则需要检查控制板。

2) 机组显示气流丢失报警

(1) 原因:过滤网脏堵。

(2) 解决方法:检查是否因过滤网脏堵,造成风机风量过低。如果是,即更换过滤网。

3) 精密空调低压报警问题

(1) 原因:①A/C 系统缺氟漏氟;②热力膨胀阀失灵;③过滤网太脏,风机皮带太松;④回风不好。

(2) 解决方法:①修复后加氟;②更换热力膨胀阀;③清洗更换过滤网,调整风机皮带;④改造回风。

4) 精密空调气流故障问题

(1) 原因:①A/C 电源反相;②风机断路器开关未闭合;③A/C 电源缺相;④风机皮带太松,过滤网太脏;⑤气流断电器失灵;⑥回风不好。

(2) 解决方法:①倒换相序;②闭合开关;③检查三相电源是否正常;④调整风机皮带,更换过滤网;⑤调整更换失灵继电器;⑥改造回风。

5) 精密空调电功热故障问题

(1) 原因:①热保护器损坏;②过滤网太脏;③风机皮带太松。

(2) 解决方法:①更换热保护器;②更换过滤网;③调整风机皮带。

6) 精密空调加湿器故障问题

(1) 原因:①加湿器报警未复位;②进水阀未打开,缺水;③进水阀损坏,堵塞;④加湿水罐损坏,结垢。

(2) 解决方法:①报警复位,复位前应消除故障;②检查水源;③清洗,更换进水阀;④更换加湿水罐。

7) 精密空调压缩机高压报警问题

(1) 原因:①室外机太脏;②室外风机损坏不转;③室外机无电源;④高压开关未复位。

(2) 解决方法:①清洗室外机;②更换室外机风机;③检查线路、开关;④开关复位,复位前应排除故障。

8) 精密空调压缩机故障问题

(1) 原因:①压缩机损坏;②压缩机保护器损坏;③压缩机控制线路接触不良。

(2) 解决方法:①更换压缩机;②更换压缩机保护器;③检查接线。

7. AHU 间接蒸发式常见问题

1) 电路或管道连接故障

(1) 原因:由于电路老化、人为损坏、虫鼠破坏等原因,蒸发器的电线和铜管的连接处可能断开或者松弛,从而导致风机的风扇不转动或者制冷剂泄漏。

(2) 解决方法:检查电线、管道等连接处,重新加固连接。

2) 结霜严重或不化霜

(1) 原因:由于长时间不除霜、库内湿度较高,会导致蒸发器表面结霜严重;蒸发器上的电热丝或者淋水设备等化霜装置故障,会导致蒸发器化霜困难或不化霜。

(2) 解决方法:检查除霜装置,修复或更换除霜装置。使用工具,人工除霜时,禁止用硬物敲打冰霜,避免对蒸发器的破坏。

3) 内管堵塞

(1) 原因:制冷系统内存在杂物,当杂物进入蒸发器管道时,会使管道堵塞;若制冷系统中存在水汽,则水汽结冰时,也会导致管道堵塞。

(2) 解决方法:使用氮气吹污,更换制冷剂,把制冷系统内的杂物及水汽排除。

8. 冷却塔常见问题

1) 出水量温度过高

(1) 原因:冷却塔循环水量过大或冷却塔布水管(配水槽)部分出水孔堵塞,造成偏流。解决方法:调整水系统阀门开度或调整水泵电动机转速清理水管的堵塞物。

(2) 原因:进出冷水塔空气不畅或短路。解决方法:清除冷却塔进风口的堵塞物。

(3) 原因:冷却塔通风量不足。解决方法:调整冷却塔通风机的转速或风机皮带轮的直径。

(4) 原因:冷却塔进水温度过高。解决方法:检查冷水组的工作状态,调整进水温度。

(5) 原因:冷却塔吸、排空气短路。解决方法:改善冷却塔周围空气循环流动条件。

(6) 原因:冷却塔填料部分堵塞造成偏流。解决方法:清除冷却塔填料上的堵塞物。

2) 通风量不足

(1) 原因:转动皮带松弛,轴承润滑不良造成风机转速降低。解决方法:调整电动机的地脚螺栓位置,或更换皮带补充润滑油或更换轴承。

(2) 原因:风机叶片角度不合适。解决方法:调整风机片角度至合适位置。

(3) 原因:风机叶片破损。解决方法:更换风机叶片。

(4) 原因:填料部分堵塞。解决方法:清除填料上的堵塞物。

9. 冷却水泵/冷冻水泵常见问题

(1) 原因:水泵内有空气,造成水泵效率下降,发出异常响声,影响冷却水循环,常见原因有管道螺丝松动、零件老化出现气孔、密封阀件失效等。解决方法:更换水泵,或者对水泵关键损坏部位进行检查维修,恢复到正常值。

(2) 原因:循环水系统的水垢,会导致循环水路堵塞,造成异响。解决方法:短接出入水口,让冷水机水路自循环,排查管路堵塞的位置。若确定内部堵塞,则可使用去垢剂除去水垢,然后使用纯净水/蒸馏水作为循环冷却水。若水泵内有异物,检查维修去除异物即可。

(3) 原因:水泵烧坏。解决方法:更换水泵。

10. 冷水机组常见问题

1) 离心式冷水机组蒸发压力低

(1) 原因:冷水不足。解决方法:检查冷水回路,使冷水达到额定水量。

(2) 原因:冷却负荷少。解决方法:检查自动启停装置的设定温度。

(3) 原因:孔板故障(仅使蒸发压力低)。解决方法:检查膨胀节流管是否畅通。

(4) 原因:蒸发器传热管的传热因水垢等污染而恶化(仅蒸发压力过低)。解决方法:清洗传热管。

(5) 原因:制冷剂量不足(仅蒸发压力过低)。解决方法:将制冷剂补充至所需量。

2) 离心式冷水机组冷凝压力过大

(1) 原因:冷水不足。解决方法:检查冷却水回路,调整到额定流量。

(2) 原因：冷却塔容量减少。解决方法：检查冷却塔。

(3) 原因：冷水温度过高、制冷量过大导致冷凝器负荷增加。解决方法：检查膨胀节流管等，使冷水温度尽快接近额定温度。

(4) 原因：有空气。解决方法：进行抽气操作排除空气，并找出漏气部位。故障解除后仍需定期检查和维护抽气装置。

(5) 原因：由于水垢污染，导致冷凝管的传热恶化。解决方法：清洁管道。

3) 离心式冷水机组油压差低

(1) 原因：滤油器堵塞。解决方法：更换滤油器滤芯。

(2) 原因：油压调节阀（排水阀）开度过大。解决方法：关小油压调节阀，将油压升至额定油压。

(3) 原因：油泵输出油量减少。解决方法：解体检查。

(4) 原因：轴承磨损。解决方法：解体后更换轴承。

(5) 原因：油压表（或传感器）故障。解决方法：检查油压表，重新校准压力传感器，必要时更换。

(6) 原因：润滑油中混入了过多的制冷剂（启动时油发泡导致油压过低）。解决方法：排放含制冷剂的润滑油，且对系统进行捡漏和维修。在下次加润滑油之前对系统进行抽真空处理。最后充填润滑油后重启系统并测试。

4) 离心式冷水机油温高

(1) 原因：油冷却器冷却能力降低。解决方法：调节油温调节阀。

(2) 原因：由于冷却介质过滤器滤网堵塞，导致油冷却器冷却介质供应不足。解决方法：清洗制冷剂过滤器的滤网。

(3) 原因：轴承磨损。解决方法：解体后修理或更换轴承。

5) 离心式冷水机断水

(1) 原因：冷水不足。

(2) 解决方法：检查冷水泵和冷水回路，调整到正常流量。

6) 离心式冷水机组主电动机过载

(1) 原因：供电相电压不平衡。解决方法：采取措施平衡供电相电压。

(2) 原因：电力线压降大。解决方法：采取措施降低电力线路压降。

(3) 原因：供应给主电动机的冷却制冷剂的量不足。解决方法：检查制冷剂过滤器的滤网并清洗滤网；打开制冷剂入口阀。

5.3 弱电技能培训

5.3.1 弱电系统装调要求

1. 布线要求

(1) 严格按图纸施工，在保证系统功能质量的前提下，提高工艺标准要求，确保施工质量。

(2) 预埋（留）位置准确、无遗漏。

(3) 管路两端设备处导线应根据实际情况留有足够的冗余。导线两端应按照图纸提供的线号用标签进行标识,根据线色来进行端子接线,并应在图纸上进行标识,便于作为施工资料进行存档。

(4) 设备安装牢固、美观,架装设备竖成列,墙装设备端正一致,资料整理正规完整无遗漏,各种现场变更手续齐全有效。

(5) 电缆(线)的敷设

在布线系统中,大多信号都是电流信号或数字信号,故对电缆(线)的敷设工作应注意以下几点:

① 电缆敷设必须设专人指挥,在敷设前向全体施工人员交底,说明敷设电缆的根数、始末端的编号、工艺要求及安全注意事项。

② 敷设电缆前要准备标志牌,标明电缆的编号、型号、规格、图号、起始地点。

③ 在敷设电缆之前,先检查所有槽、管是否已经完成并符合要求,路由与拟安装信息口的位置是否与设计相符,确定有无遗漏。

④ 检查预埋管是否畅通,管内带丝是否到位,若没有应先处理好。

⑤ 放线前对管路进行检查,穿线前应进行管路清扫、打磨管口。清除管内杂物及积水,有条件时应使用 0.25 MPa 压缩空气吹入滑石粉确保穿线质量。所有金属线槽盖板、护边均应打磨至不留毛刺,以免划伤电缆。

⑥ 核对电缆的规格和型号。

⑦ 在管内穿线时要避免电缆受到过度拉引,每米的拉力不能超过 68.6 N,以便保护线对绞距。

⑧ 布放线缆时,线缆不能放成死角或打结,以保证线缆的性能良好。在水平线槽中敷设电缆时,电缆应顺直,尽量避免交叉。

⑨ 做好放线保护,不能损伤保护套和踩踏线缆。

⑩ 对于有安装天花的区域,所有的水平线缆敷设工作必须在天花施工前完成;所有线缆不应外露。

⑪ 楼层配线间、设备间端预留长度(从线槽到地面再返上)铜缆 3~5 m,光缆 7~9 m,信息出口端预留长度 0.4 m。

⑫ 线缆敷设时,两端应做好标记,且所做线缆标记一定要表示清楚,如在一根线缆的两端必须有一致的标识,线标应清晰可读。标线号时要求以左手拿线头,线尾向右,以便于以后线号的确认。

⑬ 垂直线缆的布放:穿线宜自上而下进行,在放线时线缆要求平行摆放,不能相互绞缠、交叉,不得使线缆放成死弯或打结。

⑭ 光缆应尽量避免重物挤压。

⑮ 绑扎:施工穿线时做好临时绑扎,避免垂直拉紧后再绑扎,以减少重力下垂对线缆性能的影响。主干线穿完后进行整体绑扎,要求绑扎间距≤1.5 m。光缆应实行单独绑扎。绑扎时如有弯曲应满足不小于 10 cm 的弯曲半径。

⑯ 安装在地下的同轴电缆须有屏蔽铝箔片以阻隔潮气。

⑰ 同轴电缆在安装时要进行必要的检查,不可损伤屏蔽层。

⑱ 安装电缆时要注意确保各电缆的温度要高于 5 ℃。

⑲ 填写好放线记录表:记录中主干铜缆或光纤给定的编号应明确楼层号、序号。

⑳ 电缆敷设完毕后，两端必须留有足够的长度，各拐弯处、直线段应在整理后得到指挥人员的确认，符合设计要求方可掐断。

㉑ 线槽内线缆布放完毕后应盖好槽盖，满足防火、防潮、防鼠害之要求。

(6) 机柜(箱)内接线

按设计安装图进行机架、机柜安装，安装螺丝必须拧紧。

① 机架、机柜安装应与进线位置对准；安装时，应调整好水平、垂直度，偏差不应大于 3 mm。

② 按供货商提供的安装图、设计布置图进行配线架安装。

③ 机架、机柜、配线架的金属基座都应做好接地连接。

④ 核对电缆编号无误。

⑤ 端接前，机柜内线缆应做好绑扎，绑扎要整齐美观。应留有 1 m 左右的移动余量。

⑥ 剥除电缆护套时应采用专用剥线器，不得剥伤绝缘层，电缆中间不得产生断接现象。

⑦ 端接前须准备好配线架端接表，电缆端接依照端接表进行。

⑧ 来自现场进入机柜(箱)内的电缆首先要进行校验编号。

⑨ 来自现场进入机柜(箱)内的电缆要进行固定。

⑩ 来自现场进入机柜(箱)内的电缆，应留有一定的余量。

⑪ 来自现场进入机柜(箱)内的电缆一般不容许有接头。

⑫ 来自现场进入机柜(箱)内的电缆尽量避免相互交叉。

⑬ 按图施工接线正确，连接牢固接触良好，配线整齐、美观、标牌清晰。

⑭ 同一区段的电缆跳线颜色选用要尽可能统一，便于安装调试和日常维护。

(7) 接地要求

① 桥架接地方法，应用不小于 2.5 mm 的铜塑线与主体钢筋接地。

② 各机柜、机箱接地电阻不大于 1 Ω。

③ 机房设备采取两种独立的接地方式包括工作接地和联合接地。工作接地电阻不大于 4 Ω，联合接地电阻不大于 1 Ω。

(8) 调试阶段注意事项

① 严禁不经检查立即上电。

② 严格按照图纸、资料检查各分项工程的设备安装、线路敷设是否与图纸相符。

③ 逐个检查各网络设备、PBX 设备、信息点位的安装情况和接线情况。如有不合格应如实填写质量反馈单，并做好相应的记录。

④ 各设备、点位检查无误完毕后，对各设备点位逐个通电试验。

⑤ 通电实验后，方可进行系统调试。

⑥ 做好记录。

2. 软件安装

1) 软件安装要求

下面以共济机房总管为例。

(1) 硬件环境要求

① 客户端

CPU：Intel Core Duo 1.6 GHz 及以上。内存：512 MB 及以上。

② 服务器

CPU：Intel Core Duo 1.6 GHz 及以上。内存：512 MB 及以上。

(2)软件环境要求

① 客户端

操作系统：Windows Server 2003 及以上。

② 服务器

操作系统：Windows Server 2003 及以上。

2）软件安装步骤

步骤1：运行"机房总管客户端.exe"程序，进入机房总管客户端安装向导页面，如图5-6所示。

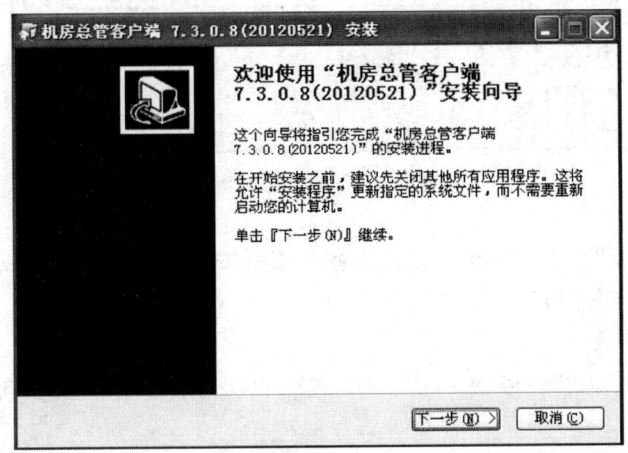

图 5-6　机房总管客户端安装向导页面

注意：如果操作系统中未安装 TTS 语音引擎，安装程序会提示安装 TTS 语音引擎程序。

步骤2：单击"下一步"按钮，进入选择安装组件的页面，如图5-7所示。必选的组件为"监控客户端"，可选组件为"管理工具"。

管理工具主要用来进行工程管理，完成跨站点页面、策略组态。同时，可以进行权限配置管理、远程设备设置。该工具主要给管理员进行系统初始化或其他系统级的操作。

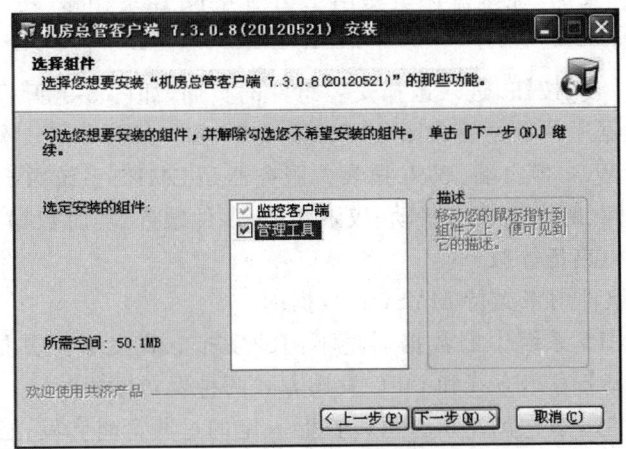

图 5-7　安装组件的页面

步骤3：选择需要安装的组件后，单击"下一步"按钮，进入选择安装位置的页面，如图5-8所示。默认安装路径为"D:\机房总管\客户端"。

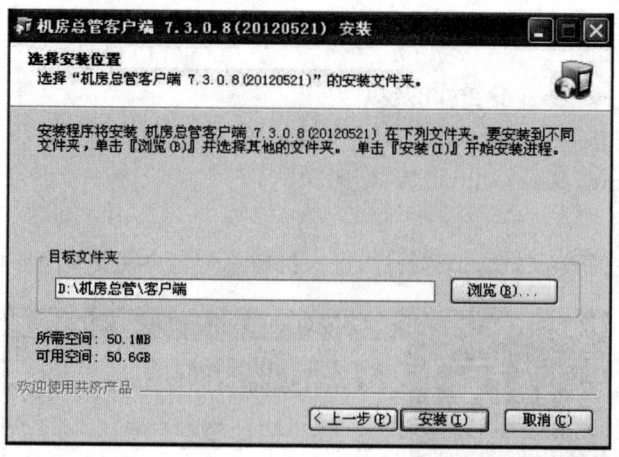

图 5-8 安装位置的页面

步骤 4：单击"安装"按钮，开始机房总管客户端的安装，等待安装完成后，弹出安装完成页面，单击"完成"按钮结束安装。

3) 服务器安装步骤

步骤 1：运行"机房总管服务端.exe"程序，进入机房总管服务端安装向导页面。

注意：

（1）如果操作系统中未安装消息队列，安装程序会提示用户从 Windows 组件中安装消息队列。

（2）如果操作系统中未安装 IIS 服务，安装程序会提示用户从 Windows 组件中安装 IIS 服务。

（3）如果操作系统中未安装.NET 4.0 框架，安装程序会提示用户安装.NET 4.0 框架。

（4）如果操作系统中未安装 ReportView 和 ReportView LP 程序，安装程序会提示用户安装 ReportView 和 ReportView LP 程序。

（5）在安装告警服务时，如果操作系统中未安装 TTS 语音引擎，安装程序会提示用户安装 TTS 语音引擎程序。

步骤 2：单击"下一步"按钮，进入选择安装组件的页面，如图 5-9 所示。可选组件为"监控服务器""MYSQL"数据库、"数据发布服务""告警服务"和"考勤服务"。

监控服务器包括 Web 客户端、Web 报表。服务器是 SMP7 系统数据和业务的控制中心。支持跨站点页面的访问、跨站点策略联动、权限验证、事件服务、实时数据发布、个性化设置、在线组态、安全时段、双机热备等服务。

MYSQL 数据库组件用来支持 MYSQL 数据库。

数据发布是将 SMP7 系统中的数据通过不同的发布方式发布到其他系统中供第三方使用。支持 DB Server 服务发布方式和 OPC 发布方式两种发布方式。

告警服务是平台告警事件的出口。可以按照一定的过滤策略和发送策略以邮件、短信、电话的方式将告警信息发送给用户。

考勤服务是用来配置与运行考勤计划的服务器。

步骤 3：选择需要安装的组件后，单击"下一步"按钮，进入选择安装位置的页面。默认安装路径为"D:\机房总管\服务端"。

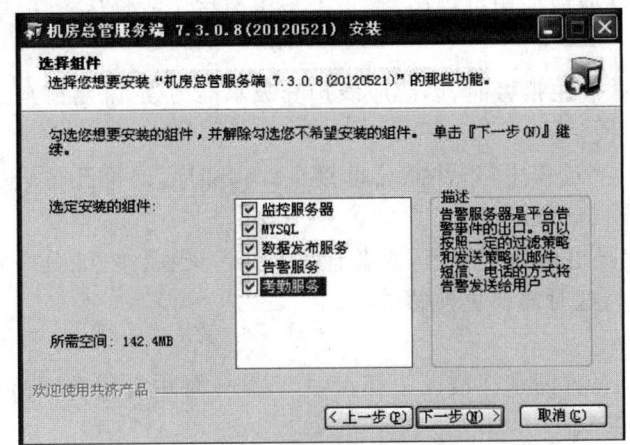

图 5-9　安装组件的页面

步骤 4：单击"安装"按钮，开始机房总管服务端的安装，等待安装完成后，弹出安装完成页面，单击"完成"按钮结束安装。

3. 漏水绳的装调

1) 漏水绳安装步骤

(1) 漏水线缆在施工时，将专用胶贴固定在检测区域的地板表面。随后将漏水线缆放置在胶贴上，因漏水线缆设计为螺旋结构，所以 2 条黑色导线应与地表面保留 0.5～1 mm 距离。

(2) 专用胶贴的两边设计有螺钉安装孔，如果安装地面允许，可以使用螺钉把专用胶贴固定在地面上，这样安装不会因拉动线缆而导致胶贴脱胶。

(3) 施工过程中，漏水线表面应保证清洁干燥。如果地面有灰尘、泥沙、墙面泥浆等垃圾物，应先将这些垃圾清理干净再铺设漏水线。否则，这些垃圾敷在漏水线表面会引起灵敏度变化，严重时会产生误报警。

(4) 由于漏水线缆外面的两条黑色检测线具有导电作用，故在施工时不能碰触金属物品。

(5) 在漏水线缆安装时，应避免与大电流、强电压线缆并行走线，严禁将漏水线缆与大电流、强电压线缆捆扎在一起。防止强电压线缆破损或电磁干扰损坏漏水控制器，从而伤及人身安全。

(6) 漏水线缆与控制器配合能准确检测漏水的发生，并发出报警信号。检测的水质主要为普通自来水、空调水、消防水。不同的水质需要在漏液控制器上设定相应的检测灵敏度。

(7) 薄膜式的漏液感应线自带双面胶，因此，在安装时撕掉薄膜感应线背面的胶膜，紧贴于地面或管道等安装即可。

2) 漏水绳安装要求

(1) 感应线所铺设区域应避免静电干扰；

(2) 感应线在铺设过程中应保持干燥和洁净；

(3) 感应线不可长时间被脏水或其他化学物质浸泡；

(4) 感应线应紧贴地面安装，使其最大限度地接触泄漏液体；

(5) 感应线在安装时应避免拉力过大，否则可能导致感应线损坏；

(6) 感应线应避免敷设在腐蚀性气体环境及其他电子杂讯干扰源等环境；

(7) 感应线在铺设区域不允许重叠或接触，反之则可能导致感应线产生误报警；

(8) 感应线在安装时或使用过程中,禁止人为用力挤压或物体重压,否则可能导致感应线损坏;

(9) 当发生漏液并产生报警时,因感应线护套吸水能力强,需将感应线护套清洁干燥后才能解除报警;

(10) 感应线在对接过程中,请注意公母接头针脚顺序,对准孔位轻轻插入后再顺时针锁紧螺环即可(逆时针方向解锁);

(11) 当漏液中有导电性物质溶解,或者有防水性污染物(蜡、油分等)溶解时,可能会导致无法复位的现象,此时,这时需要更换感应线。

3) 漏水绳的测试

在保证连接无误后,将漏水绳浸入一杯水中,看到软件中有报警即为正常。

4. 温湿度传感器装调

温湿度传感器的安装地点应具有代表性,避免安装在温度死角、强磁场处、炉门旁边或距离加热物体过近的地方;温湿度传感器的接线盒不可碰到被测介质的容器壁;温湿度传感器接线盒处的温度不宜超过 100 ℃,对于使用陶瓷或云母铂电阻元件的 WZP 型热电阻温湿度传感器,应安装在无振动或振动很少的场合;对于 WZC 型铜热电阻温湿度传感器,应避免安装在有强烈振动的地方;对那些有振动的场合,可以选用抗震性能较好的铠装式温湿度传感器。

对于热电偶温湿度传感器的安装,其参比端的温度变化应尽可能小,并尽量不超过 100 ℃;选择隔爆式热电偶温湿度传感器时,必须确保安装场所的分类、分级、分组和区域范围符合相应规定;带瓷保护套管的热电偶温湿度传感器必须避免急冷急热,并安装在不妨碍加热体移动处,防止瓷管的破裂和损坏。

温湿度传感器的插入深度一般可按实际需要决定。但最小插入深度不应少于温湿度传感器保护套管直径的 8~10 倍。

温湿度传感器应尽量垂直安装,防止其在高温下产生变形;但是,在有流速的情况下,则必须采用低流速逆向倾斜安装(一般倾斜 45°),位置最好选择在管道弯曲处,并使其有效工作部分位于流体的中部;需要水平安装时,可根据实际情况加装支撑架;对于倾斜和水平安装的温湿度传感器,其接线盒出线孔应该向下,防止水汽赃物等落入接线盒中。

以 BTR(柏特瑞)TH802 为例简述测试步骤。

1) 设备介绍

BTR(柏特瑞)TH802 属精密网络型温湿度传感器,其配备相应封装的温湿度探头可测量各种管道及特殊场合的温湿度。测湿范围 0~100%RH;测温范围 -10~50 ℃。

接口定义:设备自带 RS485 通信接口,打开后盖板可见一排接线端子。其中,1 脚为电源正、2 脚为电源负、3 脚为 DATA+、4 脚为 DATA-。

通信参数:数据位 8、停止位 1、校验无、波特率及地址可设调制。

2) 设备调试

按面板上的"3"键进入设置菜单。进入后"3"键用于选择通信波特率或地址选项,按键"2"用于更改波特率或地址,按"1"键表示确定键。保存设置结果并退出设置状态,液晶面板显示实际采集温湿度(新版温湿度已取消按键,地址和波特率通过跳线来设置)。

5. 蓄电池传感器

(1) 蓄电池监测仪的安装:纵横通蓄电池监测仪设备采用壁挂式安装,其具有 LCD 液晶显示屏,可以通过按键对系统进行配置。一般单台监测仪可接 1 至 40 节电池,具体数量以电池组电池节数为准。首先选定设备安装的位置,主要选择电池架或电池柜方便固定的位置。如果是开放式电池架,则一般选择安装在电池架的一端侧面,即离电池组第一节电池比较近的地方。然后用记号笔标记好两端挂耳螺丝孔。最后用电钻开出自攻螺丝的孔位,使用自攻螺丝把设备安装固定好。

(2) 数据采集线的安装:蓄电池监测数据采集线采用微电路设计,集成了温度探头,并配备了带有铜鼻套的红、黑双出线。在安装开始前需要关闭电池组电源开关。用扳手拧开电池电极柱上的螺丝,把纵横通数据采集线的红色一端接在电池的正极上,黑色接在电池的负极上。然后再拧紧螺丝,数据采集线安装完毕。

(3) 蓄电池单体采集模块安装:从电池组第一节电池开始,按采集模块上的地址编号依次安装。选好电池易粘贴的表面位置粘贴固定,采集模块背部已配合双面胶贴,撕下表层即可粘贴。此步骤需要保证电池的数据采集线能够插入到电池单体采集模块的接线端口,防止因位置选择不合适,采集线不够长而导致的无法连接。连接数据通信线时,先将蓄电池检测仪的单体模块接口连接到第一个采集模块的 BAT1 口,再将采集模块上 BAT2 连接下一个模块,依次首尾连接至最后一节电池。

(4) 霍尔电流传感器的安装:电流传感器是用来监测电池组电流的,安装时应选择电池组进出总线的位置进行嵌套安装。将传感器另一端插头,插接安装在蓄电池监测仪对应端口上即可。至此,蓄电池监测管理系统安装完毕。

6. 弱电系统调测要求

工程人员首先必须树立强烈的责任心和自信心。其次必须时刻保持头脑冷静、思路清晰,切忌盲目躁动。

在进行相关设备的安装和接入时,原则应该是先易后难,但总体应该根据现场的实际情况来决定。在条件具备的情况下,对于已正常运行的机房,应尽量根据工地的特点来安排工作。将有可能影响到机房正常工作或运转设备安全的工作留在非工作时间来做,不影响机房的各项工作,也减小因意外事件对工程的影响。

对于设备的安装和调试应严格按照弱电操作规范和《设备调试手册》来进行,不得任意对设备进行非法操作、野蛮施工,要注意工作安全,避免出现意外情况。

对于新设备的调试工作应根据设备厂家提供的协议及操作手册来进行相关的操作、测试和调试。有条件的可要求相关设备厂家的工程技术人员在场,进行联合安装调试,以确保调试工作的顺利进行。

所有项目设置完毕,单击"返回"菜单,退出本设置界面如图 5-10 所示。

5.3.2　弱电设备常见问题及处理

1. 利用控制变量法排除机房智能照明故障

1) 发现的问题

在智能照明系统调试过程中,部分模块机房灯控系统已完成 IP 地址分配及基本功能测试初调。但是,在复检平台功能过程中,发现部分感应器不工作,无法正常开关回路。

2) 故障分析与排除

感应器无法工作,存在以下 3 种变量:

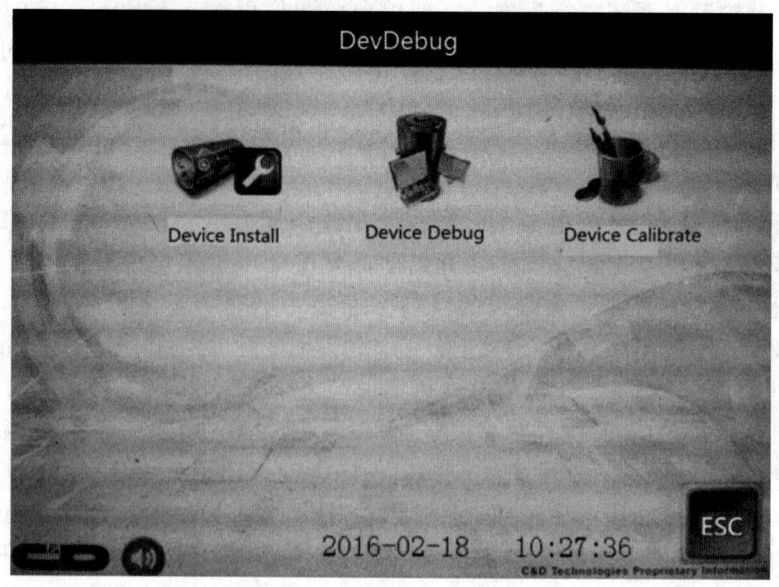

图 5-10　退出本设置界面

（1）配电箱内模块损坏,无法执行感应器发送的指令。

（2）感应器不在线。

（3）感应器损坏。

基于变量追溯系统架构路由,采用控制变量法,逐步排查原因并解决。

（1）检查面板可以实现照明回路的开关控制,排除模块故障。

（2）检查感应器是否在线。通过 ETS 软件,扫描机房内感应器,发现感应器无反馈。确认问题发生在感应器至控制箱段。

（3）现场检查感应器,发现连接总线松脱,重新插接后,感应器上线。

3）建议与总结

由于智能照明点位分布较为分散,且大多处于模块机房内部,对出入有较为严格的要求,因此后续运维期间可以通过 ETS 软件,定期检查设备是否在线,及时发现问题。

如遇故障,基于智能照明系统架构,可采用自后端至前端的控制变量法排除故障,确保智能照明系统的稳定正常运行。

2. PLC 的 I/O 扩展通信模块红灯报警问题

1）发现的问题

在某数据中心测试时,发现 PLC 有部分 I/O 扩展通信模块的运行指示灯显示红灯报警,但是未影响冷源自控 PLC 系统整体的运行。

2）故障分析与排除

PLC 的 I/O 扩展通信模块运行指示灯有红灯报警提示,说明 I/O 模块通道上有故障,但故障类型和故障点位等无法直接通过该指示灯判断。

以霍尼韦尔 HC900 系列 PLC 为例,其配套有组态软件,通过该软件可以对 PLC 设备进行在线诊断。使用软件中的 I/O 模块诊断功能,发现当末端线路有问题或传感器/仪表故障时,会导致 PLC 的 I/O 扩展通信模块红灯报警。定位到具体通道后对相应线路或传感器/仪表等进行故障排查。解决相关故障问题后,PLC 的 I/O 扩展通信模块运行指示灯的红灯报警提示消除。

经比较,当接入 I/O 模块的传感器/仪表全部正常,对应线路也无故障后,I/O 扩展通信模块的运行指示灯显示绿色。

3) 建议与总结

根据 I/O 扩展通信模块指示灯,可有效判断末端传感器/仪表是否全部在线并正常运行。使用产品配套的组态软件可以迅速定位通道故障的位置,便于维修人员迅速排查设备或线路问题。

3. 排风机无法远程自控故障的分析与排除

1) 发现的问题

在调试及后期运行过程中,BA 界面远程启动风机,而现场风机无法启动。

2) 分析与排除

对远程无法启动风机的分析如下:

(1) 是 DDC 及 BA 界面绑定点位有错误。

(2) 是线路有问题。

(3) 是风机配电箱内部问题。

基于上述分析,相关解决方法如下:

(1) 首先测量 DDC 箱内部对应风机启动点接线端是否有 AC24V 信号;如果没有 AC24V 信号,检查 DDC 及 BA 界面绑定点位是否正确。

(2) 完成步骤 1 如无问题,则测量风机配电箱风机启停线端子是否有 AC24V 信号;如果没有 AC24V 信号,则检查线路。

(3) 完成步骤 2 如无问题,则检查风机配电箱风机启停继电器是否有 AC24V 信号;如果有 AC24V 信号,继电器不动作,则需要更换继电器;如果有 AC24V 信号,继电器动作,风机不启动,则检查配电柜二次回路是否有线脱落或内部接线有错误。

完成以上三步可以解决远程无法启动风机,解决后远程可以启动风机。

3) 建议与总结

发现此类问题需要现场能及时、准确地判断出问题原因,现场人员可以根据以上解决方案排查。

4. 电动阀控制电路失电后阀门关闭问题

1) 发现的问题

在暖通系统水管冲洗过程中,调试冷源自控系统楼层电动阀时,发现电动阀 PLC 柜被断电,所有对应的电动阀均会关闭。

2) 分析与排除

为避免因 PLC 柜失电而导致对应电动阀关闭,进而影响水管路冲洗,应立即停止相关电动阀的调试工作,并且将电动阀手动开启后断电,保持电动阀常开。该做法的原因是根据电动阀配电箱二次回路图的接法,当电动阀在 220 V 供电回路正常,但控制信号(24 V)失电的情况下,阀门会默认恢复到关闭状态。

经查阅图纸并与设计院确认得知,各机房楼的电动阀即使在 220 V 供电回路正常,但控制信号(24 V)失电的情况下,各电动阀仍需要满足设计要求的默认开闭状态,该设计确保了原水路的通断不受故障影响。以下为电动阀的默认开闭状态。

(1) 电动开关阀的默认位置为开启。

(2) 电动旁通调节阀默认关闭，蓄冷罐的两个调节阀默认恢复到蓄冷罐切除的状态。通过在配电柜二次回路端及阀门手控箱内调换控制线缆的接线位置以及在对应控制程序中置放控制信号，实现阀门默认状态的变化。

完成二次回路接线调换和控制程序置反后，电动阀不会因为控制信号失电而变为关闭的情况。

3）建议与总结

在受控设备及控制点不能满足自保持的情况下，只能通过改变接线方式和修改程序来实现保持电动阀的默认状态。如能采用双 DO 点控制启停，同时二次回路满足自保持要求，则电动阀会保持在任何失电情况下最后的状态。但改造成本较大，因此选择上述解决方案。

5. 冷源群控冷机加减机程序的 BUG 问题

1）发现的问题

当某数据中心楼满载测试时，在逐层加载负载直至满载过程中，A 路冷机加载时在系统并未产生故障报警的情况下，出现小冷机关闭，大冷机也未加载的现象。

2）分析与排除

BA 在这个过程中给出了关闭冷机的信号。通过程序排查，发现程序中有一条负载上限为 2 200 RT 的限制，当计算负荷超过 2 200 RT 时就会关闭冷机。而满载情况下由于数据采集误差和时延的存在，计算值会出现超出冷机总额定值的情况。因此，应修改此条程序 BUG。

经修改后，不会再出现计算值超过额定值而关闭冷机的情况。

3）建议与总结

编写程序时考虑的是理想状态，而模拟测试和低负载调试时均不会达到这个上限。因此，只有在满载调试中才发现了这个 BUG，证明了满载测试的必要性。

6. 冷源自控联调发现水流缺失问题的应急处置

1）发现的问题

在某数据中心冷源自控调试冷机加、减载工况时，多次出现大冷机加载时，小冷机蒸发器水流中断，导致自控系统进入故障切换的情况。

2）分析与处置

冷冻水泵至冷机段水管是共管设计，当执行加机程序时，一台水泵流量被两台冷机分流，造成了流量低于水流开关的阈值的情况，进而触发故障报警。

根据冷机厂家提供的冷机流量极限值，拟采用调整冷机水流开关阈值的方式解决。当调整水流开关阈值后，冷机在满足流量极限值要求的前提下，对阀开到加泵这段时间内分流情况不再有故障告警，可以正常加机。

3）建议与总结

接入冷机的流量开关需要根据实际管路情况调整报警阈值。

7. 冷源群控系统发生反馈信号问题的应急处置

1）发现的问题

在某数据中心冷源群控系统测试 A\B 路逻辑切换程序时，当小冷机停机后，系统自动启动大冷机。但是，检查发现大冷机负载显示与实际负载量有明显偏差。

2) 分析与处置

当发现问题后,我们第一时间想到了存在以下 4 个可能故障点:

(1) PLC 控制模块办卡端接线松动,造成接触不良。

(2) PLC 控制办卡端口故障。

(3) 冷机控制箱内与冷机的信号线端接存在问题。

(4) 冷机本身存在故障。

按照上述问题分析步骤进行逐一处理:

(1) 在 PLC 控制箱内找到所对应的控制模块板卡,对于相关信号线进行重新紧固,如果问题解决,则说明是信号线紧固松动造成的。

(2) 如果信号线紧固后问题未解决,将控制卡重新插拔,检查问题是否解决,如果问题未解决待做下面检测。如果解决说明可能是办卡插接接触不良等原因。

(3) 如果在 PLC 控制箱处未解决问题,则需要到冷机终端控制箱内进行检测。应主要检查 PLC 反馈信号线与冷机的信号线是否端接对应正确,并且要求正极对正极,负极对负极。如果线序和端接都正确,说明可能是 PLC 板卡故障或者冷机存在问题,需要联系专业厂商来进行解决。

若这次在某一数据中心 PAU 设备自动状态下无法启动,检查下来是由于 PAU 设备水阀未打开原因导致,那么今后在 PAU 设备自动状态无法启动时,则可以优先考虑从此问题入手。

3) 建议与总结

本次出现在某数据中心大冷机反馈信号不正确的问题,只是冷源群控系统问题中的一类,今后在运维工作中可按照上述流程和思路进行问题排摸,发现问题原因及时处置。

8. 冷机瞬间失电,报警信号无单独取点的问题

1) 发现的问题

在市电切换过程中,冷机失电后未发出故障信号。随后出现相位缺失,导致冷机发出故障信号。在满载时 BA 将会投用 B 路系统以确保连续运行。

2) 分析与解决

此类情况下,冷机不判断为故障,只发出可复位的报警信号,因此未作为故障信号输出给 BA 系统。同时,冷机或对应配电柜没有单独市电失电信号可提供给 BA 系统。在冷机失电时,BA 持续给冷机开信号,致使冷机在失电时被启动,而产生了需要手动复位的缺相报警。

通过将冷机报警信号并接在冷机故障信号中的方式,将此失电信号以故障信号发送给 BA 系统。在满载情况下,无论单路还是双路市电失去,系统均会自动投用 B 路。同时市电恢复或柴油发动机供电后,A 路冷机将自动开启,保证两路冷源同时在线。

经比较,原市电失去时,BA 系统无感知,未能及时自动投用备用设备或 B 路系统。更改后 BA 能及时投用备用系统,并能保证两路系统同时在线。

3) 建议与总结

调改后市电断电时 BA 系统仍能接受一次单系统故障,满足设计要求。另一种改进建议为在冷机供电侧单独给出市电缺失信号到 BA 系统,保证 BA 系统能够准确判断市电断电,从而可用单独的市电断电程序应对这种场景,实现市电断电场景下 B 路无须投用。

9. 蓄电池内阻测试误差较大问题

1) 发现的问题

在某一数据中心通过内阻仪对富士侧蓄电池进行测试时,发现内阻仪测量数值与监控平台数值差异较大(部分偏差 30% 以上),影响数据分析。

2) 问题分析说明

影响蓄电池内阻值有以下 4 个方面：

(1) 内阻仪器的准确性。

(2) 内阻仪与电池组的搭接位置及可靠性。

(3) 网关数据更新频率。

(4) 平台数据采集协议匹配性。

建议从上述 4 个方面进行问题排查。

根据上述几个方面分析，排除了内阻仪问题及采集协议问题，并发现以下内容可能对数据比对有影响：

(1) 富士电池组内阻值更新时间为 1 个月，数据存在不同步现象。

(2) 富士和施耐德电池厂家对于内阻仪与电池组的搭接位置要求不同。

3) 解决方案

(1) 测试富士侧电池组内阻值时，内阻仪搭接在蓄电池螺栓上。

(2) 测试施耐德侧电池组内阻值时，内阻仪搭接在连接铜排上。

调整前大部分电池组内阻值平台数值与现场测量数值偏差 20％以上；调整后大部分电池组内阻值平台数值与现场测量数值偏差 10％以内。

4) 建议与总结

为了保证现场测试数据与平台数据匹配性，建议：

(1) 电池测量建议在平台数据刚更新或手动更新后进行测量。

(2) 测试仪表需定期检查。

(3) 测试时电阻仪应根据不同要求与电池组有效搭接。

5.4 消防技能培训

5.4.1 消防基础操作技能

1. 便携式灭火器介绍与操作

1) 手提式灭火器

该灭火器总重量在 28 kg 以下，是可以用手提着灭火的器具，也称便携式灭火器。灭火器是一种可携式灭火工具，其内放置化学物品，用以扑灭火灾。灭火器是常见的防火设施之一，存放在公众场所或可能发生火灾的地方。不同种类的灭火器内装填的成分不一样，是专为不同类型的火灾起因而设的，我们使用时必须注意分辨，防止产生反效果，引起生命危险。

2) 灭火器型号示例

根据灭火器型号编制方法，我们可以从灭火器铭牌上标注的型号识别该灭火器的类型和规格。尤其是从型号中"特定的灭火剂特征代号"上可识别该灭火器具有哪种特定的灭火能力。例如，水基型灭火器的型号上标有"AR"，表示该灭火器具有扑灭水溶性液体燃料火灾的能力；干粉型灭火器的型号上标有"ABC"，表示该灭火器具有扑灭 A、B 和 C 这 3 种类型火灾的能力。

目前，在所有灭火器产品铭牌标志的明显位置都标有灭火种类代码符号，如图 5-11 所示，图 5-11(a)～图 5-11(f)分别表示了灭火器适用于扑救的 A 类火灾、B 类火灾、C 类火灾、D 类火灾、F 类火灾和 E 类火灾及其对应符号，让使用者取得灭火器后能立即识别该灭火器适用于扑救的火灾类型。

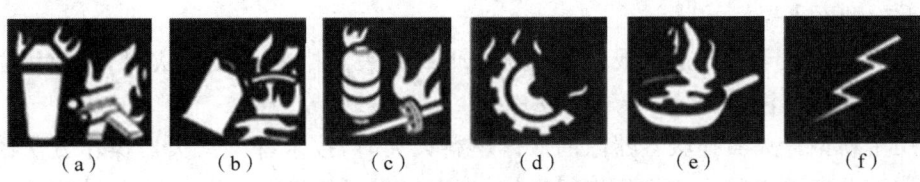

图 5-11　灭火种类代码符号

3) 灭火器的操作方法

所有灭火器产品在其铭牌的明显位置都会用简单的图解方法来说明灭火操作的程序。由于目前国内不存在贮气瓶式灭火器，因此在本单元中不做讲解，仅对贮压式灭火器加以介绍。不管是手提式灭火器还是推车式灭火器，用于灭火时的操作程序是相同的，下面介绍几种灭火器的使用方法。

(1) 水基型灭火器

使用手提贮压式水基型灭火器扑灭 A 类火灾时，先将灭火器携带至火场，在人可靠近的燃烧物区，去掉灭火器上的保险装置。若是带喷射软管的灭火器，则一手握住喷射软管末端喷嘴，对准火源，另一只手抓紧提把，按下压把；若是不带喷射软管的灭火器，可用一只手托住灭火器的底部，将喷嘴对准火源，另一只手抓紧提把，按下压把。沿着火源范围来回覆盖喷射，直至火势范围缩小后，渐渐靠近燃烧物，并对着火焰或余烬进行喷射。需要时可间歇地开关阀门喷射灭火剂，直至灭火剂喷完。若在室外灭火，应选择在火焰的上风方向喷射。

使用推车贮压式水基型灭火器扑灭 A 类火灾时，先将灭火器推（或拉）至火场内人可靠近的燃烧物区，从车架上取下喷射软管并展开。用一只手紧紧抓住喷射控制枪，另一只手去掉灭火器阀门上的保险装置，并开启灭火器的阀门。双手紧握喷射控制枪后，开启喷射控制枪阀门，并沿着火源范围来回地覆盖喷射。当火势缩小时，可渐渐靠近燃烧物，并对着火焰或余烬进行喷射，需要时可间歇地开关喷射控制枪阀门喷射灭火剂，直至灭火剂喷完。若由两人配合进行灭火时，则需要一人负责推（或拉）灭火器，去掉灭火器阀门上的保险装置，开启灭火器的阀门，随灭火者的位置变换而移动灭火器的位置；另一人从车架上取下喷射软管并展开，保证喷射软管不折叠，双手紧握喷射控制枪，并开启喷射控制枪阀门，按上述方法进行灭火。若在室外灭火，应选择在火焰的上风方向喷射。

当使用适用于 B 类火灾的水基型灭火器扑救容器内的液体燃料火灾时，按前述移动灭火器和开启灭火器阀门的方法进行操作，直至喷射灭火步骤。灭火时，灭火者应将灭火剂对准容器壁喷射，灭火过程中可回绕容器使灭火剂自流覆盖在燃烧液体的表面，对火焰形成围拢，直至封闭整个燃烧液面。需要时可反复开关手提式灭火器的阀门或推车式灭火器的喷射控制枪阀门，间歇地喷射灭火剂，直至灭火剂喷完。应避免直接对准燃烧液体喷射，防止射流的冲击使可燃液体溅出，进而扩大火势，造成灭火困难。若在室外灭火，应选择在火焰的上风方向喷射。

当使用适用于 B 类火灾的水基型灭火器扑救流淌的液体燃料火灾时，按前述移动灭火器和开启灭火器阀门的方法进行操作,直至喷射灭火步骤。灭火时,应先将喷嘴对准流淌火的外围边界喷射灭火剂,阻止火势蔓延,然后向内扫射,需要时可反复开关手提式灭火器的阀门或推车式灭火器的喷射控制枪阀门,间歇地喷射灭火剂,直至灭火剂喷完。若在室外灭火,应选择在火焰的上风方向喷射。

（2）干粉型灭火器

使用手提贮压式干粉灭火器或推车贮压式干粉灭火器扑灭 A 类火灾时,其使用方法与水浸型灭火器的使用方法相同。

当使用干粉型灭火器扑救容器内的液体燃料火灾时,按水基型灭火器操作方法中所述的移动灭火器和开启灭火阀门的方法进行操作,直至喷射灭火步骤。灭火时,灭火者应站在固定的位置对准液体燃料火焰的根部进行喷射,且快速地左右摆动扫射,喷射流应覆盖整个容器的开口表面,使燃烧面积缩小,将火焰赶至容器的对面边缘,切断燃烧链,直至火焰全部扑灭或灭火剂喷完。刚开启喷射时应避免直接对准燃烧液体喷射,防止射流的冲击使可燃液体溅出而扩大火势,造成灭火困难。若在室外灭火,应选择在火焰的上风方向喷射。

当使用干粉型灭火器扑救流淌的液体燃料火灾时,按水基型灭火器操作方法中所述的移动灭火器和开启灭火阀门的方法进行操作,直至喷射灭火步骤。灭火时,灭火者应先将喷嘴对准流淌火边缘快速地左右摆动扫射。然后朝一个方向逐步推进,使灭火剂覆盖在燃烧液体的表面,使燃烧面积缩小,需要时可反复开关手提式灭火器的阀门或推车式灭火器的喷射控制枪阀门,间歇地喷射灭火剂,直至火焰全部熄灭或灭火剂喷完。若在室外灭火,应选择在火焰的上风方向喷射。

（3）二氧化碳灭火器

使用手提式二氧化碳灭火器扑灭容器内的 B 类火灾。使用手提式二氧化碳灭火器扑救容器内的液体燃料火灾时,先将灭火器携带至火场,站在人可靠近的燃烧物区内,去掉灭火器上保险装置,若是带喷射软管的灭火器,则用一只手握住喇叭筒上部的防静电手柄,将喇叭筒对准燃烧的容器,另一只手抓紧提把,按下压把,开启灭火器阀门,进行喷射；若是不带喷射软管的二氧化碳灭火器,则应将与喇叭筒相连的刚性喷射管往上扳动至喇叭筒能对准燃烧的容器,可用一只手托住灭火器的底部,另一只手抓紧提把,按下压把,开启灭火器阀门,进行喷射。喷射出的二氧化碳灭火剂应完全笼罩在整个容器的开口边缘,保持该喷射姿势,直到二氧化碳集中在燃烧区域达到灭火浓度,火焰窒息熄灭。刚开启喷射时应避免灭火剂直接冲击燃烧液面,防止可燃液体溅出进而扩大火势,造成灭火困难。

使用推车式二氧化碳灭火器扑灭容器内的 B 类火灾。使用推车式二氧化碳灭火器扑救容器内的液体燃料火灾时,一般宜两人操作。使用时由两人一起将灭火器推（或拉）至火场内人可靠近的燃烧物区,一人快速取下喇叭喷筒并展开喷射软管后,握住喇叭筒上部的防静电手柄,将喇叭筒对准燃烧的容器。另一人快速去掉保险装置,按逆时针方向旋开阀门的手轮,并开到最大位置实施灭火。灭火方法与手提式灭火的方法相同。

（4）洁净气体灭火器

使用洁净气体灭火器扑灭 A 类火灾和 B 类火灾。

使用洁净气体灭火器扑救 A 类火灾或 B 类火灾时,其使用方法与干粉型灭火器相同。但是,由于该类灭火剂的灭火能效较低,喷射时尽量不要采用间歇喷射,以保证灭火剂的灭火浓度。

2. 火灾消防报警系统介绍与操作

1）火灾报警系统介绍

（1）区域报警系统

由火灾探测器、手动报警按钮、区域火灾报警控制器或火灾报警控制器、火灾警报装置及电源组成。

（2）集中报警系统

由火灾探测器、手动报警按钮、区域火灾报警控制器或区域显示器（两台以上）、集中火灾报警控制器、火灾警报装置及电源组成。

（3）控制中心报警系统

由火灾探测器、手动报警按钮、区域火灾报警控制器或区域显示器（2台以上）、集中火灾报警控制器（至少1台）、消防联动控制设备（至少1台）、火灾警报装置、消防电话、火灾应急广播、火灾应急照明及电源组成。

（4）系统形式的选择

区域报警系统宜用于二级保护对象；集中报警系统宜用于一级和二级保护对象；控制中心报警系统宜用于特级和一级保护对象。

2）西门子火灾报警系统操作

（1）西门子 Cerberus PRO FS720 火灾报警系统操作

① 火灾联动告警系统自动操作

- 消控室西门子消防主机显示器中如显示"烟感""温感""手动报警装""水流模块"等报火警时，值班人员应当第一时间去现场确认是真实火情还是系统误报。如系统误报，在消控室西门子主机上点"消音－复位"即可。
- 如初期火灾发生在公共区域用灭火器及室内消火栓灭火；机房区域用二氧化碳灭火；高压电气区域用干粉灭火。
- 如火情无法控制，应第一时间把消防主机转换为自动。
- 单击后输入密码"0000"。

② 火灾联动告警系统手动操作

- 若发生火情地点为设备机房，并且在无法控制火情，自动状态无法正常操作的情况下使用。
- 在非气体灭火覆盖区域内，将报警主机从禁止转向允许，并且启动相应的喷淋泵与消火栓泵。
- 立刻通知消控室人员，进行广播应急疏散，告知楼宇人员绕开火情发生地进行逃生。
- 将报警主机从禁止转向允许，开启相对应区域的排烟风机。
- 选择"消防联动组1"，单击"OK"按钮，如图5-12所示。
- 向下查询，选择"电梯迫降"，单击"OK"按钮，如图5-13所示。
- 强切操作与电梯迫降方法一致，在消防联动组里向下查询找到强切楼层。

3）利达华信火灾报警系统操作

（1）控制器的初始化和操作界面

① 初始化

初始化界面如图5-14所示。

控制器上电运行或复位后，都要完成初始化工作，读取各驱动板上传的数据。

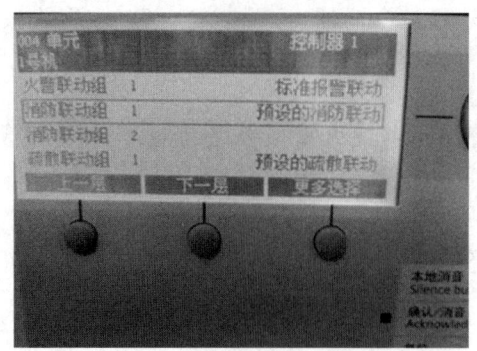
图 5-12　火灾联动告警系统手动操作示意图

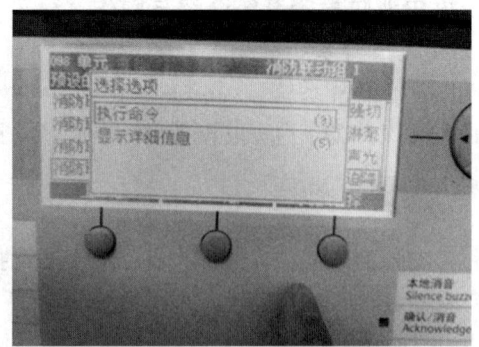
图 5-13　执行命令示意图

图 5-14　初始化界面

初始化的时间约为 25 s,有进度条指示初始化工作的进程。初始化结束后,控制器显示主菜单界面。

② 主菜单

主菜单为控制器默认的工作界面,对辅助显示区的一切操作均由此开始。主菜单有 9 个图标,指示 9 种不同的功能和操作如图 5-15 所示。

- 消音:消除报警音。
- 位图:进入设备位图显示状态。
- 119:进入 119 报警信息界面。
- 服务:进入售后服务热线界面。
- 监管:进入漏电报警、正常断电显示状态。
- 打印:打印主信息显示区当前位置的信息。
- 监管:进入漏电报警、正常断电信息界面。

③ 主信息显示区

主信息显示区如图 5-16 所示。

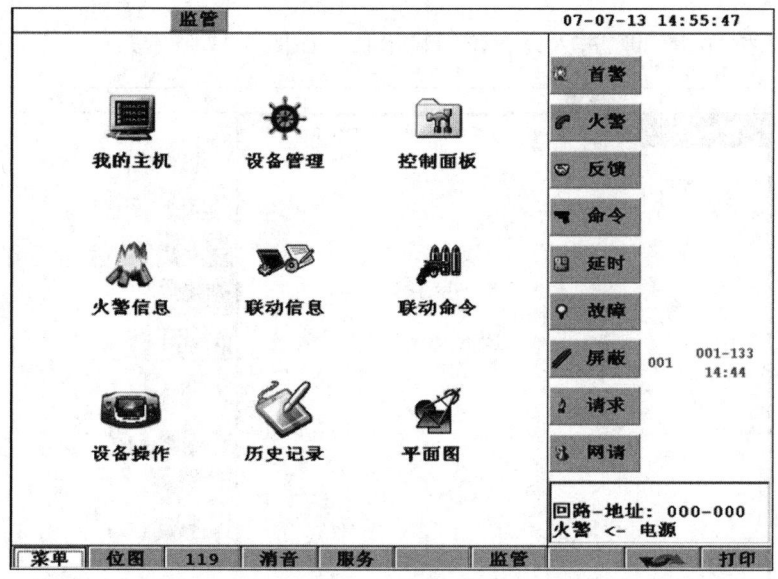

图 5-15 主菜单界面

图 5-16 主信息显示区

屏幕的右侧为主信息显示区,在该区域里始终显示首次火警、火警、反馈、命令、延时、故障、屏蔽、请求、网请等信息,可触摸屏幕上的相应功能按钮,信息可以随时阅览,不相互覆盖,不受左侧显示区的影响。

首次火警显示第一个报警探测器的地址和时间,其余项目均可作为当前栏目,各当前栏目前面的数字表示本栏目设备的总数,而数字后面的上方表示当前显示的设备地址,下面则显示发生的时间。

主信息显示区下方显示的是当前所选定设备的地址号、设备类型和安装的位置。

④ 位图

在主菜单下按"位图"键,进入设备位图显示状态如图 5-17 所示。

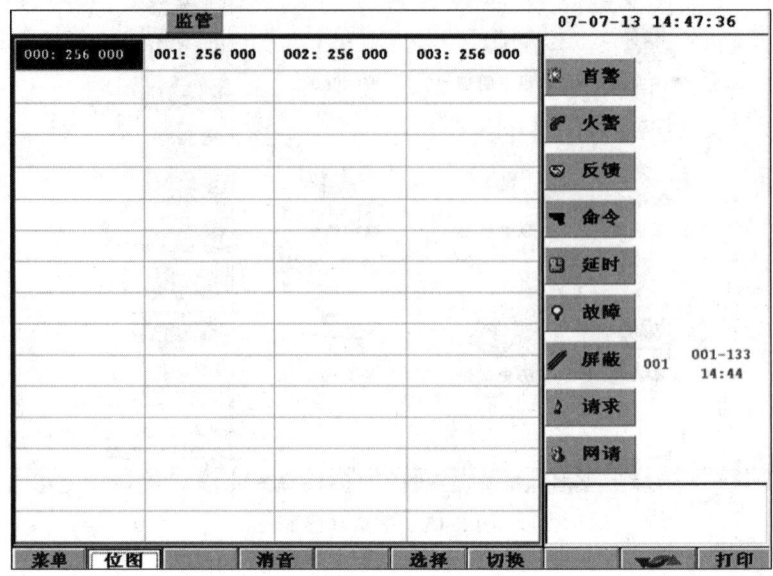

图 5-17　设备位图显示状态

图 5-18 所示为本机所安装驱动板各个回路的总线设备数量,触摸相应的回路,即可进入相应回路的具体信息。

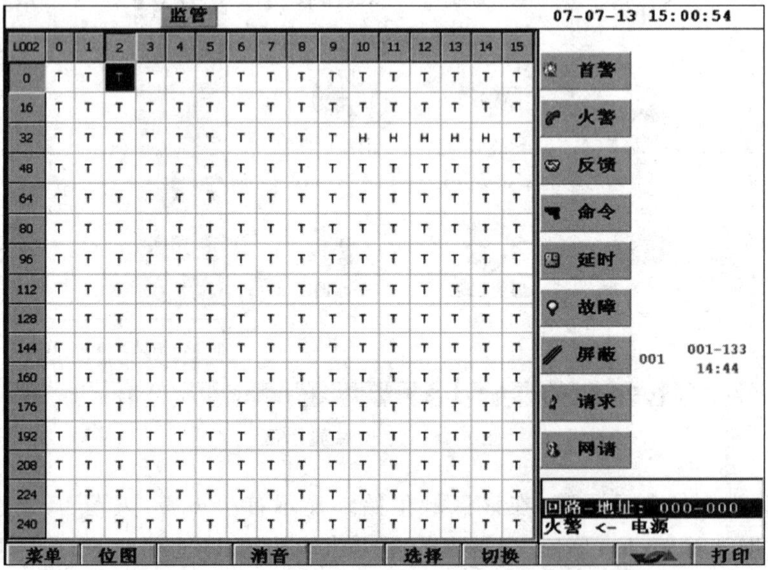

图 5-18　本机所安装驱动板各个回路的总线设备数量

在主菜单下点击"我的主机"图标(图 5-19),进入本项操作。由于本项功能属于限制性操作,首先要求输入操作密码,操作密码为 4 位数字,范围为 0000~9999 中任一数值。出厂时,控制器默认为 6789,操作员可根据需要更改。

操作密码更改后需要记牢。如忘记密码,只能由厂家专业维修人员到现场解密。

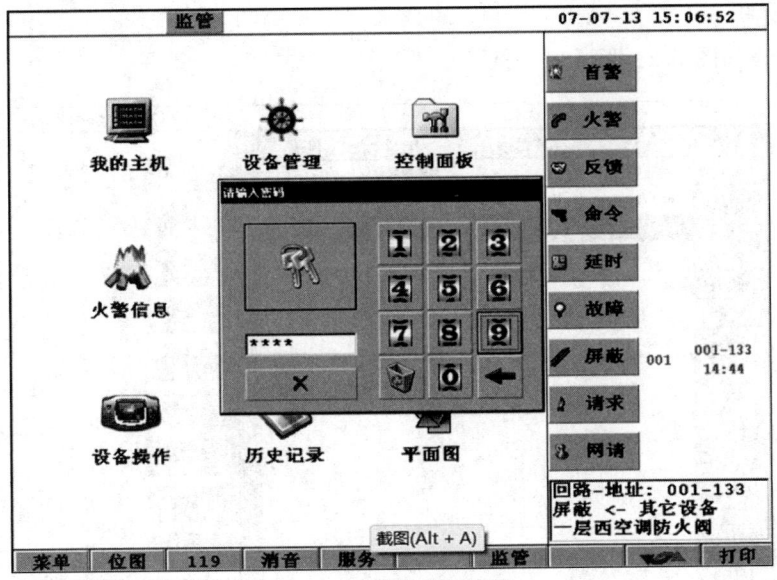

图 5-19 输入操作密码

(2) 我的主机

分菜单功能选择,如图 5-20 所示。

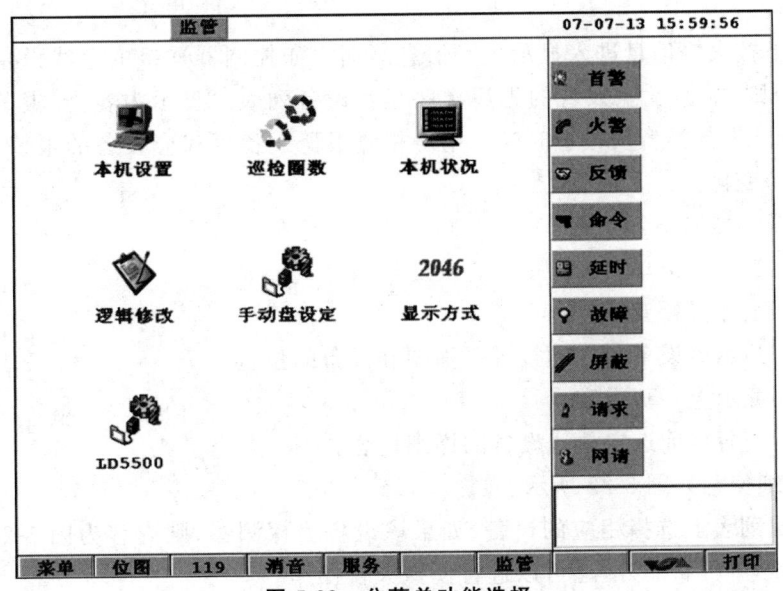

图 5-20 分菜单功能选择

输入密码正确后,显示以上分菜单,完成对控制器各部分的开启及使用状况的设置。通过触摸屏单击相应图标完成相应功能选择与操作。其功能键及功能如下:

• "菜单"返回主菜单。
• "消音"消除报警音。

在调试一个新的工程中,首先要设定控制器的主机地址、手动盘地址和驱动板地址。如果工程中只使用一台控制器,主机号可设为 00,驱动板依次设为"064、065……",手动盘依次设为"128、129、130……"。

（3）火警信息

① 火警列表如图 5-21 所示。

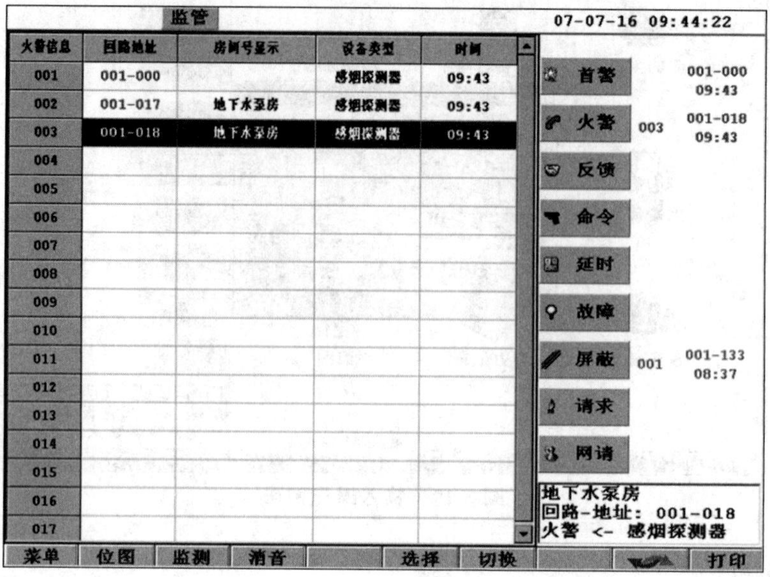

图 5-21 火警列表

在主菜单下按火警信息进入显示火警信息画面。如控制器连接的总线设备没有报警,则显示"为空",否则,根据发生火警的先后次序显示设备列表。显示内容为：报警序号、设备编号、中/英文地址、设备类型及报警时间。单击相应报警设备可对应设备的报警平面图和监测当前浓度(温度)变化。

其功能键及功能如下：

- "菜单"：返回主菜单。
- "消音"：消除报警音。
- "位图"：显示该设备所在的楼层平面图和设备的位置。
- "切换"：显示上一页内容。
- "选择"：查看当前选定总线设备的详细信息。

② 火警详细信息如图 5-22 所示。

在火警状况列表上选择相应的设备,如果该设备为探测器,则内容为图 5-22 所示。在此状态下,除了显示各种状态外,还可以进行模拟火警操作。

功能键及作用如下：

- "菜单"：返回主菜单。
- "位图"：显示该模块所在楼层平面图和设置的位置。
- "监测"：当前浓度(温度)变化。
- "屏蔽"：将该设备屏蔽或解除屏蔽。
- "切换"：显示上一页内容。
- "报警"：模拟火警。

③ 监测现场设备浓度(温度)如图 5-23 所示。

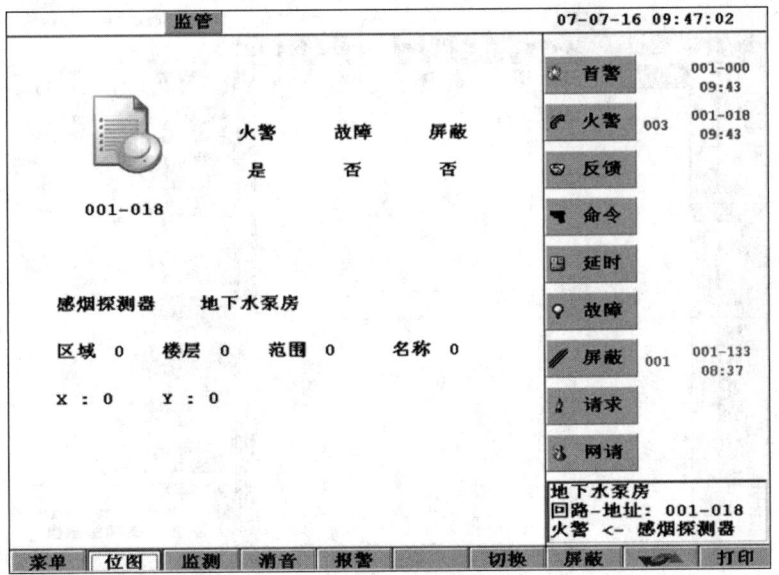

图 5-22　火警详细信息

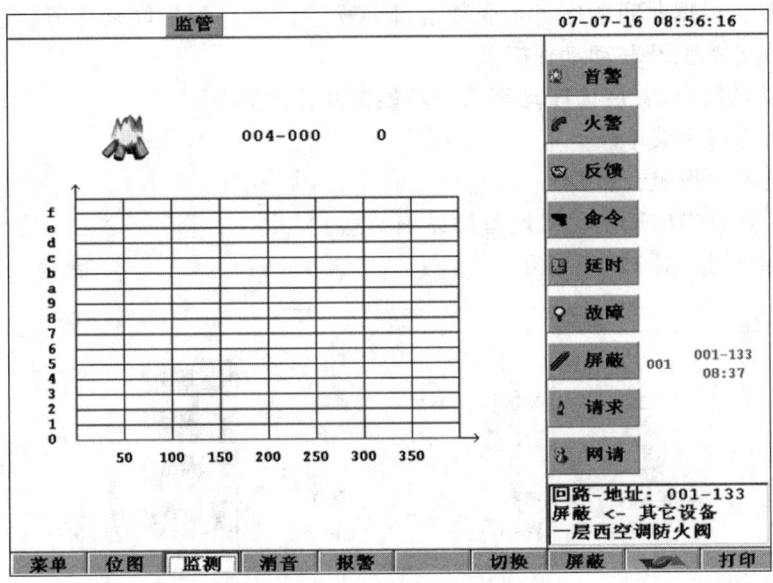

图 5-23　监测现场设备浓度

功能键及作用如下：
- "菜单"：返回主菜单。
- "位图"：显示该设备所在的楼层平面图和设备的位置。
- "消音"：消除报警音。
- "切换"：返回上一页。

（4）联动信息显示

① 联动信息列表如图 5-24 所示。

在主菜单下按联动信息图标进入显示联动信息画面。如没有联动设备信息,则显示"没有

图 5-24 联动信息列表

联动信息"。否则，根据时间顺序显示联动信息列表。其内容包括联动序号、设备编号、中（英文）地址、被控设备类型及联动动作时间。

绿色为联动已发出，青色为联动请求。功能键及作用如下：
- "菜单"：返回主菜单。
- "消音"：消除报警音。
- "选择"：查看当前选定总线设备的详细信息。

② 联动详细信息如图 5-25 所示。

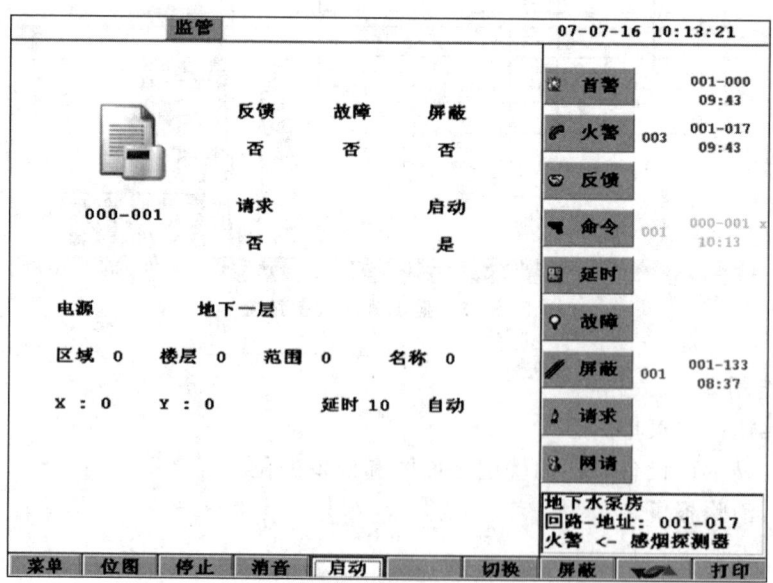

图 5-25 联动详细信息

在总线设备状况列表上选择相应的总线设备，如果该设备为控制模块，则在此状态下，除

了显示各种状态、逻辑等信息外,还可以进行延时启动,立即启动和停止等各种操作。功能键及作用如下:

- "菜单":返回主菜单。
- "位图":显示该模块所在楼层平面图和设置的位置。
- "屏蔽":将该设备屏蔽或解除屏蔽。
- "切换":显示上一页内容。
- "启动":立即启动设备。
- "停止":立即停止设备。

(5) 联动命令

① 类型、编号输入如图 5-26 所示。

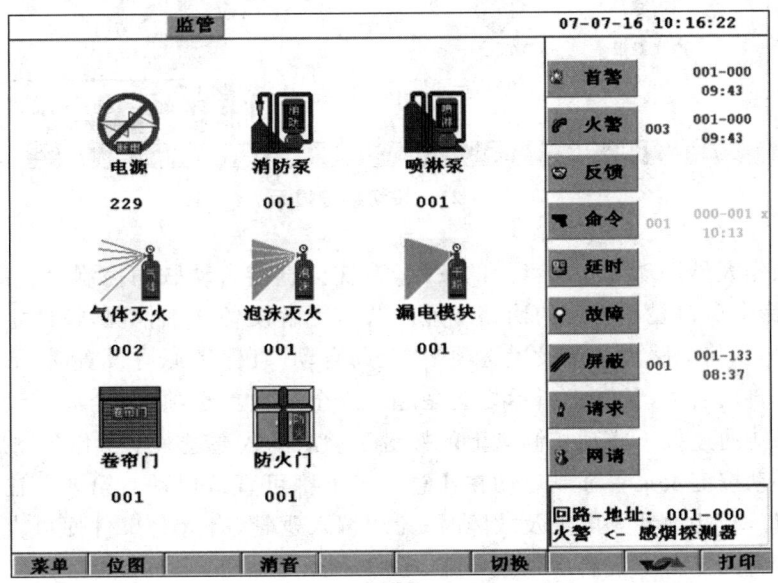

图 5-26　类型与编号输入

其功能键及作用如下:

- "菜单":返回主菜单。
- "切换":切换联动类型显示。
- "消音":消除报警音。

② 按切换键显示界面如图 5-27 所示。

在主菜单下单击"联动命令"进入该状态。分类根据设备编号启动联动设备。单击设备类型图标进入相应类型信息。其功能键及作用如下:

- "菜单":返回主菜单。
- "消音":消除报警音。

(6) 联动控制盘

① 自检功能。

当 LD128E(Q)Ⅱ控制器自检时,8 路联动控制盘的所有指示灯点亮。当自检结束后,所有灯恢复到自检以前的状态。

② 自动启动功能。

该 8 路联动控制盘在控制器上预设了联动逻辑,当控制器上的火警信息满足相应的逻辑

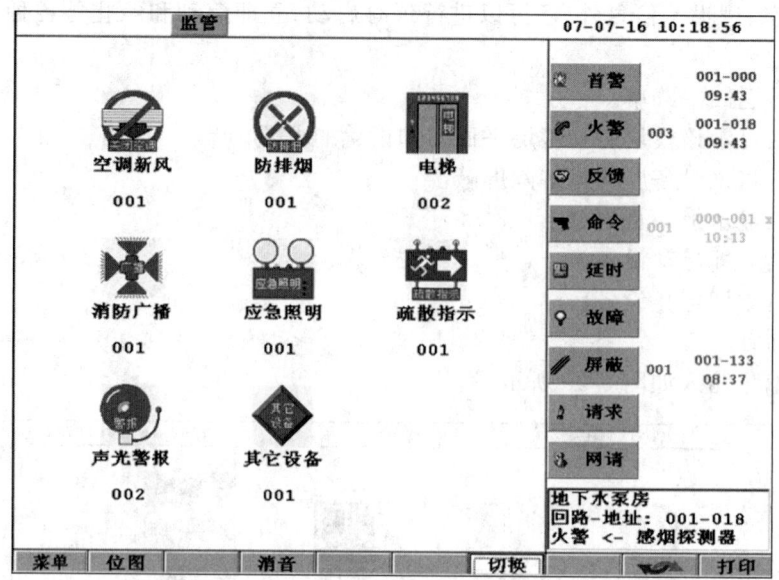

图 5-27　按切换键显示

关系时，无须操作人员手动按联动盘上的按键，系统会直接启动联动控制盘。此时启动灯亮，同时在控制器命令窗口显示相应的回路地址。若需了解设备详细情况，按确定键即可显示该设备的类型名称。前 7 路当全局设置选项为"全局自动"且保持原有设置时，如果逻辑条件得到满足，系统将自动启动，且盘上指示灯会亮起。当全局设置选项为"全局手动"时，系统将不能自动启动，只能通过按下联动控制盘上的按键手动启动或通过菜单操作强制启动。此外，当输出允许时，手动按键及菜单强制启动在任意状态下都可直接启动。第 8 路输出设置为专用声光报警器接口，当此地址无屏蔽及故障时，无须编入逻辑，有火警事件便可直接启动声光报警器，消音后有新火警自动重启声光报警器。

③ 手动启动功能。

当确有火情发生，而控制器还未发出启动命令时，首先在系统运行主菜单按下主机上的"F1"键，再按"请求"键进入打开本机 8 路盘按键菜单的界面。此时，屏幕提示"按确定键开 8 路盘按键锁有效 30 s"，在这 30 s 内，用户可以直接按盘上的按键来直接启动相应输出信号。一旦启动，启动灯亮，控制器命令窗口显示相应的回路地址，届时按确定键可以显示该设备的类型和名称。

3. 气体灭火系统介绍与操作

1）气体灭火系统

气体灭火系统是近年来最新发展的一种灭火设备，它通过释放灭火剂气体来控制和扑灭火灾。它主要是由气体发射器、灭火剂气体、控制和监测系统组成，它可以提供安全、快速、有效的灭火效果。

气体灭火系统的工作原理是：当火灾发生时，探测器会感受到火灾，并触发灭火控制器。灭火控制器会按照设定的程序来控制灭火剂气体发射器，使其释放出灭火剂气体。灭火剂气体具有质量和空间可控的特点，被释放出后可以迅速覆盖火灾区域，并将其扑灭，达到控制火灾的目的。

气体灭火系统有很多优点，其中最主要的优势一是它可以快速控制火灾，可以节省大量的灭火时间；二是它只有在发生火灾的时候才会释放出灭火剂气体，在平时不会有任何污染；三是它可以在火灾发生后立即抵挡火势，可以有效防止火灾蔓延；四是它可以节约水资源，不需要使用大量的水来灭火；五是它可以更好地保护环境，灭火剂气体可以在控制火灾的基础上，有效防止环境污染。

气体灭火系统是一种先进的、安全、有效的灭火设备，它具有快速控制火灾、节约水资源、有效保护环境等优点，是扑灭和控制火灾的有效工具。

2) 气体灭火系统分类

（1）七氟丙烷

特点：七氟丙烷（HFC—227ea）自动灭火系统是一种高效能的灭火设备。其灭火剂HFC—227ea是一种无色、无味、低毒性、绝缘性好、无二次污染的气体，对大气臭氧层的耗损潜能值（ODP）为0，是目前卤代烷1211、1301最理想的替代品。

（2）混合气体

特点：混合气体灭火剂是由氮气、氩气和二氧化碳气体按一定的比例混合而成的气体。这些气体都是在大气层中自然存在的，对大气臭氧层没有损耗，也不会对地球的"温室效应"产生影响。并且该混合气体无毒、无色、无味、无腐蚀性、不导电，既不支持燃烧，又不与大部分物质产生反应，是一种十分理想的环保型灭火剂。

（3）二氧化碳

二氧化碳灭火剂具有毒性低、不污损设备、绝缘性能好、灭火能力强等特点，是目前国内外市场上颇受欢迎的气体灭火产品，也是替代卤代烷的较理想型产品。

一般在启动灭火系统时，控制系统会首先启动灭火程序，然后气体保护区内外的声光报警器发出警报，提示人员需要在30 s之内撤离。经过30 s后启动灭火装置进行灭火。因此，当声光报警器发出声光报警时，必须立即撤离气体保护区。如果气体保护区内确定没有火灾发生时（控制系统误动作），则可以立即按下保护区外面[移动基站（房）的按钮都在保护区内]的紧急停止按钮，撤销灭火程序。

（4）气溶胶

特点：气溶胶灭火产品是一种有效且影响最小的灭火剂。具有多项优点，其中包括系统简单、造价低廉；无腐蚀、无污染、无毒无害、对臭氧层无损耗；同时，其残留物少，可实现高速高效、全淹没、全方位灭火，且应用范围广等。已被众多专业人士认定为哈龙产品的理想替代品。

气溶胶的生成有两种方法：一种是物理方法，即采用将固体粉碎研磨成微粒，再用气体将其分散，进而形成湿气溶胶；另一种是化学方法，即通过固体的燃烧反应，使反应产物中既有固体又有气体，这些气体再将固体分散成微粒，最终形成气溶胶。

下面对这4种气体做一个比较，方便选用。

① 七氟丙烷不导电，不破坏臭氧层，灭火后无残留物，可以扑救A（表面火）、B、C类和电气火灾，可用于保护经常有人的场所，但其系统管路长度不宜太长。

② IG-541为氩气、氮气、二氧化碳3种气体的混合物。其不破坏臭氧层，不导电，且灭火后不留痕迹。可以扑救A（表面火）、B、C类和电气火灾，用于保护经常有人的场所。但是，该系统为高压系统，对制造、安装要求非常严格。

③ 二氧化碳分为高压、低压两种系统。二氧化碳灭火系统可以扑救A（表面火、部分固体深位火灾）、B、C类和电气火灾，不能用于经常有人的场所。低压系统的制冷及安全阀是关键部件，对其可靠性的要求极高。在二氧化碳的释放中，由于干冰的存在，会使防护区的温度急

剧下降,可能对设备产生影响。同时,该系统对释放管路的计算和布置、喷嘴的选型也有严格要求,一旦出现设计施工不合理,则会因干冰阻塞管道或喷嘴,造成事故。

④ 气溶胶灭火后有残留物,属于非洁净灭火剂。可用于扑救 A(表面火)、部分 B 类、电气火灾。不能用于经常有人或易燃易爆的场所。使用中要特别注意残留物对设备的影响。

3)气体灭火系统手动操作中的要点

(1)管网灭火系统应设自动控制、手动控制、机械应急操作 3 种启动方式。预制灭火系统应设自动控制和手动控制两种启动方式。

(2)采用自动控制启动方式时,根据人员撤离防护区的需要,应有不大于 30 s 的可控延迟喷射;对于平时无人工作的防护区,可设置为无延迟喷射。

(3)在灭火设计浓度或实际使用浓度大于无毒性反应浓度的防护区,以及采用湿气溶胶预制灭火系统的防护区,应设手动与自动控制的转换装置。当人员进入防护区时,应能将灭火系统转换为手动控制方式;当人员离开时,应能恢复为自动控制方式。防护区内外应设手动、自动控制状态的显示装置。

(4)自动控制装置应在接到两个独立的火灾信号后才能启动。

(5)手动控制装置和手动与自动转换装置应设在防护区疏散出口门外,并且便于操作的地方,安装高度为中心点距地面 1.5 m。

(6)机械应急操作装置应设在储瓶间内或防护区疏散出口门外,并且便于操作的地方。

(7)组合分配系统启动时,选择阀应在容器阀开启前打开或同时打开。

(8)设有消防控制室的场所,各防护区灭火控制系统的有关信息应传送给消防控制室。

4. 消火栓系统介绍与操作

1)消火栓系统介绍

消火栓灭火系统是最常用的灭火系统,由蓄水池、加压送水装置(水泵)及室内消火栓等主要设备构成。这些设备的电气控制包括水池的水位控制、消防用水和加压水泵的启动。

2)室内消火栓操作

(1)操作准备

① 熟悉室内高压消火栓给水系统设计图样。

② 确定室内消火栓箱的位置。

③ 准备建筑消防设施巡查记录表和签字笔。

(2)操作步骤

① 确认室内消火栓给水系统供水阀门处于正常工作状态、供水管道通畅。

② 发生火灾时,迅速打开消火栓箱门,若为玻璃门,紧急时可将其击碎。

③ 按下消火栓箱内的消火栓按钮,发出报警信号。

④ 取出消防水枪,拉出消防水带,将水带接口一端与消火栓接口顺时针旋转连接,另一端与水枪顺时针旋转连接,并在地面上铺平拉直。

⑤ 将室内消火栓手轮顺开启方向旋开,另一人双手紧握水枪,喷水灭火。

⑥ 灭火完毕,关闭室内消火栓,将水带冲洗干净,置于阴凉干燥处晾干后,按原水带安置方式置于消火栓箱内。同时,将已破碎的控制按钮玻璃残渣清理干净,换上同等规格的玻璃片。

(3)注意事项

① 注意连接时接口处应不渗漏,若漏水应及时上报维修。

② 检查消火栓箱内所配置的消防器材是否齐全、完好,如有缺失、损坏应及时上报增补、维修。

③ 检查室内消火栓及各种阀门的转动机构是否灵活、转动自如,如有卡阻,应及时上报维修。

④ 检查消火栓箱内报警按钮、指示灯及报警控制线路功能是否正常,且无故障,如有应及时上报维修。

⑤ 及时发现并清理室内消火栓周围障碍物,不得影响使用。

3) 室外消火栓操作培训

(1) 操作准备

① 确认地上式室外消火栓或地下式室外消火栓的位置。

② 准备室外消火栓扳手、消防水枪和消防水带。

③ 准备建筑消防设施巡查记录表和签字笔。

(2) 操作步骤

① 将消防水带铺开、拉直。

② 将消防水枪与消防水带快速连接。

③ 打开室外消火栓公称直径 65 mm 出水口的闷盖,同时关闭其他不用的出水口。

④ 连接消防水带与室外消火栓出水口。

⑤ 连接完毕,用室外消火栓扳手逆时针旋转,把螺杆旋到最大位置,打开室外消火栓,对准火焰灭火。

⑥ 室外消火栓使用完毕后,需打开排水阀,将消火栓内的积水排出,防止消火栓因积水结冰而损坏。

(3) 注意事项

① 用消火栓扳手转动消火栓启闭杆,观察其灵活性,必要时加注润滑油。

② 检查栓体外表面有无锈蚀、脱落,如有应及时补漆。

③ 及时清理消火栓周围、地下消火栓井内障碍物和积存的杂物。

④ 室外消火栓应有明显标志。

4) 消火栓操作要点

火场是人员多、情况复杂的场所。要迅速有效地扑救火灾,必须实行统一指挥,确保灭火战斗的整体性和协调性,避免影响扑救效率,从而更好地完成灭火工作。在操作过程中需要注意下面 6 点:

(1) 一切行动听指挥;

(2) 注意自身安全,避免伤亡;

(3) 用水扑救带电火灾时,必须先将电源断开,严禁带电扑救;

(4) 使用水龙带时防止扭转和折弯;

(5) 灭液体火灾时(汽油、酒精)不能直接喷射液面,要由近向远,在液面上 10 cm 左右扫射,覆盖燃烧面切割火焰;

(6) 注意保护现场,以利于火因调查。

5. 水喷淋系统介绍与操作

1) 水喷淋系统介绍

水喷淋灭火系统是由开式或闭式喷头、传动装置、喷水管网、湿式报警阀等组成。发生火灾时,系统管道上的水喷头遇高温自爆(一般是 68~70 ℃),通过安装在支管管路上的水流指示器动作并反馈给火灾报警控制系统控制器,以此来控制启动喷淋泵。此外,系统还设有手动启动装置,以确保必要时能够进行人工干预。

2) 干式水喷淋系统手动操作

干式系统的组成与湿式系统的组成基本相同,但其关键区别在于干式自动喷水灭火系统采用干式报警阀组和配置保持管道内气体的补气装置。一般情况下这种系统不配备延时器,而是在报警阀组附近设置加速器,以便快速驱动干式报警阀组。补气装置多为小型空气压缩机,也可采用管道压缩空气。干式系统报警阀后的管网内平时不充水,而是充有压气体(或氮气),这种气体压力与报警阀前的供水压力相平衡,使报警阀处于紧闭状态。当喷头受到来自火灾释放热量的驱动而打开后,其会首先喷射管道中的气体,排出气体后,加压水就会通过管道到达喷头喷水进行灭火。

3) 湿式水喷淋系统手动操作

湿式系统由闭式喷头、水流指示器、信号阀、湿式报警阀组、控制阀、消防水泵接合器和至少1套自动供水系统等组成。自动供水系统是指当自动喷水灭火系统动作时,水能自动满足系统设计的需水量,即通常指的是满足系统供水压力和水量的城市自来水、高位水箱、气压水罐及水力自动控制的消防给水泵等。

湿式自动喷水灭火系统是准工作状态时管道内充满用于启动的有压水的闭式系统。该系统的压力由高位消防水箱或稳压装置维持。水通过湿式报警阀导向杆中的水压平衡小孔来保持滤板前后水压的平衡。由于阀芯的自重和阀芯前后所受水的总压力不同,阀芯处于半闭状态(阀芯上面的总压力大于阀芯下面的总压力)。系统上装有闭式喷头,并与至少一个自动给水装置相连。当喷头受到来自火灾释放的热量驱动而打开后,由于水压平衡小孔来不及补水,报警阀上面的水压下降。此时,阀下水压大于阀上水压,于是阀板开启,向洒水管网及洒水喷头供水。同时,水沿着报警阀的环形槽进入延迟器、压力继电器及水力警铃等设施,发出火警信号并启动消防水泵等设施。消防控制室同时接到信号,立即采取喷水灭火。

4) 水喷淋系统应急操作及操作要点

(1) 系统设置

① 消防报警控制器设置在"手动"状态。

② 消防报警控制器"消防泵控制钮"设在常开状态。

③ 消防泵控制箱设置在"自动"状态。1号泵启用,2号泵备用。

(2) 操作规程

① 消防报警控制器收到火警信息(火灾探测器报警、水流指示器报警)后,消防中控室值班员应持对讲机立即赶到报警点查明情况,向消防中控室报告。

② 如发现着火且喷头喷水,立即向中控室报告。同时,迅速到消防泵房查看消防泵是否启动。若未启动,则在消防泵控制箱上直接启动消防泵。

③ 消防中控室值机员接到巡视员的火警报告,应立即按下报警控制器的"消防泵控制钮"启动消防泵。注意观察消防泵启动反馈信号,随时和巡视员保持通信联络。

④ 灭火结束,巡视员应关闭消防泵,值班员解除报警控制器火警信息。

6. 极早期火灾预警系统介绍

极早期火灾报警系统是指在人们对火灾认识不深刻、火灾预防意识不强且火灾造成的损失较为严重的时期,采用的一种简单的火灾报警系统。在这个时期里,火灾报警系统的功能主要是在火灾发生后及时发出警报,起到及时防止火灾扩散的效果,避免更大的损失。

在极早期，人们对火灾的认识非常单纯，很少关注火灾的预防和扑救。因此，火灾的发生几乎是不可避免的。为了及时控制火灾，人们发明了一些简单的火灾报警系统。这些早期火灾报警系统包括警钟、号角、号筒等。

总之，极早期的火灾报警系统虽然功能简单，但深刻反映了当时人们对火灾预防和扑救的关注程度，在人类火灾防治史上有着重要意义。随着科技的进步和人们对火灾认识的不断深化，火灾报警系统和防火设备也在不断升级，为人们的生命财产安全提供了更全面的保障。

5.4.2 消防设施保养

1. 便携式灭火器维护及注意事项

1）各类便携式灭火器的维护介绍

（1）便携式灭火器的维护

灭火器一旦打开，就需要重新装满，每次使用后，都需要送到维修单位进行检查，更换损坏的零件，并补充灭火剂和驱动气体。无论是否使用灭火器，都要求从交付之日起达到规定的期限后，将其送往维修机构进行水压试验和检查。

（2）几种常见便携式灭火器的清洗和维护

① 水性灭火器。

该类灭火器应放置在阴凉、干燥、通风的地方，环境温度应为 4~55 ℃，冬季应防止结冰，定期检查喷嘴是否堵塞，保持喷嘴畅通。每半年检查一次灭火器的工作压力，对于泡沫灭火器，只需检查压力指示器，如果针指向红色区域，要及时修复。

灭火剂更换或出厂 3 年的，此后应每 2 年更换一次。水压测试合格后方可继续使用。

② 干粉灭火器。

干粉灭火器应放置在干燥、通风、方便的地方，注意防止受潮和日晒。灭火器的接头不应松动，喷嘴盖不应掉落，以保证密封性能。灭火器应根据制造商的要求定期检查，如果灭火剂结块或储气量不足，应更换或补充灭火剂。灭火器打开后需要重新填充，填充应交由经过培训的人员按照制造商规定的要求和方法进行。灭火剂的类型和重量不得随意改变。装满的灭火器应进行气密性试验，不合格的灭火器不得使用。

③ 二氧化碳灭火器。

应将其放置在明显且方便拿取的地方，远离取暖设备和阳光强烈的地方。储存温度为 -10~55 ℃。定期检查灭火器筒中的二氧化碳量，如果重量减少 1/10 及以上，要及时补充。

运输过程中应注意小心轻放，以防碰撞。在寒冷季节使用二氧化碳灭火器时，阀门（开关）应时常打开和关闭，防止阀门冻结。灭火器应在满 5 年或每次再充装前进行水压试验，以后每隔两年进行 1 次水压试验，并应加盖试验年份和月份的钢印。

2）维护中的要点及注意事项

灭火器在使用和储存过程中，应放置在通风、干燥、阴凉、方便拿取的地方，避免高温、潮湿和腐蚀严重的地方，避免灭火器在使用寿命期间发生严重腐蚀，以及在检查或使用过程中发生事故。灭火器的定期维护包括平时必须由训练有素的人员进行检查和维护；灭火器的修理和重新加注应由持有许可证的专业维护单位进行。灭火器在使用过程中，应与人保持一定的安全距离并与身体平行，瓶头和瓶底不得朝向人体；若发现灭火器不喷药剂、变形或在地上跳动，这是爆炸的迹象，人员要立即避让。单位和个人必须经专业维修人员处理后再报废灭火器，以确保自身和他人的安全。

2. 火灾消防报警系统维护及注意事项

（1）火灾自动报警系统应保持连续正常运行，不得随意中断。

（2）每日应检查火灾报警控制器的功能。

（3）每季度应检查和试验火灾自动报警系统的下列功能：

① 采用专用检测仪器分期分批试验探测器的动作及确认灯显示。

② 试验火灾警报装置的声光显示。

③ 试验水流指示器、压力开关等报警功能、信号显示。

④ 对主电源和备用电源进行 1~3 次自动切换试验。

⑤ 用自动或手动检查消防控制设备的控制显示功能，包括室内消火栓、自动喷水、泡沫、气体、干粉等灭火系统的控制设备；抽验电动防火门、防火卷帘门，数量不小于总数的 25%；选层试验消防应急广播设备，并试验公共广播强制转入火灾应急广播的功能，抽检数量不小于总数的 25%。

⑥ 火灾应急照明与疏散指示标志的控制装置。

⑦ 送风机、排烟机和自动挡烟垂壁的控制设备。

⑧ 检查消防电梯升降功能。

⑨ 应抽取不小于总数 25% 的消防电话和电话插孔，在消防控制室进行对讲通话试验每周检查和试验火灾自动报警系统的下列功能。

（4）每年应用专用检测仪器对所安装的全部探测器和手动报警装置试验至少 1 次。

（5）火灾探测器投入运行 2 年后，应每隔 3 年至少全部清洗 1 遍。空气吸气式火灾探测器根据使用环境的不同，需要对采样管道进行定期吹洗，最长的时间间隔不应超过一年。同时，对火灾探测器做响应阈值及其他必要的功能试验，合格者方可继续使用，不合格者严禁重新安装使用。

（6）不同类型的探测器应配备有 10% 但不多于 50 个的备品。

（7）应用于工业场所的可燃气体探测器应每年至少维护 1 次。

（8）系统维护一般应由产品生产企业或有资格的单位承担。

3. 气体灭火系统维护及注意事项

1）对自然保护区的查验

（1）查验自然保护区必需的进出安全通道是否通畅无阻；各种各样报警系统和安全标志是否已清理、齐备并显眼可见；光照照明灯具和安全事故照明灯具是否完好无损。

（2）查验烟感探测器、温感探测器外表层是否已清理、无尘土和空气污染（比如质轻烟尘、漆等），以确保其敏感度；查验喷头管口是否无堵塞，排污泵是否正常工作。

2）对泡沫灭火剂存储器皿的维修保养

每年对泡沫灭火剂存储器皿开展称重或查验其存储工作压力，若小于控制值极限部位下列，务必给予再次灌装或更换。

3）对救火操纵盘的维修保养

（1）开关电源、显示灯的可靠性查验；

（2）查验救火操纵盘启动试验的工作情况是否一切正常。

4）对气体灭火系统软件的维修保养

（1）查验继电器与调压阀的连接输电线是否完好无损，接线端子有无松脱或掉下来。

(2) 从启动气瓶上卸掉继电器,查验其姿势是否灵便。
(3) 卸掉警报及自动控制系统与电动执行器的连接设备,用仿真模拟实验方式,查验自动控制系统、警报及延时作用的敏感度和动作可信性。
(4) 查验存储器皿打开组织的灵便可信性。
(5) 查验泡沫灭火剂存储器皿阀和起动器皿阀的保险装置和管道阀门放气口。
(6) 查验全部气瓶表面是否有耐腐蚀和涂层掉下来状况。
(7) 系统对全部塑料软管开展外形查验,一旦发现任何缺陷,立即拆换或对塑料软管开展交叉耐压试验。
(8) 将逆止阀从系统软件上卸掉,查验其密封性状况和打开动作灵便水平。
(9) 用气动式和手动式方法,查验全部挑选阀的开启动作是否灵便可靠。

4. 消火栓系统维护及注意事项

地下消火栓应每季度进行一次检查保养。
(1) 用专用扳手转动消火栓启闭杆,观察其灵活性,必要时加注润滑油。
(2) 检查橡胶垫圈等密封件有无损坏、老化或丢失等情况。
(3) 检查栓体外表油漆有无脱落、锈蚀,如有应及时修补。
(4) 入冬前检查消火栓的防冻设施是否完好。
(5) 重点部位的消火栓,每年应逐一进行 1 次出水试验,出水应满足压力要求。在检查中可使用压力表测试管网压力,或者连接水带做射水试验,检查管网压力是否正常。
(6) 随时清除消火栓井周围及井内积存的杂物。
(7) 地下消火栓应有明显标志,并且要保持室外消火栓配套器材和标志的完整有效。

5. 水喷淋系统维护及注意事项

1) 喷头

每月应对喷头进行一次外观检查,发现有漏水、腐蚀、玻璃球变色或玻璃球内液体数量减少、喷头周围有影响喷头正常动作或洒水的障碍物等现象,应立即更换与清理;发现喷头上有积滞尘埃(尤其是室内改造装潢后的粉尘、涂料油漆微粒等附着物)应及时清除,防止因附着物引起隔热,影响喷头动作;对轻质粉尘可用刷子刷掉或用空气吹除,对涂料油漆微粒等附着物可应用香蕉水小心擦拭。更换喷头应使用专用扳手,不能用钳子夹住扼臂安装与拆卸。

2) 喷淋水泵及供水设施

平时应注意电动机和水泵的维护保养,定期进行保洁和加注润滑油;每月手动启动运转 1 次,模拟自动控制的条件启动运转 1 次。

喷淋水泵的启动实验包括喷淋水泵手动启停、自动启停实验及备用电源切换实验。
(1) 在消防泵房内,通过开闭有关阀门将喷淋水泵出水和回水构成回路,保证实验时启动喷淋水泵不会对消防管网造成超压。
(2) 将喷淋水泵启动装置的选择开关置于手动位置,然后按手动按钮启动主泵,用钳形电流表测量运行电流,注意观察三相电流是否平衡;用秒表记录从启动到正常出水运行的时间,该时间不应大于 5 min;如果降压启动装置启动时间过长则应适当地调节时间继电器,减少降压启动过程的时间。
(3) 主泵运行后,注意观察启动装置运行信号灯是否正常;水泵运行时是否有周期性噪声发出;水泵基础连接是否牢固;通过转速表测量实际转速是否与水泵额定转速一致;按停止按钮能否停止喷淋水泵的运行。

（4）利用上述方法调试备用泵，确保主泵故障时备用泵能够自动投入使用。将喷淋水泵启动装置选择开关置于自动位置，利用短路线短接喷淋水泵启动装置远程自动启动端子。分别启动主泵而后备用泵，并使用万用表测量喷淋水泵启动装置，确认水泵运行信号远程输出端子是否有信号输出。

（5）双电源自动切换装置在关掉主电源后，主、备电源应能正常自动切换，并且在电源切换时喷淋水泵应在1.5 min内投入正常运行。除此之外，还应进行两项测试。一是通过末端试水装置放水启动喷淋水泵。打开每一个末端试水装置放水，观察水流指示器、压力开关等信号装置显示信号是否正常。如喷淋水泵选择开关置于自动位置时，喷淋水泵应能自动启动，并且供水压力符合运行要求；二是用控制中心启动按钮启动消防水泵。通过控制中心的启动按钮启动时，喷淋水泵应能及时启动，并投入正常运转。

每月对系统上的所有阀门的铅封或固定锁链进行1次检查，有损坏时及时修理，保证始终处于全开启状态。每隔两年对消防水泵进行解体检修。

3）喷淋给水系统运行维护

每月对水泵及水管道进行一次例行的维护保养，确保喷淋水泵运转平稳、无振动、润滑良好、无咬泵现象。其流量、扬程等主要参数应符合出厂要求，即管道上的阀门、挠性接头、压力表、旁通阀等应齐全有效、无泄漏，阀门启闭应灵活。每月对水泵启动装置进行1次清扫，确保面板标志、指示信号及仪表指值等应符合要求。按钮、开关及接触器等触头应接触良好，确保维护装置良好的启动性能。每月进行1次绝缘性能测试、接地保护测试和运行电流的测试，确保水泵、电动机等安全运行。

每月对给水管网的压力进行1次检查，维护水压恒定，确保参数正确。

4）报警阀组的管理维护

每月对湿式报警阀检查一次，如果发现水从阀瓣泄漏到报警管道，则应检查报警阀内部，必要时拆换报警阀阀瓣上的橡胶封垫；在系统充满水进行压力实验或系统检查之前，拆开报警阀阀盖清除阀内的全部杂物；打开末端实验装置的阀门，湿式报警阀阀瓣应自动打开，在50～90 s内，水力警铃应连续发出报警声响，该实验应反复多次，如动作失灵应及时修复；每个季度对报警阀旁的放水试验阀进行放水，验证系统的供水能力和压力开关、水力警铃的报警性能；每两个月应利用系统的末端放水装置放1次水，检验水流指示器动作是否正常。

5）末端实验装置阀门的管理维护

物业楼宇高层建筑的自动喷水喷淋灭火系统，在每个层面都配备了末端实验装置，同时在人防工程地下层兼汽车库内也进行了设置。由于忽视了日常的管理维护以及宣传不够，阀门漏水或者驾驶员开启阀门用于擦洗车辆，都有可能导致喷淋水泵的误启动。车库保安与消防值班人员应加强巡查；设备维护人员应注意日常的管理维护。

6. 极早期火灾报警系统维护及注意事项

每季度应检查和测试系统的下列功能，并填写季度维护记录：

① 测试每根采样管的最大烟雾传输时间，不应大于120 s。
② 测试系统的声光报警输出情况。
③ 测试系统的复位、自检、消音功能。
④ 检查系统的日期、时间。
⑤ 检查每根采样管的进气量。
⑥ 检查过滤器的使用情况。
⑦ 检查所有联动输出设备的工作状况。

第6章 运行管理实训

6.1 数据中心基础设施值班工作管理内容及要求

6.1.1 值班人员配置

1. 岗位配置

某数据中心,主要有基础设施值班室 NOC 和消防值班室。

(1) 基础设施值班室 NOC:7×24 小时值班,每班 3 人,由服务轮值工程师、电气运维工程师、暖通运维工程师组成;

(2) 消防值班室:7×24 小时值班,每班 2 人,由消防中控员负责。

2. 人员排班

服务轮值工程师、电气/暖通运维工程师,均实行 7×24 四班两运转综合倒班制,即每周 7 天,每天 24 小时均有值守人员在岗,白班及夜班出勤人员上班时间分别为

(1) 白班:9:00 时至 20:00 时。

(2) 晚班:20:00 时至次日 9:00 时。

(3) 服务轮值工程师:分成 4 班(即 A 班、B 班、C 班、D 班)每班 1 人。

(4) 电气运维工程师:分成 4 班(即 A 班、B 班、C 班、D 班)每班 1 人。

(5) 暖通运维工程师:分成 4 班(即 A 班、B 班、C 班、D 班)每班 1 人。

(6) 三个专业组成一个值班小组共 3 人,涵盖服务、电气、暖通工程师。执勤安排如图 6-1 所示。

A班	白	夜	休	休	白	夜	休	休
B班	休	白	夜	休	休	白	夜	休
C班	休	休	白	夜	休	休	白	夜
D班	夜	休	休	白	夜	休	休	白

图 6-1 执勤安排

6.1.2 值班人员资质要求

(1) 电气运维工程师,应具备《高压电工作业》资格证书;
(2) 暖通运维工程师,应具备《制冷与空调作业》及《高压电工作业》资格证书;
(3) 消防中控室值班,应具备《建(构)筑物消防员》或《消防设施操作员》初/中级,职业资格证;
(4) 服务轮值工程师无相关资质要求。

6.1.3 值班管理要求

1. 值班管理规定

(1) 值班期间严格遵守岗位纪律,严禁脱岗、睡觉、玩手机、观看与工作无关书籍、视频等影响值班响应的行为;
(2) 值班期间遇突发情况,应及时启动应急或事件流程,并及时上报主管领导;
(3) 严禁携带任何食品或含糖液体进入NOC值班室;
(4) 严格按照值班表值班,未经专业主管批准,不得私自换班;
(5) 值班期间应保证NOC值班室内环境整洁,设备摆放整齐有序。

2. 值班监控桌面巡检要求

值班监控桌面巡检要求如图6-2所示。

电气专业	暖通专业	弱电专业
巡检频次:每小时	巡检频次:每小时	巡检频次:每小时
巡检范围:动环电力监控系统	巡检范围:动环环境监控系统、BA系统	巡检范围:门禁系统、CCTV、动环系统
巡检内容: 1.查看系统有无异常告警状态; 2.查看市电输入电压是否正常; 3.查看市电输入电流是否有异常波动情况; 4.查看UPS运行状态及输入输出电压是否正常; 5.查看UPS输出电流是否有异常波动情况。	巡检内容: 1.查看系统有无异常报警; 2.查看循环水供、回水压力是否正常; 3.查看制冷机组、循环水泵运行是否正常; 4.查看精密空调供、回风温度是否正常; 5.查看机房环境温度是否在正常值范围内。	巡检内容: 1.查看视频监控系统各摄像点位图像传输有无异常; 2.查看视频监控系统回放功能及录像保存情况有无异常; 3.查看门禁系统各控制门有无异常报警或故障信号; 4.查看动力环境监控系统各监控点位有无异常报警或故障信号。

图 6-2 值班监控桌面巡检要求

6.1.4 交接班管理要求

1. 交接班内容

(1) 设备运行状态、维护及修理情况。
(2) 工作交接内容:例如,本班发生的问题经过、处理及结果。

(3)工具、仪表、钥匙、对讲机等物资。
(4)各种值班记录本的完成情况。
(5)流程工单处理情况及进展。
(6)专项事宜、通知及跟进记录。

2. 交接班流程

交接班流程如图 6-3 所示。

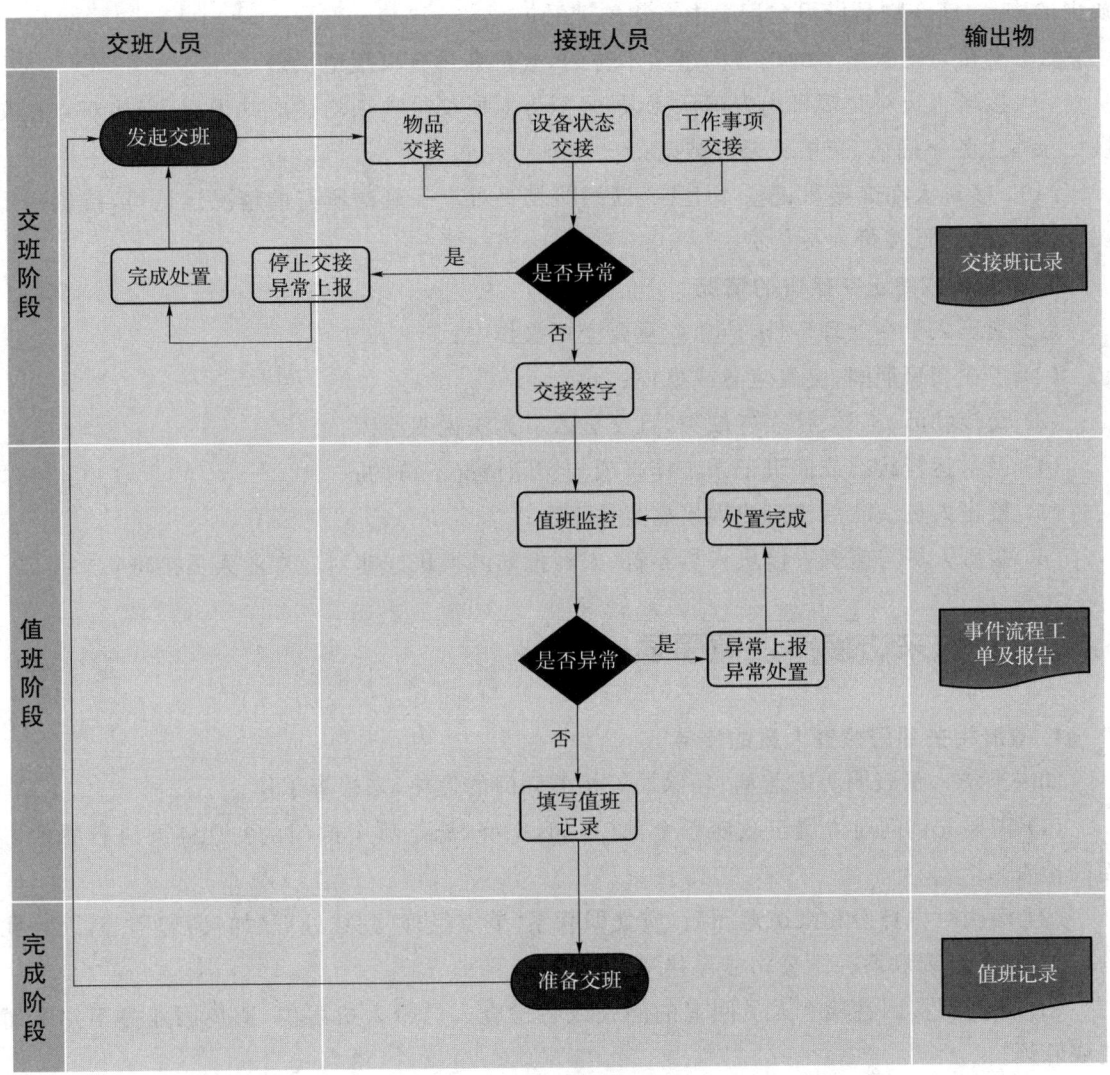

图 6-3　交接班流程

3. 交接班管理规定

(1)接班人员应至少提前 15 分钟到岗接班；
(2)接班人员上班前 24 小时内不得饮酒；
(3)接班人员身体状况不满足工作要求的(例如：酒后或身体疾病)，交班人员暂停交班，并上报主管；

(4) 交班人员在处理事故或进行重要变更操作时不得进行交接班；

(5) 交班前 30 分钟，对值班区域卫生进行清洁，交班卫生标准不达标的，接班人员有权拒绝接班并上报主管；

(6) 在交接班时遇突发事故的情况下，应停止交接班，并由交班人处理，接班人员协助进行处理，处理完成相关工作或告一段落后，方可交接班；

(7) 交接班工作必须做到交接两清，交接双方人员应根据交接物品清单，进行清点交接，缺少的物品，应在物品借用登记表中有相关记录；

(8) 交接班记录填写的内容与事实不符的，接班人员有权拒绝接班；

(9) 接班人员对交接班内容确认无误，且双方对所交接事项均达成共识后，交接双方在交接记录本上签字确认，交接班方可结束；

(10) 接班人在交接班记录本上签字后，即表明对上一班次所有的情况已认可，接班后出现任何问题，由已接班人员负责。

4. 需暂停或终止交接班的情况

(1) 交班人员在处理事件、应急或重要变更操作中；

(2) 正在交班期间，突发应急或事件；

(3) 交接物品、工具、仪表等缺失，且交班人员无法说明原因；

(4) 设备运行状态或值班记录工作事项与实际情况不符的；

(5) 接班人员饮酒后接班或因疾病身体不适；

(6) 接班人员与值班表接班人员不符（未经批准的换班或非对应专业人员接班）。

6.1.5 特殊来访接待注意事项

1. 政府相关部门检查人员的接待

如果来访人员表明为安监局、环保局等相关部门的领导，来检查工作。

(1) 需要先询问对方属于政府哪个部门（如：您好，您是哪个部门的？您需要进行哪些方面的检查）；

(2) 确认对方身份和来访意图后，应立即联系"节点经理"到场处理（如：请您稍等，因为我的权限不够，需要联系一下公司领导接待您）；

(3) 切勿直接回答检查人员问询的问题或将检查人员带入机房内，避免因业务不熟练而造成麻烦。

2. 客户方主管领导来访接待

如果来访人员表明为川隽上海总公司的领导，来现场检查工作。

(1) 需要先询问对方属于哪个部门或怎么称呼（如：您好，请问您是哪个部门的？您贵姓）；

(2) 问明对方身份后，应立即联系"节点经理"到场陪同（如："请您到会议室稍等"，并主动提供饮用水，同时表示"立即联系节点经理，陪您一起去现场"）；

(3) 切勿直接将甲方领导带入机房内，避免因不了解情况，而造成麻烦。

6.2 数据中心基础设施巡检工作管理内容及要求

6.2.1 巡检管理要求

数据中心巡查内容应包括：温湿度、硬件设备指示灯、电源和空调运行状态、机房环境（包括但不限于异味、异常振动、打火、冒烟、漏水等）、视频监控系统、门禁系统、安防系统、消防设施等，巡检过程中如发现异常情况立即上报。巡检管理要求如图 6-4 所示。

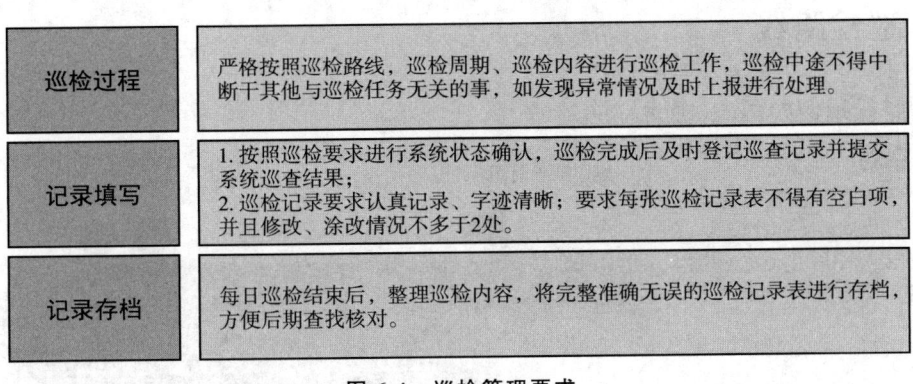

巡检过程	严格按照巡检路线、巡检周期、巡检内容进行巡检工作，巡检中途不得中断干其他与巡检任务无关的事，如发现异常情况及时上报进行处理。
记录填写	1. 按照巡检要求进行系统状态确认，巡检完成后及时登记巡查记录并提交系统巡查结果； 2. 巡检记录要求认真记录、字迹清晰；要求每张巡检记录表不得有空白项，并且修改、涂改情况不多于2处。
记录存档	每日巡检结束后，整理巡检内容，将完整准确无误的巡检记录表进行存档，方便后期查找核对。

图 6-4 巡检管理要求

6.2.2 巡检时间及频次

数据中心机房实行 7×24 小时值班制度。
（1）设施运维人员，每日至少巡查 6 次，每次间隔时间至少 4 小时；
（2）服务运维人员，每日至少巡检 2 次；
（3）安保服务人员，每日至少巡查 2 次。

设施运维人员	服务运维人员	安保服务人员
09：00 深度巡检 13：00 基础巡检 17：00 基础巡检 21：00 深度巡检 01：00 基础巡检 05：00 基础巡检	10：00 IT服务巡检 17：00 IT服务巡检	10：00 消防巡检 14：00 消防巡检

图 6-5 巡检安排

6.2.3 巡检内容

（1）检查设施和设备的运行状态是否正常，有无告警，包括检查状态指示灯、操作面板等；

(2) 检查设施和设备的有关参数指标是否正常;

(3) 观察设施和设备有无漏水、漏气、漏风、漏油等泄漏现象;

(4) 观察设施和设备是否有不正常声音、振动、异味、渗水、打火、冒烟等异常现象;

(5) 检查机房温湿度等环境参数是否正常;

(6) 检查机房门禁系统、安全防护设施是否齐全完好;

(7) 检查现场设施和设备以及环境的清洁状况;

(8) 检查机房及辅助设备和系统的各项参数是否正常;

(9) 检查机房冷通道及机柜门是否为闭合状态;

(10) 检查机房内的调试车(调试车上的显示器、键盘、鼠标、线轴)等是否损坏。

6.2.4 巡检路线

巡检路线示例如图 6-6 所示。

一层巡检路线:
一层大厅—配电室B—配电室A—直流屏室—接入间A/B—电池室A—柴发机房—接入间C—电池室B—蓄冷灌—室外电池室—至屋面

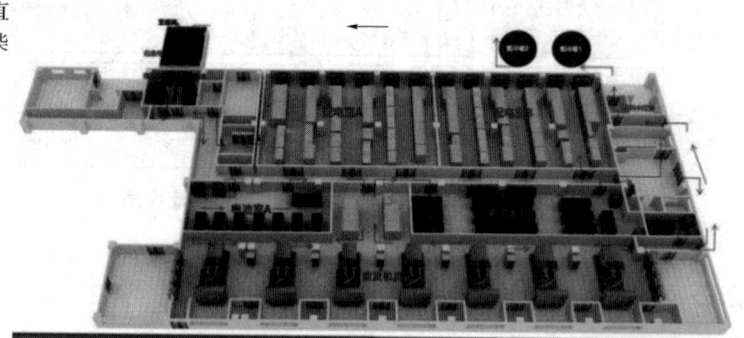

图 6-6 巡检路线示例

6.2.5 巡检流程

(1) DCOM 系统根据巡检计划,自动向巡检人员派发巡检任务;

(2) 巡检人员接收任务,并确认巡检项目及巡检表单;

(3) 巡检人员根据巡检事项,准备相关的巡检工具;

(4) 巡检人员依照巡检项开展巡检管理工作;

(5) 巡检人员依照巡检要求检查设备及空间情况是否异常,若无异常则依照巡检线路开展巡检,直至完成所有巡检事项;

(6) 巡检人员在完成巡检后返回 NOC,并在 DCOM 系统平台提交巡检任务;

(7) 若在巡检过程中发现异常,暂停巡检。向 NOC 及专业主管通报异常情况,发起事件流程;

(8) 事件流程关闭后,专业主管评估剩余时间是否满足剩余巡检任务需要;

(9) 若不满足,关闭巡检任务,记录未完成原因;

(10) 若满足,巡检人员继续巡检任务。

6.2.6 巡检注意事项

巡检时发现如下异常情况,应暂停巡检,上报并发起事件流程处理。
(1)巡检发现,设备异常告警;
(2)巡检发现,设备指示灯异常;
(3)巡检发现,设备运行状态异常(如振动、异响、高温等);
(4)巡检发现,数据中心区域有异味;
(5)巡检发现,其他异常状态等。

6.3 数据中心基础设施操作工作管理内容及要求

6.3.1 操作工作概述

数据中心基础设施操作管理,是数据中心基础设施运行管理的一部分。当数据中心根据基础设施运行计划或上下架设备等需要对设备进行操作时,必须依照数据中心基础设施操作管理要求开展实施工作。涉及操作管理的事项包括但不限于如图6-7所示的几个方面。

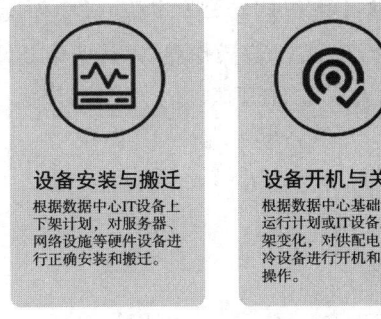

图 6-7 涉及操作管理的事项

6.3.2 操作工作内容

数据中心基础设施操作管理主要包括如图6-8所示的内容。

6.3.3 操作工作流程

(1)变更审批完成后,主管工程师将变更计划共享至NOC。
(2)主管工程师及操作工程师准备操作所需工具、耗材、记录表等物资。
(3)操作前主管工程师向NOC通报。若通报后反馈异常,则由主管工程师调整操作时间窗口。若反馈正常,则通报腾讯服务台并告知主管工程师,可以开展操作工作。

1. 规范的操作流程
建立标准化的操作流程和规范，如《SOP-标准操作程序》，确保操作人员按照统一且规范的标准执行操作，避免在操作过程中出现错误及故障。

2. 培训与认证
周期性的开展人员进行培训及考核，确保其能够掌握正确的操作技能和方法。

3. 严格的权限管理
设立操作权限管理机制，限制不同操作人员的权限范围，确保只有经过授权的人员可以进行相关操作，提高安全性和可控性。

4. 变更管理与审批
对任何操作进行事前风险评估，确保操作的正确性、合规性和风险可控。

5. 文档记录与管理
建立设备操作和管理的文档记录，包括设备配置、操作日志、变更记录、故障报告等，方便后续查看和追踪。

注：所有涉及设备状态、参数变更的操作，均需执行变更流程审批。

图 6-8 数据中心基础设施操作管理

(4) NOC 在计划操作前，通报至服务台，通报信息格式如下：
① 数据中心××××× (变更项名称)操作。
② 通报时间：××××年××月××日××时××分。
③ 操作内容：现场对×× #设备进行(例如：开/关机、分/合闸等)。
④ 当前进度：人员××时××分，实施×××操作，星云平台可能产生相应告警，请知晓。

(5) NOC 反馈正常后，操作人员按变更计划实施操作。

(6) 操作工程师在操作过程中，若出现异常情况，应先暂停操作，并向主管工程师上报，由主管工程师指导或协助处理异常。若异常未在标准操作时限内解决，则由操作工程师执行回退，主管工程师复核确认。若异常情况完成处置，则继续执行后续操作内容至操作关闭。

(7) 操作工作完成后，主管工程师对操作结果进行确认。若操作结果不满足要求，则回退重新执行操作。若在规定时间无法完成，则转入问题流程进行追踪。若操作结果满足要求，则由主管工程师关闭操作变更流程，并通报 NOC。

(8) NOC 向服务台通报操作工作结束，如图 6-9 所示。

6.3.4 操作工作管理要求

(1) 操作审批：所有人员禁止擅自操作设备或调整设备运行状态。所有操作工作均要经过变更流程审批。

(2) 确保安全：操作人员应根据"安全保障及专用工具"要求，依据操作类别(SOP/MOP/EOP)，穿戴防护用具。电气类操作，至少 2 人进行，1 人负责操作、1 人负责监护；其他类操作人员数量，严格按照变更方案或 SOP/MOP 要求执行。

(3) 操作规范：所有操作均按照设备 SOP 手册的操作要求，进行规范操作。尤其在操作过程中，应严格依照操作方案中的操作步骤执行。

(4) 管理文档：操作人员应如实记录，其中包括设备操作过程记录或操作过程中存在的异常情况记录等，便于日后查询和追踪。

(5) 异常处置：在操作过程中，若遇到异常情况，应第一时间通报至主管工程师，待授权后执行回退计划或应急处置。

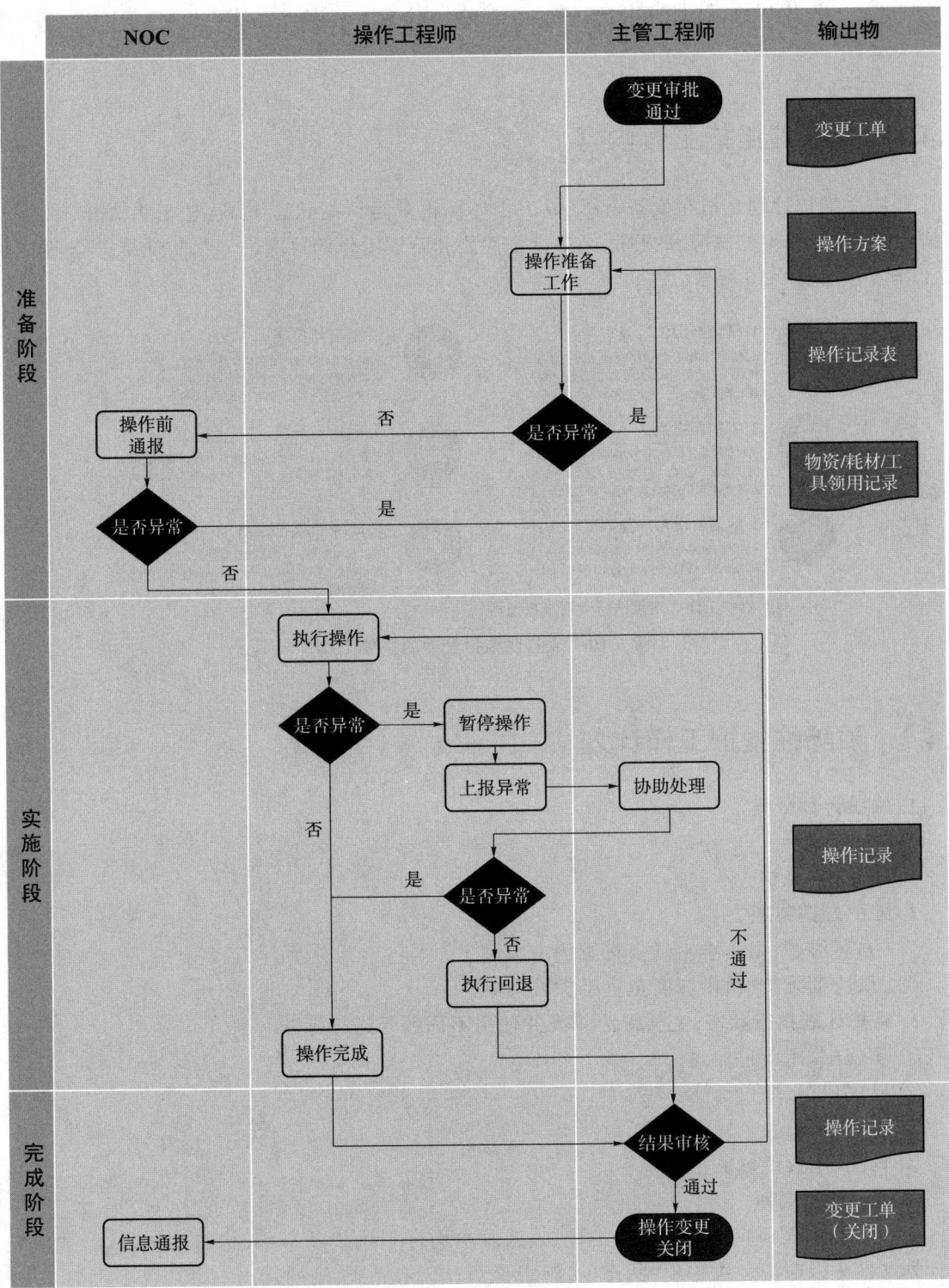

图 6-9 通报信息格式

6.4 数据中心基础设施预防性维护工作管理内容及要求

6.4.1 预防性维护工作内容

预防性维护管理是指在设备、设施或工作环境正常运行的状态下,通过定期检查、维护和保养,预防可能发生的故障和损坏,保持设备性能和管理工作的可靠性。预防性维护管理的主要工作内容如图 6-10 所示。

1. 清洁与卫生
定期清洁数据中心内的设备、机柜、地板和通风口卫生,确保良好的空气质量和设备散热效果。

2. 检查与校准
定期检查和校准电力供应设备、温度、湿度等各类传感器和监控装置,确保数据中心环境参数符合规定范围,监控系统实时可用。

3. 维护与更换
及时更换老化设备组件及耗材,如UPS蓄电池、风扇、电容;空调滤网、风机滤网等,以保证设备的正常工作和良好的性能。

4. 更新与升级
对软件或系统进行定期更新或升级,修复已知漏洞和提升系统稳定性,以确保设备的安全和性能。

5. 数据备份与恢复测试
定期进行数据备份并测试数据恢复过程,以确保备份策略的有效性和数据完整性。

6. 故障预测与监测
通过故障预测工具和实时监测系统,对设备和网络状态进行监测和分析,及早发现潜在问题和异常情况,并采取措施进行修复。

注:所有维护工作,均需执行变更审批流程。

图 6-10 预防性维护管理的主要工作

6.4.2 预防性维护工作计划

1. 维护计划分类
(1) 自行维护。
(2) 供应商维护。

2. 维护方案制定
(1) 自行维护,由运维主管负责维护方案制定。
(2) 供应商维护,由供应商负责维护方案制定。

3. 维护计划执行状态,主要分为 4 类并使用不同颜色进行标注
① 实施中,用蓝色标注。
② 已完成,用绿色标注。
③ 未完成,用红色标注。
④ 延期,用黄色标准。

4. 维护状态更新
每周主管工程师应根据月度维护计划,派发本周计划维护项;每天检查维护进度,并在维护计划文件中及时更新维护项"状态(实施中、已完成、未完成、延期)"。

5. 延期维护
因特殊原因(人员、物资缺失、重大活动保障封网、供应商原因等),无法在维护计划时间内完成的,由主管工程师,发起延期维护申请。

6.4.3 预防性维护工作流程

(1) 主管工程师编写维护方案,发起变更流程。
(2) 变更审批完成后,主管工程师将变更计划共享至NOC。
(3) 主管工程师及维护工程师准备维护所需工具、耗材、记录表等物资。
(4) 在维护操作前,主管工程师应向NOC通报。若通报后反馈异常,则由主管工程师调整维护时间窗口。若反馈正常,则通报服务台并告知主管工程师,可以开展维护操作工作。
(5) NOC在计划维护操作前,通报至服务台,通报信息格式如下:
① ××数据中心×××××(变更项名称)操作。
② 通报时间:××××年××月××日××时××分。
③ 操作内容:现场对××♯设备进行(例如:开/关机、分/合闸等)操作。
④ 当前进度:人员××时××分,实施×××操作,星云平台可能产生相应告警,请知晓。
(6) NOC反馈正常后,维护人员按变更计划实施维护。
(7) 维护工程师在维护过程中,若出现异常情况,应先暂停维护,并向主管工程师上报,由主管工程师指导或协助处理异常。若异常未在标准维护时限内解决,由维护工程师执行回退,主管工程师复核确认。若异常情况完成处置,则继续执行后续维护内容至维护关闭。
(8) 维护工作完成后,主管工程师对维护结果进行确认。若维护结果不满足要求,回退重新执行维护。若在规定时间无法完成,则转入问题流程进行追踪。若维护结果满足要求,则由主管工程师关闭维护变更流程,并通报NOC。
(9) NOC向腾讯服务台通报维护工作结束。

6.4.4 预防性维护工作中的注意事项

(1) 遇到应急事件需要逃生:在维护过程中遇到火灾、爆炸、人员伤害等危害人身安全的,可终止维护立即逃生。
(2) 遇到紧急求助:在维护过程中,若出现人员受伤情况,需要进行施救的,可暂停或中止维护作业,开展施救。
(3) 遇到特殊情况被要求停止作业:在维护过程中,接到专业主管的明确指示需要对维护步骤进行回退、暂停、终止操作的,在明确授权后,方可操作。
(4) 遇到基础设施应急事件:在维护过程中,突发基础设施事件或应急,应立即上报主管,根据指示要求,进行回退、暂停或终止维护作业。

6.5 数据中心基础设施应急工作管理内容及要求

6.5.1 应急工作概述

数据中心基础设施应急管理是指在数据中心运营过程中,针对各类紧急情况和突发事件,通过制定应急计划、建立风险评估和预警系统、制定灾难恢复计划、加强安全监控和防范措施等手段对事件进行处理。其目的是能够及时和正确地处理突发紧急状况，达到预期处理效果，降低或消除影响，恢复数据中心基础设施系统的可用性。具体表现如图 6-11 所示。

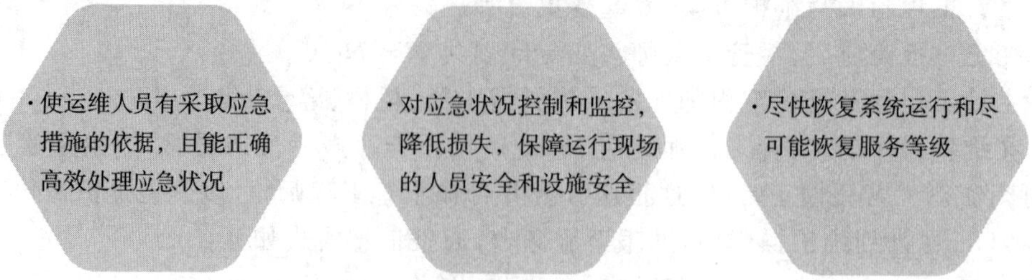

- 使运维人员有采取应急措施的依据，且能正确高效处理应急状况

- 对应急状况控制和监控，降低损失，保障运行现场的人员安全和设施安全

- 尽快恢复系统运行和尽可能恢复服务等级

图 6-11　应急工作具体表现

6.5.2　应急工作范围

数据中心基础设施应急工作范围包括如图 6-12 所示的 4 个方面。

1. 火灾应急
主要针对数据中心发生火灾后，确认火情，确保灭火系统开启，开展人员疏散及清点等事项，保障数据中心人员及设备安全，把数据中心风险降至最低。

2. 基础设施故障应急
主要针对数据中心发生供电系统、供冷系统及弱电系统设备故障，影响IT设备安全运行，制定相应的灾难预案和应急措施，保护设备安全，并及时恢复运行。

3. 自然灾害应急
主要针对发生自然灾害后如地震、洪水、台风、高温、低温等，制定相应的灾难预案和应急措施，保护设备、人员安全，并及时恢复运行。

4. 外部威胁应急
主要针对未授权人员进入数据中心，或者数据中心外部发生游行、动乱等有可能对数据中心造成威胁，保障数据中心人员及设备安全。

图 6-12　应急工作范围

6.5.3　应急组织架构

数据中心应急通报是为了确保相应人员了解事件的发生及发展情况，便于事件的下一步处理。事件通报应遵循逐级通报的原则，严禁无故越级通报。本数据中心应急组织包括：

（1）应急总指挥：由节点经理担任，主要负责应急总体组织工作。

（2）应急副总指挥：由项目经理及专业主管担任，主要负责协调组织各专业及协作单位开展现场应急处置工作。

（3）电气/暖通应急组：主要负责基础设施应急现场处置工作。

（4）服务应急组：主要负责 NOC 值班监控，信息通报、跟踪、反馈。

（5）安保应急组：主要负责消防/安全应急现场处置工作。

（6）协作单位：包括基础设施维保/质保供应商、物业人员，主要协助数据中心开展处置工作。

6.5.4 应急响应流程

（1）NOC 发起启动应急预案。
（2）NOC 立即向值班人员通报信息，值班人员到现场开展处置工作。
（3）NOC 向副总指挥及总指挥通报应急情况。
（4）应急副总指挥，指导值班人员开展应急处置工作。
（5）值班人员在处置过程中，根据指导原则判断现场情况，将异常情况向应急副总指挥进行反馈，不断调整应急处置措施，直至完成应急处置工作。
（6）应急处置工作完成后，值班人员向应急副总指挥及总指挥通报应急处置情况。在得到授权后，向 NOC 通报应急处置工作完成。
（7）NOC 关闭应急处置任务，并输出应急处置报告。
应急响应流程如图 6-13 所示。

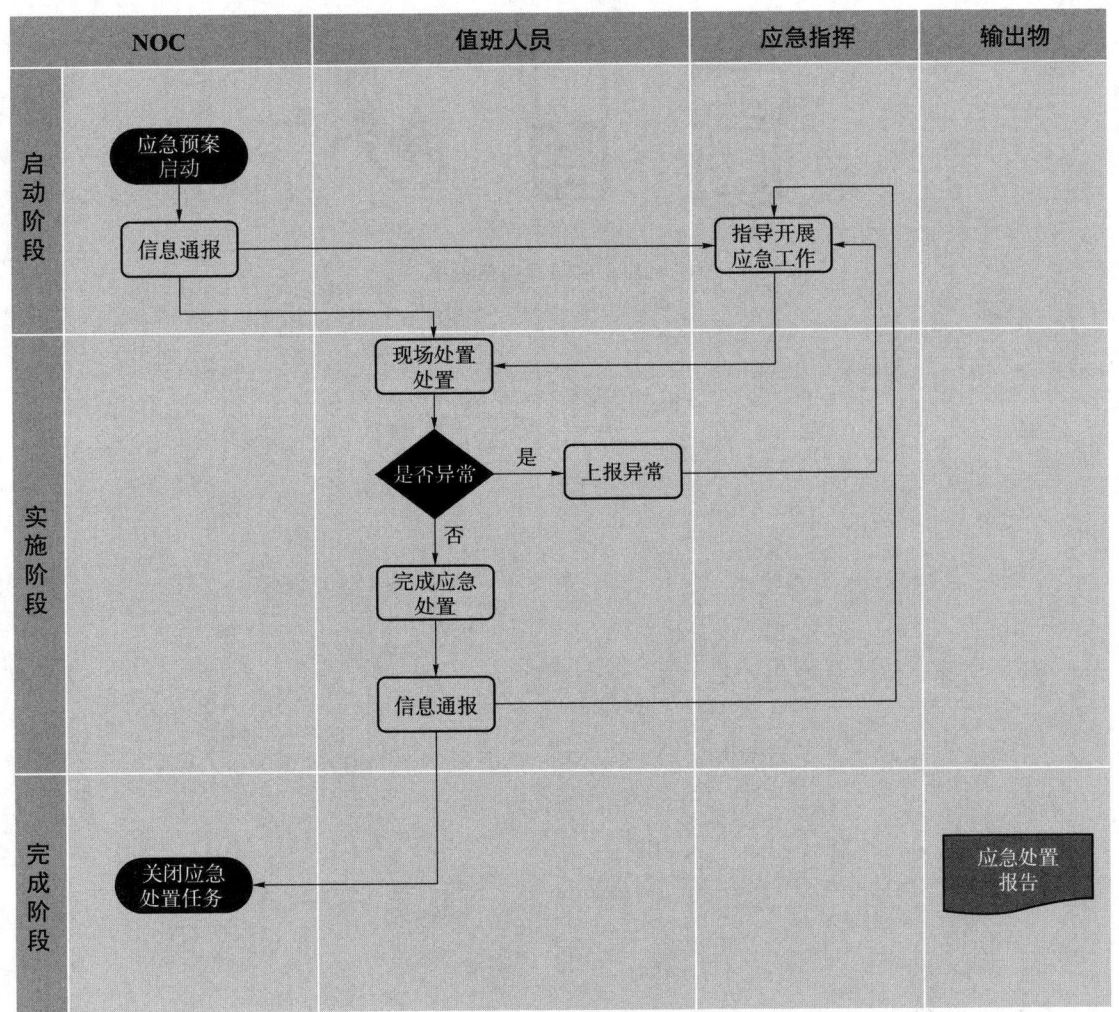

图 6-13 应急响应流程

6.5.5 应急工作注意事项

1. 应急通信

（1）目前应急预案中设定了两种通信方式，主要通信方式为对讲机、备用通信方式为移动电话。在实施过程中应急人员要关注通信方式是否有效，当对讲机失效时，应急人员应及时切换通信工具，避免信息无法传达至指挥中心，延误应急施救。

（2）使用对讲沟通时切记听到对方信息后，必须回复"收到"，如呼叫方未收到回复信息，应重复通报信息。

（3）消防类应急主/备用通信方式无效时，可使用机房内配置的消防电话。

2. 依照预案/听从指挥

应急过程中严格按照预案实施应急操作，如遇超出预案定义场景，听从指挥，切勿随性而为，以免扩大故障事态。消防类通信设备如图 6-14 所示。

图 6-14 消防类通信设备

第7章 EHS管理

7.1 PPE安全防护指南

1. 个人防护用品介绍

个体防护用品（PPE）：由生产经营单位为从业人员配备的，使其在劳动过程中避免或者减轻事故伤害及职业危害的个人防护装备。例如，安全帽、防砸鞋、工作服、防护手套、安全带、防护镜、耳塞和耳罩等。

PPE是保护我们运维人员免受伤害的第一道防线，同时也是最后一道防线！

2. 防护类型

个人防护用品共包括以下10种类型：头部防护用品、眼睑防护用品、听力防护用品、呼吸防护用品、手臂防护用品、躯体防护用品、足腿防护用品、皮肤防护用品、坠落防护用品及其他防护用品。

3. 数据中心PPE应用场景

(1) 高空作业：安全帽、安全带、安全鞋、反光衣等。
(2) 接触化学品：防化手套、防护面屏（全面屏）、防护围裙等。
(3) 刷漆作业：工作服、反光衣、防化手套、安全帽、防毒面具、安全鞋等。
(4) 打磨/切割作业：工作服、安全帽、安全鞋、护目镜等。
(5) 噪声场景作业：工作服、反光衣、耳塞、安全帽、安全鞋等。
(6) 日常巡检/其他作业：工作服、反光衣、绝缘手套、安全帽、安全鞋等。
(7) 骑电动车上下班：反光衣、安全帽等。

4. PPE使用标准——头部防护

头部防护：用于防御冲击、刺穿、挤压、火焰、热辐射、绞碾、擦伤、脏污、昆虫刺叮等头部伤害，如：安全帽、防护头罩等。

安全帽佩戴标准：先检查、后佩戴、再调整。

5. PPE使用标准——眼部防护

坡面防护用品：用于防御电离辐射、非电离辐射、烟雾、化学物质、金属火花、飞屑和尘粒等对眼睛、面部和颈部的伤害，如：防冲击眼（面）护具、防化学药剂眼（面）护具、焊接护目镜、炉窑护目镜、放激光护目镜、放微波护目镜、焊接面具等。

6. 使用标准——听力防护

听力防护：用于避免噪声过度刺激听觉，保护听力（当噪声大于 80 dB 时需佩戴）。例如，耳塞、耳罩。

耳塞和耳罩或不同类型的耳塞要进行交替使用，减少一整天佩戴同一个护耳器的不适感。冬季佩戴耳罩，夏季佩戴耳塞，可减轻环境温度对佩戴舒适性的影响。

耳塞的正确使用方法包括洗净双手，等待 30 s；耳塞可重复使用，但不能水洗，脏污后应废弃；摘耳塞时，须慢慢旋转，把耳塞取出，切忌拉耳塞。

7. PPE 使用标准——呼吸防护

呼吸防护：用于防御缺氧空气和尘、毒等有害物质吸入呼吸道。例如，防尘罩、过滤式防毒面具、长管面具、自给式空气呼吸器等。

8. PPE 使用标准——手臂防护

手臂防护：用于防御作业中物理、化学和生物等外界因素伤害手、前臂部。例如：绝缘手套、耐酸碱手套、焊工手套、防放射性手套、防滑手套、防切割手套、防昆虫手套以及袖套等。

9. 使用标准——躯体防护

躯体防护：用于防御物理、化学和生物等外界因素伤害躯体。穿戴要诀为"三紧"，包括领口紧、袖口紧、下摆紧。例如：阻燃防护服、防静电工作服、防酸工作服、防尘服、焊接工作服、防热服、防放射性服、防水服、防化（毒）服、隔离服等。

10. 使用标准——足腿防护

足腿防护：用于防御作业中物理、化学和生物等外界因素伤害足、小腿部。

例如：保护足趾安全鞋、胶石防砸安全鞋、防刺穿安全鞋、电绝缘鞋、防静电鞋、高温防护鞋、耐酸碱鞋、焊接防护鞋、防震鞋等。

11. PPE 使用标准——皮肤防护

皮肤防护：用于防御物理、化学、生物等有害因素损伤皮肤或使皮肤引起疾病。例如，遮光型护肤剂、洁肤型护肤剂、驱避型护肤剂等。

12. 使用标准——坠落防护

坠落防护：用于在高空作业时防止人体坠落伤亡。

高空作业是指《高处作业分级》标准中规定的凡是在坠落高度基准面 2 m 以上（含 2 m）有可能坠落的高处的作业。

高空作业必须佩戴安全带或安全绳等防坠落装置。其他防护还包含潜水救生、防爆、反光马甲等。

13. 使用标准——安全带的使用

（1）思想上必须重视安全带的作用。无数事例证明安全带是"救命带"。

（2）安全带使用前，应检查绳带有无变质、卡环是否有裂纹，卡簧弹跳性是否良好。

（3）高处作业如安全带无固定挂钩，应采用适当强度的钢丝绳或采取其他方法。禁止把安全带挂在移动、带尖石棱角或不牢固的物件上。

（4）高挂低用是指将安全带挂在高处，人在下面工作的系挂方式。这是一种比较安全合理的系挂方法。它可以使有坠落发生时的实际冲击距离减小。

（5）安全带要拴挂在牢固的构件或物体上，并且要防止摆动或碰撞。绳子不能打结使用，钩子要挂在连接环上。

14. 使用注意事项

（1）选择防护用品应针对防护要求，正确选择符合要求的用品，绝不能选错或将就使用，以免发生事故。

（2）对使用防护用品的人员应进行教育和培训，使其能充分了解使用的目的和意义，认真使用。对于结构和使用方法较为复杂的用品，如呼吸防护器，应进行反复训练，使其能迅速使用。用于紧急救援的呼吸防护器，要定期严格检验，并妥善存放在可能发生事故的邻近地点，便于及时拿取。

（3）妥善维护保养防护用品，不但能延长其使用期限，更重要的是能保证用品的防护效果。耳塞、口罩、面具等使用后应用肥皂、清水洗净，并以药液消毒，晾干。净化式呼吸防护器的滤料要定期更换，以防失效。防止皮肤污染的工作服使用后应集中洗涤。

（4）防护用品应有专人管理，负责维护保养，保证个人防护用品充分发挥其作用。

7.2 受限空间管理

1. 受限空间作业定义

受限空间作业是指生产经营单位在相对密闭、通风不良的有限空间内进行的，有可能引发窒息、中毒、爆炸、火灾的作业。受限空间作业按照危险作业场所可分为3类：

（1）密闭设备作业包括各类贮罐、冷却塔（釜）、管道、烟道、除尘器、气柜、水罐及锅炉作业等；

（2）地下有限空间作业包括地下管道、地下室、地下工程、暗沟、隧道、地坑、污水池（井）、密闭地下室、密闭阀门井等；

（3）地上有限空间作业包括筒仓、柴油储油罐等封闭空间作业。

总之，一切通风不良、容易造成有毒、有害气体积聚和缺氧的设备、设施和场所都可称作受限空间（作业受到限制的空间），在受限空间的作业都称为受限空间作业。

2. 受限空间作业风险

受限空间狭小，通风不畅，不利于扩散，进而造成有毒气体积聚；受限空间照明不良、通信不畅，会给正常作业和应急救援带来困难；受限空间作业危险性大，一旦发生事故往往后果严重。

受限空间作业中毒窒息事故原因包括物的不安全状态、人的不安全行为。

3. 受限空间作业场景

（1）设备内检查；

（2）水箱内清洁；

（3）密闭空间环境监测；

（4）设备维修；

（5）设备内焊接；

（6）设备内保养；

（7）暗井、储罐等施工；

（8）密闭空间救援。

4. 受限空间作业要求

（1）受限空间作业许可证的办理，第一步是进行EHS安全交底和填写工作详情。

(2)受限空间作业许可证的办理,第二步是进行危害识别、确定人员防护和需要采取的安全措施。

(3)受限空间作业许可证的办理,第三步是获取管理人员审批、进行过程检测,并完成作业闭环。

5. 受限空间作业注意事项

1)受限空间作业前,应对受限空间进行安全隔绝。

(1)对于与受限空间连通的、可能危及安全作业的管道,应采用插入盲板或拆除一段管道进行隔绝。

(2)对于与受限空间连通的、可能危及安全作业的孔、洞,应进行严密的封堵,防止有害物质进入。

(3)对于受限空间内的用电设备,应停止运行并有效切断电源,在电源开关处上锁并加挂警示牌。

2)在受限空间作业前,应根据受限空间盛装(过)的物料特性对受限空间进行清洗或置换,并达到如下要求:

(1)氧含量为18%~21%,在富氧环境下不应大于23.5%。

(2)有毒气体(物质)浓度应符合GBZ2.1的规定。

(3)可燃气体浓度要求同动火分析合格标准的规定。

3)受限空间作业前应保持受限空间空气流通良好,可采取如下措施:

(1)打开人孔、手孔、料孔、风门、烟门等与大气相通的设施进行自然通风。

(2)必要时,应采用风机强制通风或管道送风,管道送风前应对管道内介质和风源进行分析确认。

4)照明及用电安全要求

(1)受限空间安全电压应小于或等于36 V,在潮湿容器、狭小容器内作业电压应小于或等于12 V。

(2)在潮湿容器中,作业人员应站在绝缘板上,同时保证金属容器接地可靠。

5)监测员对受限空间内的气体浓度进行严格监测,监测要求如下:

(1)作业前30 min内,应对受限空间进行气体分析,分析合格后方可进入,如现场条件不允许,时间可适当放宽,但不应超过60 min。

(2)监测点应有代表性,在容积较大的受限空间内应对上、中、下各部位进行监测分析。

(3)分析仪器应在校验有效期内,使用前应保证其处于正常工作状态。

(4)检测人员深入或探入受限空间监测时,应采取相关个体防护措施。

(5)作业中应定时监测,至少每2 h监测一次。如监测分析结果有明显变化,应立即停止作业,撤离人员,并对现场进行处理,分析合格后方可恢复作业。

(6)对可能释放有害物质的受限空间,应连续监测,情况异常时应立即停止作业,撤离人员,并对现场进行处理,分析合格后方可恢复作业。

(7)涂刷具有挥发性溶剂的涂料时,应做连续分析,并采取强制通风措施。

(8)作业中断时间超过60 min时,应重新进行分析。

6)受限空间作业相关人员

(1)作业负责人:作业负责人应为现场作业负责人,对整个作业安全负直接领导责任,并且应自始至终在现场直接指挥、参与作业。现场作业负责人应对安全措施给予确认,有权补充完善

（2）安全监护人员：安全监护人员必须自始至终处于作业现场，针对作业前必须落实的安全措施进行检查，然后签字确认。作业中密切注意作业安全状况，并清点人员和器材，确认安全后方可离开。同时，按事故应急救援要求，携带好相应的救援器材，以备急用。

（3）作业人员：指直接进入有限空间作业的人员，应对作业人员进行如实记录，进去与出来的人数要相互一致。

（4）气体检测人员：气体检测人员必须详细地填写检测时间、检测地点、气体名称、检测结果并对检测气体的代表性和准确性负责，然后签字确认。

7）作业监护要求如下：

（1）在受限空间外应设有专人监护，作业期间监护人员不应离开。

（2）在风险较大的受限空间作业时，应增设监护人员，并随时与受限空间内作业人员保持联络。

6. 受限空间作业应急处置措施

1）应急处置措施

第一步：发现人员受伤立即停止作业。

第二步：上报主管。

第三步：采取防护措施确保安全后方可施救。

注：无任何防护措施的情况下禁止鲁莽施救；不满足救援条件立即拨打119；出现事故严禁隐瞒不报。

2）应急救援

（1）紧急情况下，按以下的优先顺序采取救援。

① 进入者采取自救；

② 救援者应在空间外部对进入者进行施救；

③ 救援者进入受限空间对进入者进行救援。

（2）应制定书面救援预案，每年开展模拟救援演习，所有相关人员都应熟悉救援预案。

（3）获得授权的作业人员均应佩戴安全带、救生索。

7.3　动火作业管理

1. 动火作业定义

动火作业是指直接或间接产生明火的工艺设施以外的非常规的作业。例如，使用电焊、气焊（割）、喷灯电钻、砂轮等进行可能产生火焰、火花和炽热表面的非常规作业。

固定动火区外的动火作业分为特级动火、一级动火和二级动火3个级别；遇节假日、公休日、夜间或其他特殊情况，动火作业应升级管理。

特级动火作业：指在火灾爆炸危险场所处于运行状态下的生产装置设备、管道、储罐、容器等部位上进行的动火作业（包括带压不置换动火作业）；存有易燃易爆介质的重大危险源罐区防火堤内的动火作业。

一级动火作业：在火灾爆炸危险场所进行的除特级动火作业以外的动火作业，管廊上的动火作业按一级动火作业管理。

二级动火作业：除特级动火作业和一级动火作业以外的动火作业。

特级、一级动火安全作业票有效期不应超过 8 h;二级动火安全作业票有效期不应超过 72 h。

动火作业温度如电焊作业焊渣温度 800～1 200 ℃;电钻作业钻孔温度 600 ℃;切割温度 3 000 ℃;打磨作业飞溅的火星温度 1 200 ℃。

2. 动火作业类型

高处动火作业:高处动火作业应佩戴好阻燃防护安全带等反防护用品,高处作业其下部地面如有可燃物、空洞、地沟等,应进行检查并采取相关防护措施,动火监护人应随时关注火花可能溅落的部位。

受限空间动火作业:进入有限空间的动火作业,应将空间内物料清理干净,并打开所有通风窗口,或采用机械强制通风换气。

带压不置换动火作业:带压不置换动火作业严禁在生产不稳定以及设备、管道腐蚀等情况下进行带压不置换动火;由管道内泄漏出的可燃气体遇明火后形成火焰,如无特殊危险,不宜将其扑灭。

严禁负压动火:动土作业中的动火作业还应执行《动土作业安全许可标准》,并采取安全措施,确保动火作业人员的安全和逃生;在埋地管线操作坑内进行动火作业的人员应系阻燃或不燃材料的安全绳。

3. 动火作业要求

(1) 动火证未经批准,禁止动火。
(2) 生产系统未经可靠隔绝,禁止动火。
(3) 不清洗或置换不合格,禁止动火。
(4) 不清除周围易燃物,禁止动火。
(5) 不按时做动火分析,禁止动火。
(6) 没有消防措施,禁止动火。

4. 动火作业应急处置措施

第一步:发现起火立即停止作业。
第二步:撤离安全区域上报主管。
第三步:现场负责人组织开展灭火。
切忌发生火灾时人员慌乱,延误灭火最佳时机,出现事故隐瞒不报。

5. 动火作业安全忠告

事故不留情,警钟要长鸣。

7.4 高处作业管理

1. 高处作业定义

高处作业是指在距离地面一定一定高度以上的位置进行的作业。

国家标准 GB/T 3608—2008《高处作业分级》规定:凡在坠落高度基准面 2 m 以上(含 2 m)有可能坠落的高处进行作业,都称为高处作业。根据这一规定,在我们的日常工作中涉及的高处作业的范围是相当广泛的。凡是在 2 m 及以上的作业,即为高处作业。

高处作业按照作业面高度不同,可分为 4 个级别:

（1）2～5 m，称为一级高处作业。其可能坠落半径为 3 m；

（2）5～15 m，称为二级高处作业。其可能坠落半径为 4 m；

（3）15～30 m，称为三级高处作业。其可能坠落半径为 5 m；

（4）30 m 以上，称为特级高处作业。其可能坠落半径为 6 m。

2．高处作业风险

高处坠落是建筑行业第一大杀手，高处坠落伤亡占总比例的 43.8%。高处坠落对人体的伤害如图 7-1 所示。

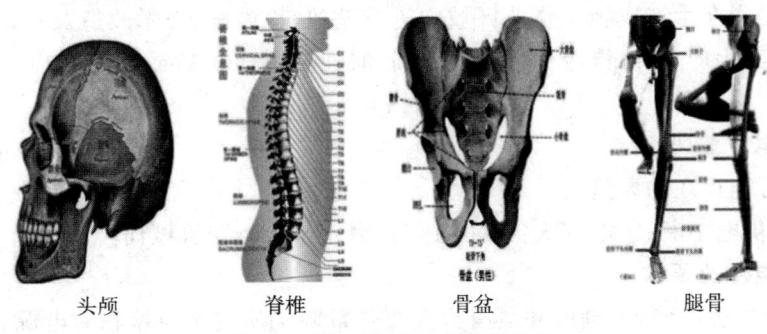

图 7-1　高处坠落对人体的伤害

事故发生时间、高度、位置、分布表如图 7-2 所示。

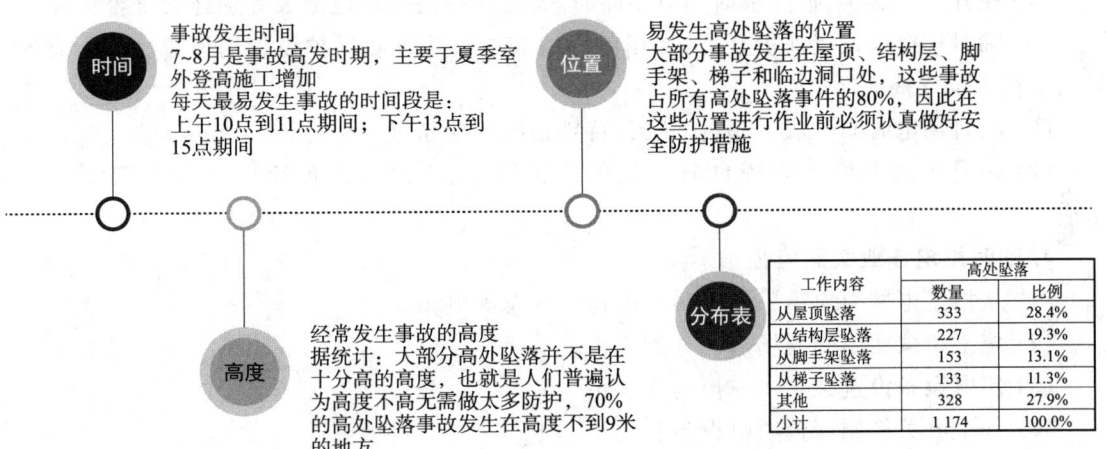

图 7-2　事故发生时间、高度、位置、分布表

3．高处作业要求

高处作业许可证的办理，第一步是高处作业基本信息填写及安全交底。

高处作业许可证的办理，第二步是高处作业危害识别、个人防护及应该采取的安全措施评审。

高处作业许可证的办理，第三步是高处作业审批与过程管理、作业闭环。

高处作业时正确佩戴和系挂安全带。

4．应急处置措施

第一步：发现人员受伤立即停止作业。

第二步：将受伤人员撤离至安全区域。
第三步：上报主管对伤员进行救治。
切忌高处坠落后进行胸外按压；延误最佳急救时机；出现事故隐瞒不报。

7.5 临时用电作业管理

1. 临时用电作业定义

临时用电是指在生产或施工作业区域内进行基建、检维修、技术改造及日常维护的临时用电。适用于施工、生产、检维修等作业过程中，临时性使用 380 V 或 380 V 以下的低压电力系统作业。

2. 临时用电作业风险

临时用电可能存在的风险：

①触电；②供电中断；③电气火灾；④高空坠物；⑤绊倒；⑥机械伤害等。

3. 临时用电作业要求

（1）在运行的生产装置、罐区和具有火灾爆炸危险场所内不应接临时电源。

（2）各类移动电源及外部自备电源，不应接入电网。

（3）动力和照明线路应分路设置。

（4）在开关上接引、拆除临时用电线路时，其上级开关应断电上锁并加挂安全警示标牌。

（5）临时用电应设置保护开关，使用前应检查电气装置和保护设施的可靠性。所有的临时用电均应设置接地保护。

（6）临时用电时间一般不超过 15 天，特殊情况不应超过一个月。

（7）临时用电单位不应擅自向其他单位转供电、增加用电负荷以及变更用电地点和用途。

4. 临时用电作业实施流程

（1）从指定电网引出第一个临时用电箱——总配电箱。

（2）施工单位接引到现场——分配电箱。

（3）用电设备设置独立——控制开关箱。

（4）一个开关控制一台用电设备。

5. 临时用电作业违规案例

（1）人员离去，未拔掉电源插头。

（2）使用普通民用插线板，没有防爆防尘功能。

（3）未配置漏电保护器。

（4）配电箱与气瓶之间安全距离不足。

（5）配电箱前存在遮挡物，影响应急操作。

（6）电缆散落在钢管堆中。

6. 临时用电作业安全忠告

事故不留情，警钟要长鸣。

7.6 动土作业管理

1. 动土作业定义

动土作业是指挖土、打桩、钻探、坑探、地锚入土深度在 0.5m 以上的作业。此外,也包括使用施工机械进行填土或平整场地等可能对地下隐蔽设施产生影响的作业。

2. 动土作业风险

动土作业可能存在以下风险:

①挖断电缆;②击穿管道;③土石坍塌;④人员坠落;⑤触电等。

3. 动土作业要求

(1)动土作业必须办理《动土安全作业证》,没有《动土安全作业证》不准动土作业。

(2)动土作业前,项目负责人应对施工人员进行安全教育;施工负责人对安全措施进行现场交底,并督促落实。

(3)动土作业施工现场应根据需要设置护栏、盖板和警告标志,夜间应悬挂红灯示警;施工结束后要及时回填土,并恢复地面设施。

(4)动土作业必须按《动土安全作业证》的内容进行,对审批手续不全、安全措施不落实的动土作业,施工人员有权拒绝。

4. 动土作业违规案例

违规动土作业可能引发化学品泄漏、中毒、火灾爆炸事故;

违规动土作业可能引发破坏地下电缆、地下水管道等事故。

7.7 吊装作业管理

1. 吊装作业定义

吊装作业是指利用各种吊装机具将设备、工件、器具、材料等吊起,使其发生位置变化的作业过程。进行吊装作业前必须填写吊装作业许可证,仅在注明的日期和时间内有效。

2. 吊装作业风险

吊装作业可能存在以下风险:

①高空坠物伤人;②人员高空坠落;③起重机倾翻;④地基沉陷;⑤触电等。

3. 吊装作业安全要求

吊装作业许可证办理第一步:安全交底。

吊装作业许可证办理第二步:工作内容信息填写、危险源辨识、人员防护佩戴。

吊装作业许可证办理第三步:需要采取的安全措施评审。

吊装作业证办理第四步:获取管理层审批、进行过程检查、完成作业闭环。

4. 吊装作业注意事项

(1)高空往地面运输物件时,应用绳捆好吊下。吊装时,不得在构件上堆放或悬挂零星物件。零星材料和物件必须用吊笼或钢丝绳、保险绳捆扎牢固后才能吊运和传递,不得随意抛掷材料物体、工具,防止滑脱伤人或意外事故。

(2) 构件必须绑扎牢固,起吊点应通过构件的重心位置,吊升时应平稳,避免振动或摆动。

(3) 起吊构件时,速度不应太快,且不得在高空停留过久,严禁猛升猛降,防止构件脱落。

(4) 构件就位后在临时固定前,不得松钩、解开吊装索具。构件固定后,应检查连接牢固和稳定情况,当连接确定安全可靠后,才可拆除临时固定工具并进行下步吊装。

(5) 风雪天、霜雾天和雨天严禁吊装作业,夜间作业应有充分照明。

7.8 带电作业管理

1. 带电作业定义

带电作业是指工作人员接触带电部分的作业或工作人员用操作工具、设备或装置在带电区域进行的作业(测试、维护、检修和个别零部件的拆换)。在带电作业开始作业前必须填写带电作业许可证。工作完成后,作业人员把带电作业许可证交给 EHS 存档。

2. 带电作业风险

带电作业可能存在以下风险:

①触电;②电弧灼伤;③高处坠落;④相间短路、单相接地等。

3. 带电作业使用的工具

一般包含三大类,包括绝缘工具、金属工具和旁路工器具。一般来说,带电线路的电压等级越高,对绝缘工具的绝缘水平要求也就越高。另外,不同电压等级带电作业需要用到的具体器具在型号和规格上的要求也会不同。

绝缘工具分为主绝缘工器具、辅助绝缘工器具和个人绝缘防护用具。其中个人绝缘防护用具包括绝缘帽、绝缘手套、绝缘鞋(靴)、绝缘袖(护套)、绝缘披肩、绝缘服。

金属工具包括拔锁钳、扶正器、取绝缘子钳、卡具、取销钳、紧线器、收线器、机械/液压钳、剪线钳、飞车、起重滑车、清扫刷等。通常与绝缘工具配合使用。

旁路工器具包括中间接头、三通接头、旁路开关及柔性旁路电缆、电缆支架和附件。

4. 带电作业安全要求

带电作业许可证办理流程第一步:安全交底。

带电作业许可证办理第二步:工作详情信息填写、危险源辨识、个人防护佩戴。

带电作业许可证办理第三步:获取管理层审批、进行过程检查、完成工作闭环。

5. 带电作业注意事项

(1) 良好的天气

如遇雷电(以听见雷声、看见闪电为准)、雪、雹、雨、雾等,禁止进行带电作业。风力大于 5 级,或湿度大于 80% 时,不宜进行带电作业。

(2) 保持距离,站坐都有"规矩"

带电作业对安全距离的要求尤其严格。比如,在挂线点处作业、工作人员停电作业时可随意站立,但是带电作业则只能坐着,而且手不能伸得太高,以此来保持足够的安全距离。

(3) 人员要求

参加带电作业的人员,应经专门培训,并在考试合格取得特种作业资格、单位批准后,方能参加相应的作业。带电作业与停电作业有较大区别,例如,在等电位作业中,最重要的是进入或脱离等电位过程中的安全防护。

带电作业技术需要研究高压静电场、直流离子流电场、电磁感应、静电屏蔽等理论；人体在电场、磁场和电流影响下的生理反应；以及各类阈值。同时，对各种安全作业方式和作业人员的防护措施进行重点研究。

停电检修可以用钢丝绳、导链等金属工器具，而带电作业必须用绝缘绳、绝缘吊杆、屏蔽服等绝缘、防护工器具。

7.9 危险化学品作业管理

1. 危险化学品作业定义

危险化学品是指具有毒害、腐蚀、爆炸、燃烧、助燃等性质，对人体、设施、环境具有危害的剧毒化学品和其他化学品。在园区公共场所搬运、使用、存放危险化学品及施工过程使用危险化学品必须填写危险化学品作业许可证，并在注明的日期和时间内作业。工作完成后，作业人员把危险化学品作业许可证交给 EHS 管理部门存档。

2. 数据中心涉及的危险化学品作业场景

水系统加药；柴发柴油加注；环境化学消杀。

3. 危险化学品作业风险

危险化学品作业可能存在以下风险：

①中毒；②泄漏；③意外释放；④腐蚀灼伤；⑤火灾；⑥爆炸等。

4. 危险化学品作业使用的个人防护用品

个人防护用品是指危险化学品操作人员为防御物理、化学、生物等外界因素伤害所穿戴、配备和使用的各种保护品的总称。

按照防护功能和适用范围，主要分为头部防护、眼部防护、听力防护、呼吸防护、防护服装、手部防护、足部防护和坠落防护八大类。

常见防护装备包括安全帽、防毒口罩、防护眼镜、防护面屏、防护手套、防静电服、防静电鞋、有毒气体检测仪等。

5. 危险化学品作业安全要求

危险化学品作业许可证办理流程第一步：安全交底。

危险化学品作业许可证办理流程第二步：信息填写、作业类型判定、危险源辨识及个人防护用品佩戴。

危险化学品作业办理流程第三步：应该采取和落实的安全措施评审。

危险化学品作业证办理第三步：获取管理层审批、进行过程检查、完成作业闭环。

6. 危险化学品作业注意事项

1）装卸、使用酸碱时注意事项

（1）应穿戴齐全防护用品，包括耐酸碱手套、防酸碱工作服、护目镜以及防护靴等。

（2）检查卸酸、碱各阀门开关到位，应急水管是否出水正常，悬挂卸酸碱警告牌。

（3）严禁各接口兰盘漏酸、漏碱，一旦发现问题应立即停止卸载酸碱，防止事故扩大化，及时联系检修处理。

（4）卸完酸碱后，应及时打扫现场遗留的杂物，并冲洗卸酸、碱槽内残余酸、碱，将卸酸、碱系统所开阀门关闭。

(5) 运行人员全程监护。在卸酸、碱过程中,严密注意酸、碱储槽液位是否显示正常。

(6) 卸酸碱时,各酸碱储罐液位严禁超过高液位,防止各酸碱储罐卸冒。

2) 装卸、使用柴油时注意事项

(1) 皮肤接触:立即脱去污染的衣着,用肥皂水和清水彻底冲洗皮肤之后,及时就医。

(2) 眼睛接触:立即提起眼睑,用大量流动清水或生理盐水彻底冲洗,并及时就医。

(3) 吸入:迅速脱离现场至空气新鲜处,保持呼吸道通畅。如呼吸困难,则输氧并立即就医。

(4) 个人防护:穿一般作业防护服,戴橡胶耐油手套。

(5) 当空气中浓度超标时,建议佩戴自吸过滤式防毒面具(半面罩)。

(6) 发生泄漏时,应迅速撤离泄漏污染区人员至安全区,并进行隔离,严格限制出入,切断火源。

(7) 小量泄漏:用活性炭或其他惰性材料吸收。

(8) 大量泄漏:构筑围堤或挖坑收容。用泵移至槽车或专用收集器内,回收或运至废物处理场所处置。

(9) 远离火种、热源,禁止使用易产生火花的设备和工具,应与氧化剂、卤素分开存放。

(10) 在油罐车卸油前,需将车辆引导至指定区域,并做静电释放处理。同时,放置灭火器材、车辆配置阻火装置。车辆停放必须拉起手刹或安装止滑器。

(11) 卸油时人员不得离场,按工艺流程连接卸油管并确保密封良好。采取防止泄漏的措施。

7.10 梯子的正确使用

1. 安全使用梯子的原则

(1) 上下梯子的行为原则

始终面对梯子,脚的位置是至关重要。将重心通过脚平稳转移到横竿上,每次仅移动一只脚,并只移动一个横挡;下梯子中最重要的行为原则是行动缓慢,先观察后行动。

(2) 不让身体重心外移原则

在执行动作时,要注意身体的平衡,过度地向外延展肢体可能会引起身体失衡导致坠落,如果确实需要伸展身体来完成各项作业,务必首先考虑重心问题。

(3) 放置梯子遵循"四点接触"原则

梯子两个扶手的顶端都必须牢固地依靠在坚实的墙体上;两条梯腿稳固地支撑在坚硬、水平且干燥的地面上(不能放在箱子或木块上);条件允许时固定梯子支点并由人保护;确认所有移动工具的电线或绳索都应设置在梯子的内侧,以防绊倒;使用时要有监护人。

(4) 登梯遵循"三点接触"原则

始终保持双手可以自由地用于攀爬;使用跨肩工具包来携带必要的工具,或使用提升设备以及绳索来上下搬运工具或设备;双手把握梯子的横竿上下梯子比把握两侧的扶竿更安全;双手交替把握横竿来配合脚步的移动;如果不能保持双手同时自由地用于上下梯子,那么应该保持双手单脚或双脚单手的着力原则。

注意:生病或服药影响平衡时不要使用梯子!

(5)"四直一横"的安全角度原则

斜梯要符合 4∶1 的安全角度要求,确保其稳固。

2. 安全使用梯子的要求

便携式梯子的检查内容应包括但不限于:

(1) 梯子的功能是否适合该项工作。

(2) 确认梯子的安全性,检查是否存在踏棍缺失或梯身破损、断裂、腐蚀、变形、有裂缝的情况。

(3) 安全止滑脚是否良好。

(4) 梯子有无检查合格标识。

(5) 限位器是否完好。

(6) 检查踏棍或踏板的状态,是否有泥土、机油或油脂附着。

(7) 五金件是否完好(拉杆、铆钉、撑杆、螺母、螺栓、底脚)。

(8) 拉伸绳索和滑轮是否完好;固定到所有直梯、延伸梯和 2.4 m 以上(含 2.4 m)人字梯上的绑绳是否完好。

7.11 手持电动工具的使用

1. 手持电动工具作业的风险

手持电工工具的作业风险有:电灼伤、高温烫伤、电击、破轮片破碎飞出伤人、割伤、碎屑入眼、吸入粉尘、衣物卷入旋转部件等。

2. 手持电动工具的种类

我们经常使用的手持电动工具有手电钻、角磨机、电磨机、切割机等。

3. 手持电动工具的分类

(1) 一类:工具在防止触电的保护方面除了依靠基本绝缘,还包含一个附加的安全预防措施。其方法是将可触及的导电部件与已安装的固定线路中的保护(接地)导线相连,这样可使导电部件在基本绝缘损坏的事故中不会变成为带电体。

(2) 二类:其额定电压超过 50 V。该类工具在防止触电的保护方面除了依靠基本绝缘,还提供了双重绝缘或加强绝缘的附加安全预防措施,并且不依赖于保护接地和安装条件。这类工具外壳有金属和非金属两种,但手持部分是非金属,非金属处有"回"符号标志。

(3) 三类:其额定电压不超过 50 V。由特低电压电源(电池)供电,工具内部不产生比安全特低电压高的电压。这类工具外壳均为全塑料。

4. 手持电动工具的安全使用要求

个人防护:使用手持电动工具时必须佩戴面罩、安全眼镜、防砸安全鞋、护耳与手套。

注意:操作角磨机时不要穿宽松的衣服、严禁穿戴首饰、袖口必须扣紧。

5. 手持电动工具的安全使用注意事项

(1) 手持电动工具在使用前,外壳、手柄、负荷载、插头、开关等必须完好无损,在使用前必须做空载试验,经过设备、安全管理部门验收,确定符合要求后发给准用证或验收手续,方能使用。设备挂上合格牌。

(2) 使用Ⅰ类手持电动工具必须按规定穿戴绝缘用品或站在绝缘垫上。同时,确保有良好的接零或接地措施,保护零线与工作零线分开。保护零线应采用 1.5 mm 以上多股软铜线。安装漏电保护器漏电电流应不大于 15 mA,动作时间不大于 0.1 s。

(3) 在一般场所为保证安全,应当用Ⅱ类工具,并装设额定漏电电流不大于 15 mA,动作时间不大于 0.1 s 的漏电保护器。Ⅱ类工具绝缘电阻不得低于 7 MΩ。

(4) 露天、潮湿场所或在金属构架上作业时必须使用Ⅱ类或Ⅲ类工具,并装设防溅的漏电保护器。严禁使用Ⅰ类手持电动工具。

(5) 狭窄场所(锅炉、金属容器、地沟、管道内等),宜选用带隔离变压器的Ⅲ类手持电动工具。隔离变压器、漏电保护器装设在狭窄场所外面,工作时应有人监护。

(6) 手持电动工具的负荷必须采用耐气候型的橡皮护套铜芯软电缆,并不得有接头。

(7) 电动工具在使用中不得任意调换插头,更不能不用插头,而将导线直接插入插座内。当电动工具不用或需调换工作头时,应及时拔下插头。插入插头时,开关应在断开位置,以防突然启动。

(8) 使用过程中要经常检查,如发现绝缘损坏、电源线或电缆护套破裂、接地线脱落、插头插座开裂、接触不良以及断续运转等故障时,应立即停机修理。移动电动工具时,必须握持工具的手柄,不能用拖拉橡皮软线来搬动工具,并随时注意防止橡皮软线擦破、割断和扎坏现象,以免造成人身事故。

(9) 长期搁置未用的电动工具,使用前必须用 500 V 兆欧表测定绕组与机壳之间的绝缘电阻值,应不得低于 7 MΩ,否则需进行干燥处理。

(10) 电动工具不适宜在含有易燃、易爆或腐蚀性气体及潮湿等特殊环境中使用,应存放于干燥、清洁、没有腐蚀性气体的环境中。对于非金属壳体的电动机、电器,在存放和使用时应避免与汽油等溶剂接触。

6. 手持电动工具的安全管理

(1) 闭环管理工作步骤

第一步:填写手持电动工具安全检查记录表。

第二步:手持电动工具绝缘电阻测量。

第三步:粘贴合格证。

第四步:整理试验报告。

第五步:更新手持电动工具台账。

(2) 绝缘电阻测量,测量方法

测量前应先检查兆欧表是否正常。检查方法:绝缘电阻表水平放稳,打开兆欧表电源,短接"L"和"E"端子探针,指针应指零,开路时,指针应指"o"(无穷大)。否则应设法将兆欧表调零,或更换兆欧表进行测量。

7.12 人员受伤的急救处置措施

1. 触电的急救措施

引起触电的原因很多,主要系缺乏安全用电知识,违章用电引起电损伤。意外事故中电源泄漏、雷雨时缺乏防范被闪电击中也可引起触电,触电时的急救措施主要有以下几点。

(1) 现场救治应争分夺秒,火速切断电源。

① 关闭电源：迅速关闭电源开关、拉开电源总闸刀是最简单、安全而有效的方法。

② 挑开电线：施救者利用干燥木棒、竹竿等绝缘物品挑开接触触电者的电线，使触电者迅速脱离电源，然后将此电线固定好，避免他人触电。

③ 斩断电路：若在野外或远离电源开关的地方，尤其是雨天，不便接近触电者但需挑开电源线时，则可在现场 20 m 以外用绝缘钳子或干燥木柄的铁锹、斧头、刀等将电线斩断。

④ "拉开"触电者：如患者仍在漏电的机器上，应赶快用干燥的绝缘棉衣、棉被将病人推拉开；千万别直接拉触电者，否则会一起触电。

（2）脱离电源后，确认触电者心跳和呼吸情况，如果停止，急救者应立即用人工呼吸和胸外心脏按压，进行心肺复苏。

（3）表电灼伤创面周围皮肤用碘伏处理后，加盖无菌敷料包扎，以减少污染。在高空高压线触电抢救中，要注意再摔伤的可能性。

① 未切断电源之前，抢救者切忌用手直接拉碰触电者，否则会导致自己也立即触电而伤，因为人体是导体，极易传电。

② 对于触电者的急救应分秒必争。有些严重电击患者当时症状虽不重，但在 1 小时后可突然恶化，所以不能掉以轻心；有些患者触电后，心跳和呼吸极其微弱，甚至暂时停止，处于"假死状态"，其实正是抢救的黄金期，不可轻易放弃对触电患者的抢救。

③ 对于发生呼吸、心跳停止的触电者，应一面进行心肺复苏，一面紧急联系附近医院做进一步治疗；在转送病人去医院途中，抢救工作不能中断。

2. 头部受伤的急救办法

如果头上起了个包，说明有头皮下血肿，用冰袋敷患处可以减轻出血。如果被砸伤后头部开始流血，即用干净毛巾按压伤口止血，然后去医院缝合伤口，并检查是否有内伤。这两种情况都必须头部加压包扎，通过压力止血。用家用的围巾、撕开的床单都可以。

如果出现短暂意识丧失，一般 30 min 内恢复。醒后病人对受伤当时情景和伤前片刻的情况不能回忆，说明病人出现脑震荡；如果外伤后发生长短不一的昏迷，昏迷至恢复清醒过程的中间可有昏睡，均为很严重的外伤，大脑内部出现严重损伤，需要叫救护车速送医院，一刻也不能耽搁。

头部受伤的急救注意事项：

（1）对于异物嵌入头部，切不可随便拔出。

（2）脑外伤不可随意服用止痛药、镇静药，否则可能会掩盖和加重病情。

（3）不可盲目搬动病人，搬动时需要多人协助，避免损伤颈椎。

（4）当伤者出现惊厥、头晕、呕吐、恶心或行为有明显异常时，说明脑内的病情发生变化，需要马上入院就医。

对恢复期的病人，需要关心病情，悉心开导，解除病人对"脑震荡后遗症不能医治"的误解。

3. 骨折的急救办法

处理伤口：如果骨折处有伤口，则立即清理污染物，并用洁净纱布覆盖；如果伤口持续出血，需要压迫止血；如果有骨头外露，更要对其进行清洁，以免今后感染引起骨髓炎。

妥善固定：不要盲目移动身体，尽快把伤到的肢体用夹板固定住。夹板可用木片或折叠起来的硬纸板制成，放在受伤的肢体下面或侧面，用三角形绷带、皮带或领带将夹板和受伤的肢体缠住。避免缠得太紧、避免用细绳子固定，这些都可能阻碍血液循环。

正确转运：搬运骨折病人的过程中，动作要轻柔，避免产生骨折端的错位或移动；对于脊柱骨折的病人,搬运中一定多人协调,保持脊柱的轴向稳定,否则容易引起脊柱错位,损伤脊髓导致瘫痪。颈椎骨折的病人,搬运过程一定要专人负责头部和颈椎,保持和躯干平行的体位,否则容易导致四肢瘫痪甚至死亡。

骨折的急救办法注意事项:

(1) 可疑发生骨折的病人,均应按骨折处理。

(2) 首先抢救生命,维持心跳和呼吸的正常状态;如病人发生休克,多因失血过多导致,应采取头和躯干抬高 20°~30°、下肢抬高 15°~20°的体位,以利于呼吸和下肢静脉回流同时保证大脑供血;注意保温,尽快送医院输血、输液。

(3) 对处于昏迷的病人,应防止呕吐导致的窒息。

(4) 当骨折移位,有穿破皮肤及损伤血管、神经的危险时,应尽快手法复位,然后用夹板固定。

4. 中暑的急救办法

(1) 出现中暑先兆时,应立即撤离高温环境。在阴凉处安静休息,并补充含盐饮料;如果呼吸停止时立即进行人工呼吸及心肺复苏。

(2) 将患者抬到阴凉处或者空调供冷的房间平卧休息,解松或者脱去衣服。

(3) 用湿水浸透的毛巾擦拭全身,通过蒸发降温。

(4) 如降温处理不能缓解病情,则为重症中暑,需及时送医院做进一步处理。

(5) 中暑的急救注意事项如下:

① 人的身体在中暑之后很虚弱,在恢复过程中,饮食应清淡、比较容易消化。补充必要的水分、盐、热量、维生素、蛋白质等所需养分。

② 中暑后避免一次饮大量水。中暑患者应采用少量多次的饮水方法;如有必要,需严格按照医生测算的补水方法进行补充,避免水分摄入过多或过少。

③ 中暑重在预防,若需长时间在太阳下工作或走路时,要戴上草帽或太阳帽;注意休息,合理安排作息时间,如早出工、中午多休息、晚收工等;出汗多时要多喝些淡盐水;在室内工作时如果气温过高,也会发生中暑,要让空气流通,并根据劳动和工作环境而采取相应的防晒措施。

5. 扭伤急救办法

扭伤是关节部位的损伤。一旦受伤,应立即用弹性绷带包好,并将受伤部位垫高,避免再次损伤。

在扭伤发生的 48 小时之内,受伤部位的软组织渗出会加重,应该用冰袋冷敷,减少渗出,冷敷频率为每小时 1 次,时间为每次半小时;48 小时之后,受伤部位开始吸收之前的渗出,这时应该换为热敷,从而加快受伤部位的血液循环,加快消肿。

注意事项:

(1) 禁止活动受伤的关节,否则容易加重韧带损伤,留下不可逆转的后遗症。

(2) 如果经上述方法处理,7 天之内不能缓解甚至加重,则可能存在骨折、肌肉拉伤或者韧带断裂,需要立即到医院检查、治疗。

6. 划伤的急救措施

(1) 如果出血较少且伤势并不严重,可在清洗之后,以创可贴覆于伤口。不主张在伤口上涂抹红药水或止血粉之类的药物,保持伤口干净即可。

(2) 若遇到伤口大且出血不止的情况时,首先不要惊慌,因为手部血管丰富,受到外伤后会出血比较快、比较多;其次,最简单的止血方法就是用橡皮圈绑紧手指根部,然后抬高患肢;应特别注意的是,每隔 20～30 min 必须将橡皮圈放松几分钟,否则容易引起手指缺血坏死。

(3) 深层的手指伤口必须在 8～12 h 内到医院处理,不能延误治疗时间,务必要注射破伤风抗毒素。

划伤时的注意事项:

① 切忌用一些煤灰、烟灰、消炎粉、中药粉等外敷伤口,这些粉剂不一定是无菌的,反而容易造成伤口的感染。

② 切忌用卫生纸直接覆盖伤口,因为伤口出血会使卫生纸融成纸浆,糊在伤口内,给伤口的清理带来困难。

7. 心搏骤停的急救

心搏骤停是指心脏射血功能的突然终止,大动脉搏动与心音消失,重要器官(如脑)严重缺血、缺氧,导致生命终止。这种出乎意料的突然死亡,医学上又称猝死。

引起心搏骤停最常见的是心室纤维颤动。若呼唤病人无回应,观察胸腹部没有起伏的呼吸运动,触颈动脉和股动脉无搏动,心前区听不到心跳,则可判定病人出现了心搏骤停。

心搏骤停的抢救必须争分夺秒,万不可坐等救护车到来再送医院救治。要当机立断采取以下急救措施进行心肺复苏。

(1) 胸外心脏按压:解开病人衣服暴露胸廓,按压双乳连线中间点,双手叠扣,腕肘关节伸直,垂直用力,以每分钟 100～120 次的速度连续按压 30 次。

(2) 随后检查口鼻异物,通过托住下颌,下压额头的动作,使下颌上翘,头部后仰,从而开放气道;同时,迅速清除咽部呕吐物;并嘴包嘴,做口对口人工呼吸 2 次;将心脏按压和人工呼吸以 30∶2 的比例交替进行,直至抢救成功。

(3) 若发现病人脸色转红润,呼吸心跳恢复,能摸到脉搏跳动,瞳孔回缩正常,说明抢救有效。

(4) 头敷冰袋降温,避免大脑缺血水肿,脑神经损伤加重。

(5) 急送医院救治。

第 8 章 工具与仪表

随着行业技术发展的日新月异,各大企业对基础设施运维人员的需求不断增加。为方便运维人员全面学习工具及仪表知识,掌握和了解各种工具和仪表的使用方法,提高运维人员的技术水平,特编制本章。

8.1 仪表与工具管理

8.1.1 仪表的检查内容

1. 外观检查

(1) 仪表应有保证该表正确使用的必要标志,包括仪表盘上各种准确度符号、技术参数符号、代表所属标准的编号等。

(2) 不应有可以引起测量误差和损害的缺陷,包括表壳、玻璃、表针、标度尺、接线柱、消除视差的镜子等的损坏以及存在的其他缺陷。

2. 倾斜影响

倾斜影响是检查仪表可动部分的平衡情况,当仪表工作位置倾斜角度超出规定时,如果仪表的可动部分平衡不好,会有较大的附加误差产生,超出允许值。正常试验时,将仪表由工作位置向任意方向倾斜,其倾斜角度应在允许的范围内,与工作位置应不会有较大的差别。

3. 仪表基本误差测定

一般仪表基本误差的测定要做 1 次或 2 次,重复 1 次或 2 次。由零点开始调节调节器,使其匀速地达到被测仪表的上限值以上,然后再匀速地降到零,同时观察仪表是否回零。随后进行仪表基本误差测定,该测定通常需要从上限到下限之间选取至少 5 个测定点,具体要视仪表的情况来定。在上行过程中,接近被检点时应注意缓慢升高,只允许升不允许降,必须一次到位,否则需要重新测量。同样,下行过程也是如此,只能降不能升。在测量过程中,升降时注意观察被检表的刻度,读数时观察标准表的指示刻度。被检表的实际值应等于标准表的指示值。

通过检测得出仪表的读值,并采取引用误差的方法计算出基本误差值。

4. 升降变差

同一量值,上升时与下降时指示不同,其差值是由于磁滞误差、轴隙误差、摩擦误差及不平衡误差造成的。允许变差值可在规程、标准中查出。

5. 不回零位

当仪表接入被测量量后,被测量量将减至零,此时表针指示不应偏离零位。若表针偏离零位,则是由于游丝的永久变形误差和摩擦误差造成的。仪表的不回零位的检查适用于能耐受机械力作用的仪表,不回零位值可在规程、标准中查出。

6. 绝缘

在各项试验完成后,最后对检定仪表进行绝缘电阻的测量和绝缘强度的试验。

8.1.2 工具的管理及使用规章

1. 工具的管理

1) 工具的管理必须包括:
(1) 检查工具是否具有国家强制认证标志产品合格证和使用说明书。
(2) 监督、检查工具的使用和维修。
(3) 对工具的使用、保管、维修人员进行安全技术教育和培训。
(4) 工具必须存放在干燥、无有害气体或腐蚀性物质的场所。
(5) 使用单位(部门)必须建立工具使用、检查和维修的技术档案。

2) 按照本标准和工具产品使用说明书的要求及实际使用条件,制定相应的安全操作规程。安全操作规程至少应包括以下的内容:
(1) 工具的允许使用范围。
(2) 工具的正确使用方法和操作程序。
(3) 工具使用前应着重检查的项目和部位,以及使用中可能出现的危险和相应的防护措施。
(4) 工具的存放和保养方法。
(5) 操作者注意事项。

2. 工具的使用

(1) 工具在使用前,操作者应认真阅读产品使用说明书和安全操作规程,详细了解工具的性能和掌握正确使用的方法。使用时,操作者应采取必要的防护措施。

(2) 在一般作业场所中,应使用Ⅱ类工具;若使用Ⅰ类工具时,还应在电气线路中采用额定剩余动作电流不大于 30 mA 的剩余电流动作保护器、隔离变压器等保护措施。

(3) 在潮湿作业场所或金属构架等导电性能良好的作业场所中,应使用Ⅱ类或Ⅲ类工具。

(4) 在锅炉金属容器管道内等作业场所中,应使用Ⅲ类工具或在电气线路中装设额定剩余动作电流不大于 30 mA 的剩余电流动作保护器的Ⅱ类工具。Ⅲ类工具的安全隔离变压器,Ⅱ类工具的剩余电流动作保护器及Ⅱ、Ⅲ类工具的电源控制箱和电源耦合器等必须放在作业场所的外面。在狭窄作业场所操作时,应有人在外监护。

(5) 在湿热、雨雪等作业环境中,应使用具有相应防护等级的工具。

(6) Ⅰ类工具电源线中的绿/黄双色线在任何情况下只能用作保护接地线(PE)。

(7) 工具的电源线不得任意接长或拆换。当电源离工具操作点距离较远而电源线长度不够时,应采用耦合器进行连接。

(8) 工具电源线上的插头不得任意拆除或调换。

(9) 工具的插头、插座应按规定正确接线,插头、插座中的保护接地极在任何情况下只能单独连接保护接地线(PE)。严禁在插头、插座内用导线直接将保护接地极与工作中性线连接起来。

(10) 工具的危险运动零部件的防护装置(如防护罩盖等)不得任意拆卸。

3. 工具的检查、维修

工具在发出或收回时,保管人员必须进行一次日常检查;在使用前,使用者必须进行日常检查。

1) 工具日常检查:
(1) 是否有产品认证标志及定期检查合格标志。
(2) 外壳、手柄有否裂缝或破损。
(3) 保护接地线(PE)连接是否完好无损。
(4) 电源线是否完好无损。
(5) 电源插头是否完整无损。
(6) 电源开关动作是否正常、灵活,有无缺损、破裂。
(7) 机械防护装置是否完好。
(8) 工具转动部分是否转动灵活、轻快,无阻滞现象。
(9) 电气保护装置是否良好。

2) 工具定期检查:
(1) 每年至少检查 1 次。
(2) 在湿热和常有温度变化的地区或使用条件恶劣的地方还应相应缩短检查周期。
(3) 在梅雨季节前应及时进行检查。
(4) 工具的定期检查项目,除以上的规定外,还必须测量工具的绝缘电阻。
(5) 经定期检查合格的工具,应在工具的适当部位,粘贴检查"合格"标识。"合格"标识应鲜明、清晰、正确并至少应包括以下内容:
① 工具编号;
② 检查单位名称或标记;
③ 检查人员姓名或标记;
④ 有效日期;
⑤ 长期搁置不用的工具,在使用前必须测量绝缘电阻。如果绝缘电阻小于规定的数值,必须进行干燥处理,经检查合格并粘贴"合格"标志后,方可使用。

3) 工具的维修
(1) 工具的维修必须由原生产单位认可的维修单位进行。
(2) 使用单位和维修部门不得任意改变工具的原设计参数,不得采用低于原用材料性能的代用材料和与原有规格不符的零部件。
(3) 在维修时,工具内的绝缘衬垫、套管不得任意拆除或漏装,工具的电源线不得任意调换。
(4) 工具的电气绝缘部分经修理后,必须要求进行介电强度试验。
(5) 工具经维修检查和试验合格后,应在适当部位贴"合格"标志;对不能修复或修复后仍达不到应有的安全技术要求的工具必须办理报废手续并采取隔离措施。

8.1.3 常用仪表及工具推荐清单

仪表工具的安全可靠是运维工作的重要保障,常用的仪表工具推荐清单如表 8-1 所示。

表 8-1 常用的仪表工具推荐清单表

序号	专业	名称	品牌	型号
1	电气	万用表	Fluke	Fluke15B+ Fluke17B+ Fluke 18B+
2	电气	钳形电流表	Fluke	Fluke381
3	电气	热成像仪	Fluke	Fluke tis 65
4	电气	相位检测仪	Fluke	Fluke-9040
5	电气	照度计	Fluke	Fluke-941
6	电气	电能质量分析仪	Fluke	Fluke-1760
7	电气	接地电阻测试仪	Fluke	Fluke-1621
8	电气	蓄电池分析仪	Fluke	Fluke BT508
9	电气	绝缘电阻测试仪	Fluke	Fluke-1537
10	电气	电工工具	博士	GBH180-LI
11	电气	套筒工具	世达	SATA 09014
12	电气	扭力扳手	世达	SATA 96313
13	电气	安全工具	代尔塔/霍尼韦尔	/
14	暖通	温湿度测量仪	Fluke	Fluke-971
15	暖通	红外温度仪	Fluke	Fluke-59
16	暖通	风速仪	Fluke	Fluke-925
17	暖通	水质检测仪	哈西	哈西 DR900
18	暖通	噪声监测仪	得力	DL333202
19	暖通	红外测距仪	博士	GLM 4000
20	暖通	振动测试仪	Fluke	Fluke-805
21	弱电	网线测线仪	得力	DL8401
22	弱电	网络寻线仪	得力	DL335002
23	弱电	光功率测量仪	Fluke	Fluke SimpliFiberPro
24	弱电	视频测试仪	海康威视	DS-1T02

8.2 电气仪表与工具

8.2.1 电气仪表

1. 万用表的使用

万用表又称为复用表、多用表、三用表、繁用表等,是电力电子等部门不可缺少的测量仪表,一般以测量电压、电流和电阻为主要目的。万用表按显示方式分为指针万用表和数字万用表,是一种多功能、多量程的测量仪表。一般万用表可测量直流电流、直流电压、交流电流、交流电压、电阻和音频电平等,有的还可以测交流电流、电容量、电感量及半导体的一些参数(如β)等。

指针式多用表是以表头为核心部件的多功能测量仪表,测量值由表头指针指示读取。数字式万用表的测量值由液晶显示屏直接以数字的形式显示,读取方便,有些还带有语音提示功能。

下面以 Fluke 15B+/ Fluke 17B+/ Fluke 18B+ 系列万用表为范例介绍一下使用方法。

1) 接线端及显示说明

接线端子及其说明如表 8-2、表 8-3 所示。

表 8-2 接线端子及其说明

接线端子说明	
项目	说明
①	用于交流电和直流电电流测量(最高可测量 10 A)和频率测量的输入端子
①②	用于交流电和直流电的微安以及毫安测量(最高可测量 400 mA)和频率测量的输入端子
②	适用于所有测量的公共(返回)接线端
③	用于电压、电阻、通断性、二极管、电容、频率、占空比、温度和 ED 测试测量的输入端子

显示屏说明如表 8-3 所示。

表 8-3 显示屏说明

显示屏说明			
项目	说明	项目	说明
①	已启用相对测量	⑨	已选中占空比
②	高压	⑩	已选中电阻或频率
③	已选中通断性	⑪	电容单位法拉
④	已启用"显示保持"	⑫	毫伏或伏特

续表

项目	说明	项目	说明
⑤	已启用最小值或最大值模式	⑬	直流或交流电压或电流
⑥	已启用 LED 测试	⑭	微安、毫安或安培
⑦	已选中华氏温标或摄氏温标	⑮	已启用自动量程或手动量程
⑧	已选中二极管测试	⑯	电池电量不足,应立即更换

2) 测量交流电压和直流电压

(1) 将旋转开关转至 $\tilde{V}$、$\overline{V}$ 或 $\overline{\tilde{mV}}$ 选择交流电或直流电。

(2) □ 可以在 mVac 和 mVdc 电压测量之间进行切换。

(3) 将红色测试导线连接至 V Ω 端子,黑色测试导线连接至 COM 端子

(4) 用探头接触电路上的正确测试点以测量其电压,如图 8-1 所示。

(5) 读取显示屏上测出的电压(图 8-1)。

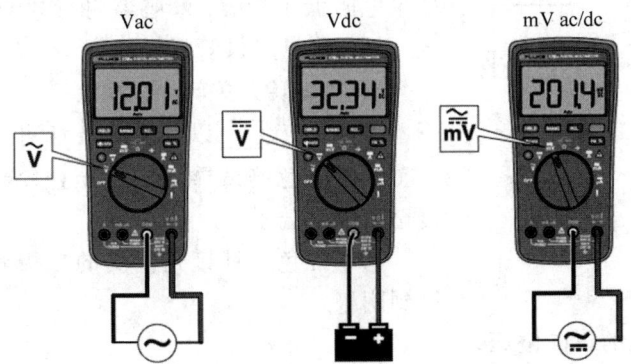

图 8-1 测量交流电压和直流电压

3) 测量交流或直流电流

(1) 将旋转开关转至 $\tilde{A}$、μ 或 $\tilde{mA}$。

(2) □ 可以在交流和直流电流测量之间进行切换。

(3) 根据要测量的电流将红色测试导线连接至 A、mA 或 μA 端子,并将黑色测试导线连接至 COM 端子如图 8-2 所示。

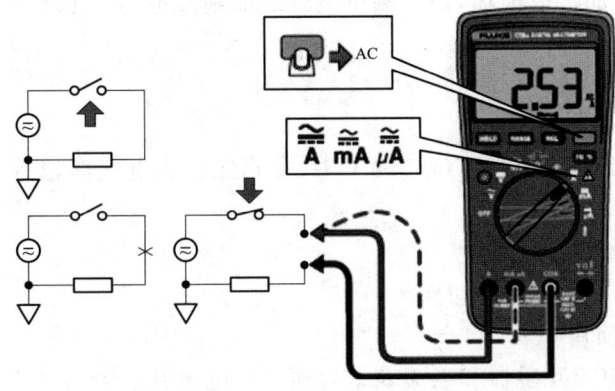

图 8-2 阅读显示屏上的测出电流

(4) 断开待测的电路路径,然后将测试导线连接断口并使用电源。

(5) 阅读显示屏上的测出电流。

注意:为了防止可能发生的电击、火灾或人身伤害,测量电流时,先断开电路电源,然后再将电表连接到电路中。将产品与电路串联连接。

4) 测量电阻和通断性测试

(1) 测量电阻

① 将旋转开关转至 确保已切断待测。

② 电路的电源。将红色测试导线连接 端子,并将黑色测试导线连接 COM 端子如图 8-3 所示。

③ 将探针接触想要的测试点,测量电阻。

④ 阅读显示屏上的测出电阻。

(2) 通断性测试

选择电阻模式后,按一次 □ 以激活通断性蜂鸣器。如果电阻低于 70 Ω,蜂鸣器将持续响起,表明出现短路。

(3) 测量二极管极性

① 将旋转开关转至 。

② 按两次 □ 以激活二极管测试。

③ 将红色测试导线连接至 端子,黑色测试导线连接至 COM 端子。

④ 将红色探针接到待测的二极管的阳极而黑色探针接到阴极。

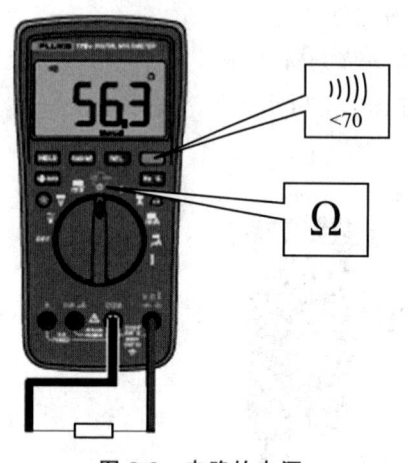

图 8-3 电路的电源

⑤ 读取显示屏上的正向偏压。

⑥ 如果测试导线极性与二极管极性相反,则显示读数为 OL。这可以用来区分二极管的阳极和阴极。

(4) 测量电容容量

① 将旋转开关转至 。

② 将红色测试导线连接至 端子,黑色测试导线连接至 COM 端子。

③ 将探针接触电容器引脚。

④ 读数稳定后(最多 18 s 后),读取显示屏所显示的电容值。

注意:为避免对产品造成损坏,请在测量电容之前断开电路的电源并将所有的高压电容器放电。

(5) 测量温度

① 将旋转开关转至 。

② 将热电偶插入到该产品的 COM 端子中,并确保将热电偶标记有"+"的插头插入到该产品上的 端子中。

③ 读取显示屏上的电压。

④ 按 □ 可以在 ℃ 和 ℉ 之间切换。

2. 钳形电流表的使用

钳形电流表是由电流互感器和电流表组合而成。电流互感器的铁心在捏紧扳手时可以张开;被测电流所通过的导线不必切断就可穿过铁心张开的缺口,当放开扳手后铁心闭合。

通常用普通电流表测量电流时,需要将电路切断停机后才能将电流表接入进行测量,这是很麻烦的,有时正常运行的电动机不允许这样做。此时,使用钳形电流表就显得方便多了,可以在不切断电路的情况下测量电流。

下面以 Fluke381 手持钳形电流表为范例介绍一下使用方法。

1) 设备简介

(1) 仪表功能说明

仪表功能说明如表 8-4 所示。

表 8-4 仪表功能说明

编号	说明
①	电流感应钳
②	触摸挡板
③	旋转功能开关
④	危险电压指示灯
⑤	显示模块释放按钮
⑥	显示模块
⑦	背光灯按钮:用于打开或关闭背光灯。没有按钮或切换操作时,背光灯将持续亮起 2 分钟
⑧	保持按钮:冻结显示屏读数,再次按下可解除读数冻结
⑨	最小值/最大值(Min Max)按钮:首次按下时,仪表显示最大输入值。随后按下时,则显示最小输入值和平均输入值
⑩	归零/功能切换(Zero/Shift)按钮:从直流电流测量中删除直流偏移。还用于切换并与旋转功能开关上的黄色项功能
⑪	浪涌按钮:按下可进入浪涌模式,按住 1 s 可退出浪涌模式
⑫	钳口开关
⑬	对齐标记:为满足精确规格,导线必须与这些标记对齐
⑭	公共端子
⑮	电压\电阻输入端子
⑯	柔性电流钳输入端子

(2) 开关挡位功能说明

开关挡位功能说明如表 8-5 所示。

表 8-5　开关挡位功能说明

开关挡位	功能
OFF	仪表关机
$\tilde{V}$	交流电压
$\overline{V}$	直流电压
⑴))Ω	电阻与通断性
Hz～A	交流电流。按 ZERO 切换到频率
$\overline{\overline{A}}$	直流电流
iFlex Hz A	使用柔性电流钳的交流电流和频率测量。按 ZERO 切换频率

(3) 显示模块功能说明

显示模块功能说明如表 8-6 所示。

表 8-6　显示模块功能说明

序号	说明	序号	说明
①	浪涌功能已激活	⑨	钳口正在进行测量
②	保持功能已激活	⑩	无线电频率信号正在发送到远程显示屏
③	电压（V）	⑪	通断性
④	电流（A）	⑫	存在危险电压
⑤	电阻（Ω）、DC、AC、Hz	⑬	柔性电流钳正在进行测量
⑥	主显示屏	⑭	正在显示最小、最大或平均读数
⑦	远程显示模块电量不足符号	⑮	最小值/最大值（Min Max）模式已激活
⑧	仪表底座电量不足符号		

2) 测量交流或直流电流

(1) 将旋转功能开关转至相应功能。您应在显示屏上看到 ，表示正在从钳口进行测量。注意当测量电流小于 0.5 A 时，显示屏图标的中心点将闪烁。当电流大于 0.5 A 时，中心点将稳定亮起。

(2) 如要测量直流，需等待显示屏稳定，然后按 ZERO 将仪表归零。

(3) 按钳口释放开关打开钳口，然后将导线插入钳口。

(4) 闭合钳口并使用对文标记将导线居中。

(5) 查看显示屏上的读数如图 8-4 所示。

注意：反向流动的电流将相互抵消。如果电流反向流动，则一次将一根导线放入钳夹中如图 8-4 所示。

3) 柔性电流钳测量

(1) 将柔性电流钳连接到仪表如图 8-5 所示。

(2) 将柔性电流钳的钳口部分围绕导线。如果打开柔性电流钳的末端以进行连接,请确保闭合且锁住。注意:测量电流时,应将导线置于柔性电流钳的中间。如果可能,请避免在其他载流导线附近测量。

(3) 保持柔性电流钳与导线的耦合距离超过 2.5 cm(1 英寸)如图 8-5 所示。

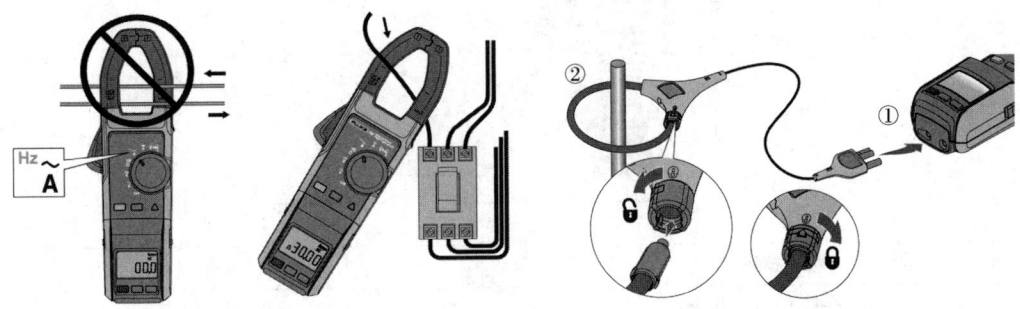

图 8-4　查看显示屏上的读数　　　　图 8-5　柔性电流钳测量

4) 浪涌电流测量(钳口和柔性电流钳)

启动设备(例如电机或电灯镇流器)时,仪表可捕获初始浪涌电流。

(1) 被测设备关闭时,将仪表的旋转功能开关转至 $^{Hz}\tilde{A}$、$\overline{A}$ 或 $^{Hz}_{A}$iFlex(使用柔性电流钳进行测量)。

(2) 将钳口或柔性电流钳围绕设备的带电线缆,并使其位于中间。

(3) 按仪表上的 INRUSH 。

(4) 开启被测设备,仪表显示屏上将显示浪涌电流(尖峰)如图 8-6 所示。

5) 测量频率

(1) 将仪表的旋转功能开关转到 $^{Hz}\tilde{A}$ 或 $^{Hz}_{A}$iFlex。

(2) 将钳口或柔性电流钳围绕测量源,并使其位于中间。

(3) 按仪表上的 ZERO 以切换到 Hz 后,仪表显示屏上将显示频率。

另外,钳形电流表还有电压测量、电阻测量、通断性测试等其他功能,与万用表使用方法基本相同。

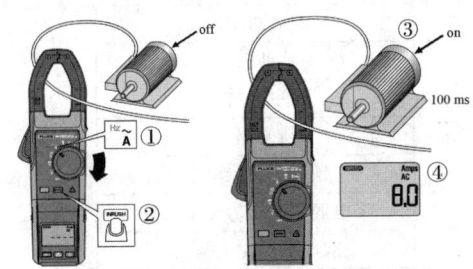

图 8-6　仪表显示屏显示浪涌电流

3. 红外热成像仪的使用

红外热像仪是一种利用红外热成像技术,通过对标的物进行红外辐射探测,并加以信号处理、光电转换等手段,将标的物的温度分布图像转换成可视图像的设备。红外热像仪将实际探测到的热量进行精确的量化,以面的形式对标的物的整体进行实时成像,因此能够准确识别正在发热的疑似故障区域。操作人员通过屏幕上显示的图像色彩和热点追踪显示功能来初步判断发热情况和故障部位,同时严格分析,从而在确认问题上体现了高效率、高准确率。

下面以 Fluke tis 65 手持红外热成像仪为范例介绍一下使用方法。

1) 功能和配件介绍

Fluke tis 65 手持红外热成像仪的功能如表 8-7、表 8-8 所示。

表 8-7　Fluke tis 65 手持红外热成像仪的功能

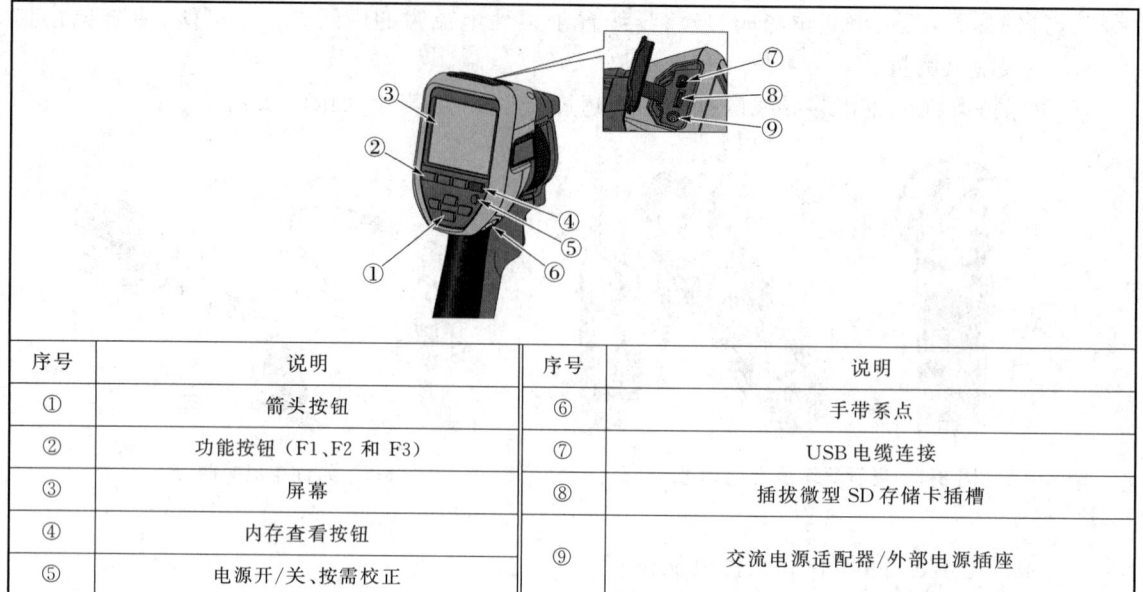

序号	说明	序号	说明
①	箭头按钮	⑥	手带系点
②	功能按钮（F1、F2 和 F3）	⑦	USB 电缆连接
③	屏幕	⑧	插拔微型 SD 存储卡插槽
④	内存查看按钮	⑨	交流电源适配器/外部电源插座
⑤	电源开/关、按需校正		

表 8-8　Fluke tis 65 手持红外热成像仪的配件

序号	项目
⑩	翻盖式镜头盖
⑪	红外相机镜头
⑫	可视光摄像头
⑬	激光指示器
⑭	辅助扳机
⑮	主扳机
⑯	手动聚焦控件
⑰	钠离子智能电池
⑱	带电源适配器的交流电源
⑲	双座电池充电基座

2）开/关及日期设置

（1）电源开关

要打开或关闭热像仪，请按住 ⑤ 3 s 以上。热像仪具备省电和自动关闭功能。

（2）校正

操作期间只需短按一下 ⑤ 即可进行校正动作。这一功能可提供最佳精度，通过下一个自动校正避免干扰对时间－敏感的图像捕获。

（3）日期设定

日期可以显示为以下两种格式的其中一种：月/日/年或日/月/年。

① 转至设置→日期。

② 按 ▲/▼ 突出显示日期。

③ 按 F1 设置新格式。

④ 按 ▲/▼ 突出显示设置日期。
⑤ 按 F1 打开"设置日期"菜单。
⑥ 按 ◀/▶ 选择突出显示的日期、月份或年份。
⑦ 按 ▲/▼ 更改设置。
⑧ 按 F1 设置日期并退出菜单。

(4) 时间设定

时间显示分为两种不同格式：24 时制或 12 时制。

① 转至设置→时间。
② 按 ▲/▼ 突出显示时间格式。
③ 按 F1 进行选择。
④ 突出显示设置时间。
⑤ 按 F1 打开"设置时间"菜单。
⑥ 按 ◀/▶ 突出显示小时数或分钟。
⑦ 按 ▲/▼ 更改设置。
⑧ 按 F1 确定更改。

3) 图像的捕获/编辑/保存

(1) 图像捕获

将热像仪对准目标物体，确保物体对准焦点。拉动并放开主扳机，这将捕获并冻结图像。若要取消捕获的图像，则再次拉动主扳机或按 F3 返回实时视图。根据所选的文件格式设置，热像仪显示捕获的图像和菜单栏。菜单栏可用于保存图像、编辑一些图像设置。

(2) 图像编辑

在您保存文件之前，使用热像仪编辑或修改图像。编辑方式如下：

① 对于缓冲区中的图像，按 F2 打开编辑图像菜单。
② 按 ▲/▼ 突出显示编辑图像。
③ 按 ▶ 打开编辑图像菜单。
④ 按 ▲/▼ 突出显示某个选项。
⑤ 按 F1 将更改保存到文件中。

(3) 图像保存：

① 将焦点对准目标物体和检测区域。
② 拉动扳机捕获图像。图像现在位于缓冲区中，您可以保存或编辑。
③ F1 将图像保存为文件并返回实时视图。

4) 测量功能设置

测量菜单包含用于计算和显示与热图像有关的辐射温度测量数据设置。

(1) 量程

"量程"（水平和跨度）设置为自动调整或手动调整。要在自动水平或手动水平和跨度之间进行调整，请执行以下操作：

① 按 F2。
② 按 ▲/▼ 突出显示测度。
③ 按 F1 或 ▶ 查看菜单。

④ 按 ▲/▼ 突出显示设置水平/跨度。

⑤ 按 F1 或 ▶ 查看菜单。

⑥ 按 ▲/▼ 在手/自动量程之间切换。

⑦ 按 F1 设置。

⑧ 按

- F1 设置更改并返回实时视图。
- F2 或 ◀ 设置更改并返回上一菜单。
- F3 取消更改并返回实时视图。

（2）手动操作模式水平/跨度

当进入手动量程时，水平设置在总温度量程内上下移动热跨度如图 8-7 所示。在实时手动模式下，可始终使用箭头按钮调整水平和跨度。在设置水平时按 ▲/▼ 将量程移到更高/低的温度水平。在调整手动水平时，沿着显示屏右侧的刻度会在移到总量程内的不同水平时显示热跨度。

当处于手动模式时，跨度设置会在总量程内的温度量程中所选调色板上缩小或增大。在实时手动模式下，可始终使用箭头按钮调整水平和跨度。要调整温度跨度时，需按 ◀/▶ 增加/减少。在调整手动跨度时，沿显示屏右侧的刻度会显示热跨度大小是增加还是减少。

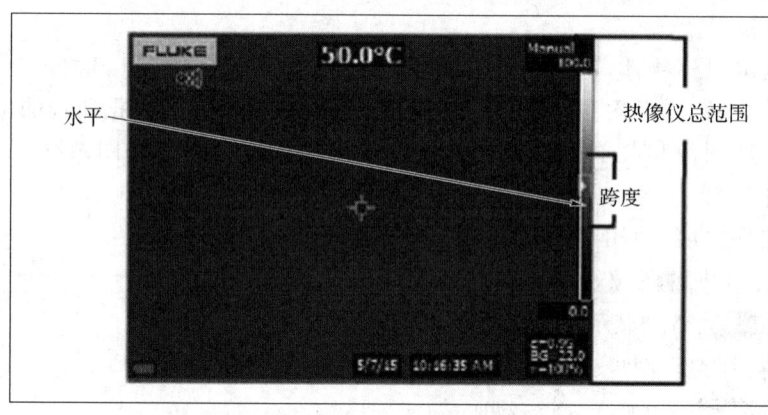

图 8-7　手动操作模式水平和跨度

（3）辐射系数调整

正确的辐射系数值对于热像仪进行最准确的温度测量计算至关重要。表面的辐射系数对热像仪观察到的表面温度有很大影响。了解受测表面的辐射系数可以（但不总是）用于获得更准确的温度测量结果。按数字/表调整如下：

① 转子测量→辐射系数→调整系数/选择表。

② 按 ▲/▼ 更改值。

③ 按 F1 确认选择。

如果选择标准辐射系数表中没有指定的数值，则将指示自定义辐射系数值。如果设置的值为＜0.60时，⚠ 以及其他小心提示显示在热像仪显示屏上，按 F1 清除信息。

（4）测点温度

测点温度是浮动的高低温度指示，其在显示屏上随图像温度测量结果波动而移动。打开/关闭热冷点指示。

① 转至测量→测点温度。

② 按 ▲/▼ 突出显示打开或关闭。

③ 按 F1 或 F2 设置阈值。

该款红外热成像仪还有调整透射率、测点标记等其他功能。就不在这边依次赘述了。

5) 存储图像查看/删除/清除

(1) 图像查看

① 转至 ▶ 。

② 按 ▲/▼ 突出显示要查看的文件预览图。

③ F2 查看文件。

(2) 图像删除

① 按 ▶ 。

② 按 ▲/▼ 突出显示要删除的文件预览图。

③ 按 F2 打开删除菜单。

④ 突出显示已选择的图像并按 F1 提示继续/取消。

⑤ 再次 F1 删除文件。

(3) 清除存储所有图像

① 转至存储器。

② 按 F2 。

③ 突出显示所有图像并按 F1 提示继续/取消。

④ 再次按 F1 删除存储器中所有图像文件。

4. 相位检测仪的使用

相位检测仪是一种新型检测仪器,可检测 500 V 以下(包括 100 V 和 380 V)和 3 kV 及以上高电压等级(包括 10 kV、35 kV、110 kV 及 220 kV)三相电压的相序,即检测三相电压 a、b、c 的相序。

下面以 Fluke 9040 相序旋转指示仪为范例介绍一下使用方法。

1) 屏幕显示及原件介绍

Fluke 9040 相序旋转指示仪的屏幕显示及原件介绍如表 8-9 所示。

表 8-9　Fluke 9040 相序旋转指示仪的屏幕显示及原件介绍

设备及指示说明		
	序号	说明
	①	测试导线
	②	L1、L2、L3 指示灯
	③	顺时针方向旋转指示
	④	逆时针方向旋转指示

续 表

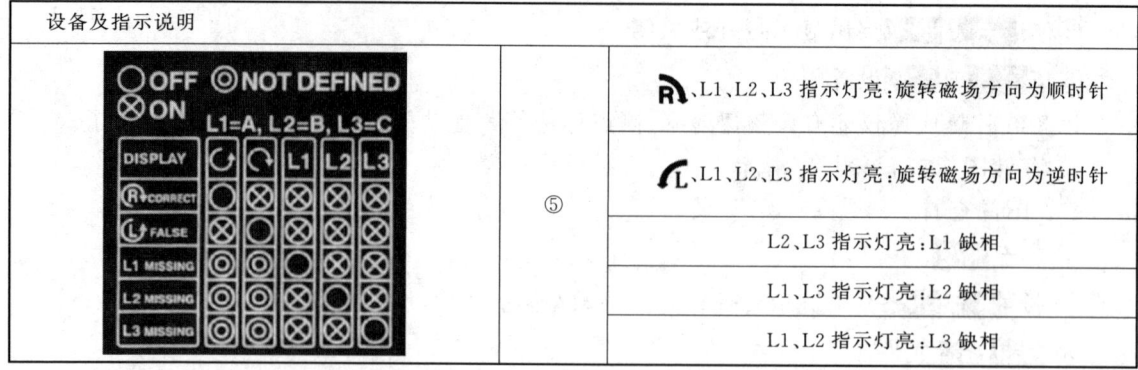

设备及指示说明		
(图示)	⑤	↻ L1、L2、L3 指示灯亮：旋转磁场方向为顺时针
		↺ L1、L2、L3 指示灯亮：旋转磁场方向为逆时针
		L2、L3 指示灯亮：L1 缺相
		L1、L3 指示灯亮：L2 缺相
		L1、L2 指示灯亮：L3 缺相

2）相序旋转方向检测

（1）把测试探针连接到测试导线的一端。

（2）把测试探针按相序连接到 3 个主要相位。

（3）绿色"开启"指示灯亮表示准备就绪，可以开始测试。

（4）顺时针旋转指示灯 ↻ 或逆时针指示灯 ↺ 其中有一个会亮，显示旋转磁场方向的类型。

（5）本仪器由受电装置供电，如在测试中出现 LCD 平布无显示，请确认受测导体是否带电。

（6）测量中其他情况参考上表中指示说明。

注意：该设备最大工作电压为 690V。

5. 照度测试仪的使用

照度计（或称勒克斯计）是一种专门测量照度的仪器仪表。就是测量物体被照明的程度，也是物体表面所得到的光通量与被照面积之比。

当光线射到硒光电池表面时，入射光透过金属薄膜到半导体硒层上，在界面上产生光电效应。产生的光生电流大小与光电池受光表面上的照度有一定的比例关系。这时如果接上外电路，就会有电流通过，电流值从以勒克斯（Lx）为刻度的微安表上指示出来。光电流的大小取决于入射光的强弱。

下面以 Fluke 941 照度仪为范例介绍一下使用方法。

1）设备组件说明

Fluke 941 照度仪设备组件说明如表 8-10 所示。

表 8-10　Fluke 941 照度仪设备组件说明

序号	说明
①	光传感器
②	显示屏（液晶显示屏）
③	勒克司/尺烛光
④	最小值/最大值设置
⑤	电源按钮：开/关
⑥	手动量程选择
⑦	数据保持按钮
⑧	自动量程选择
⑨	光传感器归零调节

2）亮度检测

(1) 按①按钮启动设备。

(2) 取下传感器保护罩并将其与光源垂直放置。

(3) 给读数选择照度标度和量程。

(4) 当完成测试时，将传感器保护罩盖回，以保护滤光片和传感器。

注：Lx（勒克司）/Fc（尺烛光）照度标度。1 尺烛光＝10.764 勒克司；1 勒克司＝0.09290 尺烛光。

3）最大值/最小值设置

(1) 按住 MIN/MAX（最小值/最大值）按钮片刻将使仪表进入显示最大读数、最小读数和实际读数的模式中。

(2) 每按一次 MIN/MAX 按钮，仪表将依次经过 MAX（最大值）→MIN（最小值）→off（关闭）。

(3) 在启用 MIN/MAX（最小值/最大值）功能前先选择适当的测量范围。

4）自动/手动量程选择和归零

(1) 自动/手动量程选择：按 AUTO（自动）或 MAN（手动）量程选择按钮获取有效的读数。默认为 AUTO（自动）量程选择。

(2) 归零：光传感器的零点会随着时间而变化。如要重置零点，需盖住传感器，再按 ZERO（归零）按钮。显示屏将显示"ADJ"字样。当完成零点重置时，显示屏将显示"00.0"。

6. 接地电阻测试仪的使用

接地电阻测试仪是一种电阻测量装置，用于电力、邮电、铁路、通信、矿山等部门测量各种装置的接地电阻以及测量低电阻的导体电阻值；还可以测量土壤电阻率及地电压。

工作原理为由机内 DC/AC 变换器将直流变为交流的低频恒流，经过辅助接地极 C 和被测物 E 组成回路，被测物上产生交流压降，经辅助接地极 P 送入交流放大器放大，再经过检波送入表头显示。

下面以 Fluke 1621 接地电阻测试仪为范例介绍一下使用方法。

1）设备介绍

Fluke 1621 接地电阻测试仪设备介绍如表 8-11 所示。

表 8-11 Fluke 1621 接地电阻测试仪设备介绍

接地电阻测试仪功能面板介绍		序号	说明
		①	H/C2 插孔，用于连接辅助接地极
		②	S/P2 插孔，用于连接探针
		③	E/C1 插孔，用于连接接地极
		④	LCD 显示屏（见"LCD 显示屏"）
		⑤	支架（位于背面）
		⑥	旋转开关，用于选择测量功能、极限模式和开机/关机
		⑦	保护皮套
		⑧	电池仓（位于背面）
		⑨	DISPLAY（显示）按钮，用于选择测量结果和其他功能
		⑩	START（开始）按钮，用于触发测量功能和其他功能

2）显示面板介绍

Fluke 1621 接地电阻测试仪的显示面板介绍如表 8-12 所示。

表 8-12　Fluke 1621 接地电阻测试仪的显示面板介绍

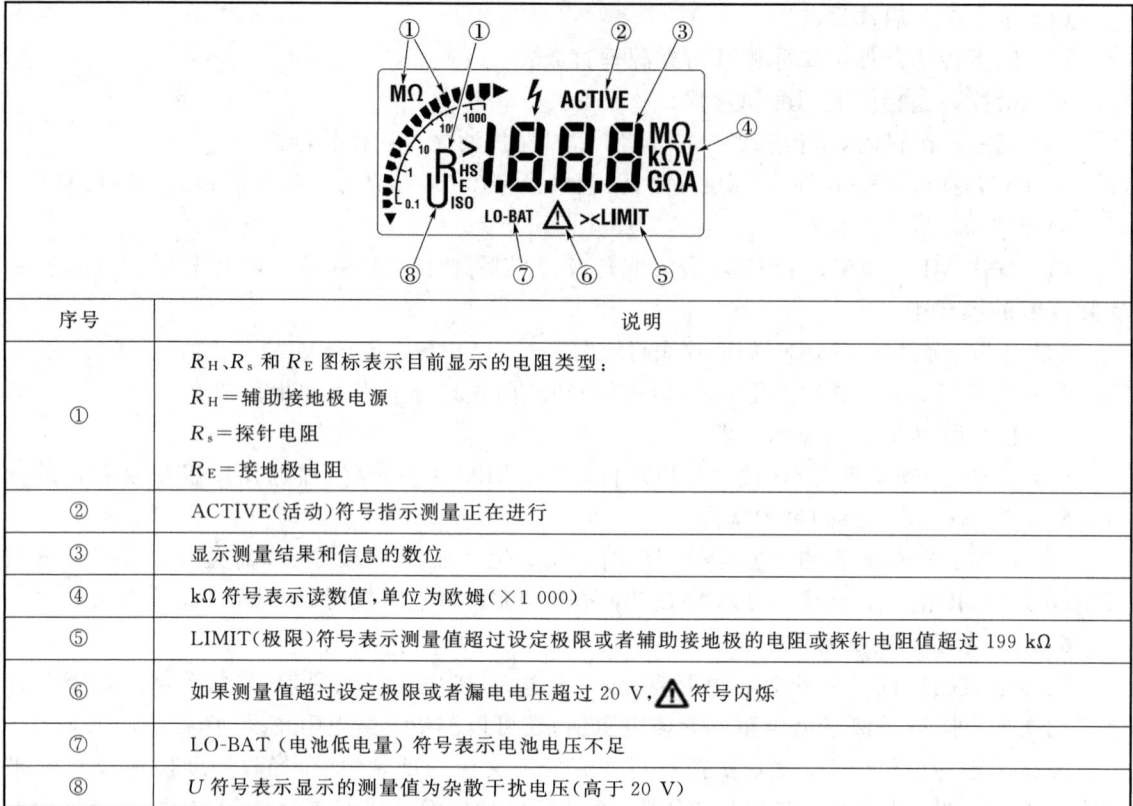

序号	说明
①	R_H、R_s 和 R_E 图标表示目前显示的电阻类型： R_H＝辅助接地极电源 R_s＝探针电阻 R_E＝接地极电阻
②	ACTIVE(活动)符号指示测量正在进行
③	显示测量结果和信息的数位
④	kΩ 符号表示读数值，单位为欧姆(×1 000)
⑤	LIMIT(极限)符号表示测量值超过设定极限或者辅助接地极的电阻或探针电阻值超过 199 kΩ
⑥	如果测量值超过设定极限或者漏电电压超过 20 V，⚠ 符号闪烁
⑦	LO-BAT (电池低电量) 符号表示电池电压不足
⑧	U 符号表示显示的测量值为杂散干扰电压(高于 20 V)

3) 三级测量法

(1) 将探针和辅助接地极插入土壤中。确保探针接地棒与接地极之间的距离不小于 20 m(64 Ft)。确保辅助接地极与探针接地棒之间的距离不小于 20 m(64 Ft)。放置辅助接地极时，要及时使其与接地极和探针接地棒呈一直线。

(2) 将旋转开关设至 OFF(关闭)位置。

(3) 如图 8-8 所示装好测试导线。将接地极连接到 E/C1 插孔。将探针连接到 S/P2 插孔。将辅助接地极连接到 H/C2 插孔。

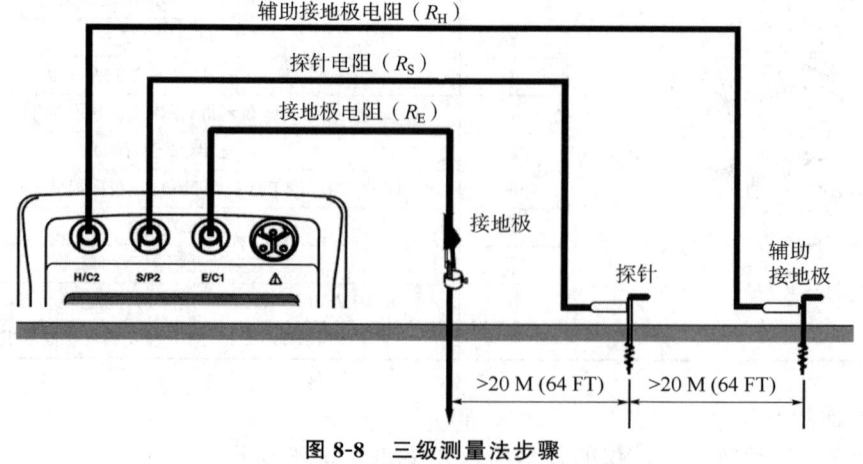

图 8-8　三级测量法步骤

(4) 将旋转开关设至 3pole(三极)位置并按 START(开始)按钮。ACTIVE(活动)符号显示,指示测量正在进行。

(5) 当测量完成时,接地极电阻(RE)自动显示。要显示辅助接地极的电阻(RH)时,按 DISPLAY(显示)键。若要显示探针电阻(Rs),则再按一次 DISPLAY(显示)按钮。

4) 交流电阻测量

(1) 将旋转开关设至 OFF(关闭)位置

(2) 将一根测试导线插入 H/C2 插孔,另一根测试导线插入 E/C1 插孔如图 8-9 所示。

(3) 将测试导线连接到被测导体的每个端部。

(4) 将旋转开关设至 2pole(三极)位置并按 START(开始)按钮。ACTIVE(活动)符号显示,指示测量正在进行。

(5) 当测量完成后,电阻值(R)会自动显示。

7. 绝缘电阻测试仪的使用

绝缘电阻测试仪又称兆欧表,是电工常用的一种测量仪表。主要用来检查电气设备、家用电器或电气线路对地及相间的绝缘电阻,以保证这些设备、电器和线路工作在正常状态,避免发生触电伤亡及设备损坏等事故。

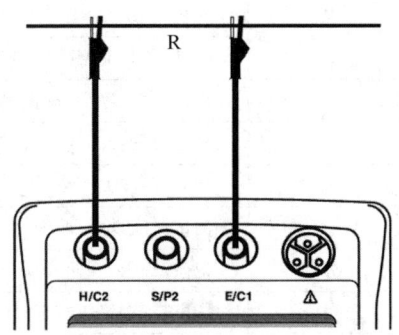

图 8-9 交流电阻测量

下面以 Fluke 1537 绝缘电阻测试仪为范例介绍一下使用方法。

1) 仪表功能和按钮介绍

(1) 功能介绍

Fluke 1537 绝缘电阻测试仪的功能介绍如表 8-13 所示。

表 8-13 Fluke 1537 绝缘电阻测试仪的功能介绍

序号	说明	序号	说明
①	LCD 显示屏	③	输入端子
②	USB 端口	④	按键

(2) 按键说明

Fluke 1537 绝缘电阻测试仪的按键说明如表 8-14 所示。

表 8-14　Fluke 1537 绝缘电阻测试仪的按键说明

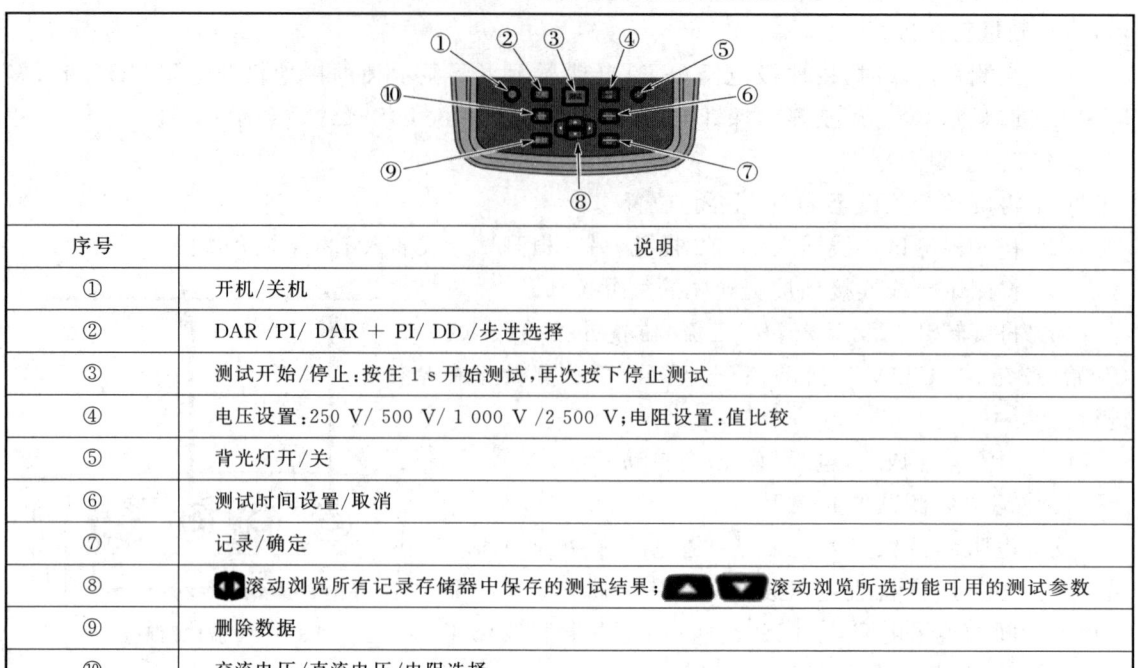

序号	说明
①	开机/关机
②	DAR /PI/ DAR ＋ PI/ DD /步进选择
③	测试开始/停止；按住 1 s 开始测试，再次按下停止测试
④	电压设置：250 V/ 500 V/ 1 000 V /2 500 V；电阻设置：值比较
⑤	背光灯开/关
⑥	测试时间设置/取消
⑦	记录/确定
⑧	◀▶滚动浏览所有记录存储器中保存的测试结果；▲▼滚动浏览所选功能可用的测试参数
⑨	删除数据
⑩	交流电压/直流电压/电阻选择

（3）屏幕显示说明

Fluke 1537 绝缘电阻测试仪的屏幕显示说明如表 8-15 所示。

表 8-15　Fluke 1537 绝缘电阻测试仪的屏幕显示说明

序号	说明	序号	说明
①	步进模式	⑪	测试端子可能有危险电压
②	介质放电	⑫	电池状态
③	计划指数(PI)	⑬	保存
④	介质吸收率(DAR)	⑭	删除/全部删除
⑤	在步进模式中出现电击穿	⑮	绝缘电阻的条形图显示
⑥	有干扰	⑯	交流电压或直流电压指示
⑦	通断性	⑰	绝缘和万用表电阻测量指示
⑧	测试电压设置	⑱	文本显示
⑨	测试电压	⑲	内存状态
⑩	放电中	⑳	检测结果通过/不通过

2）测试前准备工作

（1）测试电路连接（图 8-10）

①将测试导线接入正常的端子。

②将测试导线连接至北侧电路。

（2）测试功能选择

测试仪有多种测试功能，使用者可根据自己的要求进行选择，包括定义测试电压、测量极化指数、测量介质吸收、步进测试、测量介质放电、绝缘电阻比较、为测试设置时间限制。

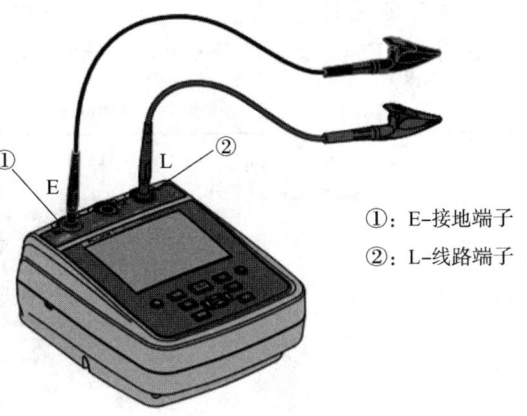

①：E-接地端子
②：L-线路端子

图 8-10　测试电路连接

（3）预设测试电压选择

打开测试仪。

①按 [电压设置] 滚动浏览预设测试电压选项（250 V、500 V、1 000 V、2 500 V）。选定的测试电压将显示在显示屏上。

3）绝缘测试

（1）设置参数

① 测试电压设置范围为 250～2 500V（调节幅度为 100 V）。

② 步进测试、时间限制选择。

（2）将探头连接至被测电路

① 在测试前后，请进行电压测试，确保测试仪未检测到存在危险电压。

② 在绝缘测试开始之前，如果测试仪连续蜂鸣，则表示存在危险电压。请断开测试导线，并断开被测电路的电源。

（3）绝缘测试

按住 [测试] 按键 1 s，启动绝缘测试如图 8-11 所示。

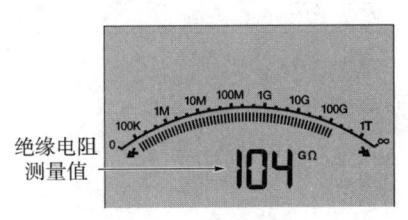

图 8-11　绝缘测试

① 测试仪在测试开始时会"哔"三声，并且 ⚠ 在显示屏上闪烁，以表示测试端子上可能存在危险电压。

② 显示屏在电路稳定后显示绝缘电阻。条形图持续地（实时）显示此数值的趋势走向。

③ 完成绝缘测试后，如果由于充电后的电路电容未完全放电，或存在外部电压而导致测试端子上仍有危险电压，则测试仪会发出蜂鸣声。

④ 完成测试后，测试仪会提示保存结果。在适当情况下，保存测试结果。或者按下 [时间取消] 忽略提示，结果将不会保存。

4）查看保存的数据

① 在测试仪打开的情况下，按 [记录确定] 查看保存的记录。

② ◀▶ 选择不同的测试记录标签。

③ ▲▼ 查看测试记录的详细信息。

8. 蓄电池分析仪的使用

蓄电池分析仪作为蓄电池的测试工具，能实现对于后备电池应用的各个蓄电池和电池组的维护、故障诊断和性能测试。

下面以 Fluke BT508 蓄电池分析仪为范例介绍一下使用方法。

1) 设备介绍

(1) 按键说明

Fluke BT508 蓄电池分析仪的按键说明如表 8-16 所示。

表 8-16　Fluke BT508 蓄电池分析仪的按键说明

序号	说明
①	显示屏上的功能键，可灵活地完成各种功能
②	从菜单中选择一个项目，滚动了解相关信息
③	在手动量程和自动量程之间切换。手动量程模式下，所有量程间循环
④	开启或关闭背光灯
⑤	打开"设置"菜单以进行配置
⑥	开启和关闭本产品
⑦	冻结显示屏上的当前读数，使显示读数得以保存

(2) 显示屏说明

Fluke BT508 蓄电池分析仪的显示屏说明如表 8-17 所示。

表 8-17　Fluke BT508 蓄电池分析仪的显示屏说明

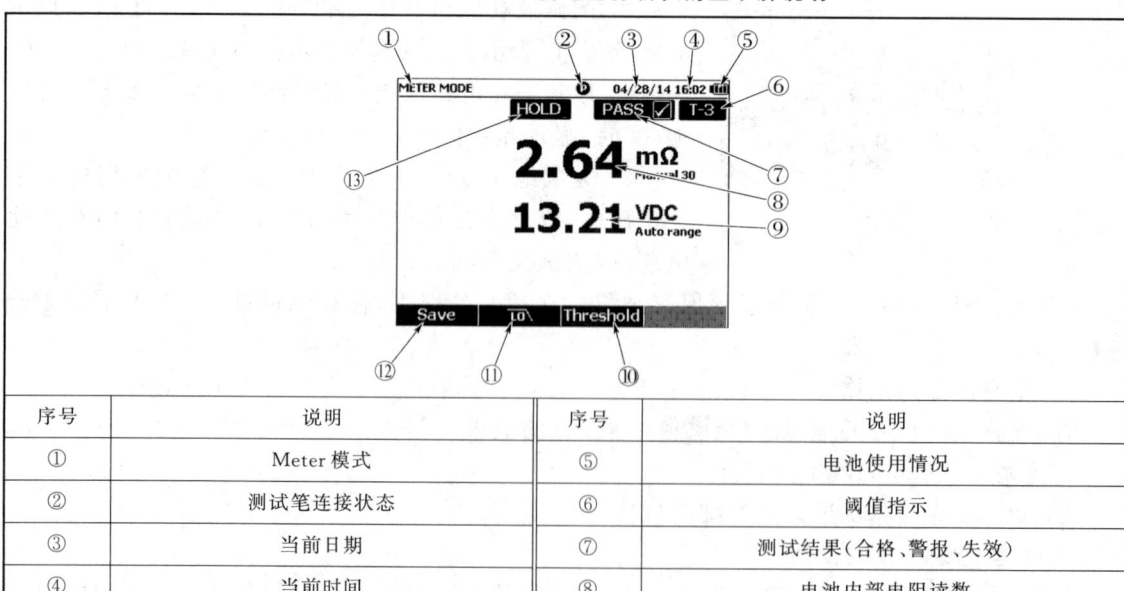

序号	说明	序号	说明
①	Meter 模式	⑤	电池使用情况
②	测试笔连接状态	⑥	阈值指示
③	当前日期	⑦	测试结果（合格、警报、失效）
④	当前时间	⑧	电池内部电阻读数

续表

序号	说明	序号	说明
⑨	电压读数	⑫	功能 F1-保存（保存读数）
⑩	功能键 F3-阈值	⑬	至少有一个"数据保持"已成功
⑪	功能键 F2-低通滤波器		

2）测试电池内阻和电压

（1）先将旋钮开关拨到 mΩ 位置。

（2）将测试探头连接至电池极柱如图 8-12 所示。

用测试探头的笔尖内圈接触目标表面；推进测试导线以回拨笔尖内圈，直到笔尖内圈和外圈完全接触被测目标。

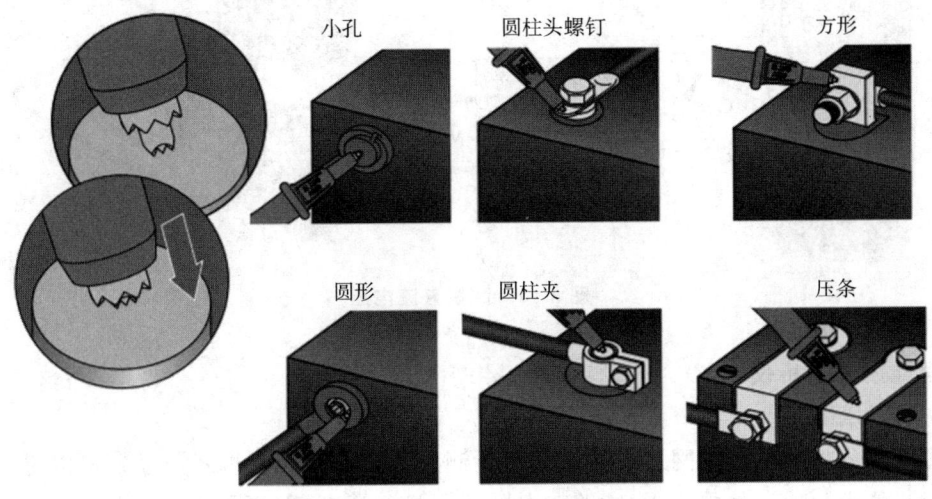

图 8-12 将测试探头连接至电池极柱

（3）查看测试读数如图 8-13 所示。

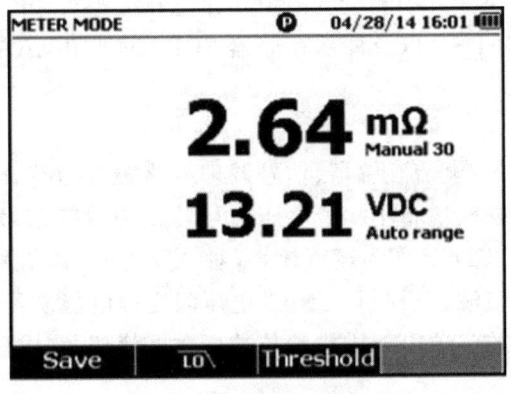

图 8-13 查看测试读数

（4）保存电池测试读数。按下 Save（保存）功能键将保存当前的电阻值、电压值及测试时间。所有数据以时间顺序依次保存。

3)测量直流电压

(1)将旋钮开关拨至 $\overline{V}$ 位置如图 8-14 所示。

(2)读取屏幕直流电压参数。

(3)保存直流电压读数。按 Save(保存)功能键保存当前的直流电压读数和测试时间。

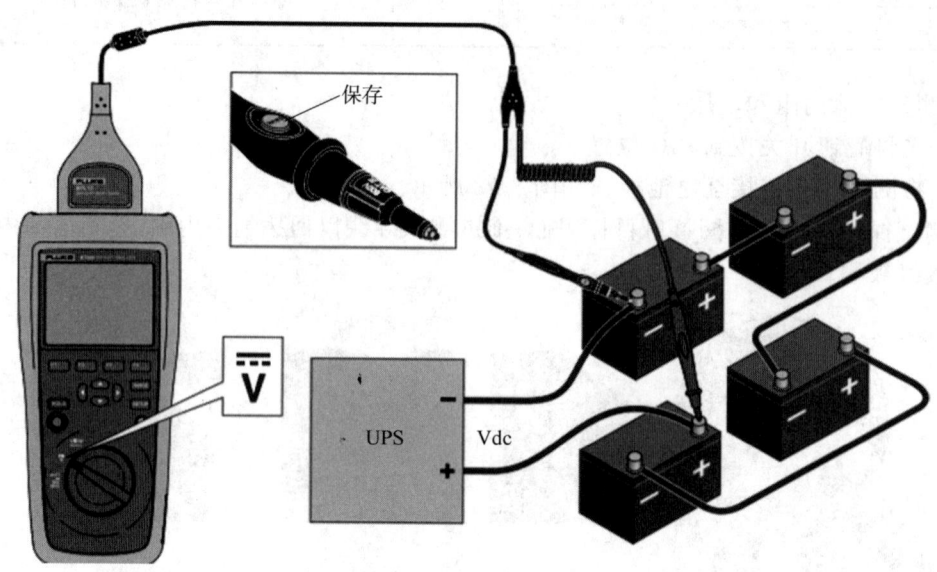

图 8-14　测量直流电压

9. 电能质量分析仪

1)功能和组成

电能质量分析仪是对电网运行质量进行检测及分析的专用便携式产品。可以提供电力运行中的谐波分析及功率品质分析,能够对电网运行进行长时间的数据采集监测。同时配备电能质量数据分析软件,对上传至计算机的测量数据进行各种分析。

电能质量分析仪主要由五部分组成,分别为测量变换模块、模数转换模块、数据处理模块、数据管理模块以及外围模块。其中测量变换模块由电压互感器、电流互感器以及信号调理电路组成;数据处理模块包含 DSP 以及外部存储器 SDRAM 与 FLASH;外围模块由显示、存储以及通信子模块组成。

2)工作原理

电网信号首先经过电压/电流互感器、信号调理电路转变为符合 ADC 输入要求的小幅值电压信号;接下来,模数转换模块将小幅值电压信号转变为数字信号,并将其传送至数据处理模块;然后,数据处理模块以 DSP 作为运算核心,对 ADC 的采样信号进行数据处理,从而计算得到电压偏差、频率偏差、谐波、三相不平衡度、电压闪变等电能质量参数;最后,数据管理模块对数据处理模块计算得到的各项电能质量参数进行数据管理,完成显示、存储以及通信等人机交互功能。

3)电能质量

电能质量(Power Quality)从普遍意义上讲是指优质供电,包括电压质量、电流质量、供电质量和用电质量。

其可以定义为导致用电设备故障或不能正常工作的电压、电流或频率的偏差。其内容包括频率偏差、电压偏差、电压波动与闪变、三相不平衡、暂时或瞬态过电压、波形畸变（谐波）、电压暂降、中断、暂升以及供电连续性等。在现代电力系统中，电压暂降和中断已成为最主要的电能质量问题。

4）电能质量指标内容

电网频率：我国电力系统的标称频率为 50 Hz，《电能质量 电力系统频率偏差》GB/T 15945—2008 中规定电力系统正常运行条件下频率偏差限值为±0.2 Hz，当系统容量较小时，偏差限值可以放宽到±0.5 Hz，标准中没有说明系统容量大小的界限。在《全国供用电规则》中规定供电局供电频率的允许偏差：电网容量在 300 万千瓦及以上者为±0.2 Hz；电网容量在 300 万千瓦以下者，为±0.5 Hz。在实际运行中，从全国各大电力系统的频率偏差通常能够保持在不大于±0.1 Hz 范围内。

电压偏差：《电能质量 供电电压偏差》GB/T 12325—2008 中规定：35 kV 及以上供电电压正、负偏差绝对值之和不超过标称电压的 10%；20 kV 及以下三相供电电压允许偏差为标称电压的 7%；220 V 单相供电电压允许偏差为标称电压的＋7%、－10%。

三相电压不平衡：《电能质量 三相电压不平衡》GB/T 15543—2008 中规定电力系统公共连接点电压不平衡度限值为：电网正常运行时，负序电压不平衡度不超过 2%，短时不得超过 4%；低压系统零序电压限值暂不作规定，但各相电压必须满足 GB/T 12325 的要求。接于公共连接点的每个用户引起该点负载电压不平衡度允许值一般为 1.3%，短时不超过 2.6%。

公用电网谐波：《电能质量 公用电网谐波》GB/T 14549—1993 中规定：6～220 kV 各级公用电网电压（相电压）总谐波畸变率是 0.38 kV 为 5.0%，6～10 kV 为 4.0%，35～66 kV 为 3.0%，110 kV 为 2.0%；用户注入电网的谐波电流允许值应保证各级电网谐波电压在限值范围内，所以国标规定各级电网谐波源产生的电压总谐波畸变率是 0.38 kV 为 2.6%，6～10 kV 为 2.2%，35 至 66 kV 为 1.9%，110 kV 为 1.5%。对 220 kV 电网及其供电的电力用户参照本标准 110 kV 执行。

波动和闪变：《电能质量 电压波动和闪变》GB/T 12326—2008 规定：电力系统公共连接点，在系统正常运行的较小方式下，以一周（168 h）为测量周期，所有长时间闪变值 Plt 满足：≤110 kV，Plt＝1；110 kV，Plt＝0.8。

8.2.2 电气工具

1. 手持电动工具介绍

手持电动工具是指可直接用手操作，无须其他辅助装置的、便携式的电动工具。

根据《手持式、可移式电动工具和园林工具的安全》GB/T 3883.1—2014 的定义，电动工具按电气分为如下三类：

（1）Ⅰ类工具：防电击保护不仅依靠基本绝缘、双重绝缘或加强绝缘，而且还采取了一个附加安全措施，即把易触及的导电零件与设施中固定布线的保护接地导线连接起来，使易触及的导电零件在基本绝缘损坏时不能变成带电体。

（2）Ⅱ类工具：防电击保护不仅依靠基本绝缘，而且依靠提供的附加安全措施。例如双重绝缘或加强绝缘。这种保护并不依赖于保护接地措施和安装条件。

（3）Ⅲ类工具：防电击保护依靠安全特低电压供电，工具内不产生高于安全特低电压的电压。

下面以博士电动工具为例,简述操作说明。博士电动工具如图 8-15 所示。

GBH 185-LI　　　　　GSR 185-LI　　　GWS 12-150S

图 8-15　博士电动工具

1) GBH 185-LI 冲击钻操作说明

(1) 设定操作模式:通过冲击/转动停止开关,可以选择电动工具的运行模式。

(2) 调整旋转方向:通过正逆转开关可以更改电动工具的旋转方向。按下启停开关后无法更改,只能在电动工具静止时操纵正逆转开关。进行锤钻、正常钻和凿削时,都必须把旋转方向设定为正转。

(3) 接通/关闭:请按压电源开关。当轻按或按到底时,工作灯会亮起,在照明状况不佳的环境中可以借此照亮工作区域。第一次开启电动工具时,可能发生延缓启动的现象,这是因为此时电动工具的电子配件必须先进行调配。

(4) 调整转速/冲击次数:可以无级调节已接通电动工具的转速/冲击次数,视按压电源开关的力道程度而决定。以较小的力按压电源开关时,转速/冲击次数较低。增强施加在启停开关上的压力,可以提高机器的转速/冲击次数。

(5) 改变凿头位置:将凿头锁定在固定位置,可确保最佳的工作姿势。

2) GSR 185-LI 手电钻操作

(1) 安装充电电池:将充好电的充电电池从前部推入电动工具的脚座中,直至充电电池牢牢锁定。

(2) 设置运行模式:将扭矩预选调节环调到"钻孔/拧螺丝/锤钻"图标上。

(3) 接通/关闭:将电动工具投入使用时按压启停开关并保持按住状态。轻按或将启停开关按到底时,LED 灯会亮起,在照明状态不佳的环境中可以借此照亮操作位置。关闭电动工具时,请松开启停开关。

(4) 调整转速:根据按压启停开关的程度,可以无级调节已接通电动工具的转速。轻按启停开关,转速低。逐渐在开关上加压,转速也跟着提高。

(5) 机械式选挡:调节机械单位(高速挡/低速挡),应确保在电动工具静止时操纵选挡开关。

(6) 调整旋转方向:在进行此操作前,应确保电动工具处于静止状态时,操纵正逆转开关。

3) GWS 12—150S 角磨机操作

(1) 防护罩安装:将防护罩放到电动工具的支座上。

(2) 调整防护罩,使其编码凸轮与支座重合。

(3) 按压并按住解锁杆,并将防护罩压到主轴颈上,直至防护罩的凸肩套在电动工具的法兰上。然后转动防护罩,直至能够清楚地听见卡止声。朝上推动解锁杆,然后根据工作需要将防护罩转到所需位置,如图 8-16 所示。

(4) 砂轮片/切割片快速安装:按压主轴锁定键来固定研磨主轴。当固定快速夹紧螺母时,请顺时针用力旋转砂轮片。如果安装正确而且快速夹紧螺母未损坏,就可以用手逆时针方向松开滚花圆环。对于卡住的快速夹紧螺母,不要用钳子,而是要用双销扳手松开,如图 8-17 所示。

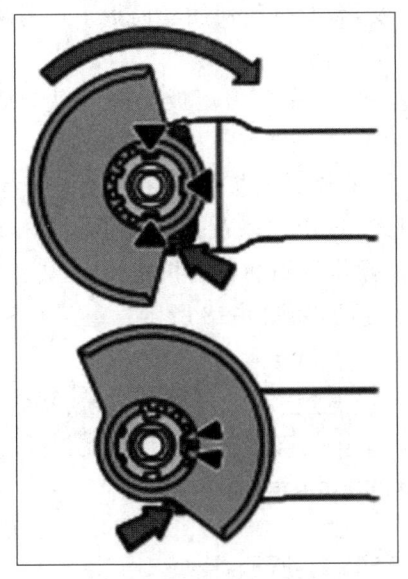

图 8-16　将防护罩转到所需位置

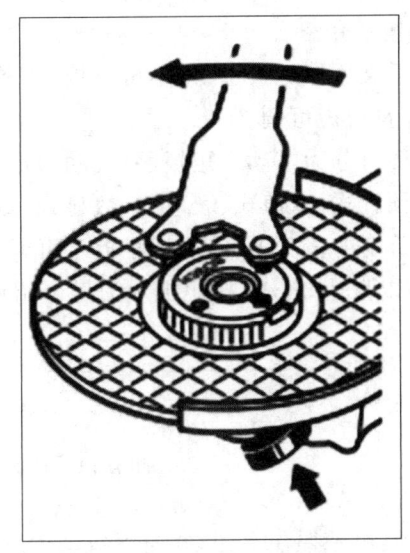

图 8-17　安装砂轮片/切割片

（5）接通/关闭：如要运行电动工具,请将电源开关向前推。如要锁定电源开关,请向前按下电源开关直至停止。如要关闭电动工具,请松开电源开关,或当电源开关卡止时短促向后按下电源开关,然后松开。

（6）缓速启动：电子控制的缓速启动功能可以限制开机时的扭矩,避免电动工具的突然启动。

（7）转速预选：利用转速预选调节轮。

（8）也可以在运行过程中预选所需的转速。

2. 套筒工具介绍

套筒扳手一般称为套筒,它由套筒头、滑头手柄、棘轮手柄、快速摇柄、接头和接杆等多种附件组成,适用于拧转处于十分狭小或凹陷很深处的螺栓或螺母。

套筒有公制和英制之分。套筒虽然内凹形状一样,但其外径、长短等是针对相应设备的形状和尺寸设计的,国家没有统一规定,因此套筒的设计相对比较灵活且符合大众的需要。套筒扳手一般都附有一套各种规格的套筒头以及摆手柄、接杆、万向接头、旋具接头、弯头手柄等用来套入六角螺帽。套筒扳手的套筒头是一个凹六角形的圆筒；扳手通常由碳素结构钢或合金结构钢制成,扳手头部具有规定的硬度,中间及手柄部分则具有弹性。

套筒扳手的使用方法如下：

（1）选择合适的套筒。套筒扳手通常配有多个不同尺寸的套筒,以适应不同大小的螺栓和螺母。在使用前,需要根据需要选择合适的套筒。

（2）套筒安装。套筒扳手的手柄部分通常是可拆卸的,可以将不同尺寸的套筒插入其中。插入套筒时,需要确保套筒与手柄部分紧密连接,以免在使用过程中出现松动。

（3）拧紧或拧松目标螺母/螺栓。在使用套筒扳手时,首先需要将套筒对准螺栓或螺母的六角部分,以确保扳手能够正确地拧紧或松开紧固件。然后,用力旋转扳手。在使用套筒扳手时,需要用力旋转扳手,以拧紧或松开螺栓或螺母。在旋转扳手时,需要保持力度均匀,以免出现过度拧紧或松动的情况。

(4) 检查紧固件是否松动或拧紧。在使用套筒扳手后,需要检查紧固件是否已经松动或拧紧。如果紧固件未能达到预期的松动或拧紧程度,需要重新使用套筒扳手进行调整。

3. 力矩扳手介绍

力矩扳手又称扭矩扳手、扭矩可调扳手,是扳手的一种。力矩扳手最主要特征就是:可以设定扭矩,并且扭矩可调。

按动力源可分为电动力矩扳手、气动力矩扳手、液压力矩扳手及手动力矩扳手;手动力矩扳手可分为预置式、定值式、表盘式、数显式、打滑式、折弯式以及公斤扳手。在螺钉和螺栓的紧密度至关重要的情况下,使用扭矩扳手可以允许操作员施加特定扭矩值。

1) 下面以世达96313扭矩扳手为例介绍使用方法,如图8-18所示。

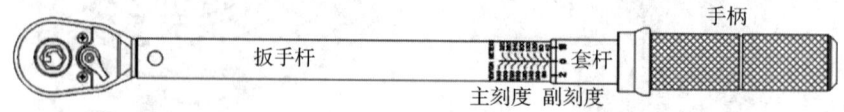

图 8-18　世达96313扭矩扳手

(1) 解锁:单手握住手柄,并向下拉动锁环,如图8-19所示。

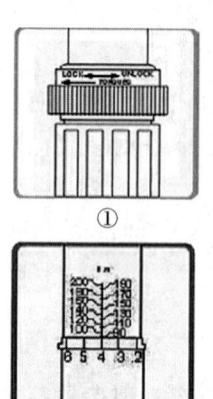

(2) 设定扭力值:转动手柄,直至手柄上部的"0"刻度与所需设定的扭力值对应的中线重合。若所需的数值在上下两个数值之间,则需要继续转动手柄并保持下拉锁环,直至垂直数值与水平数值之和等于所需设定的扭力值。

(3) 释放锁环:释放锁环,设定完毕。

2) 使用注意事项

(1) 请勿超出扭力扳手使用范围设置扭力。

(2) 使用中均匀增加施力时,必须保持扳手头和紧固件垂直,以保证扭力扳手发出咔嗒声时读数的准确性。

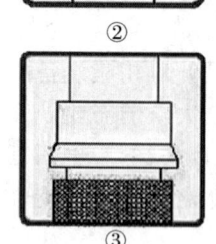

图 8-19　解锁示意图

(3) 使用扭力扳手时,请勿倾斜扳手手柄。倾斜扳手手柄易导致扭力值偏差甚至损坏紧固件。拧紧螺母时,请注意均匀平衡地施力于扭力扳手的手柄。随着阻力的不断增加,施力的速度应相应地放缓。

4. 电气安全工具

1) 常用绝缘安全用具

(1) 绝缘手套、绝缘靴(鞋)

绝缘手套和绝缘靴均由特种橡胶制成,一般作为辅助安全用具。但绝缘手套可以作为在低压带电设备或线路等工作的基本安全用具,而绝缘靴在任何电压等级下均可以作为防护跨步电压的基本安全用具。

绝缘手套可以使人的双手与带电体绝缘,是用特种橡胶(或乳胶)制成的。绝缘手套分12 kV(试验电压)和5 kV两种。绝缘手套是不能用医疗手套或化工手套代替使用的。绝缘手套一般作为辅助安全用具,在1 kV以下电气设备上使用时可以作为基本安全用具。

绝缘靴采用特种橡胶制成,作用是使人体与大地绝缘,防止跨步电压。绝缘靴分20 kV

（试验电压）和 6 kV 两种。绝缘靴的高度不小于 15 cm，而且上部另加高边 5 cm。绝缘靴必须按规定进行定置试验。

绝缘鞋有高低腰两种，多为 5 kV，在明显处标有"绝缘"和耐压等级。绝缘鞋作为 1 kV 以下的辅助绝缘用具，1 kV 以上禁止使用。使用中，不能用防雨胶靴代替绝缘鞋。

（2）绝缘台、绝缘垫、绝缘毯

绝缘台、绝缘垫和绝缘毯均系辅助安全用具。绝缘台用干燥的木板或木条制成，其站台的最小尺寸是 0.8 m×0.8 m，四角用绝缘子作台脚，其高度不得小于 10 cm。绝缘垫和绝缘毯由特种橡胶制成，其表面有防滑槽纹，厚度不小于 5 mm。绝缘垫的最小尺寸为 0.8 m×0.8 m，绝缘毯最小宽度为 0.8 m，长度依据需要而定。绝缘垫和绝缘毯一般用于铺设在高、低压开关柜前，作固定的辅助安全用具。

2）一般防护用具

一般防护安全用具包括携带型接地线、临时遮拦、标示牌、防护目镜、安全带、木（竹）梯和脚扣等。一般安全用具用来防止工作人员触电、电弧灼伤、高空坠落，其本身不是绝缘物。

（1）携带型接地线

携带型接地线由短路各相和接地用的多股软裸铜线以及专用线夹（将多股软裸铜线固定在各相导电部分和接地极上）组成，如图 8-20 所示。

其使用注意事项如下：

接地线必须使用专用的线夹固定在导体上，严禁用缠绕的方法进行接地或短路。

接地线夹每次装设前应经过详细检查。损坏的接地线应及时修理或更换。禁止使用不符合规定的导线作接地或短路之用。

对于可能送电至停电设备的各个方面，以及停电设备可能产生感应电压的情况，都要装设接地线，所装接地线与带电部分应符合安全距离的规定。

检修部分若分为几个在电气上不相连接的携带型接地线部分[如分段母线以隔离开关（刀闸）或断路器（开关）隔开分成几段]，则各段应分别验电接地短路。接地线与检修部分之间不得连有断路器（开关）或熔断器（保险器）。

装设接地线必须由两人进行。装设接地线必须先接接地端，后接导体端，且必须接触良好。拆接地线的顺序与装接地线相反。装、拆接地线均应使用绝缘棒和戴绝缘手套。

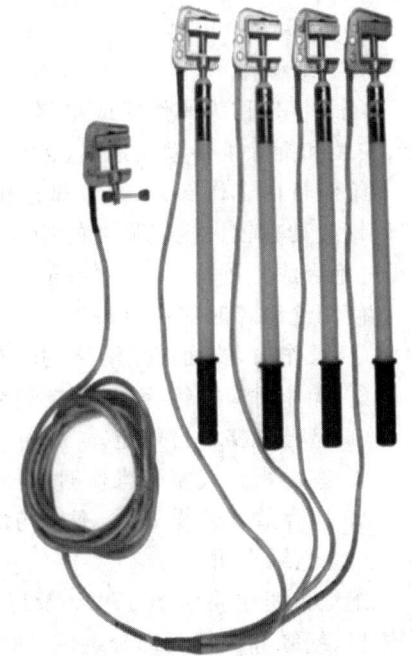

图 8-20　携带型接地线

在室内配电装置上，接地线应装在该装置导电部分的规定地点。这些地点的油漆应刮去，并画下黑色记号。

每组接地线均应编号，并存放在固定地点；存放位置亦应编号，接地线号码与存放位置号码必须一致。装、拆装地线应做好记录，交接班时应交代清楚。

（2）标识和遮拦

标示牌由干燥木材或其他绝缘材料制成，不得用金属材料制成。标示牌的悬挂处所也应根据规范要求而定。

标示牌分为警告、允许、提示和禁止等类型。警告类如"止步,高压危险!";允许类如"在此工作!""由此上下!";提示类如"已接地!";禁止类如"禁止合闸,有人工作!""禁止合闸,线路有人工作!""禁止攀登,高压危险!"等。

遮栏是用来防护工作人员意外触碰或过分接近带电部分,或者在作检修部位距离带电体不够安全时的隔离措施。遮栏分为一般遮栏、绝缘挡板和绝缘罩3种。遮栏均由干燥木材或其他绝缘材料制成。

绝缘栏分为固定遮拦和活动遮栏两大类,多用干燥木材制作。绝缘栏高度一般≥1.7 m,下部离地面<10 cm,且上面设有"止步,高压危险!"警告标志。新型绝缘遮栏采用高强度、强绝缘的环氧绝缘材料制作,具有绝缘性能好、机械强度高、不腐蚀、耐老化的特点,用于电力系统各电压等级变电站中防止工作人员走错间隔,误入带电区域。

(3) 安全帽

安全帽是一种重要的安全防护用品。凡有可能会发生物体坠落的工作场所,或有可能发生头部碰撞、劳动者自身有坠落危险的场所,都要求佩戴安全帽。安全帽是电气作业人员的必备防护用品。

(4) 安全带

安全带多采用锦纶、维纶、涤纶等材料,是根据人体特点设计而制成的防止高空坠落的安全用具。

3) 绝缘安全用具

(1) 绝缘棒

绝缘棒也称为操作棒或绝缘拉杆。它主要用于断开或闭合高压隔离开关与跌落式熔断器、安装和拆除携带型接地线、进行带电测量和试验工作等。

绝缘棒由工作部分、绝缘部分和握手部分组成。其中工作部分一般用金属制成,也可以用玻璃钢或具有较大机械强度的绝缘材料制成;绝缘部分和握手部分用护环隔开,它们由木材(浸过绝缘漆)、硬材料、胶木或玻璃钢制成。

使用绝缘棒时应注意事项如下:

① 操作前,棒面应用清洁的干布擦净。

② 操作时应戴绝缘手套、穿绝缘靴或站在绝缘台(垫)上,并注意防止碰伤其表面绝缘层。

③ 型号规格符合规定。

④ 在雨雪天气室外操作时应使用防雨型令克棒,并按规定进行定置试验。

⑤ 应存放在干燥处所,不得与墙面地面接触,以保护绝缘表面。

(2) 绝缘夹钳

绝缘夹钳主要用于35 kV及以下的电气设备上装拆熔断器等工作场景。绝缘夹钳由工作钳口、绝缘和握把三部分组成,钳口要保证夹紧熔断器,各部分所使用的材料与绝缘棒相同。

使用绝缘夹钳时应注意事项如下:

① 操作前,夹钳表面应用清洁的干布擦净。

② 操作时戴绝缘手套、穿绝缘靴及戴护目镜,并必须在切断负载的情况下进行操作。

③ 在雨雪或潮湿天气操作时应使用专门防雨夹钳。

④ 按规定进行定置试验。

4) 电气安全用具检验、保管

(1) 安全用具的日常检查

① 检查的安全绝缘工器具应在有效试验周期内,且检测合格。

② 检查验电器的绝缘杆是否完好,有无裂纹、断裂、脱节情况。按试验钮检查验电器发光及声响是否完好。电池电量是否充足,电池接触是否完好,如有时断时续的情况,应立即查明原因,不能修复的应立即更换。严禁使用不合格的验电器进行验电。

③ 检查接地线接地端、导体端是否完好,接地线是否有断裂,螺栓是否紧固,检查带有绝缘杆的接地线夹绝缘杆有无裂纹、断裂等情况。

④ 检查绝缘手套有无裂纹、漏气,表面应清洁、无发粘等现象。

⑤ 检查绝缘靴靴底部无断裂、靴面无裂纹,并清洁。

⑥ 检查绝缘棒无裂纹、断裂现象。

⑦ 检查安全帽无裂纹,系带完好无损。

(2) 安全用具的管理和存放

安全用具应存放在干燥通风处,并符合下列要求:

① 绝缘杆悬挂或放置在支架上,不得与墙接触。

② 绝缘手套存放在密闭橱内,与其他工具仪表分别存放。

③ 绝缘靴放在橱内,不得用作他处。

④ 验电器存放在防潮匣(或套)内。

8.3 暖通仪表与工具

8.3.1 暖通仪表

1. 温湿度测量仪的使用

温湿度测量仪是一款通过固定连接温湿度探头(湿度模块)或无线电温湿度探头(需选配无线电模块)来测量瞬时湿度温度和平均温度湿度的精密型测量仪器。

下面以 Fluke 971 温湿度测量仪为例介绍使用方法:

(1) 设备介绍

Fluke 971 温湿度测量仪介绍如图 8-21 所示。

当把仪表从一个温度/湿度极限环境移动至另一种环境时,要等待一段时间让仪表稳定。打开传感器的保护罩后,按◎启动仪表的电源,然后开始读取测量值。

温度读数以摄氏度(℃)或华氏度(℉)显示。要两者之间切换,应先取下电池舱门,再将温标开关移动到所需要的位置。

(2) 露点温度和湿球温度

刚启动仪表时,仪表显示的是环境温度。若要显示露点温度(DP),应按下[WB/DP]。若再按一次[WB/DP],可切换至湿球温度(WB)。如再按一次[WB/DP]则使仪表返回到环境温度。选择露点温度和湿球温度时,显示屏上会有符号指示。

(3) 保持

按下[HOLD]键可使仪表冻结当前显示的读数。同时还使仪表停止读取测量值。当 HOLD(保持)功能被启用时,显示屏上显示 HOLD。若要继续读取测量值,则再按一次[HOLD]键。

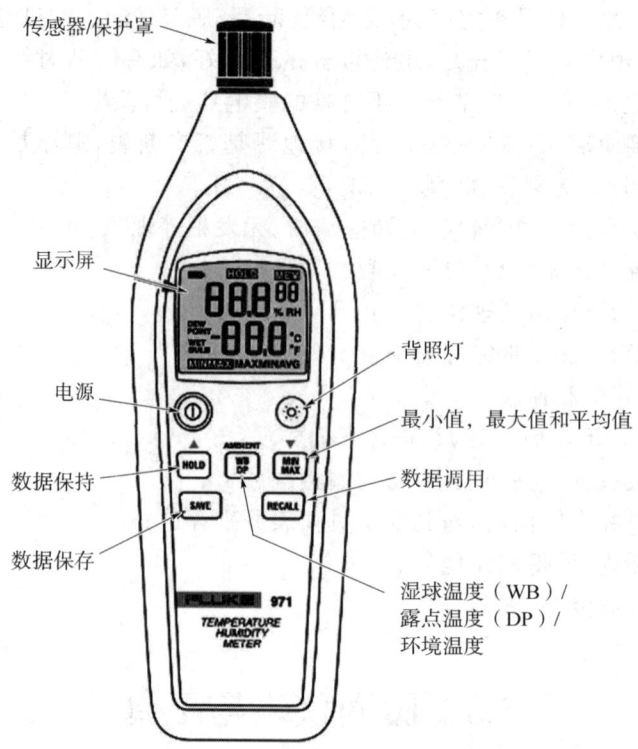

图 8-21　Fluke 971 温湿度测量仪介绍

(4) 最小值、最大值记录

当 Min Max Record(最小值最大值记录)功能被启用时,如果一个新测量值大于或小于先前保存的最大或最小测量值,仪表将保存该新测量值。按 [MIN MAX] 键启用 Min Max Record(最小值最大值记录)功能,显示屏上将显示 MIN MAX,此时表示 Min Max Record(最小值最大值记录)模式已被启用。

注意:当启用 Min Max Record(最小值极大值记录)功能时,温标开关(℃/℉)、Save(保存)、Recall(调用)和 Hold(保持)按键,以及 Automatic Power Off(自动关闭电源,APO)开关均被禁用。要查看已经保存的 Minimum(最小)、Maximum(最大)和 Average(平均)读数,可反复按 [MIN MAX] 键循环切换所保存的全部三组测量值。需要注意的是,您必须先选择湿球、露点或环境温度才能读取相应的 Min、Max、Avg(最小值,最大值和平均值)读数值。显示屏可指示当前显示哪一组读数。第四次按 [MIN MAX] 键,显示屏将显示当前测量值。要退出 Min Max Record(最小值最大值记录)模式并继续正常操作,请按住 [MIN MAX] 键 2 s。

(5) 保存和调用测量值

仪表最多可保存 99 组读数值供以后调用。每个内存位置可保存相对湿度以及环境温度、露点温度和湿球温度值。按下 SAVE 键将当前读数保存到内存位置。当 MEM 和内存位置编号出现在显示屏中,表示读数已被保存。按 [MIN MAX] 键将显示屏返回到当前读数。在所有 99 个内存位置都被使用后,后续保存将从第一个位置开始覆盖内存。

要调用内存中所保存的读数,按 RECALL 键。如果您所寻找的内存位置没有显示,按▲或▼键直到显示您需要的内存位置。要使仪表返回到正常操作,应按住 RECALL 键 2 s。依照默认,当调用某个内存位置时,将显示该位置上保存的相对湿度和环境温度值。按 [WB DP] 键循环可切换所显示内存位置上保存的 Wet Bulb(湿球)、Dew Point(露点)和 Ambient(环境)温度值。如要清除所有内存位置上保存的信息,可同时按住 SAVE 键和 RECALL 键 5 s。

(6) 自动关闭电源

为节省电池寿命,可使用 Automatic Power Off(自动关闭电源,APO)功能在 20 min 无操作活动后关闭仪表。若要启用或禁用自动关闭电源(APO)功能,则取下电池仓门,将 APO 开关拨至所需要的位置。

2. 红外温度仪

红外温度计又名红外测温仪,是一款用于温度测定的设备。

下面以 Fluke 59 红外点温仪为例介绍仪器的使用方法。

Fluke 59 秉承了 Fluke 红外测温仪产品高重复性、低散射、高能量级、高耐用性的特点,体现了福禄克对测温的更高要求,使其更适应在工业环境下的测温。

Fluke 59 手持式红外测温仪使用说明如下:

(1) 只测量表面温度,不能测量内部温度。

(2) 不可以透过玻璃进行测温,不能红外温度读数。但是可以通过红外窗口测温。红外测温仪暂不能用于光亮的或抛光的金属表面的测温(不锈钢、铝等)。

(3) 定位热点时,要先发现热源,然后用仪器瞄准目标,再做上下扫描运动,直至确定热点。

(4) 注意环境条件:蒸汽、尘土、烟雾等。

(5) 如果测温仪突然暴露在环境温差为 20 ℃ 或更高的情况下,仪器将在 20 min 内调节到新的环境温度。

3. 风速测定仪

风速测定仪是测量空气流速的仪器。

下面以 Fluke 925 风速仪介绍使用方法。

1) 仪表介绍

Fluke 925 风速仪仪表介绍如表 8-18 所示。

表 8-18 Fluke 925 风速仪仪表介绍

序号	按键	说明
①	ON/OFF(开/关)	启动和关闭仪表
②	FUNC(功能)	在风速、有效截面和风量之间变换
③	HOLD(保持)	捕获读数。将数位设为目标值
④	MIN MAX(最小值/最大值)	查看最大值或最小值,以及平均值或记录值
⑤	AVG(平均)	显示所有测量值的平均值。选择下一个数位进行编辑

2) 风速测量

(1) 将传感器连接到仪表上部的传感器输入插孔。

(2) 使用①按钮启动仪表,如图 8-22 所示。

(3) Vel 指示符应出现在液晶显示屏的左上角。如没有,则按住 MODE(模式)按钮不放,直到听到"哗——"声。重复该步骤直到屏幕上显示"Vel"。

(4) 将传感器放入要测量的气流中。

(5) 查看液晶显示屏上的风速和风温读数。屏幕上方显示风速读数,屏幕下方显示风温读数,如图 8-22 所示。

3) 风量测量

要测量风量,必须先确定被测风道的面积(单位:ft² 或 m²)(如有必要,可咨询风道制造商)。一旦知道面积,请按以下步骤输入该值。

(1) 用按钮启动仪表。

(2) 按住 FUNC(功能)按钮不放,直到听到一声"哔"声。屏幕上显示"AREA"并且一个数位闪烁,指示可更改此值。

(3) 按 HOLD(保持)按钮将该数位调至需要的值。

(4) 按 AVG(平均)按钮选择下一数位进行编辑。

(5) 当正确输入面积值后,再按一次 MIN MAX(最小值/最大值)按钮。将会发出"哔——"声,并且数位停止闪烁。

(6) 再按一次 HOLD(保持)按钮保存面积值。

(7) 现在可以使用仪表测量风量了。将传感器放入气流中并查看液晶显示屏上的风量和风温读数,如图 8-23 所示。

图 8-22　屏幕显示的风速及风温　　图 8-23　显示屏上的风量

4) 单点最小值/最大值/平均值记录

该款仪表能记录和显示最低(MIN)、最高(MAX)和平均(AVG)风速、风量和风温读数。

遵照前一页有关开始风速或风量测量的详细说明执行。

(1) 按 MIN MAX(最小值/最大值)按钮。屏幕上将显示 REC(记录)和 AVG(平均)指示符,仪表开始记录数据。

(2) 当测量阶段结束时(最长 2 小时),按住 HOLD(保持)按钮,直到仪表发出"哔——"声。

(3) 要查看 MIN(最小)读数,按 MIN MAX(最小值/最大值)按钮两次或直到 MIN 指示符显示。最小读数将显示在液晶显示屏上。

(4) 再按一次 MIN MAX(最小值/最大值)按钮查看最大值,MAX 指示符以及最大读数将一同显示在液晶显示屏上。

(5) 再按一次 MIN MAX(最小值/最大值)按钮查看平均值,AVG 指示符以及平均读数将一同显示在液晶显示屏上。

(6) 要退出此模式,应按住 MIN MAX(最小值/最大值)按钮,直到连续听到两声短促的"哔——"声,显示屏指示符 REC、MIN、MAX、AVG 消失。

5）多点平均值记录

仪表可获取 8 个独立的测量值并自动求出它们的平均值。

（1）遵照前一页有关风速测量的详细说明执行。

（2）当获取首个测量值并显示在屏幕上时，按住 HOLD（保持）按钮。听到提示音时再放开按钮。

（3）液晶显示屏上的读数将被锁定，并且其上方将出现"HOLD"图标。

（4）按住 MIN MAX（最小值/最大值）按钮不放，直到听到一声提示音再放开。液晶显示屏上将短暂显示一个数字（1~8），代表当前的测量值编号。重复该过程直到获取最多 8 个测量值。

（5）按 AVG（平均）按钮显示所有测量值的平均值。

（6）要显示平均风量，按 FUNC（功能）按钮输入面积，然后再按一次 FUNC 按钮选择风量。

（7）要退出此模式并清除所有保存的读数，按住 AVG（平均）按钮不放，直到听到两声"哔——"声。要退出但不清除读数，按 HOLD（保持）按钮。

4．水质测定仪器

水质测定仪是用来监测水中各种成分的仪器。对于水质测定仪，一般要求直观、灵敏度高、轻巧便携等特性。水质测定仪是一个比较笼统的称呼，使用人的行业不同要求也不同，需要仪器的指标也不同。

下面以哈西 DR900 便携式多参数比色计为例介绍使用方法。

1）设备介绍

哈西 DR900 便携式多参数比色计介绍如表 8-19 所示。

表 8-19　哈西 DR900 便携式多参数比色计介绍

序号	说明	序号	说明
①	USB 端口	④	通风孔
②	仪器盖	⑤	电池盒
③	样品室	⑥	电源键

2）按键及显示说明

哈西 DR900 便携式多参数比色计的按键及显示说明如表 8-20 所示。

表 8-20　哈西 DR900 便携式多参数比色计的按键及显示说明

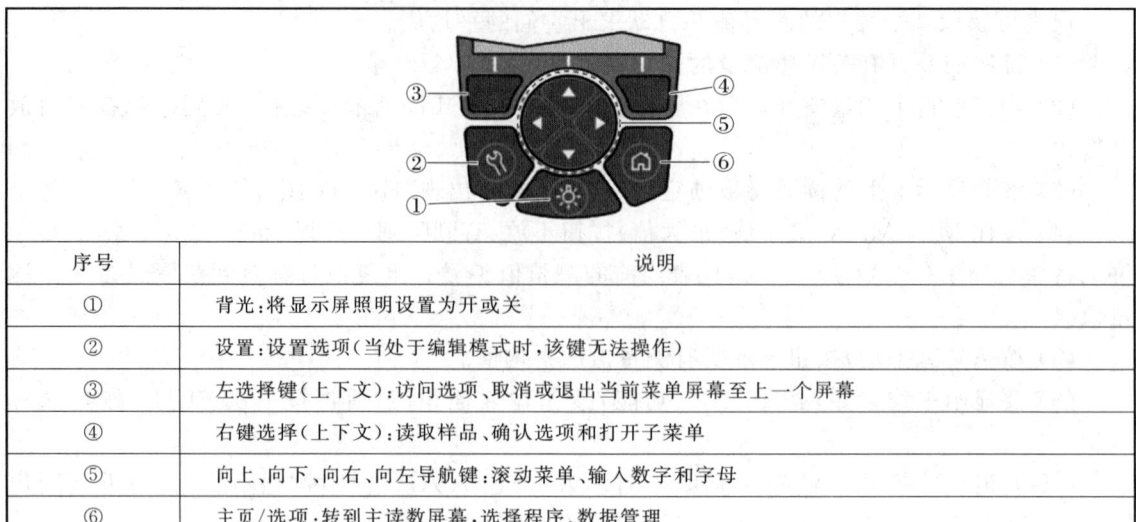

序号	说明
①	背光:将显示屏照明设置为开或关
②	设置:设置选项(当处于编辑模式时,该键无法操作)
③	左选择键(上下文):访问选项、取消或退出当前菜单屏幕至上一个屏幕
④	右键选择(上下文):读取样品、确认选项和打开子菜单
⑤	向上、向下、向右、向左导航键:滚动菜单、输入数字和字母
⑥	主页/选项:转到主读数屏幕,选择程序、数据管理

3)测量步骤

(1)按下电源键以开启或关闭仪器,如果仪器未开启,确认是否已正确安装电池。

(2)从程序菜单中选择适用的程序。

(3)根据需要安装样品池适配器。

(4)按 Start(开始)启动程序。

(5)根据方法文档准备空白样品池,并将其封闭,然后用无纺布清洁样品池的光学表面。

(6)将空白的样品池插入样品室。确保以正确、一致的方向安装空白的样品池,以便结果重复性更高,且更精确。

(7)关闭仪器盖以防止光干扰。

(8)按零。显示屏将显示零的浓度(如毫克/升、ABS、微克/升)。

(9)制备样品。添加方法文档指定的试剂。

(10)选择选项→启动计时器以使用程序内存储的计时器。

(11)封闭样品池,然后用无纺布清洁样品池的光学表面。

(12)将样品导入并插入样品室。确保以正确、一致的方向安装样品池,以便结果重复性更高,且更精确。

(13)关闭仪器盖以防止光干扰。

(14)按下"Read(读取)"键读取。显示屏将以所选的单位显示结果。

5.噪声检测仪

噪声测试仪,是用于工作现场、广场等公共场所进行噪声监测和测试的仪器。噪声污染是影响较大的环境污染之一,较高分贝的噪声会对人的耳膜造成不可逆的损伤,严重可致使失聪等。

下面以得力 DL333202 数字噪声检测仪为例介绍使用方法。

1)检测使用方法

(1)挡位调整。按下电源开关,屏幕显示其默认测量挡位 40~90 dB 挡以及实时测量的声级。若屏幕出现"UNDER"或"OVER",则表示当前所测声级不在该挡位之间,需要按 LEVER 键或调整挡位。

(2)加权模式的选择。按 A/C 键选择。当需要测量以人为感受的声级时选择 A 加权模式;当测量实际的声级时选择 C 加权模式。读取实时的声收选择 FAST;要获取当时的平均声级选择 SLOW,可按 FAST/SLOW 键选择;若要读取最大值,按 MAX 键。当在夜晚测量需打开屏幕背景灯时,按右下角的 RS232 键。

2)数据存取

(1)存储数据:按 FAST/SLOW 键 2 s 以上,当屏幕闪烁有 RECORD 字符时松开,此时仪器开始存储实时测量数据,直到屏幕显示 FULL 字符时说明已存满。

(2)删除数据:按 LEVER 键 2 s 以上,当屏幕出现 ELR 大字符时松开,再按下键 2 s 以上,当屏幕闪烁时松开,此时数据删除,屏幕恢复正常显示。

6. 红外测距仪

红外测距仪作为一种精密的测量工具,已经广泛地应用到各个领域。测距仪可以分为超声波测距仪,红外线测距仪,激光测距仪。

下面以博士 GLM 4000 多功能红外测量仪为例介绍使用方法。

(1)打开手持激光测距仪,首先需要进行校准。这款手持激光测距仪可以自主选择其是以仪器前端为基准还是后端为基准,使用前先设置好基准位置,并用自助校准功能进行校准。

(2)测量开始时,点击机器操作面板上的红色 Read 按钮,机器会射出一道激光,对准需要测量的物体,在屏幕上就会显示当前距离的数据。

(3)如果想要计算物体的高度,可以使用勾股定理。通过测量斜边距离和水平距离,计算出垂直距离。也可以通过测量两条斜边的距离和水平距离,进而计算。

(4)根据测出的距离,多次点击左边中间的矩形按钮。比如,单击 7 次可以通过斜边和水平距离完成勾股测量,最后计算的数据可以在显示屏中显示。

7. 振动测试仪

振动检测仪是测量物体振动烈度大小的仪器,在桥梁、建筑、地震等领域有广泛的应用。以 Fluke 805 振动烈度(点检)仪为例介绍使用方法。

1)设备介绍

Fluke 805 振动烈度(点检)仪设备如图 8-24 所示。

图 8-24　Fluke 805 振动烈度(点检)仪设备

Fluke 805 振动烈度(点检)仪说明如表 8-21 所示。

表 8-21　Fluke 805 振动烈度(点检)仪说明

序号	说明	序号	说明
①	LCD 显示屏	⑩	存储
②	电源开关	⑪	照明灯开关
③	测量	⑫	背光灯开关
④	导航	⑬	USB 插孔
⑤	Enter	⑭	外部传感器插孔
⑥	保存	⑮	音频端口（仅限于 805）
⑦	设置	⑯	测振传感器
⑧	插孔盖	⑰	红外测温传感器
⑨	状态指示灯	⑱	照明灯

2) 指示灯说明

Fluke 805 振动烈度(点检)仪指示灯如图 8-25 所示。

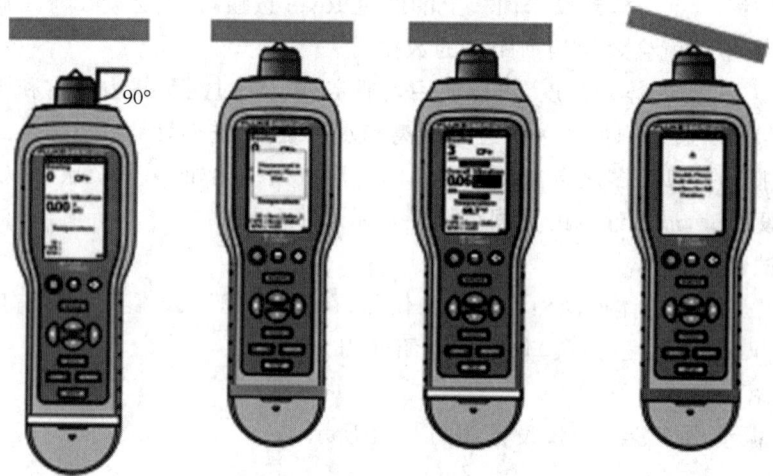

图 8-25　Fluke 805 振动烈度(点检)仪指示灯

Fluke 805 振动烈度(点检)仪状态说明如表 8-22 所示。

表 8-22　Fluke 805 振动烈度(点检)仪状态说明

状态	说明
绿灯灭	MEASURE 测振仪已就绪，可进行数据测量
绿灯亮	将传感器尖端放到测试表面上，尽量靠近轴承。施加压力，直到绿灯熄灭
绿灯灭	数据测量完成
红灯亮	出错。用力或持续时间不足，无测量数据

3) 测量准备

(1) 从 Device Settings(设备设置)菜单设置。

(2) 按 ▽ 和 △ 高亮选中 Units(单位)。

(3) 按 [ENTER] 打开单位的菜单。当前设置处于高亮选中状态。

(4) 按 ▽ 和 △ 高亮选中要更改的单位。

(5) 按 [ENTER] 打开该单位所对应的菜单选项。当前设置处于高亮选中状态。

(6) 按 [SAVE] 更新测振仪并退出菜单。

(7) 按 ◁ 和 ▷ 移到下一页设定更多选项。

4) 辐射系数选择

选择正确的辐射系数值对于最准确的温度测量非常重要。涂漆或氧化表面大多有一个值为 0.93 的辐射系数(测振仪中的默认值),因此在对大多数轴承座进行非接触式测温时,可以获得正确的测量值。亮面或抛光的金属表面容易导致不准确的测量值。为了弥补误差,测量表面上应放遮光胶带或涂上黑漆。在测量前,请确保胶带的温度与测量表面温度相同。

更改辐射系数值的步骤如下:

(1) 转至 Device Settings(设备设置)菜单。

(2) 按 ▽ 和 △ 高亮选中 Material Emissivity(材料辐射系数)。

(3) 按 [ENTER] 打开菜单。

(4) 按 ▽ 和 △ 高亮选中某个系数值。

(5) 按 [SAVE] 更新测振仪并退出菜单。

5) 测量

为了获得最准确的测量值,请遵守以下规则:

(1) 按下 [MEASURE],并将测振仪垂直对准测量表面。

(2) 将传感器尖端抵到测量表面、金属物体上,或尽量靠近轴承,直到绿灯亮起。

(3) 均衡地用力将测振仪保持在位,直到绿灯熄灭。测结果显示在显示屏上。在多数应用中,默认的 RPM 设置(>600 RPM)是可行的。但对于轴转速小于 600 RPM 的低频频合,必须更改该范围设置。当设置小于 600 RPM 时,显示屏上不会显示烈度等级。

6) 快速测量

快速测量功能没有设置步骤,可迅速测量轴承振动量、总振动量和温度。

(1) ①打开测振仪电源。

(2) 默认界面不会显示任意机器 ID 或机器类别。

(3) 按 [MEASURE]。

(4) 将传感器尖端对准测量表面并施加一定的电力,直到绿灯亮起。

(5) 等待绿灯熄灭后显示测试结果。

8.3.2 暖通工具

1. 黄油枪的使用

黄油枪使用方法如下:

(1) 首先,将黄油枪尾部弹簧拉杆拉起,旋动拉杆手柄,固定好位置。

(2) 其次,旋开头部油桶盖,将其加满黄油。

(3) 最后,盖上黄油枪油桶盖并拧紧,松开拉杆,将注油枪嘴对准黄油嘴,反复压动注油手柄就可以使用了。

注意:使用过后,若需长期搁置,请清洗干净。

2. 管子钳的使用

管子钳使用方法如下：

(1) 调整钳口之间的适当间距以适应管道直径，并确保钳口能够卡住管道。

(2) 左手稍微用力压在钳口头部，右手尽量压在管钳手柄末端，用力距离要长一些。

(3) 用右手向下压，拧紧（松开）管件。

(4) 管子钳一般用于夹紧和旋转钢管工具。艾默生管道工具公司生产的管钳广泛用于石油管道和民用管道的安装。管钳可以夹住管子，使其旋转完成连接。其工作原理是将夹钳的力转化为扭矩。在扭转方向上使用的力越大，管道就越紧。

3. 加氟表的使用

加氟表的使用方法如下：

(1) 首先，要把低压表和制冷剂钢瓶用软管与空调的工艺品正确连接好，并且需要将部分软管中的空气排空。

(2) 其次，如果制冷剂严重缺失，那么可以先把制冷剂瓶倒置，不开机加至 3.5 kg，然后再将其正置，在制冷状态下开机加至 3.8~4.5 kg。

(3) 随后，用手摸空调低压管与高压管，确认低压管比高压管凉，这是最佳状态。此时可以关闭制冷剂瓶阀，拆下低压表，拧紧高低压截止阀螺帽。

(4) 最后，用肥皂水检查一下有无漏液即可。这就是双表加氟表使用方法。

4. 排污泵的使用

排污泵的使用及注意事项：

(1) 运转前应用兆欧表检查电机定子绕组对地的绝缘电阻，最低不得少于 50 MΩ。

(2) 检查电缆有无破损、折断等现象。如有损伤须及时更换，以免漏电；电缆截面应与电流相匹配。

(3) 电压超过额定电压的±10%时，不得启动电泵。

(4) 为保证使用安全，必须将四芯电缆中的接地线可靠接地，以防发生触电事故。

(5) 电泵潜入水中时，应垂直起吊，不允许横放着地，更不能陷入污泥中。停止使用时应将电泵吊起清洗干净，置于干燥处，并注意防冻。

(6) 禁止将电缆作为安装起吊绳使用。

(7) 检查转子运转方向，从上向下看应为顺时针方向旋转。

(8) 室外的开关或接地线端应有防雨、防潮措施，湿手或赤足时禁止触及开关，防止触电。

(9) 移动电泵时，必须切断电源，电泵在运行时不得接触水源，以防漏电发生人身事故。

(10) 严禁电机缺相运转，如发现保险丝熔断，应检查原因后方可继续使用，不得任意加粗保险丝。

(11) 搅匀式潜水排污泵运转时，应有专人管理，如发现有不正常现象应立即停机检查，排除故障。（指未配全自动保护柜的情况）。

(12) 电泵在规定的工作介质条件下正常运行半年后，应检查油室密封状况。如油室中的油呈乳状或有水沉淀，应及时更换 10~20 号机械油和机械密封。对于在恶劣工作条件下使用的电泵，更应经常检修。

(13) 用户应根据实际使用的工况选择合适的流量扬程，以达到最佳使用效果。泵铭牌或说明书上所示参数为该泵最佳使用工况点，用户可选在 0.7~1.2 倍最佳流量内使用。禁止超流量使用，否则流量过大，扬程太低容易使电动机过载。

5. 真空泵的使用

真空泵的使用方法如下：

（1）与相关岗位取得联系后，启动前先关闭备用泵所有阀门。

（2）打开泵工作液阀门，补充工作液至分离器液位计中线位置。预充工作液，或打开旁通箱，保证工作液流入真空泵。

（3）开启换热器的冷却水源。

（4）点动电动机，检查泵的旋转方向是否正确。

（5）启动真空泵，同时开启工作液阀门。在空载状态下运行，确保工作液维持在设定的工作范围内。

（6）启动正常后，接通系统进口阀门，开始正式工作。

8.4 弱电仪表与工具

1. 网线测线仪

网线测线仪通常也称专业网络测线仪，是一种可以检测 OSI 模型定义的物理层、数据链路层、网络层运行状况的便携智能检测设备。

下面以得力 DL8401 网络寻线仪为例介绍使用方法如图 8-26 所示。

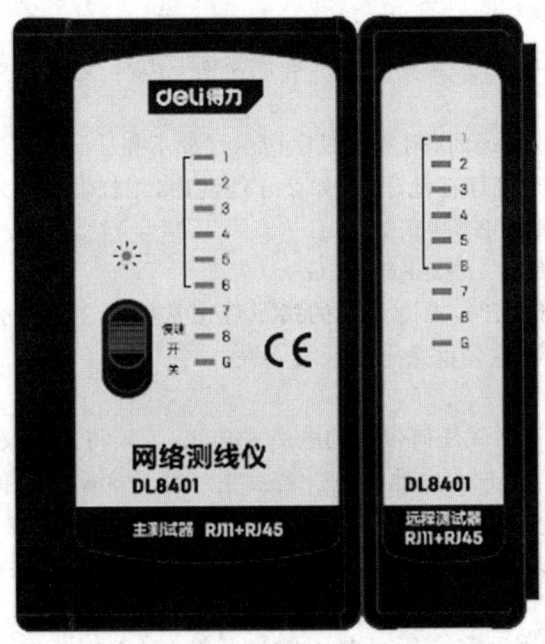

图 8-26　得力 DL8401 网络寻线仪

操作方法如下：

（1）根据需要，将电源开关设到"ON"挡（快速测试挡）或"Slow"挡（慢速测试挡）。电源指示灯将闪烁。

（2）如图8-27所示，将待测电缆两端的插头分别插入主测试器和远程测试器相应的插座。

（3）将待测电缆连接到主测试器和远程测试器之后，主测试器的指示灯从1至G逐个按顺序依次闪亮如图8-27所示。

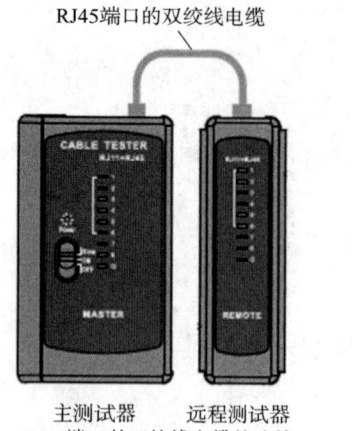
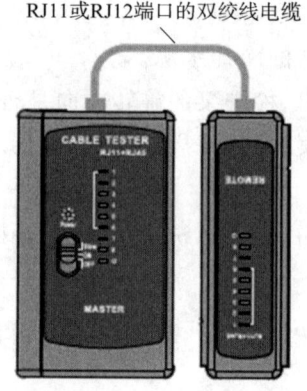

图 8-27　主测试器的指示灯

（4）如果被测电缆的接线不正常，则仪器按下述情况显示：

① 当被测电缆有一根导线，如3号导线断路，则主测试器和远程测试器上3号导线所对应的线序指示灯不亮。

② 当有几条导线断路时，则主测试器和远程测试器上这几条导线所对应的线序指示灯都不亮。

如果少于2条的导线导通时，则所有线序指示灯都不亮。

③ 当有两根导线的连接存在乱序，例如2、4线乱序，则仪器的显示如下：

主测试器的显示不变：1-2-3-4-5-6-7-8-G

远程测试器显示变更：1-4-3-2-5-6-7-8-G

④ 当导线之间存在短路时，主测试器的指示灯正常依次逐个点亮，但远程测试器上短路导线所对应的指示灯点亮时，亮度会下降或者不亮。

注意事项如下：

• 本测试仪不能用于测试任何带电的电缆或导线，否则将造成仪器损坏。

• 本测试仪采用9 V 6F22电池供电。若发生灯异常变暗或不能正常点亮时，请更换电池。在更换电池之前，将仪器的电源开关设到"OFF"挡，然后将被测电缆从主测试器和远程测试器取下。滑开主测试器背面的电池盖，用相同型号的电池更换旧电池。再重新装好电池盖。

• 待测电缆的铜夹片没完全压下时不能进行测试，否则可能会使仪器测试端口永久损坏。

• 请使用原装好品质的压线工具。

• 本测试仪应存放于干燥、洁净的地方。

• 测试时，如果被测电缆不带屏蔽层，则主测试器和远程测试器"G"指示灯不亮。

2. 网络寻线仪

网络寻线仪是网络线缆、通信线缆、各种金属线路施工工程和日常维护过程中查找线缆的必备工具,如图 8-28 所示。

下面以得力 DL335002 网络寻线仪为例介绍使用方法。

1) 设备介绍

网络寻线仪结构如图 8-28 所示。

2) 使用方法

(1) 线路电压测量(VOLT)(DL335002)

寻线仪的线路状态测试功能可以定性测试线路的一些基本状况,包括线路电压的有无、电压的正负。线路状态的测试只需由发射器完成,不需使用接收器。将鳄鱼夹适配线的一端插入发射器的R-11 插座,然后使用红黑线夹连接待测线路进行测量。或者,直接将已经打上 RJ-11 的电话线插入RJ-11 接口,也可以测量线路上是否有直流电压及正负指示。如图 8-29 所示测量电话线是否有直流电压(备注:不能用来测量交流电及其他高压电路,否则可能发生触电危险)。

图 8-29(a)发射器 SCAN 灯亮表示红色夹子连接的是电池正极。

图 8-29(b)发射器 OHM 灯亮表示红色夹子连接的是电池的负极。

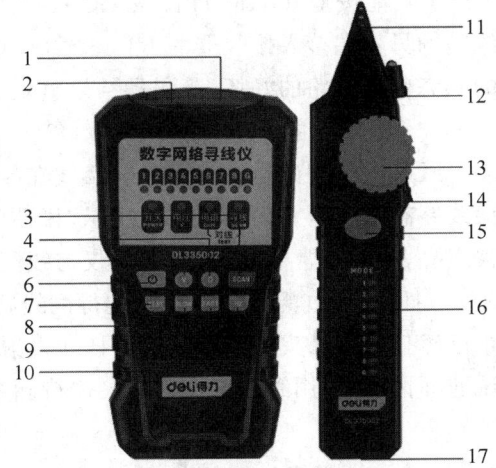

1. RJ11输入口
2. RJ45输入口
3. 寻线测试
4. 通断测试
5. 电压正负极测试
6. 电源开关键
7. TEST测试键
8. SLOW对线时慢键
9. FAST对线时快键
10. Hz切换脉冲
11. 寻线信号感应头
12. 照明灯发光位置
13. 音量调节旋钮
14. 照明开关
15. 寻线按键
16. 对线显示区
17. RJ45对线插口

* DL335001 没有4、5功能

图 8-28 网络寻线仪结构

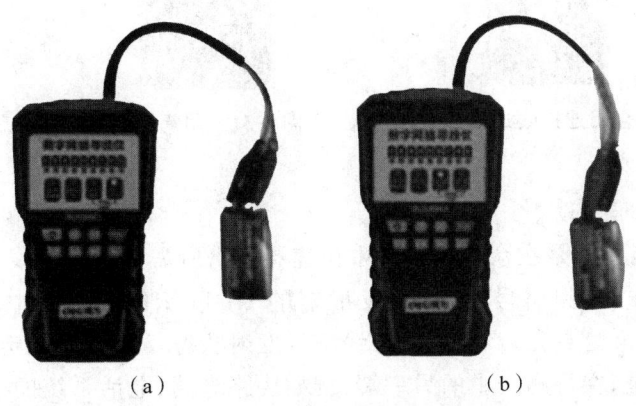

(a)　　　　　(b)

图 8-29 测量电话线是否有直流电压

(2) 对线功能(TEST)

利用寻线仪的对线功能,可快速测试下列线路的开路、短路及线序等的基本物理连接特性。

① 采用 IEEE 10BASE-T、EIA/TIA568A、EA/EIA568B、AT&T258A、Token-Ring 等标准的 UTP 计算机网络线。

② 2 芯、4 芯等电话线。

③ 其他任何金属连接线。

操作方法包括将待测线路的一端接入发射机器的 RJ-45 插座。随后，按下发射器的 TEST 功能按键，OHM 灯长亮，SCAN 灯闪烁，指示发射器对线功能正常工作。最后，将待测线路的另一端接入接收器的 RJ-45 插座，根据接收器上的 8 个线路指示灯（1、2、3、4、5、6、7、8）的状态判定线路的好坏，其测量结果直观明了，如图 8-30 所示。

（3）通断功能（OHM）（DL335002）

线路通断测试是用来测量电话线在接入电话网络时有无短路情况的。测试前要先测量电话线路有无电压。如果有电压指示，说明线路没问题。此时测量通断，短路指示灯 SCAN 会被点亮，这是正常情况，因为测试仪与线路形成了通路。将鳄鱼夹适配线的一端插入发射器的 RJ-11 插座，用红黑夹子分别夹住待测线路。如果线路短路，发射器 SCAN 灯就会被点亮。对于已经打好水晶头的电话线直接插入发射器的 RJ-11 口就可以测量。对别的没带电的线路测试通断情况时，用鳄鱼夹适配线夹住待测线路即可测量线路通断，如图 8-31 所示。

图 8-30　金属连接线连接示意图

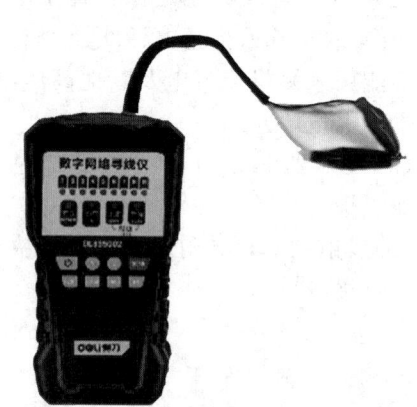
图 8-31　用鳄鱼夹适配线夹住待测线路

（4）寻线功能（SCAN）

产品的寻线功能主要是在众多的线对中快速寻找出所需要的一对线。将待测线路的一端（例如网络线、电话线、视频信号线）接入发射器的 RJ-11/RJ-45 插座中。发射器开机，按下 SCAN 键，产品 SCAN 灯点亮，产品进入寻线信号发射状态。连接需要定位的线路一端，按下接收器的 SCAN 按键，在待测线中的另一端（例如线路终端、电话系统的配线架、接线盒、计算机网络的集线器端）周围侦听接收器喇叭所发出的"嘟嘟"声。比较"嘟嘟"声的大小，发出"嘟嘟"声最响的一组线即为所要寻查的一组线。

在嘈杂的环境，若"嘟嘟"声不明显，可按发射器上面的 Hz 切换寻线信号的频率，从而确认接收到的声音是否为寻线的信号声音或是杂音。

用接收器在线束中寻找目标线，声音最大的线就是我们要找的目标线。特别提示数字寻线产品，寻线时无须一直按住寻线器上的 SCAN。单击主机上 SCAN 按键选择功能，长按 2 s 可关闭寻线仪。

(5) 数字寻线功能操作方法

寻线器操作方法与模拟寻线仪不同。要开启数字寻线功能,首先应长按寻线器上电源按钮 2 s 开机。接着,单击该按钮切换选择数字寻线功能/数字寻线振动功能(如有)/模拟寻线功能。当需要关闭时,长按电源按钮 2 s 关机,或 10 min 内无操作设备自动关机。

主机单击 SCAN 选择所需功能后,进行寻线操作时无须按下按键;而在发射器上按下 SCAN 键即可进入寻线功能,按 Hz 可切换模拟寻线频率。数字寻线功能不能切换寻线频率。

为快速找到目标线路,可先将寻线器的音量调到最大,在找到目标线路后,再根据需要调节合适的音量,精确定位目标线路。

数字寻线功能:(蓝色指示灯)

采用最新数字化寻线技术。主机发出数字信号,寻线器再通过接收被测网线上传输到的数字信号进行测试并发出相应的声响(蓝色指示灯长亮)。

模拟寻线功能:(红色指示灯)

采用通用模拟寻线功能。为快速找到目标线路,可先将寻线器调到最大音量,找到目标线路后,调节合适的音量,精确定位目标线路。

(6) 注意事项

① 本产品不能直接查找已经接通了强电的线缆(比如家里的电线),否则会造成人员伤害和设备损坏。

② 雷雨天使用该仪器注意防雷电,以免线路感应到雷电,造成人员伤害和设备损坏。寻线仪 POWER 灯闪烁,表示电池电压低,请更换电池。

③ 长时间不使用本产品时,请将电池取出,以免发生电池水泄漏腐蚀电池架,造成接触不良。

④ 不要随意拆开机壳,如有故障请专业人员维修。

3. 光功率测量仪

光功率测量仪是用来测量光功率大小的仪器,既可用于光功率的直接测量,也可用于光衰减量的相对测量,是光纤通信系统中研究、开发和生产以及施工、维修等部门必备的基本测试仪器。

以 FLUKE SimpliFiber Pro 光功率测量仪为例介绍使用方法。

1) 设备介绍

FLUKE SimpliFiber Pro 光功率测量仪介绍如表 8-23 所示。

表 8-23　FLUKE SimpliFiber Pro 光功率测量仪介绍

序号	说明
①	开关键

续表

序号	说明
②	软按键,根据当前屏幕显示提供相应功能。功能显示在按键的上方
③	选择光功率测量仪测试模式。要进入设置模式,长按 5 s
④	液晶显示屏
⑤	带有可互换连接适配器的输入端口
⑥	用于上传测试记录至个人计算机的 USB 端口
⑦	选择自动波长模式。AUTO LED 指示灯点亮。按调试键改变波长。波长 LED 指示灯表示波长
⑧	连续波与 2 000 Hz 调制输出信号之间的切换键。如果连续输出,CW/2 kHz 的 LED 指示灯点亮。如果调制输出,LED 指示灯闪烁。亦用于打开或关闭自动关机功能
⑨	选择 FindFiber 模式。如果光源处于 FindFiber 模式,ID LED 指示灯点亮
⑩	如果电池电量低,LOW BATTERY LED 指示灯连续闪烁。如果自动关机功能关闭,则 LED 指示灯间歇闪烁
⑪	带有 SC 型适配器的输出端口

2) 清洁连接器及适配器

清洁隔板连接器(光功率仪、光源和接线板)

(1) 将光纤光学溶剂笔或者浸泡过溶剂的棉签顶端接触到无棉拭布或者光纤清洁卡上。

(2) 用一根新的干棉签蘸取拭布或清洁卡上有溶剂的地方。

(3) 把棉签推入连接器内,沿端面绕 3～5 圈,然后取出棉签并丢弃。

(4) 用干燥的棉签在连接器内绕 3～5 圈来擦干连接器。

(5) 在进行连接前,使用光纤显微镜监视连接,如 Fluke Networks Fiber Inspector™ 视频显微镜。

3) 清洁光纤适配器

定期使用棉签及光纤光学溶剂清洁光纤适配器。在使用前请用一根干棉签将适配器擦干。

4) 清洁连接器端面

(1) 将光纤光学溶剂笔或者浸泡过溶剂的棉签顶端接触到无棉拭布或者是光纤清洁卡上。

(2) 将连接器的端面在有溶剂的地方来回擦拭,然后在拭布或者清洁棉干燥的地方再来回擦拭一遍。

5) 更换连接适配器

你可以选择光功率仪的连接适配器来连接 SC、ST 及 LC 光纤连接器。也可能会有其他型号的适配器。

- 请用防护罩盖上所有未使用的连接器。
- 请将多余的连接适配器存放在随附的容器中。
- 请勿碰触发光二极管镜头(图 8-32)。
- 不要将适配器拧得过紧,或用工具来拧紧适配器。

要安装连接适配器,应进行如下操作(图 8-32):

(1) 将缺口槽放入光功率仪的连接器内,并将导向键放入适配器的环圈上。

(2) 抓住适配器不要将其拧入螺帽内,而应将适配器的导向键与光功率测量仪连接器的缺口槽对齐,然后将适配器滑入连接器内。

（3）将光功率测量仪连接器上拧上螺帽。以安装连接适配器。

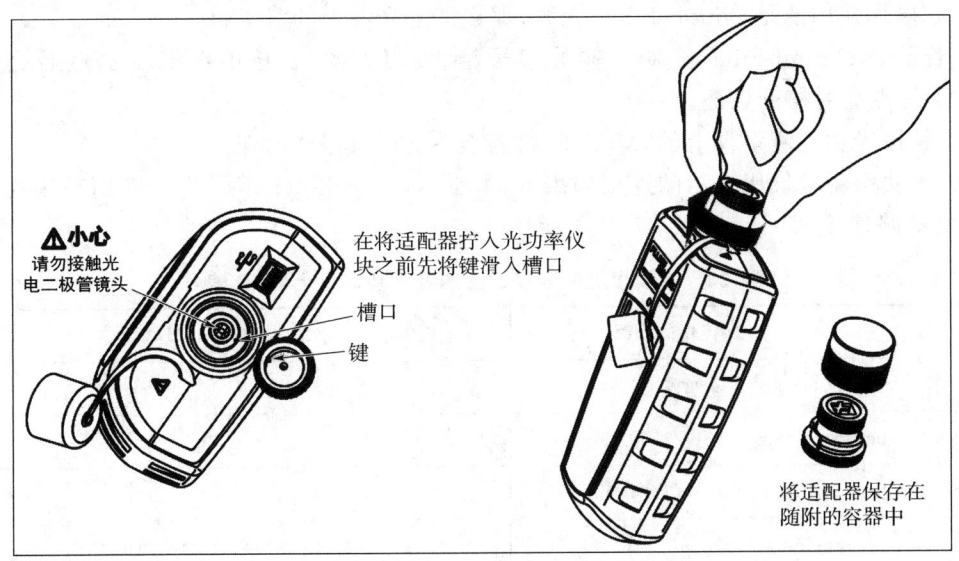

图 8-32　更换连接适配器

6）侦测激活的光纤

光功率测量仪的 Check Active™ 模式可以让你快速确定光纤是否连接到了激活的设备上。

使用 Check Active 模式的操作说明如下：

（1）长按"MODE"键直至出现 Check Active™。

（2）将光功率测量仪与光纤相连接。侦测激活的光纤如图 8-33 所示。

注释：由于周围的光线可以激活 CheckActive 的响声。因此，为避免此状况发生，当光功率仪处于 CheckActive 模式时，请保持跳线与光功率仪相连。

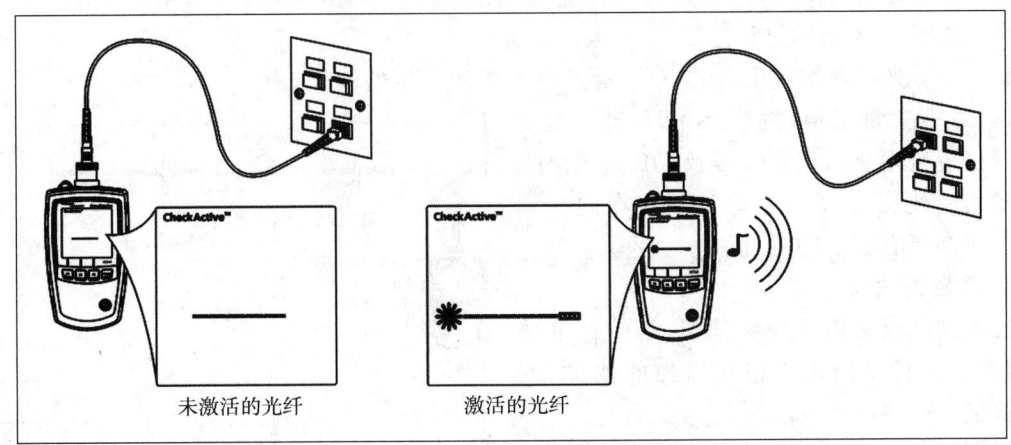

图 8-33　侦测激活的光纤

7）给光纤定位

（1）将光功率测量仪以及一个 Simpli Fiber 光源、一个 Find Fiber 光源或多个 Find Fiber 光源连接到链路上。

(2) 打开光功率测量仪及光源或 Find Fiber 光源。

① 如果你使用的是 Simpli Fiber 光源,那么按下光源上的"ID"键。

② 若要改变 Find Fiber 光源传输的编号,则关闭光源,长按电源键 4 s,然后当预期的 LED 指示灯点亮时松开该键。

(3) 长按光功率测量仪上的"MODE"键直至 Find Fiber™ 出现。

(4) 光功率测量仪所表示的连接如表 8-24 所示,Find Fiber 模式可帮助用户快速确定接线板上的链路连接。

表 8-24 接线板上所连接的光源及光功率仪上的 ID 编号

所连接的光源	光功率仪上的 ID 编号
SimpliFiber Pro 多模光源	1
SimpliFiber Pro 单模光源 1310/1550 nm	2
SimpliFiber Pro 单模光源 1490/1625 nm	3
FindFiber 光源	光源的 LED 指示灯表示的编号
不连通或者连接了非兼容的光源	—

注释:在功率或者损耗模式下,如果光功率仪与 Find Fiber 光源或处于 ID 模式下的光源相连接,则 ID 会闪烁。

8) 测量光功率

光功率的测量表示光源(如光学网络界面卡或者光学测试设备)所产生的光学功率的数值。

(1) 清洁待测链路或光源上的连接器。使用光纤光学溶剂、光学拭布或者棉签来清洁连接器。

(2) 长按光功率测量仪上的 MODE 键,直至出现 POWER 如图 8-34 所示。

(3) 按图 8-34 所示进行连接。

(4) 按下光功率测量仪上的 F2 λ 键选择光源所产生的波长。

(5) 要保存测量值,按 F1 SAVE 键。光功率测量仪短暂地显示记录编号及 OK。如果光源自动切换波长,那么光功率测量仪在同一笔记录中保存所有波长的测量值。

4. 视频测试仪

视频测试仪又称监控测试仪,是一种可移动、便携式的设备。用于视频监控的测试、安装与调试。

下面以海康威视 DS-1T02 为例介绍使用方法。

1) 仪表各部位名称及功能

仪表各部位名称及功能如图 8-35 所示。

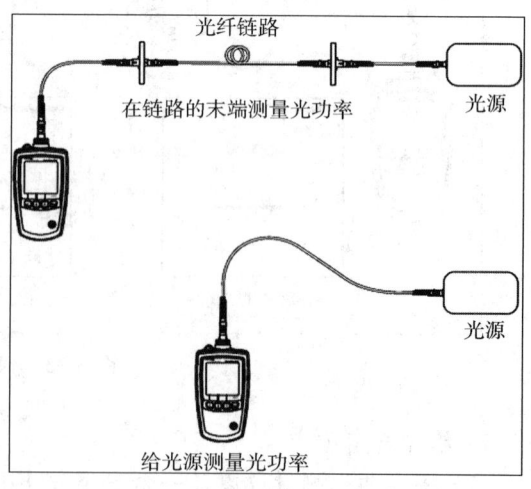

图 8-34 测量光功率

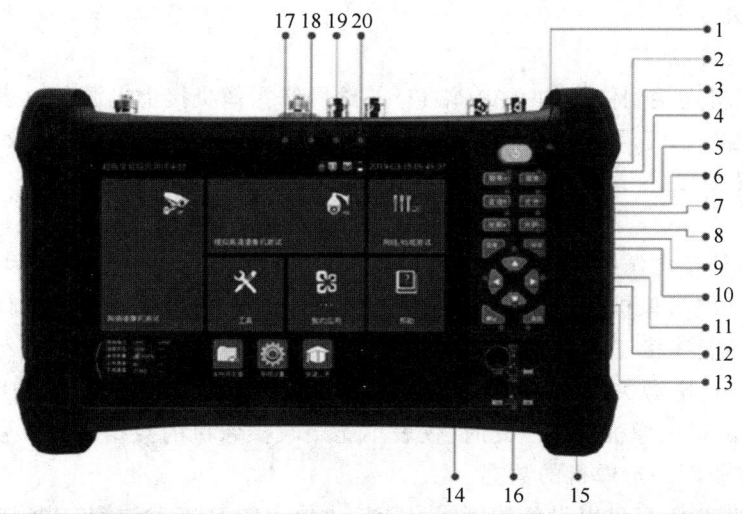

序号	按键	功能
1	电源	长按2 s以上打开或关闭测试仪电源，短按为待机状态或唤醒待机
2	聚焦+	近焦（聚焦+），表示图像聚集到近处
3	聚焦-	远焦（聚焦-），表示图像聚集到远处
4	变倍+	变倍+，镜头拉近，控制镜头放大
5	变倍-	变倍-，广角按钮，推远镜头，增大镜头广角
6	光圈+	确认/打开按钮。参数设置时的确定键；光圈打开或光圈增大命令
7	光圈-	光圈关闭或光圈减小命令
8	菜单	菜单按键
9	放大	图像放大按键
10	△	向上方向键。向左改变设置参数/移动菜单项/转动球机，移动标尺等
11	▷	向右方向键。向右改变设置参数/移动菜单项/转动球机，移动标尺等
12	▽	向下方向键。向左改变设置参数/移动菜单项/转动球机，移动标尺等
13	◁	向左方向键。向左改变设置参数/移动菜单项/转动球机，移动标尺等
14	确认	确定键
15	返回	取消/关闭按钮。菜单参数设置时的返回及取消键
16		万用表接口
17		电池充电指示灯，充电时亮红色。电池充满时，指示灯灭
18		RS485数据发送指示灯，红色
19		RS485接收数据指示灯，红色
20		外接电源指示灯，绿色

图 8-35　仪表各部位名称及功能

2）操作说明

（1）网络摄像机连接

将网络摄像机连接到仪表的 LAN 端口，并给网络摄像机接上电源。仪表的 LAN 端口的 LINK 长亮，数据指示灯闪烁，表示仪表和 IP 网络摄像机正常连接和通信，仪表可测试该摄像的图像。如果仪表 LAN 端口两个指示灯不亮，请检查 IP 网络摄像机是否已上电或网线是否有问题。

对于不提供外接电源的 IP 网络摄像机，由于它只支持 PoE 供电功能，因此可通过仪表的 LAN 端口为该网络摄像机提供 PoE 供电。供电时必须断开网络交换机与仪表的连接，即仪表的 PSE 端口不能连接任何网线。

在仪表的 PoE 电源关闭的情况下，PoE 交换机或 PSE 可以接入仪表的 PSE 端口。再通过 LAN 端口为网络摄像机供电。此时，仪表不能接收摄像机的数据，而网络交换机上的计算机可透过仪表接收网络摄像机的数据。

POE 交换机或 PSE 供电设备的网线只能接入仪表的 PSE IN 接口，否则会损坏仪表。

（2）模拟摄像机连接

模拟摄像机连接如图 8-36 所示。

图 8-36　模拟摄像机连接

① 将摄像机或快球的视频输出连接到 IPC Tester 视频监控测试仪的视频输入端 VIDEO IN，仪表的 LCD 屏幕将显示摄像机的图像。

② 将视频监控测试仪 IPC Tester 的视频输出端口 VIDEO OUT 连接到监视器的视频输入端或视频光端机的输入端，测试仪显示摄像机的图像。同时，将图像送往监视器或视频光端机等。

③ 将快球或摄像机 PTZ 云台的 RS485 控制线缆,连接到视频监控测试仪 IPC Tester 的 RS485 端口。注意连接线缆的正负极,正对正、负对负连接。

(3) 模拟摄像机连接

SDI、CVI、TVI、AHD 摄像机都属同轴高清摄像机。以 SDI 摄像机为例,仪表选配功能为 SDI。

其他类型的同轴高清摄像机连接方法一致。

① 将 SDI 摄像机或快球的视频输出连接到仪表的 SDI IN 视频输入端,仪表的 LCD 屏幕将显示摄像机的图像;仪表只提供 SDI 输入显示,不支持输出功能。

② 将 SDI 快球或摄像机 PTZ 云台的 RS485 控制线缆,连接到仪表的 RS485 端口,可进行云台控制。注意连接线缆的正负极、正对正、负对负连接。

(4) HDMI 输入连接

HDMI 输入连接如图 8-37 所示。

图 8-37　HDMI 输入连接

将硬盘录像机等设备的 HDMI 输出接口连接到 IPC Tester 视频监控测试仪顶部的 HDMI 输入端口,仪表的 LCD 屏幕将显示硬盘录像机等设备的输出图像。

3) 功能菜单操作

长按电源 ◉ 开关键 2 s,仪表启动,并进入主功能界面。

工作中,长按 ◉ 键 2 s,仪表提示是否关机,单击"确定"按钮仪器关机。

工作中,短按 ◉ 键,仪表进入省电休眠状态。再按该按键,唤醒仪器进入工作状态。

工作中,当仪表出现无反应,无法关机时,可长按 ◉ 键,直到仪表关机,仪表复位。

4) 精简用户界面

精简界面将功能图标进行分类,界面更加简洁,如图 8-38 所示。

图 8-38　精简用户界面

打开功能项后,单击右下角手指图标。当其变橙色时,长按功能图标,可将功能图标移动到其他项。不单击该图标,长按应用图标,可在文件夹内部移动,重新排列。

用手指轻触屏幕上的功能图标,进入相关功能界面。要关闭退出相关功能界面,单击右上方的 ✕ 关闭退出。

手指单击上面的 SD 卡,可以卸载 SD 卡,或安装 SD 卡。

5)快捷下拉菜单

屏幕的右上角处按住向下划动两次,可开启快捷菜单。PoE 电源开关、仪表 IP 设置、WLAN 开关、HDMI 输入小窗口、彩条输出小窗口、LAN 口流量监控、亮度设置、系统设置等功能的快捷按钮,如图 8-39 所示。

图 8-39　快捷按钮

HDMI:开启 HDMI 输入悬浮窗口,在观看网络摄像机图像时,开启 HDMI 悬浮窗口,可在观看网络摄像机的同时,观看 HDMI 输入画面。在任何应用功能界面,都可快速显示 HDMI 输入图像。

CVBS:开启 CVBS 输入悬浮窗口,可以同时测试模拟摄像机,不需切换就可以快速测试 CVBS 模拟摄像机。在任何应用功能界面,都可快速测试模拟摄像机。

TV OUT:开启 TV OUT 彩条输出悬浮小窗口。将 BNC 线缆对接在仪表上,同时进入模拟视频监控界面,可进行回路测试。便于检测 BNC 线缆通断。

LAN:LAN 接口流量监控,显示网络端口或 WiFi 连接的实时上传及下载速率等网络参数。

亮度:开启屏幕背光亮度调节菜单。

设置:开启仪表系统设置。

IP:开启仪表 IP 设置。

电源输出:开启或关闭仪表 PoE 电源输出。

WLAN:开启 WLAN 设置及显示当前 WLAN 状态。

6)快捷菜单

使用键盘中的"菜单键"键 [菜单] 可打开快捷菜单及切换快捷功能,缩放键 [菜单Q] 进入快捷功能。轻触快捷菜单外的其他屏幕区域,可退出菜单,如图 8-40 所示。

设置快捷菜单:长按"所有应用"中的功能,将功能设置为快捷菜单。长按"快捷菜单"中的应用,将快捷功能删除。

7)屏幕截图

仪表在开机状态下,长按确认键,可截取屏幕实时画面。方便记录测试数据,提高工程效率。

图 8-40　快捷菜单

截图可在文件管理器"文件管理—sdcard—Pictures—Screenshots"目录中查看。

8）IP 摄像机测试

IP 摄像机测试功能用于网络摄像机测试，集成 POE 或 DC12 V 供电及功率显示；IP 地址扫描、摄像机图像显示；网络质量、实时上传/下载速率测试；DHCP 信息等多种实用功能。

单击 进入 IP 摄像机测试界面，如图 8-41 所示。

POE 供电：进入"IP 摄像机测试"功能后，仪表将自动开启 POE 48 V 供电，并显示供电功率大小。退出程序后，POE 供电将关闭。

仪表 POE 输出为标准 POE，不会烧坏非 POE 摄像机。

12 V 供电：仪表开机后 12 V 输出将会自动开启，进入"IP 摄像机测试"功能后，使用 12 V 转接线连接摄像机即可给摄像机供电，同时显示 12 V 供电电压大小和功率。

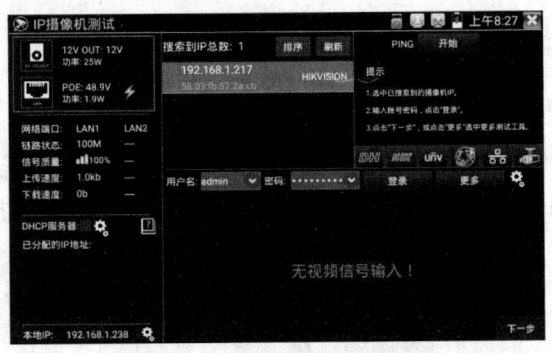

图 8-41　IP 摄像机测试界面

链路状态：仪表 10/100/1000M 自适应，显示当前连接设备的网口速率。

信号质量：当前连接网络的传输质量，正常为 100％。

上传/下载速度：仪表 LAN 和 PSE IN 接口的实时上传、下载速率。

实用性：将工程宝接入主干网络或硬盘录像机与摄像机传输通道中间，可检测主干网络实时带宽流量、硬盘录像机视频实时带宽流量等。排查由带宽问题造成的网络问题或录像丢失等问题。

DHCP 服务器：进入"IP 摄像机测试"功能后，仪表将自动开启 DHCP 服务器功能，并在"已分配的 IP 地址"中显示客户端的 IP 信息。单击齿轮图标可进入"网络工具—DHCP"设置页面。

本地 IP：显示仪表的 IP 地址。单击齿轮图标可进入"系统设置—IP 设置"页面。

9）IPC 一键测试

查找摄像机 IP，用手指轻触主界面的"IP 搜索"或"网络搜索进入该功能。仪表将自动搜索与仪表连接的全网段 IP，并自动修改仪表本机 IP 与摄像机 IP 为同一网段。

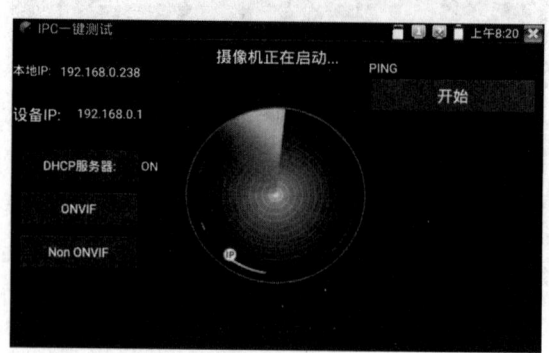

图 8-42　IPC 一键测试

本机 IP：仪表当前的 IP 地址，在搜索到设备 IP 的同时，仪表将自动修改本机 IP 与设备 IP 为同一网段。

设备 IP：与仪表连接的 IP。如果是摄像机直接连接仪表，就显示为摄像机 IP；如果仪表连接局域网，就显示为当前探索到的任意一个 IP 地址。

临时 IP：勾选时，表示本机 IP 自动修改的 IP 地址不作保存；不勾选时，表示本机 IP 自动修改的 IP 地址将保存为仪表当前 IP 地址。

开始：PING 功能。单击"开始"按钮之后，将开始 PING 设备 IP。

极速 ONVIF：极速 ONVIF 功能的快速连接。

IPC TEST：IPC TEST 功能的快速链接。

实用性：当摄像机有固定 IP 地址但是不清楚具体网段时，本功能可盲探摄像机 IP，更快更精准；探索到摄像机 IP 地址的同时，自动修改仪表本机 IP 地址，使其与摄像机 IP 地址处于同一网段，极大地提高了工程效率。

10）摄像机测试

IPC Test 在 H.265 主码流时，可流畅显示分辨率最高达 4K 的图像。

用手指轻触主界面 进入 IP 网络摄像机测试功能界面。

IP 网络摄像机测试功能显示高清图像，可拍照、录像及回放。目前支持测试的 IP 摄像机有大华、海康、科达、三星、天地伟业等 80 多种指定型号摄像机，并可定制。

摄像机类型：轻触摄像机类型显示框，弹出和厂家相关型号的 IP 网络摄像机。选择与测试摄像机相同品牌及型号进行测试，如果品牌、型号不一致，可能导致摄像机图像卡顿或者无法显示。

码流：使用 RTSP 码流播放摄像机图像，可选主码流或子码流进行图像测试。

摄像机 IP 地址：输入 IP 网络摄像机的 IP 地址。然后，单击"配置"添加不同网段的 IP 地址，如此本仪表就可测试多网段的网络摄像机。

单击"搜索"按钮，可自动扫描 IP 网络摄像机的 IP 地址，找到 IP 地址后，显示在地址框中。建议仪表与 IP 网络摄像机直接连接,扫描出来的地址才是唯一的。如果仪表接入交换机中,会扫描出多个 IP 地址。

摄像机端口号:在选择摄像机类型时,默认相关摄像机端口号,一般无须改动。

设置完成后,单击"登录"按钮进入图像显示界面,如图 8-43 所示。

图 8-43　图像显示界面

设置:进行拍照、录像存储方式、音频采样率和音频格式的设置。

IP 网络测试仪的图像显示界面与 ONVIF 工具的"视频菜单"的一样,同样具备视频图像放大、拍照、录像、相片浏览、录像回放、存储设置等功能,且功能的操作也一致,所以此处不再赘述,相关内容请参考 ONVIF 工具的"视频菜单"操作。

(1) 拍照截图:轻触右边工具栏的"拍照"功能,仪表检测到有视频图像输入时,仪表截取当前显示的图像,并存储于 SD 卡中。

(2) 录像功能:轻触右边工具栏的"录像"功能,仪表检测到有视频图像输入时,便开始录像,屏幕右上角的红色录像标志开始闪烁并计时。同时,工具栏的"录像"图标变为红色。此时,轻触"录像"功能图标,录像停止,并存储于 SD 卡中。

(3) 录像回放:

① 轻触右边工具栏的"回放"功能图标,仪表弹出录像回放界面。

② 双击文件进行播放,单击右上方的 ✖ 关闭播放,返回视频监控状态。

③ 在录像"回放"界面中,长时间按住录像文件不放,可以对该文件进行重命名或删除该文件。

8.5　消防仪表与工具

8.5.1　消防仪表

电子编码器是电气火灾监控探测器的设定工具。通过电子编码器,可以读/写探测器的地址编码、读/写探测器剩余电流的报警值。

传统的探测器编码需要人工通过机械式拨码设置才能完成,编码效率低,技术要求高,容易出现错码。并且为了方便编码,探测器底部需留出编码口,这样容易造成探测器对粉尘、潮气的密封不良,使探测器的整体性能变差。

由于电子编码器利用键盘进行操作,输入的是十进制数,所以简单易学。可以用电子编码器读/写探测器的地址和灵敏度,读/写模块类产品的地址和工作方式;并可以用电子编码器浏览设备批次号;电子编码器还可以用来设置 ZF-GST8903 火灾显示盘地址、灯的总数及每个灯所对应的用户编码,现场调试维护十分方便。

下面以利达 LD128EN-100 电子编码器为例介绍电子编码器的使用方式如图 8-44 所示。

1) 接线方法

在 LD128EN-100 电子编码器顶部的总线插孔中直接插入配件的二总线插头,再将底部的电池盖拉开,在电池槽中放有 9 V 电池扣,与 9 V 电池配接上即可。

2) 打开编址器开关

开关在编址器的上侧,向左(ON)是开,向右(OFF)是关。

3) 举例说明

(1) 对一个探测器写入地址 128 号,操作方法如下:

① 按"写"按键,使液晶的第 4 位显示"P"。

② 按"移位"键,将移位标记移至百位,此时按"+"/"-"按键,使液晶百位显示为"1",将移位标记移至十位,此

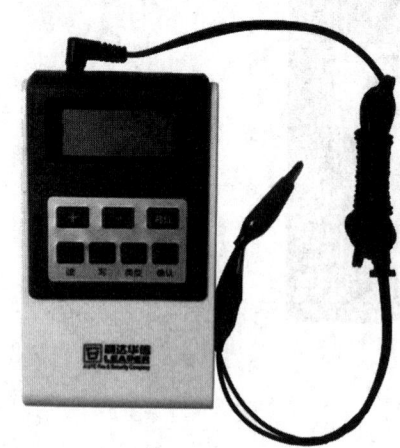

图 8-44　电子编码器

时单击"+"/"-"键,使液晶十位显示为"2";将移位标记移至个位,此时按"+"/"-"按键,使液晶十位显示为"8"。

③ 按"确认"键,如写入正确,地址数自动加 1。

(2) 读探测地址,操作方法如下:

按住"读"键,第 4 位显示"C"。再按"确认"键,1~3 位显示读出的探测器地址。

(3) 对一个 LD68 系列模块读类型,操作方法如下:

① 反复按"类型"按键,使液晶的第 4 位显示"E"。

② 按"确认"键。此例子中模块的类型值为"64",表示此联动模块为单动作直流输出模块,回答不取反。

(4) 把一个 LD68 系列模块改为脉冲启动的类型(类型值为 68),操作方法如下:

① 反复按"类型"键,使液晶的第 4 位显示"L"。

② 按"移位"键,将移位标记移至百位,此时单击"+"/"-"键,使液晶百位显示为"0";将移位标记移至十位,此时单击"+"/"-"键,使液晶十位显示为"6";将移位标记移至个位,此时单击"+"/"-"键,使液晶十位显示为"8"。

③ 按"确认"键,如果写入正确,液晶就显示为 8;如果写入的类型为"不合法"的值,模块默认类型为 80,即为双动作标准 LD68OOE-2 模块。

4) LD128EN-100 总线设备编址器注意事项

(1) 电池的更换

如果液晶屏的左侧有"♥"符号显示,表示电池已经欠压,应及时进行更换,更换前应关闭电源开关,从电池盒中将电池与电池扣拆离。

(2) 自动关机后的开机

当编址器由于长时间(无按键操作 3~4 min)不进行操作,编址器自动关机。编址器自动关

机后,将编址器的电源开关置于"关"的位置,再置于"开"的位置,编址器开启,恢复正常工作状态。

消防加烟/加温试验器简称烟枪,是一款消防检测维保设备中必备的物件。现在的烟枪基本上都是二合一型,它既可以检测感烟探测器,又能检测感温探测器。

完整的一套烟枪的组成包含电池开关杆、连接杆、烟温一体枪头、注射器、雾化液、内六角及充电器如图 8-45 所示。

图 8-45　一套完整的烟枪的组成

下面以 ZM-YW 消防感烟感温测试烟枪为例,介绍电子编码器使用方式。

5) 加烟器使用说明

(1) 充电

将专用电源充电器插入充电口中,充电器指示灯充满后由红色变为绿色。

(2) 注入雾香液(发烟液)

① 拆卸枪头和连接杆:将枪头和连接杆按逆时针方向旋转,使枪头与连接杆分离。

② 拆卸注入液口密封螺丝:用配备的六角扳手插入密封螺丝内,按逆时针方向旋转,取出密封螺丝。

③ 吸取雾香液:先将弹簧瓶压扁后再插入雾香液瓶内,然后松开手,用弹簧瓶的自然弹力吸取液体(5 mL 即可)。

④ 注入雾香液:将弹簧瓶针头插入枪头底部内的注液口内,慢慢按压弹簧瓶,直至灌满为止。

⑤ 密封注入口:用六角扳手将密封螺丝按顺时针方向旋转拧紧密封。

(3) 连接

根据高度适当选取连接杆数量,然后将枪头、连接杆、电池杆按顺时针的方向连接。拆卸按相反的方向操作。

(4) 启动开关

接通电源,实现功能试验。

(5) 试验过程

将枪头、连接杆、电池杆相应顺次连接;调整好加烟方向,按动启动开关,指示灯亮;枪内风机工作,将烟雾从喷头出口喷入被试验的火灾探测器感烟迷宫,进行加烟试验。

6) 加温器使用说明

(1) 充电

将专用电源充电器插入充电口中,充电器指示灯充满后由红色变为绿色。

(2) 安装拆卸

① 安装喷头:将枪头顶部的快接头锁环压下后,插入喷头,锁环自锁后喷头固定在枪头上。

② 拆卸喷头:拆卸时压下锁环,喷头与枪头分离。

③ 连接:根据高度适当选取连接杆数量。然后将枪头、连接杆、电池杆按顺时针的方向连接。拆卸按相反的方向操作。

(3) 启动开关

接通电源,实现功能试验。

(4) 试验过程

按"启动开关",启动加温系统,枪体内温度随即升高,热源从喷头排出,即可进行感温试验。

7) 注意事项

加温时严禁枪头向下或水平使用。

加温工作后,由于枪体余温较高,不要用手直接接触,以免烫伤。

8.5.2 消防工具

1. 微型消防站

微型消防站,是以救早、灭小和"三分钟到场"扑救初起火灾为目标,配备必要的消防器材,依托单位志愿消防队伍和社区群防群治队伍建立的最小消防单元。有消防重点单位微型消防站和社区微型消防站两类,是在消防安全重点单位和社区建设的最小消防组织单元。

1) 人员配置

(1) 微型消防站人员配备不少于6人。

(2) 微型消防站应设站长、副站长、消防员、控制室值班员等岗位,配有消防车辆的微型消防站应设驾驶员岗位。

(3) 站长应由单位消防安全管理人员兼任,消防员负责防火巡查和初期火灾扑救工作。

(4) 微型消防站人员应当接受岗前培训,培训内容包括扑救初起火灾业务技能、防火巡查基本知识等。

2) 岗位职责

(1) 站长负责微型消防站日常管理;组织制定各项管理制度和灭火应急预案;开展防火巡查、消防宣传教育和灭火训练;指挥初起火灾扑救和人员疏散。

(2) 消防员负责扑救初起火灾;熟悉建筑消防设施情况和灭火应急预案;熟练掌握器材性能和操作使用方法,并落实器材维护保养;参加日常防火巡查和消防宣传教育。

(3) 控制室值班员应熟悉灭火应急处置程序,熟练掌握自动消防设施操作方法,接到火情信息后启动预案。

3) 站房器材

(1) 微型消防站应设置人员值守、器材存放等用房,可与消防控制室合用;有条件的,可单独设置。

(2) 微型消防站应根据扑救初起火灾需要,配备一定数量的灭火器、水枪、水带等灭火器材;配置外线电话、手持对讲机等通信器材;有条件的站点可选配消防头盔、灭火防护服、防护靴、破拆工具等器材。

(3) 微型消防站应在建筑物内部和避难层设置消防器材存放点,可根据需要在建筑之间分区域设置消防器材存放点。

(4) 有条件的微型消防站可根据实际选配消防车辆。

2. 正压式呼吸器

正压式呼吸器为自给开放式空气呼吸器如图 8-46 所示,可以使消防人员和抢险救护人员在进行灭火战斗或抢险救援时防止吸入对人体有害毒气、烟雾以及悬浮于空气中的有害污染物;也可在缺氧环境中使用,防止吸入有毒气体,从而有效地进行灭火、抢险救灾救护和劳动作业。

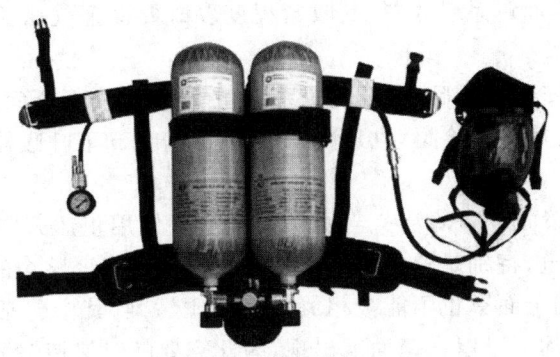

图 8-46 正压式呼吸器

1) 正压式呼吸器的组成

一般正压式呼吸器由面罩、气瓶、瓶带组、肩带、报警哨、压力表、气瓶阀、减压器、背托、腰带组、快速接头等部件组成,现将各部件的作用和特点介绍如下:

(1) 面罩:为大视野面窗,面窗镜片采用聚碳酸酯材料,具有透明度高、耐磨性强的特点,并且具有防雾功能。网状头罩式佩戴方式,佩戴舒适、方便。胶体采用硅胶,无毒、无味、无刺激,气密性能好。

(2) 气瓶:为铝内胆碳纤维全缠绕复合气瓶,工作压力 30 MPa。具有质量轻、强度高、安全性能好的特点,瓶阀具有高压安全防护装置。

(3) 瓶带组:瓶带卡是一种快速凸轮锁紧机构,他能保证瓶带始终处于闭环状态,且气瓶不会出现翻转现象。

(4) 肩带:由阻燃聚酯织物制成。背带采用双侧可调结构,使重量落于腰胯部位,减轻肩带对胸部的压迫,使呼吸顺畅。并在肩带上设有宽大弹性衬垫,减轻对肩的压迫。

(5) 报警哨:置于胸前,报警声易于分辨。其具有体积小、重量轻的特点。

(6) 压力表:为大表盘,并具有夜视功能。配有橡胶保护罩。

(7) 气瓶阀:具有高压安全装置,开启力矩小。

(8) 减压器:具有体积小、流量大、输出压力稳定的特点。

(9) 背托:背托设计符合人体工程学原理,由碳纤维复合材料注塑成型,具有阻燃及防静电功能,且质轻、坚固。在背托内侧衬有弹性护垫,可使佩戴者舒适。

(10) 腰带组:卡扣锁紧、易于调节。

(11) 快速接头:小巧、可单手操作,具有锁紧防脱功能。

(12) 供给阀:具有结构简单、功能性强、输出流量大、体积小等特点,并具有旁路输出。

2) 正压式呼吸器的使用方法

(1) 佩戴时,首先将快速接头断开,以防在佩戴时损坏全面罩。然后将背托穿戴在人体背部(空气瓶开关在下方),根据身材调节好肩带、腰带并系紧,以合身、牢靠、舒适为宜。

(2) 首先,把全面罩上的长系带套在脖子上,使用前应将全面罩置于胸前,以便随时佩戴。然后,快速将接头接好。

(3) 将供给阀的转换开关置于关闭位置,打开空气瓶开关。

(4) 戴好全面罩(可不用系带)进行 2~3 次深呼吸,应感觉舒畅。屏气或呼气时,供给阀应停止供气,无"咝咝"的响声。随后,用手按压供给阀的杠杆,检查其开启或关闭是否灵活。当检查一切正常时,将全面罩系带收紧,其收紧程度以既要保证气密又感觉舒适、无明显的压痛为宜。

(5) 撤离现场到达安全处所后,将全面罩系带扣子松开,摘下全面罩。

(6) 关闭气瓶开关,打开供给阀,拔开快速接头,从身上卸下呼吸器。

3) 安全检查

(1) 保持全面罩的镜面干净清洁。当操作人员需要使用正压式空气呼吸器的时候,必须注意检查几个相关的部分,特别是全面罩的镜片。我们需要保证整个的镜片干净清洁,除去不能有灰尘之外,呼吸器的全面罩也不能被相关有害物质污染,其中包括酸度、碱度以及油度比较大的物质。这些物质均不可以在镜面上出现,因此需要随时保持镜面的干净和清洁。

(2) 确保关键阀门的灵活。正压式空气呼吸器有两个关键的阀门,即吸气阀和呼气阀。这两个阀门直接影响到后期的正压式空气呼吸器的使用情况。我们必须保证整个的阀门的动作开关灵活,尤其是需要注意到阀门和导管之间的连接稳固情况,这都是非常关键的方面。

(3) 关于整个正压式空气呼吸器的气密度检测。这是一个非常关键的方面,我们必须保证整个的正压式空气呼吸器的气密度处于正常的情况。简单的检测方法是打开瓶头阀,随着管路、减压系统中压力的上升,会听到气源余压报警器发出的短促声音;瓶头阀完全打开后,检查气瓶内的压力应在 28~30 MPa 范围内。

第 9 章
管理软件的使用

随着数据中心运维管理工作的不断发展,运维理念日益精进,使得运维管理工作正朝向电子化和智能化方向发展。为了提高运维管理水平、降低人力成本以及减少风险,需要借助一套电子化的集中运维管理系统来实现基础设施的无纸化、系统化、标准化和智能化。

北京中航信柏润科技有限公司建立了一套对标 IOS 标准,以 M&O 运维管理体系为核心,以数据中心集中监控系统为基础,以数据中心连续、稳定、高效及安全运行为目标的电子化集中运维管理系统(简称智兔系统),实现数据中心"高效率、低成本,高可用、低风险"的运维服务宗旨,通过智能化系统实现告警触发、工单派发、巡检维护、应急演练、流程处理等功能,围绕基础设施设备生命周期管理与监控,并进行综合分析的管理系统。具备开放式,可灵活快速地响应客户流程变化需求;通过二维码、NFC 射频识别,以及面部识别技术,有效避免作弊可能,提高系统数据的有效性。

9.1 运行环境

9.1.1 硬件资源

硬件资源名称、规格参数及说明如表 9-1 所示。

表 9-1 硬件资源名称、规格参数及说明

资源名称	规格参数	说明
CPU	4 核	—
内存	8 GB	—
硬盘	200 GB	高效云盘
操作系统	CentOS 7.4 64 位	应用系统环境
Kubernetes	1.16.6-aliyun.1 版本	应用部署工具
使用系统	Google Chrome 浏览器	使用系统环境

9.1.2 移动终端资源

移动终端资源名称、规格参数及说明如表 9-2 所示。

表 9-2 移动终端资源名称、规格参数及说明

资源名称	规格参数	说明
系统	Android 11 以下	—
屏幕	触屏	—
NFC	读写功能	—
摄像头	前置	—
内存	4 GB+64 GB	基础配置

9.2 安装配置说明

9.2.1 智兔系统架构

智兔系统通过 Web 端、移动端、个人端实现对系统的系统配置、软件操作、查阅、审核以及现场数据收集、现场工作执行等相关工作。智兔系统包含数据中心运维管理工作、监控系统管理、运维监控数据统计分析、人员管理、设备管理等工作的管理及展示功能。

Web 端用于系统数据的配置、操作的整体管理,包括人员配置、设备配置、任务配置等操作以及相关任务结果展示功能。

移动端用于根据 Web 端制定的相应任务在现场进行任务的执行以及数据的收集功能,包括巡检执行、维护执行、交接班、应急演练等。

个人端用于流程审批、远程信息查询、培训等功能。

系统组成架构如图 9-1 所示。

9.2.2 系统安装说明

1. 后台系统安装

智兔系统后台安装可采用现场裸机部署、云端部署或内网部署等方式,由中航信柏润研发团队根据用户现场环境和需求进行选择。

2. 移动端安装

进入系统后,单击菜单栏"系统管理"下的"终端管理",弹了终端管理界面,如图 9-2 所示。

选中最新 App 并单击"二维码下载"按钮,使用安卓终端进行扫描下载 APK 进行安装。安装后,根据所属部门进行初始密码的登录。随后,密码使用管理员账户在"初始化密码"页面进行生成,此密码只在规定时间内有效。最后,在终端录入密码进入 App 界面。

第 9 章 管理软件的使用

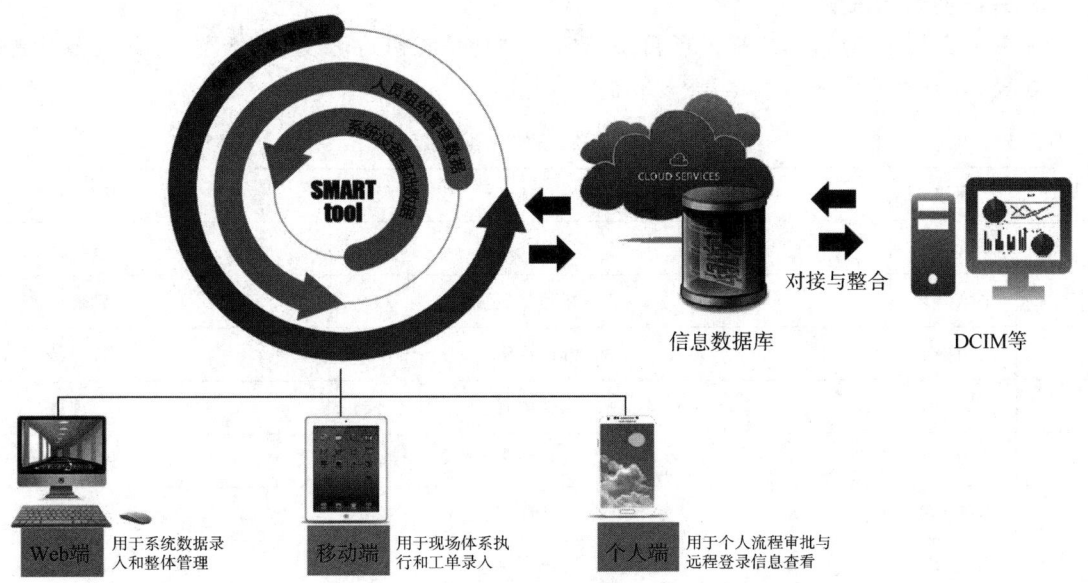

图 9-1 系统组成架构

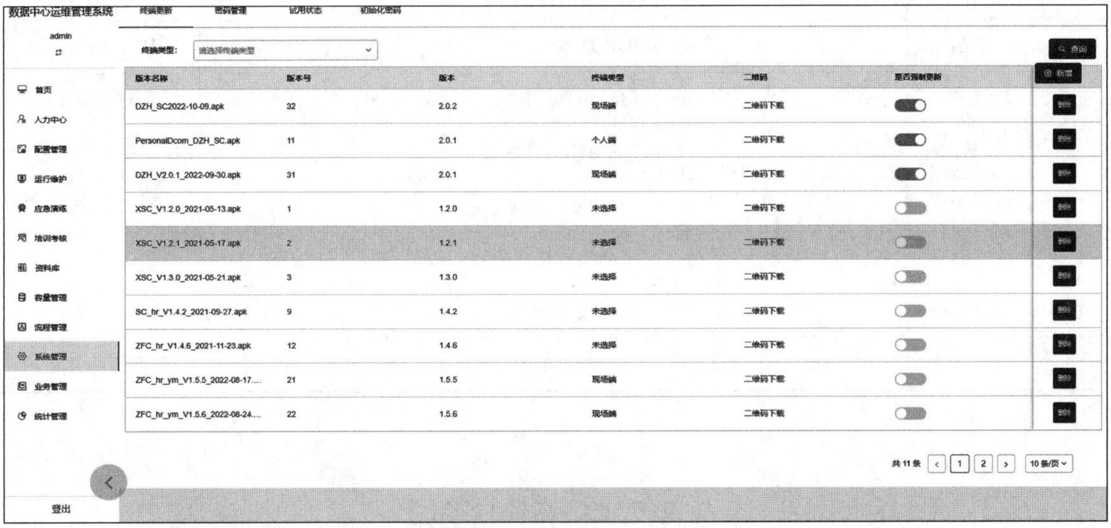

图 9-2 终端管理页面

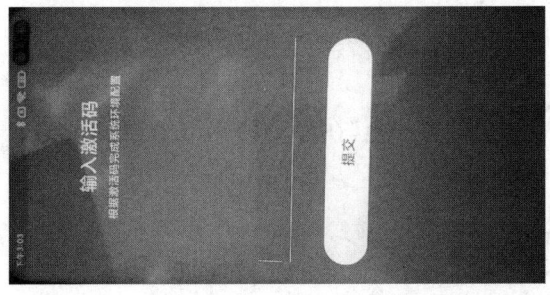

图 9-3 登录 App

3. 系统初始化说明

在系统安装完成后，用户根据项目现场情况进行系统初始化数据的配置，系统初始化配置顺序如表 9-3 所示。

表 9-3　系统初始化配置顺序

顺序	模块	功能	配置角色
1	系统登录	—	管理员
2	系统管理	角色配置	管理员
3	人力中心	部门配置	管理员
4	人力中心	岗位配置	管理员
5	人力中心	人员配置	管理员
6	系统管理	用户配置	管理员
7	系统管理	面部识别	管理员
8	配置管理	系统配置、设备配置、MOP 配置、SOP 配置、SCP 配置、工具配置、物料配置	具有权限用户
9	运行维护	交接班模板、巡检计划、维护计划	具有权限用户
10	应急演练	预案配置、演练计划配置	具有权限用户
11	培训考核	培训课程、培训题库、培训计划	具有权限用户
12	资料库	资料库类别配置	具有权限用户
13	流程管理	流程图配置	研发团队及用户
14	统计管理	自助报告模板配置	研发团队及用户
15	设备监控	报表配置	具有权限用户
16	告警管理	阈值配置	研发团队及用户

9.3　系统的登录

9.3.1　登录系统

打开浏览器（这里使用谷歌浏览器），在弹出的浏览器界面的地址栏输入登录地址。浏览器登录如图 9-4 所示。

登录界面如图 9-5 所示。

图 9-4 浏览器登录

图 9-5 登录界面

9.3.2 软件界面介绍

弹出系统首页,如图 9-6 所示,图的左侧为账户登录、功能菜单栏;右侧为功能展示及操作区。

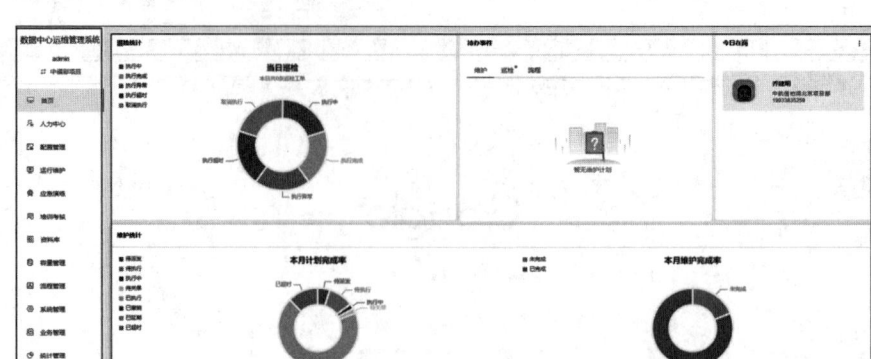

图 9-6　系统首页

9.3.3　数据中心选择

对于多数据中心（站点）的系统，须进行选择（管理员拥有所有站点的管理权限，并在系统权限配置完成后，用户登录账户后会直接跳转至账户所属项目系统）。

站点选择按钮如图 9-7 所示。

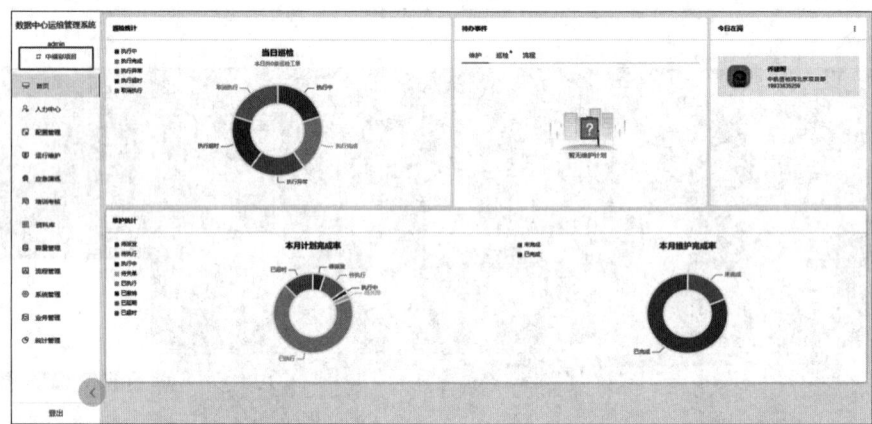

图 9-7　站点选择按钮

站点选择页面如图 9-8 所示。

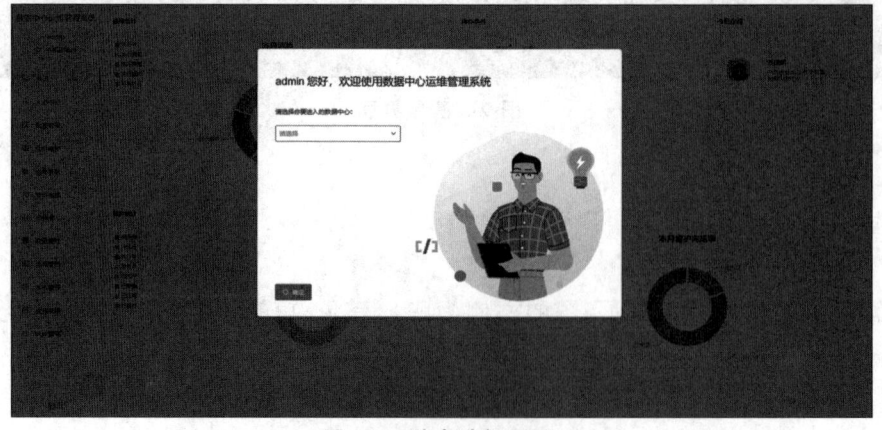

图 9-8　站点选择页面

9.4 系统基础功能模块介绍

9.4.1 角色管理

通过定义不同角色(系统管理员、操作管理员、一般操作人员等)的职责,对所有管理和使用者根据职能进行分组管理,包括允许查看的内容、允许控制的设备等,如图9-9所示。

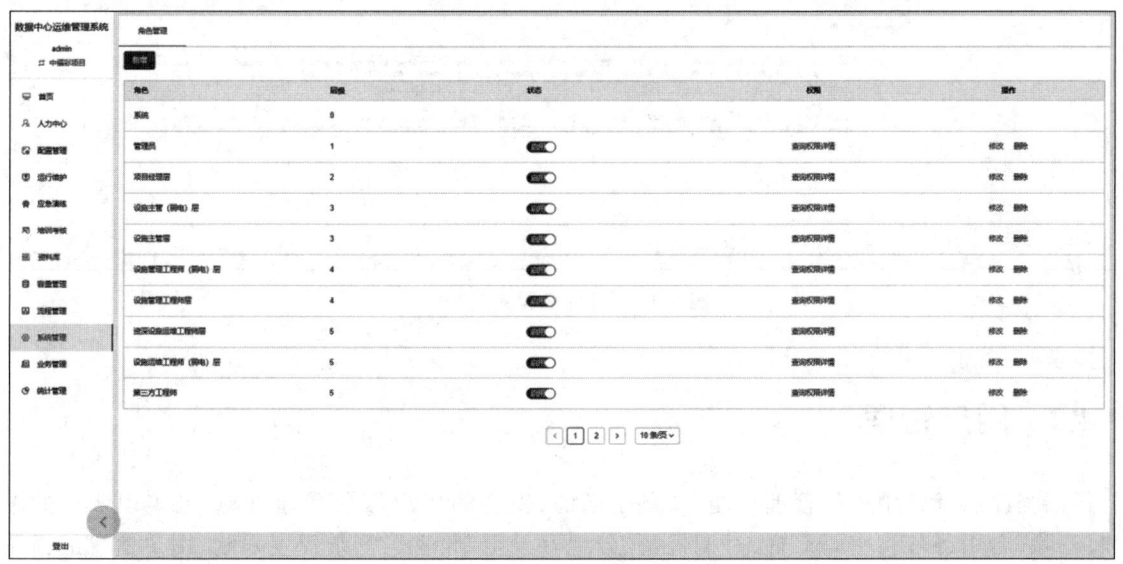

图 9-9 角色管理界面

角色权限可通过修改进行管理页面的修订,如图9-10所示。

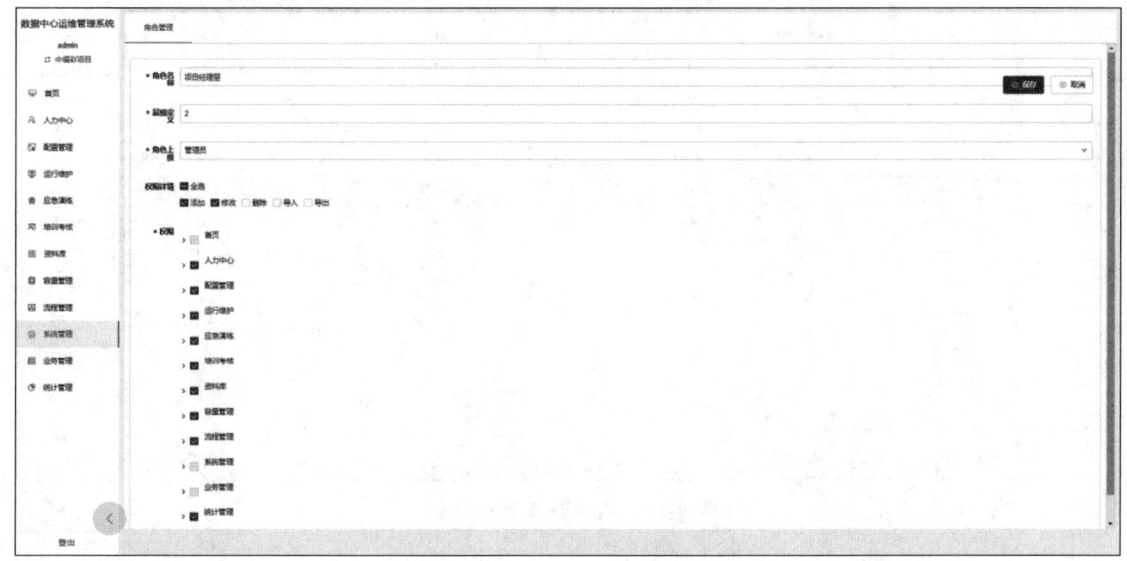

图 9-10 角色权限修改界面

将角色与人员岗位进行关联,即在登录账户后,系统可根据不同岗位匹配不同的操作权限,如图 9-11 所示。

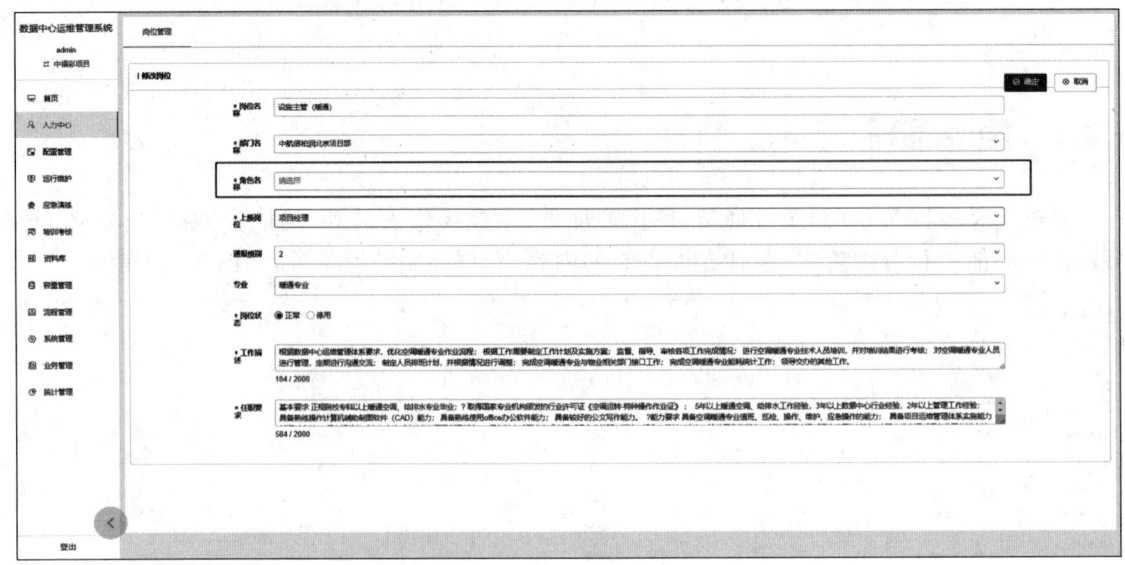

图 9-11　岗位配置角色界面

9.4.2　用户管理

系统提供登录用户的管理功能,具备全面的、安全的用户信息管理机制,可实现账户的增加、删除、启用、停用、密码重置、过期提醒、异地登录限制、密码复杂程度限制、用户信息编辑及修改等功能,满足国家信息安全要求,如图 9-12 和图 9-13 所示。

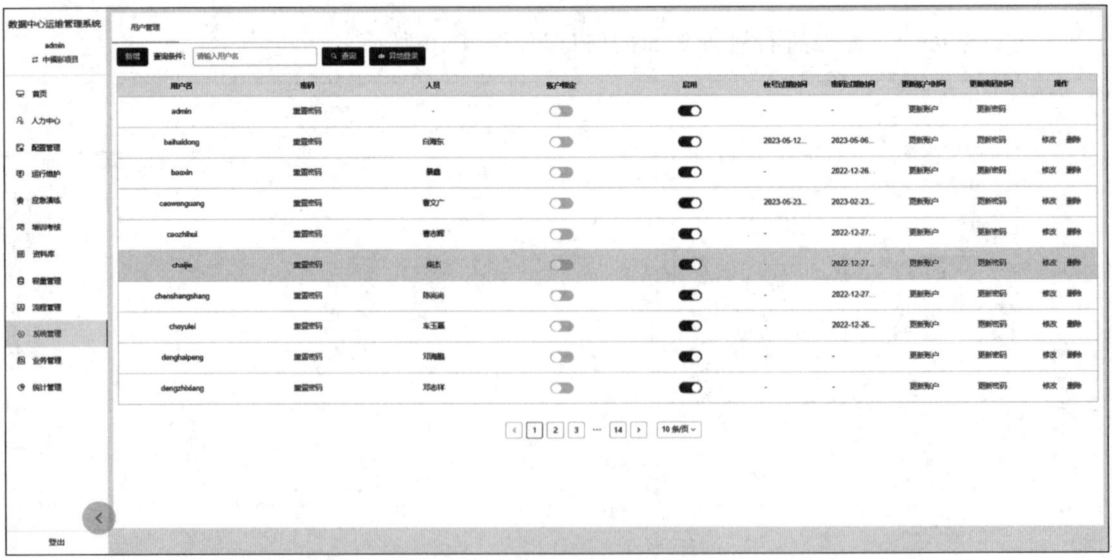

图 9-12　用户管理列表界面

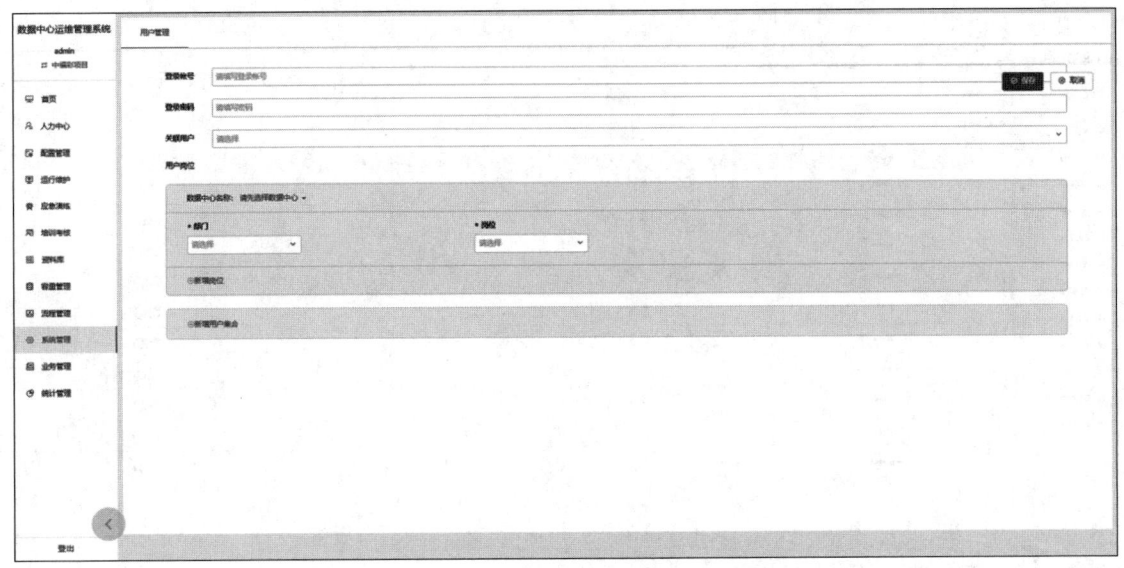

图 9-13　用户新增操作界面

实现基于角色的用户管理，在定义合法用户时，可对用户进行分权分域管理，并设置用户的操作权限、查看权限，还可授权用户可访问的管理域（如某个建筑、楼层、房间、区域，甚至机柜）。

在用户权限进行变更时，应当即时生效，而不依赖用户的重新登录系统等异步操作后才生效。

9.4.3　终端管理

系统支持下载最新版本终端设备，包括个人端、移动端。同时对终端登录方式进行管理，通过随机验证码的方式管理账户登录方式的启停。系统支持通过切换站点进行 App 使用功能的选择，如图 9-14～图 9-16 所示。

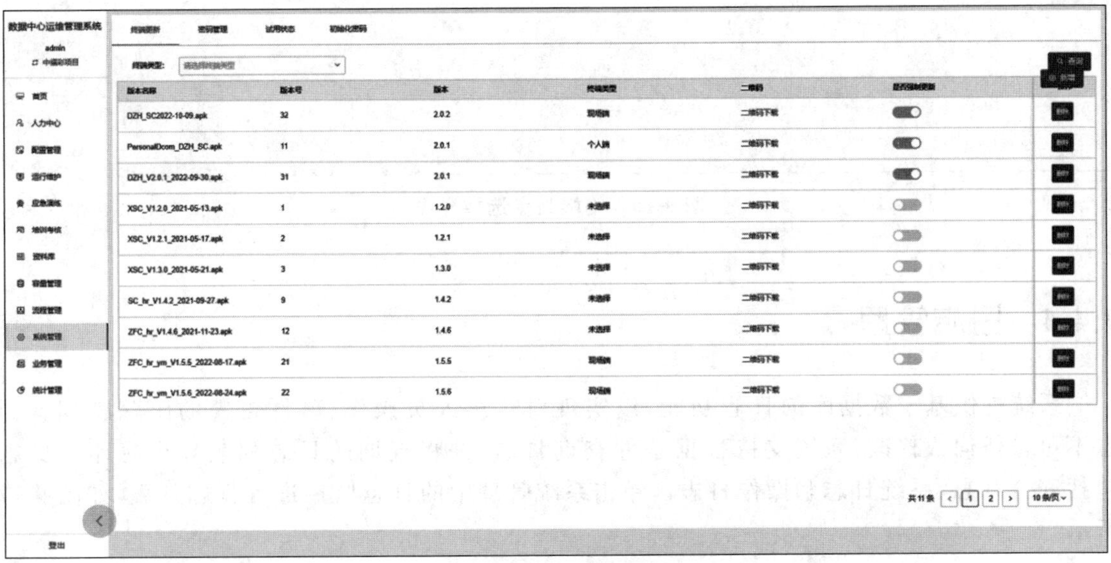

图 9-14　终端下载界面

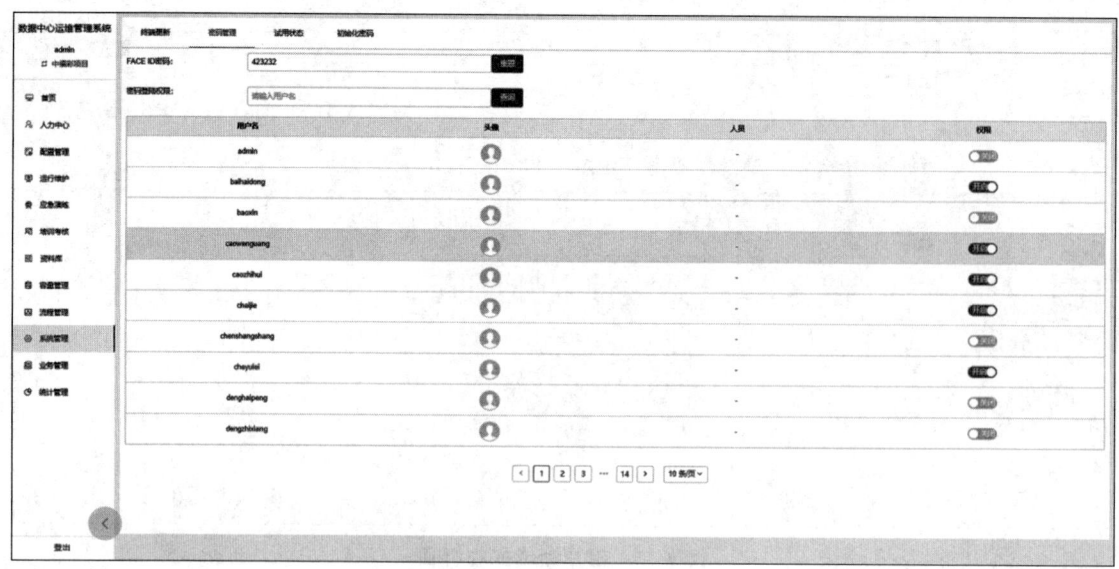

图 9-15　用户登录方式选择界面

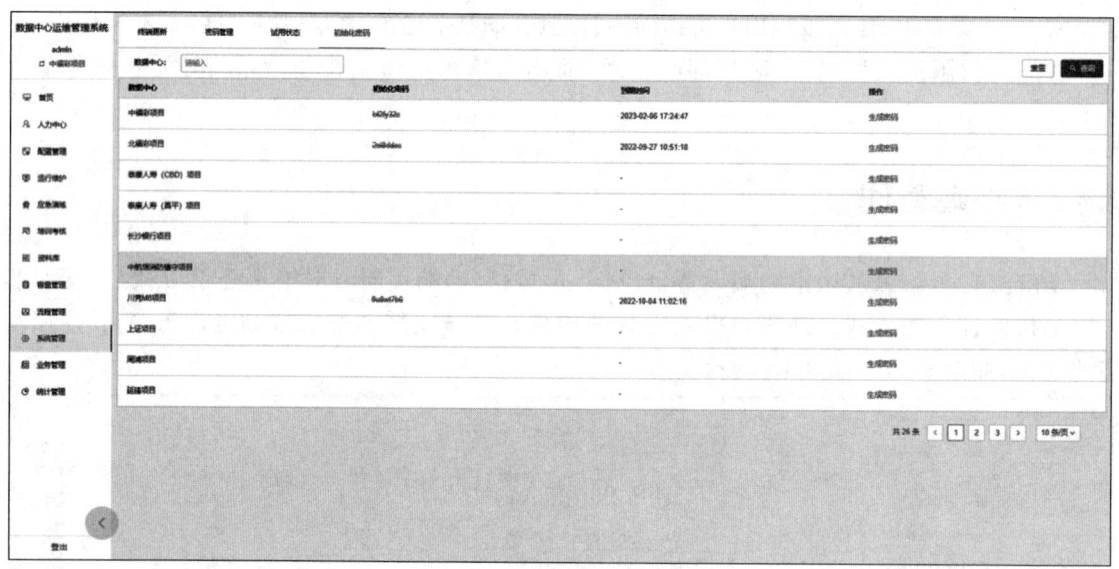

图 9-16　终端站点选择界面

9.4.4　日志管理

系统提供基于数据库的日志功能,以实现对机房人员操作、事件告警的跟踪管理。日志不可被任何人修改,系统支持根据条件查询日志,并将查询的日志列表导出打印。日志包括安全日志、系统日志和操作日志。单击系统管理中的日志监控进入日志列表,如图 9-17 所示。

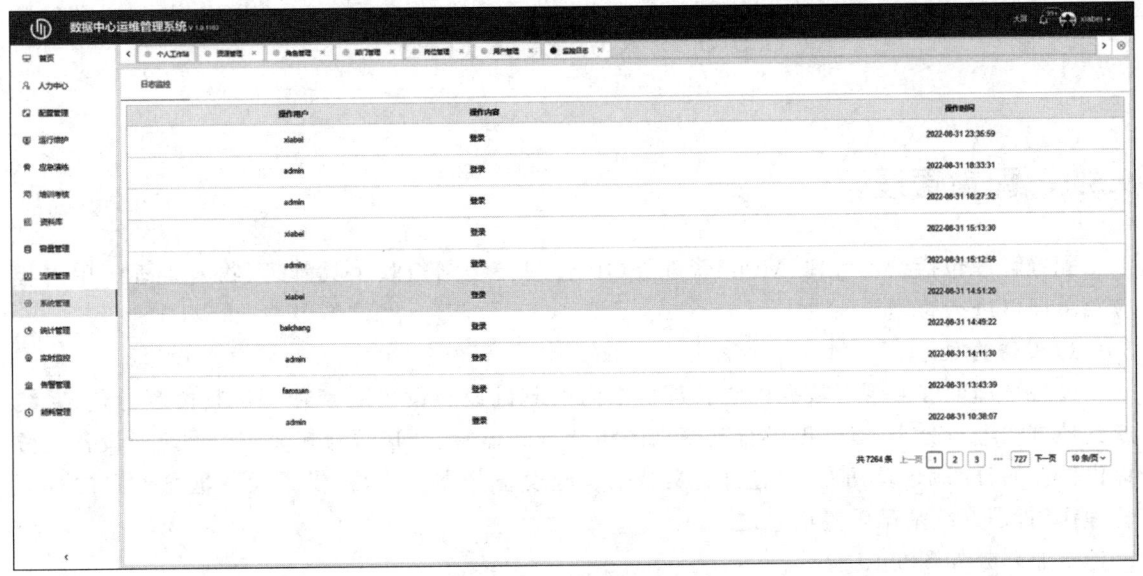

图 9-17　日志监控界面

9.4.5　项目权限管理(选配)

项目权限管理提供对多站点系统权限管理功能,具备新增、修改、删除等功能,如图 9-18 所示。

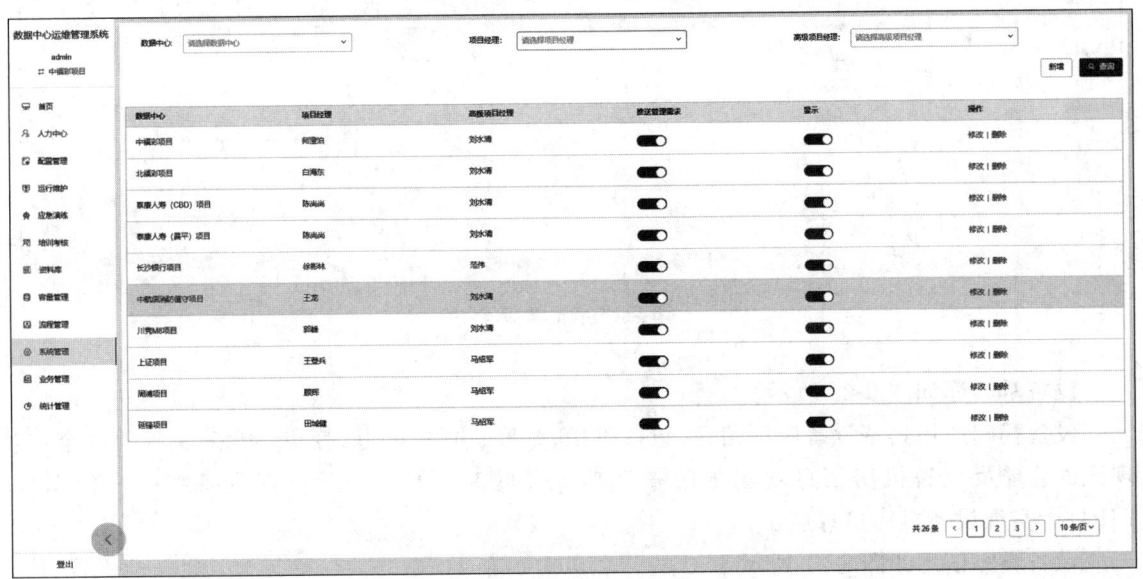

图 9-18　多站点系统权限管理功能界面

9.5 关键模块介绍

9.5.1 配置管理

配置管理包括设备管理、MOP 管理、SOP 管理、SCP 管理、工具管理、物料管理。单击相应菜单即可进入管理界面。

1. 设备管理

设备管理能够实现对数据中心管理范围内的基础设施设备的管理。将其按照专业、系统或其他方式进行分类,以便提供直观便携的树状查阅体验。同时,为其他应用模块对设备定位提供便捷的分级筛选功能。通过自定义基础设施设备分类方式,提供了设备信息台账的查阅管理作用,是系统基础配置信息之一。

专业划分如图 9-19 所示。

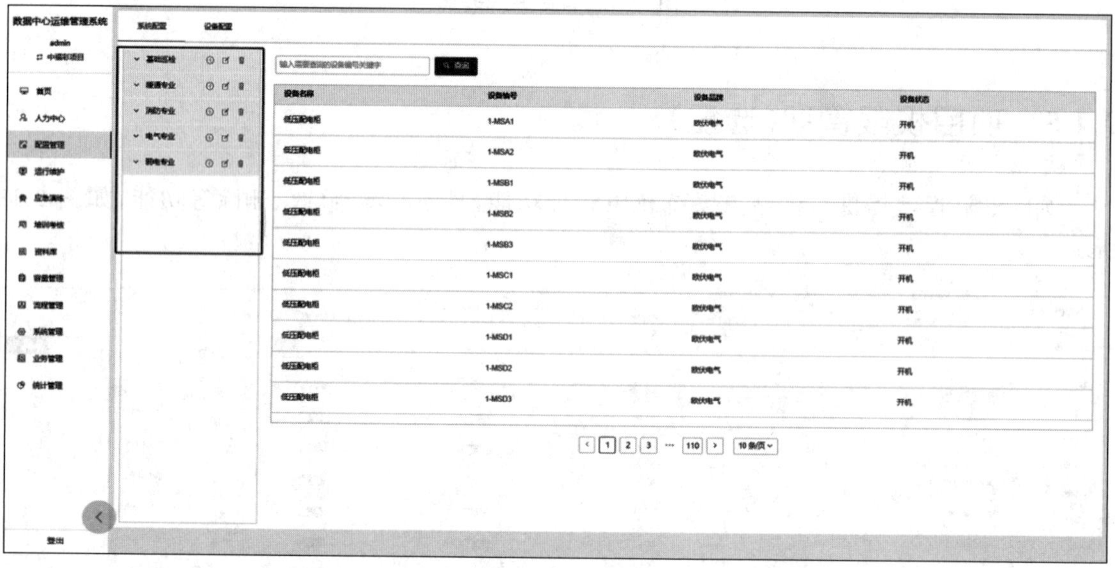

图 9-19 专业划分

设备基础库如图 9-20 所示。

设备基础库还具备设备履历信息,包括维护、维修、事件、问题、变更、告警、文档等内容,实现全面管理及设备机房信息现场随时查询功能。同时,通过 App 识别设备唯一身份识别 FIRD 卡实现设备机房信息展示。

设备履历信息如图 9-21 所示。

支持设备重要信息提醒,如生命周期临限、维修次数临限等。

质保时间提醒功能如图 9-22 所示。

具备设备信息修订、新增、删除等变更操作与流程管理的数据关联功能,实现设备变更风险控制。当变更流程执行完成后设备信息将自动更新。

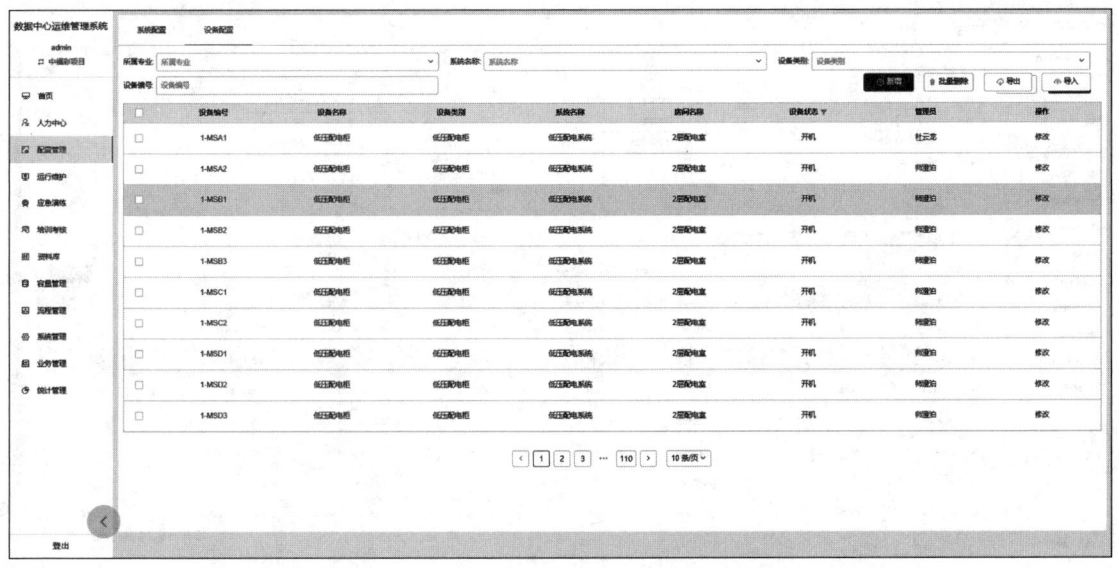

图 9-20 设备基础库

(a) (b)

图 9-21 设备履历信息

2. MOP 管理

支持对维护作业程序 MOP 的线上化管理,包括 MOP 的新建、编辑、删除、检索等功能。

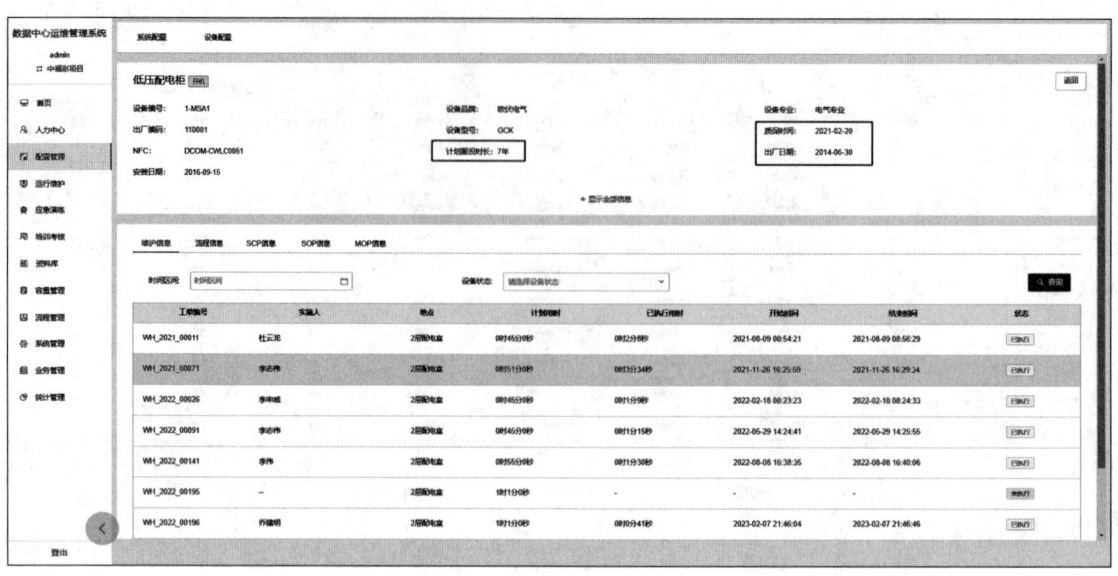

图 9-22　质保时间提醒功能

同时，通过部分标准阈值的配置，实现维护异常项目的自动报警、识别。MOP 基础信息包括维护条件、安全保障、维护工具、维护耗材备件、维护标准、维护步骤、维护记录表等。

MOP 新增、修改、删除、检修按钮如图 9-23 所示。

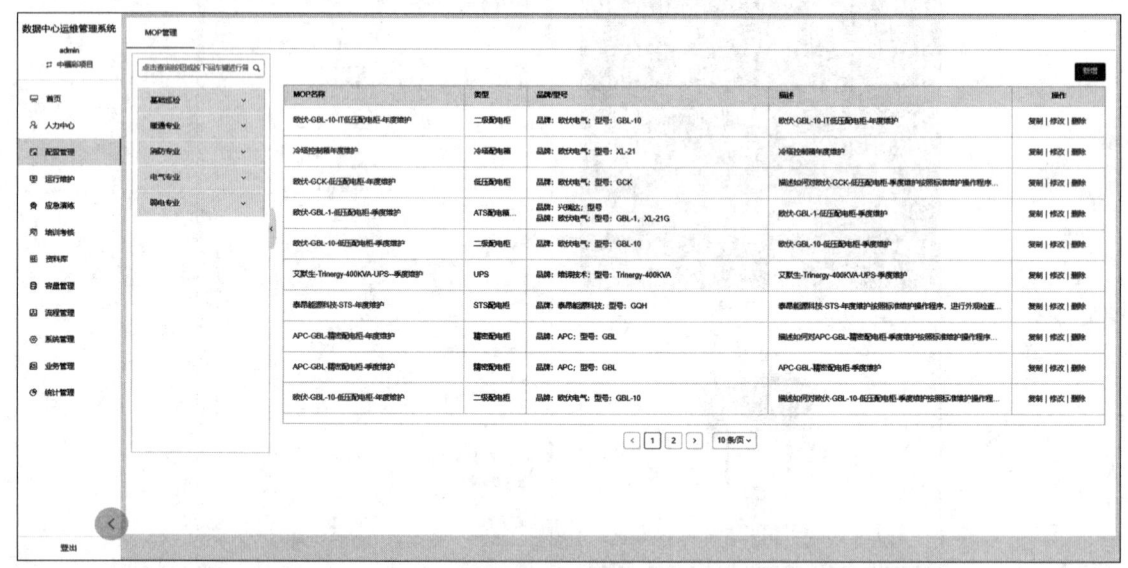

图 9-23　MOP 按钮

3. SOP 管理

支持 SOP 的线上化管理，包括 SOP 的新建、编辑、删除、检索及与设备关联等功能。支持对于关键基础设施设备制定 SOP。SOP 基础信息包括作业目标、安全措施、工具信息、操作用时、操作步骤、操作记录等。

SOP 新建、编辑、删除、查询功能如图 9-24 所示。

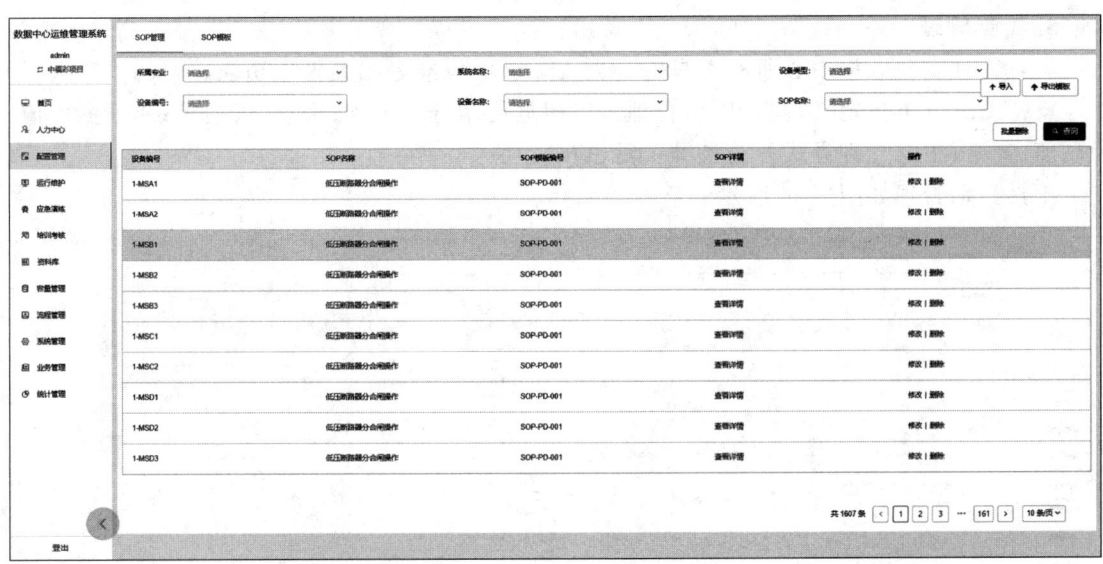

图 9-24 SOP 功能

4. SCP 管理

支持 SCP 的线上化管理,包括 SCP 的新建、编辑、删除、检索等功能。同时,支持关联变更流程,随变更流程自动更新 SCP,实现与 DCIM 系统设备运行状态进行对比,实时监控现场设备配置情况。

通过导出设备清单,进行设备配置参数的录入,导入参数信息。实现 SCP 初始化功能。所有的 SCP 值均实现自定义建立,可包含、尺寸、规格、重量、能耗、端口数量、空调设置温度、压缩机启动时间、配电柜的整定值等信息。

SCP 页面如图 9-25 所示。

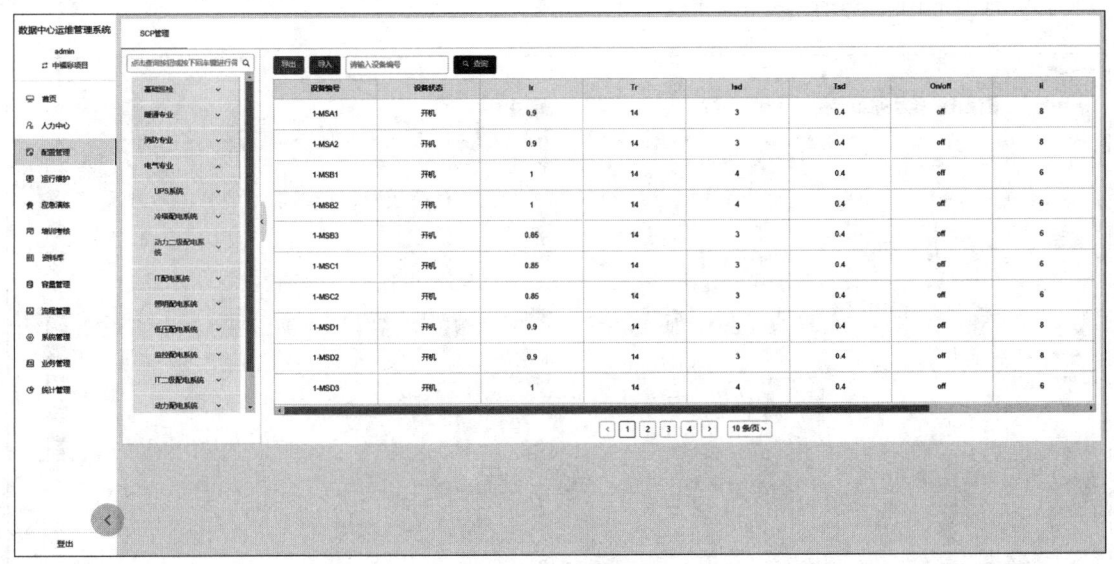

图 9-25 SCP 页面

SCP 的修改、删除与变更流程进行关联,实现设备参数调整风险控制。当 SCP 变更流程实施后 SCP 信息将自动更新,同时与 DCIM 系统进行对比,校验变更实施结果。

5. 工具管理

工具管理实现数据中心所有工具的分类、出入库、校准等相关管理功能。

支持工具分类自定义，便于库房管理。可根据使用分为电动、手动、清洁等；或根据价值分为高值、普通；根据管理方式分为校准工具、普通工具。

工具类别管理如图 9-26 所示。

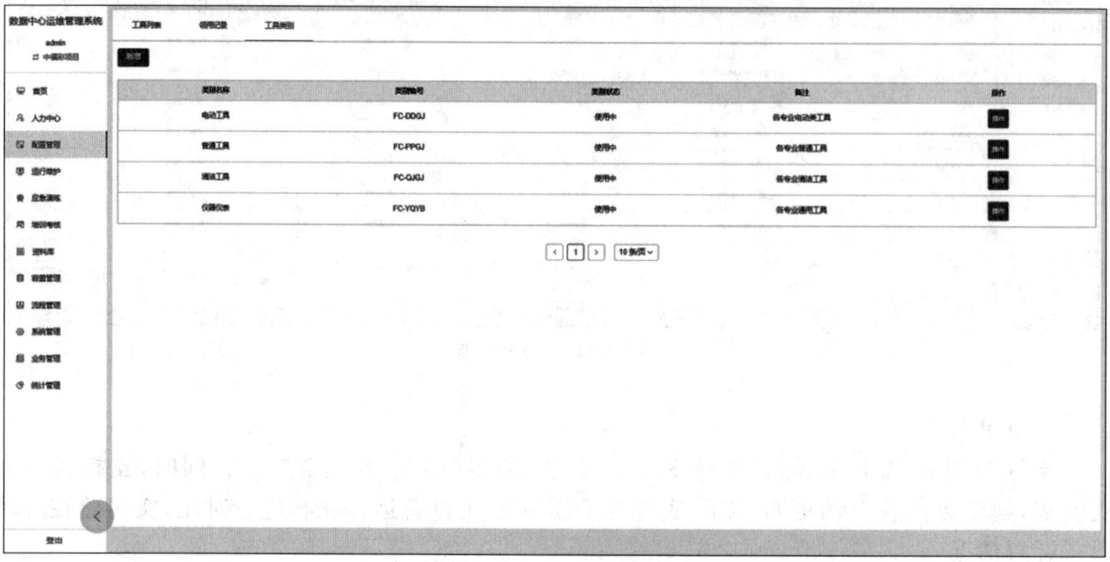

图 9-26　工具类别管理

通过工具新增、修改、删除或导入、导出功能建立工具库，包括类别、编号、名称、品牌、型号、存放位置、数量、库存状态等信息。

工具列表如图 9-27 所示。

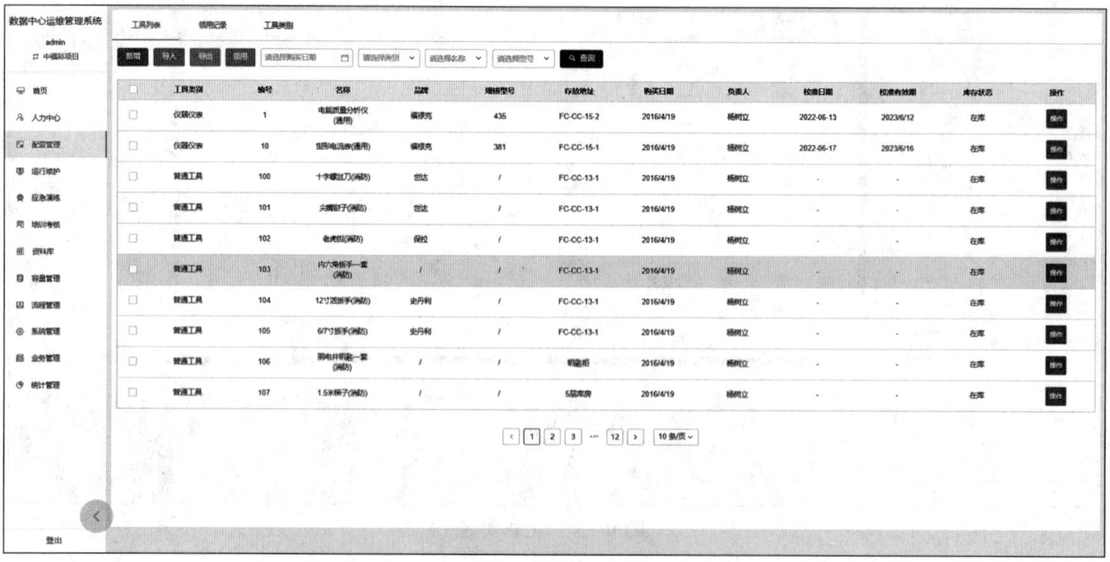

图 9-27　工具列表

支持对运维使用的仪表进行工具有效管理,通过校准按钮实现工具的校准时间管理并上传工具校准证书,系统根据设定提醒周期自动识别仪表校验状态,并在校验过期时发出提醒。

工具校准提醒功能如图9-28所示。

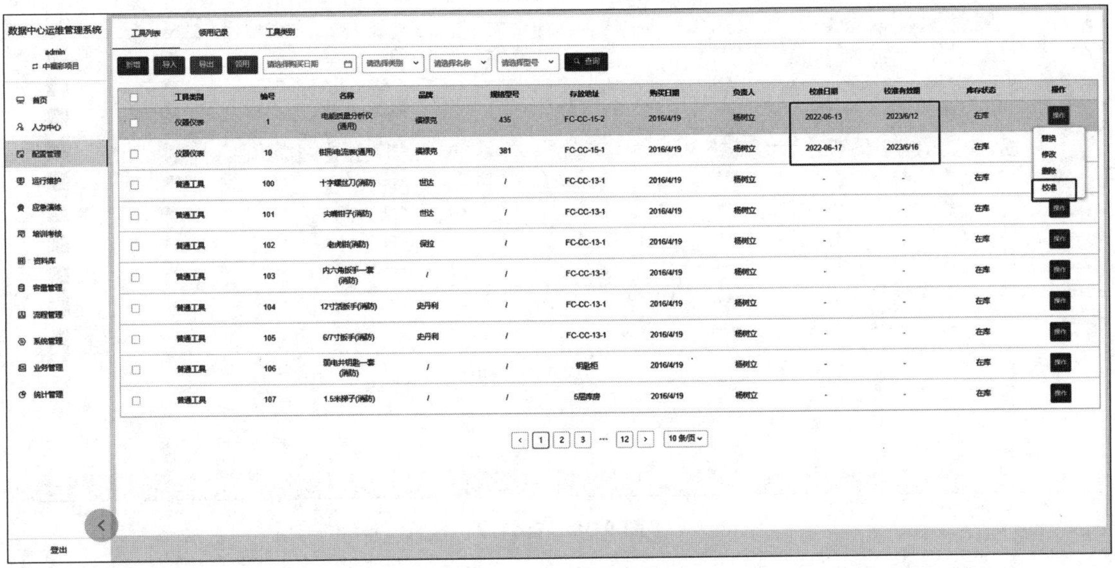

图 9-28　工具校准提醒功能

6. 物料管理

物料管理实现数据中心所有物料的分类、出入库、基数保障等相关管理功能。

支持物料分类自定义,便于库房管理。可根据状态分为新购、废旧；根据功能分为耗材、备件、关键备件等如图9-29所示。

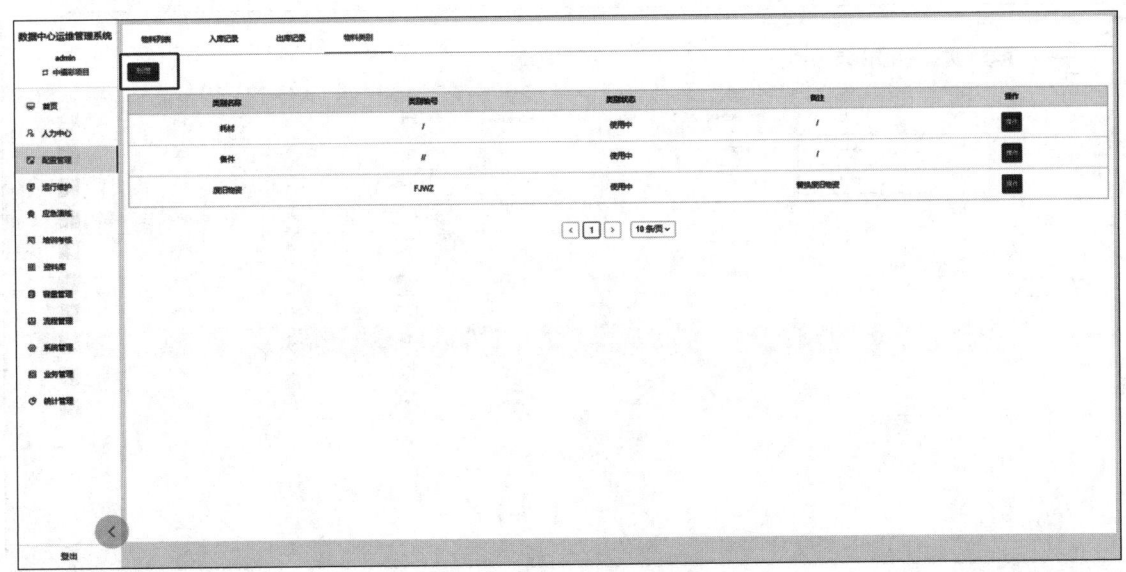

图 9-29　物料管理

通过备件新增、修改、删除或导入、导出功能建立备件库,包括备件名称、类型、规格信号、数量、再采购点等信息。

备料库如图 9-30 所示。

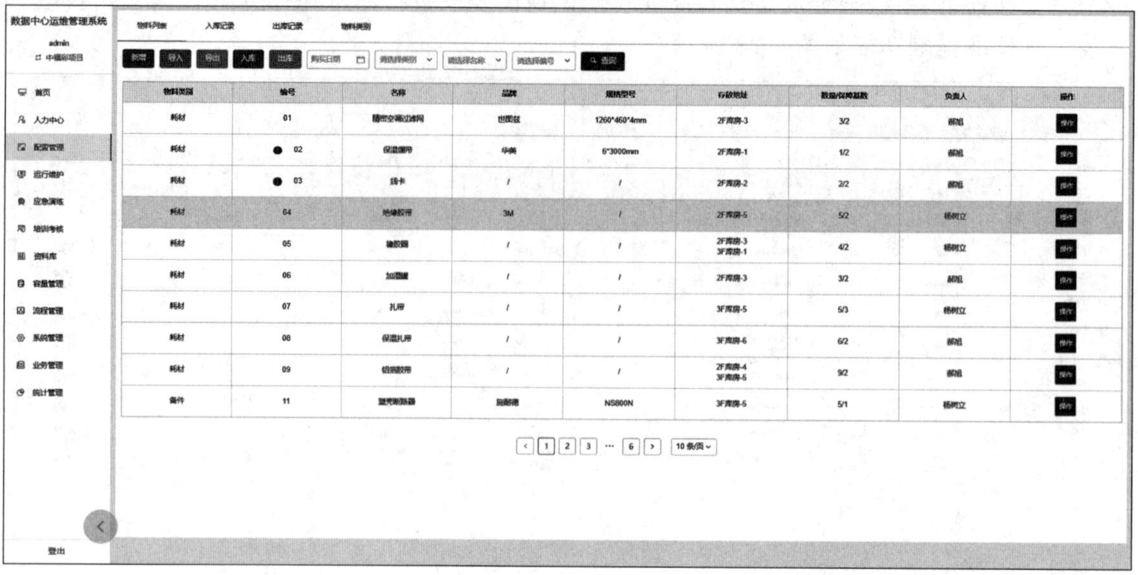

图 9-30 备料库

备料管理与流程关联,通过出入库流程实现出入库审批功能。同时,对备料出入库状态进行实时变更,并在出入库记录中进行记录。

备件耗材安全库存提醒,可通过预设安全库存数量实现。如低于安全库存,系统将自动推送消息提醒。

备件安全库存异常标注如图 9-31 所示。

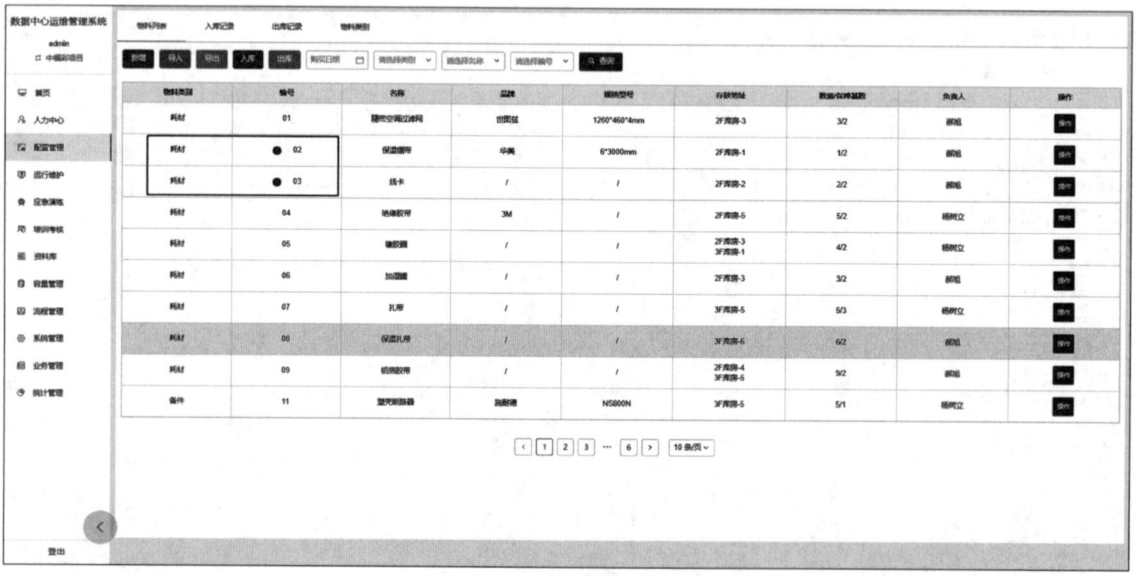

图 9-31 备件安全库存异常标注

备件安全库存异常提醒如图 9-32 所示。

| 第 9 章 | 管理软件的使用

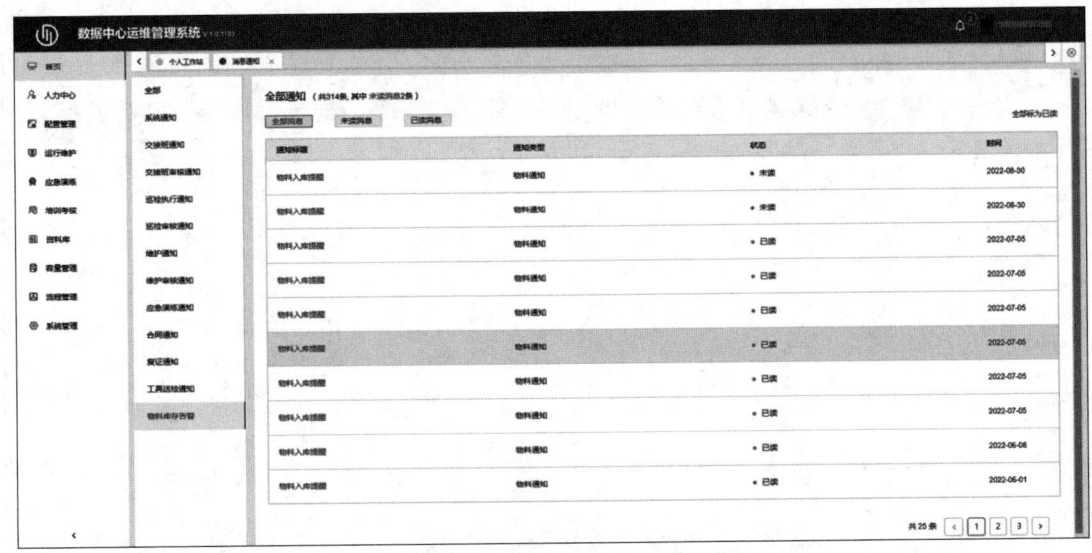

图 9-32　备件安全库存异常提醒

9.5.2　运行维护管理

1. 交接班管理

进入系统单击菜单栏"运行维护"下的"交接班管理"进入交接班管理界面。

交接班管理如图 9-33 所示。

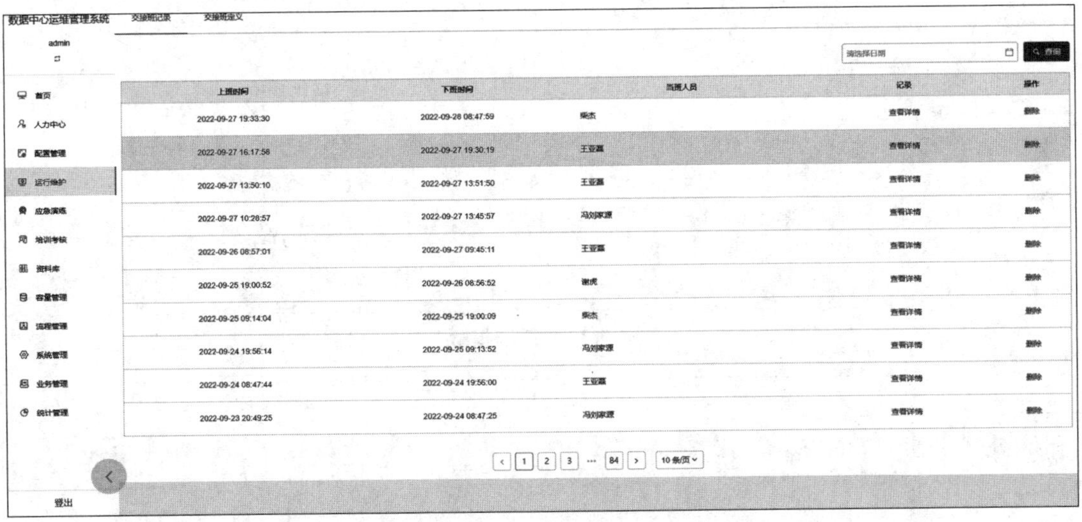

图 9-33　交接班管理

进入交接班定义管理页面。

模板定义如图 9-34 所示。

交接班模板具有新增、修改、删除功能。

新增模板如图 9-35 所示。

新增包括交接班规则定义、交接班信息。交接班信息可通过"新增"按钮进行添加交接班内容。设置内容包括文本格式、单选格式、多选格式。

交接内容配置如图 9-36 所示。

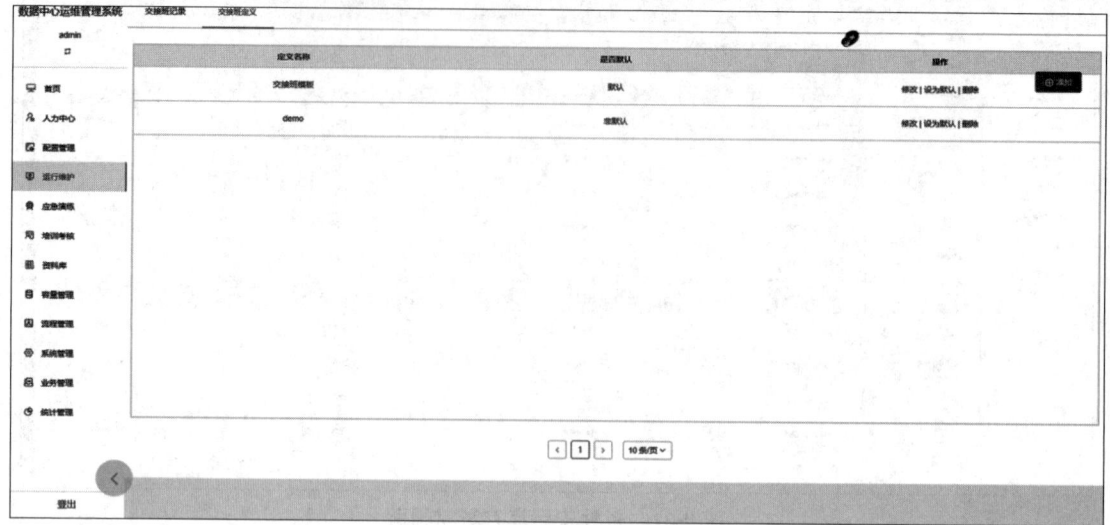

图 9-34　模板定义

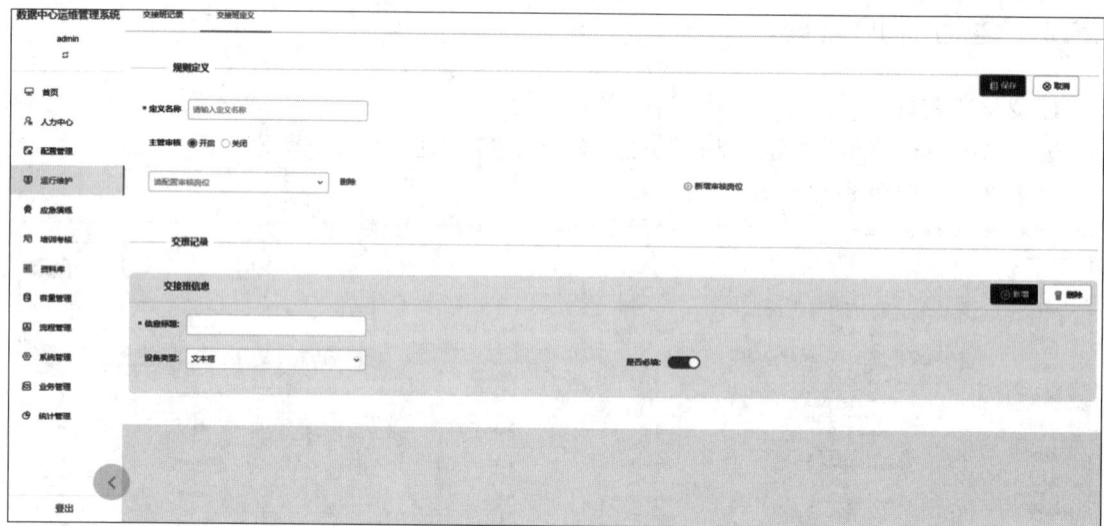

图 9-35　新增模板

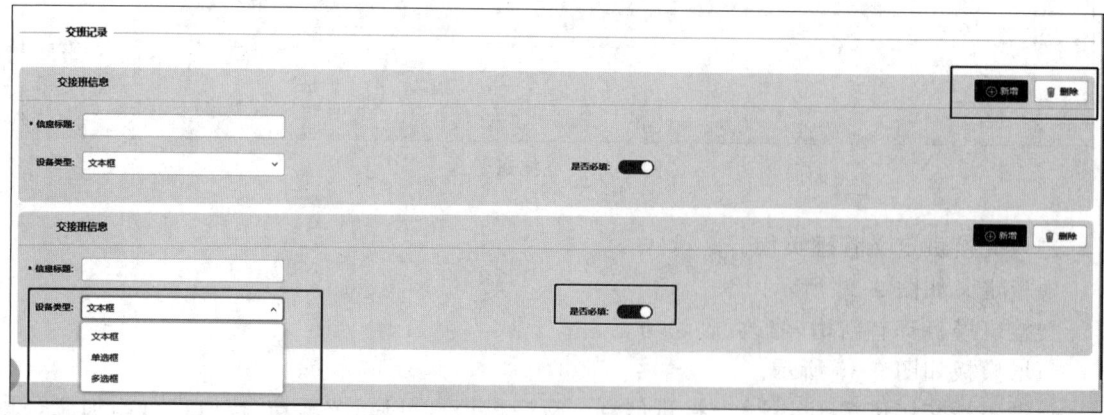

图 9-36　交接内容配置

交接班模板的"设置默认"功能,即在下次交接班时使用该模板进行交接班的内容填写。

值班交接流程的管理功能,即使用移动端在线完成运维值班人员的例行值班交接。通过面部识别方式进行身份确认,以及值班记录的优化调整。同时,系统自动将当班巡检、事件、问题、维护等内容进行关联。交接班的操作方法如图 9-37 所示。

图 9-37 交接流程管理

(a)单击交班打卡按钮;(b)交接班的日志编辑;(c)确认人员身份;(d)面部识别界面;
(e)交班成功界面;(f)准备接班打卡

图 9-37　交接流程管理（续）

(g)接班记录查看；(h)巡检记录查看；(i)确认接班人员；(j)确认接班；(k)接班打卡成功

对交接班日志 Web 端进行实时编辑记录。

2. 巡检管理

进入系统，单击菜单栏"运行维护"下的"设备巡检计划"进入设备巡检计划管理界面如图 9-38 所示。

进入"巡检模板管理"界面，系统自带常规设备巡检模板，包括柴油发电机、油泵房、高低压

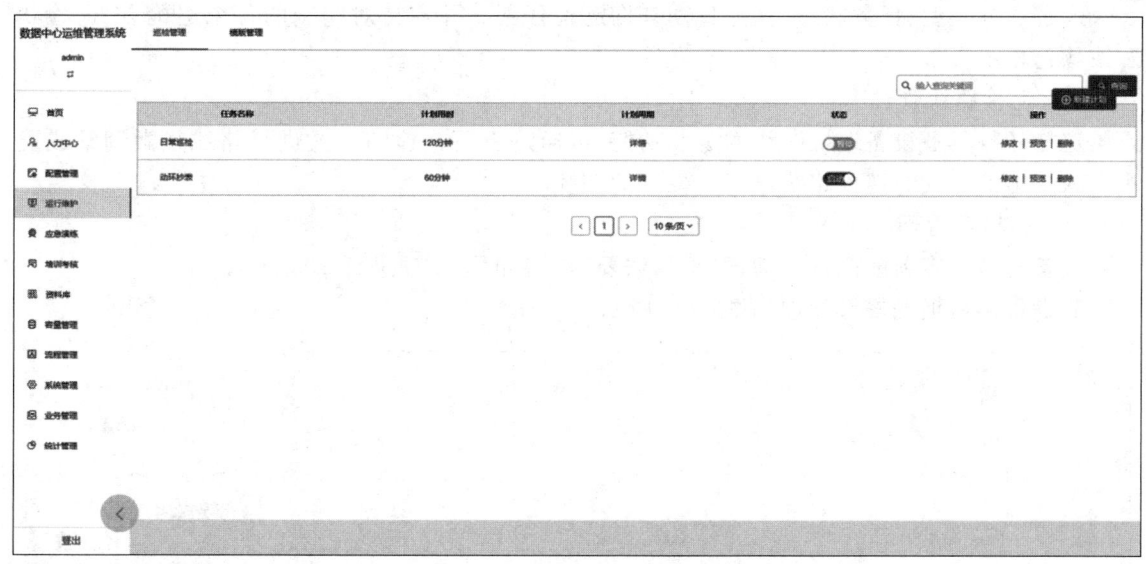

图 9-38 巡检计划管理

配电柜、变压器、UPS、电池、机房配电柜、小母线、列头柜、精密空调、VRV、加湿器、动环监控等设备。用户可根据需要对模板进行优化调整，以满足用户自己巡检需求。

巡检模板如图 9-39 所示。

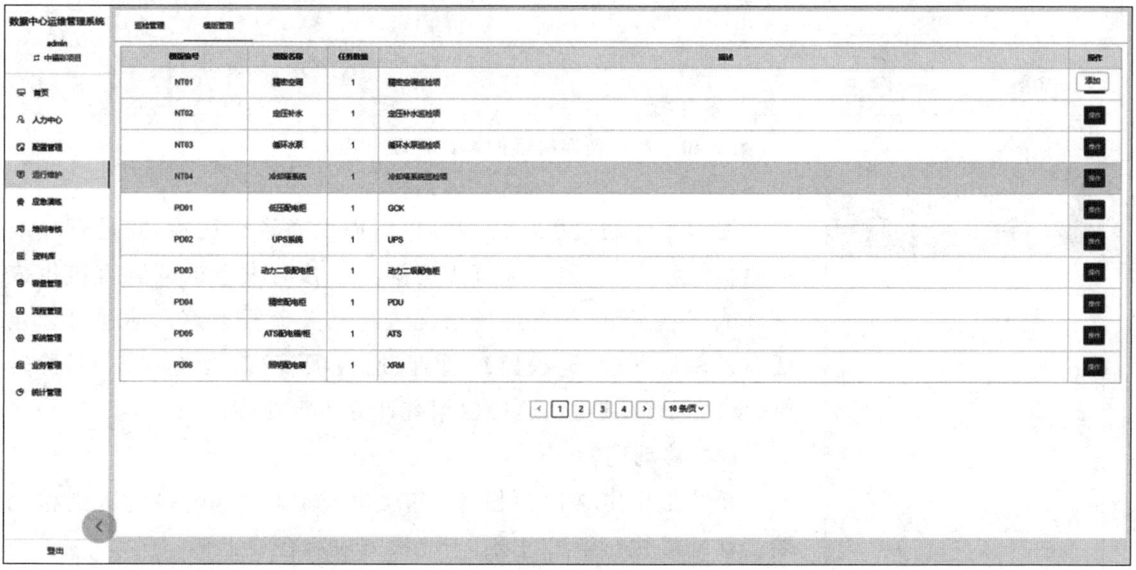

图 9-39 巡检模板

（1）制订巡检计划

巡检任务支持自定义巡检任务，能通过系统新建或修改定义巡检任务的类型、任务的持续时间等相关信息。

通过巡检任务的启动、暂停按钮，灵活制定巡检项目及巡检计划。后台自动生成每天的巡检任务。同时，也支持手工临时新增或取消巡检任务。

通过任务类型、任务状态、任务日期查询巡检任务。并支持对定制的各个巡检点、巡检状态按颜色显示。

（2）巡检路线管理

巡检任务具备设备巡检路线的定制功能，可通过上下拖拽的方式进行路线轻微调整或通过导入导出的方式对巡检路线进行大幅度的调整。

（3）巡检项管理

设备巡检内容项的配置管理，可根据需要对设备的巡检项进行修改。

对设备巡检项的修订管理如图9-40所示。

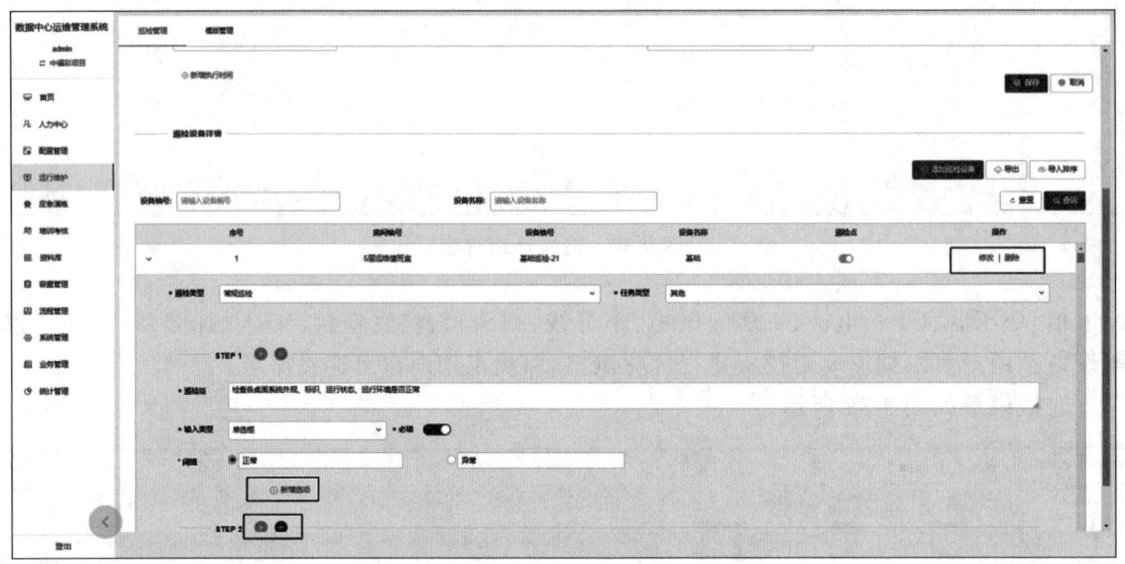

图9-40　对设备巡检项的修订管理

图9-41　巡检任务推送至移动界面

巡检工作通过手持终端对机房内设备进行巡检，并进行标准化巡检流程，确保重要细节不遗漏。巡检时发现的问题直接生成事件或问题工单，并对现场情况进行相关流程追踪。巡检管理包括巡检模板管理、巡检路线管理、巡检项管理、巡检任务、巡检转单（事件）、移动巡检、巡检数据统计分析等功能。

（4）移动巡检

系统根据定义巡检任务，自动生成巡检工单，并推送到移动端。移动端执行巡检任务，当巡检完成后在线上传。

巡检任务推送至移动端如图9-41所示。

单击"去巡检"箭头，可对人员身份进行识别。再通过二维码进行设备识别。巡检人员须现场进行设备标签识别后才能录入巡检数据，如图9-42所示。

巡检中可展示各巡检项目的正常值范围，同时对系统发现的异常点主动告警并提醒录入异常说明，如图9-43所示。

巡检完成后生成巡检报告，可在移动和Web端进行报告的查询。报告内容包括巡检任务单号、计划开始时间、实际开始时间、任务状态、巡检任务是否异常。在 Web 端可进行报告导出巡检报告、打印操作等。

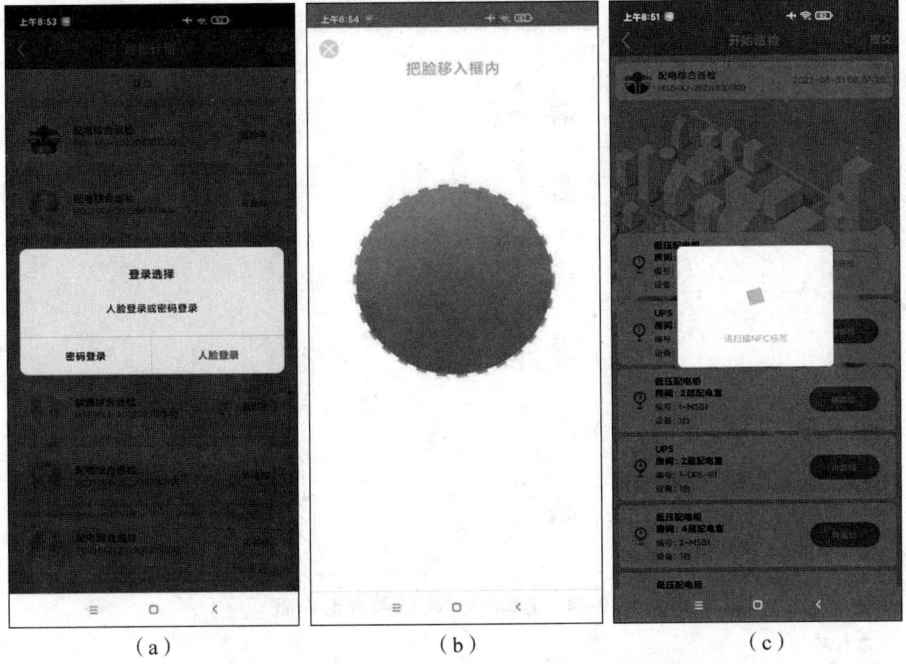

图 9-42 巡检人员身份识别和设备身份识别
（a）巡检人员确认；（b）人员身份识别；（c）设备身份识别

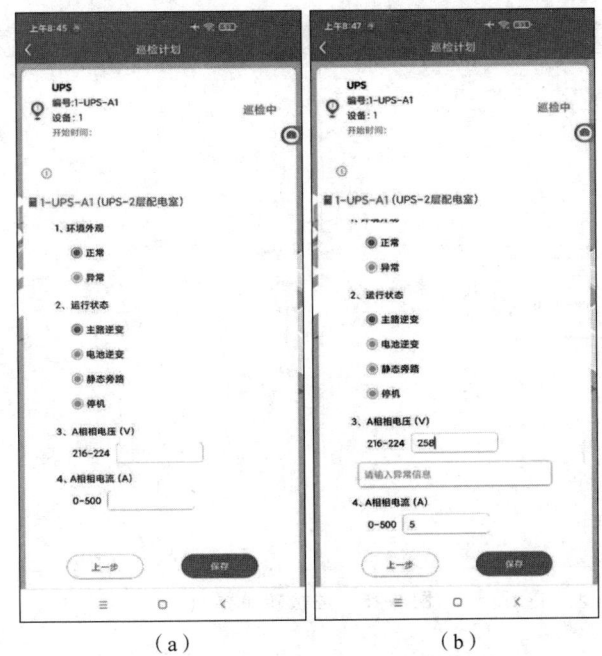

图 9-43 巡检显示界面
（a）巡检正常范围；（b）异常巡检点提醒

移动端巡检记录查询,如图 9-44 所示。

图 9-44　移动端巡检记录查询界面

巡检发现的问题系统能够自动转事件工单,针对发现的问题及时处理。同时,将处理结果关联对应的巡检任务,并在运维管理首页呈现。

巡检异常自动转事件工单如图 9-45 所示,关联巡检工单编号。

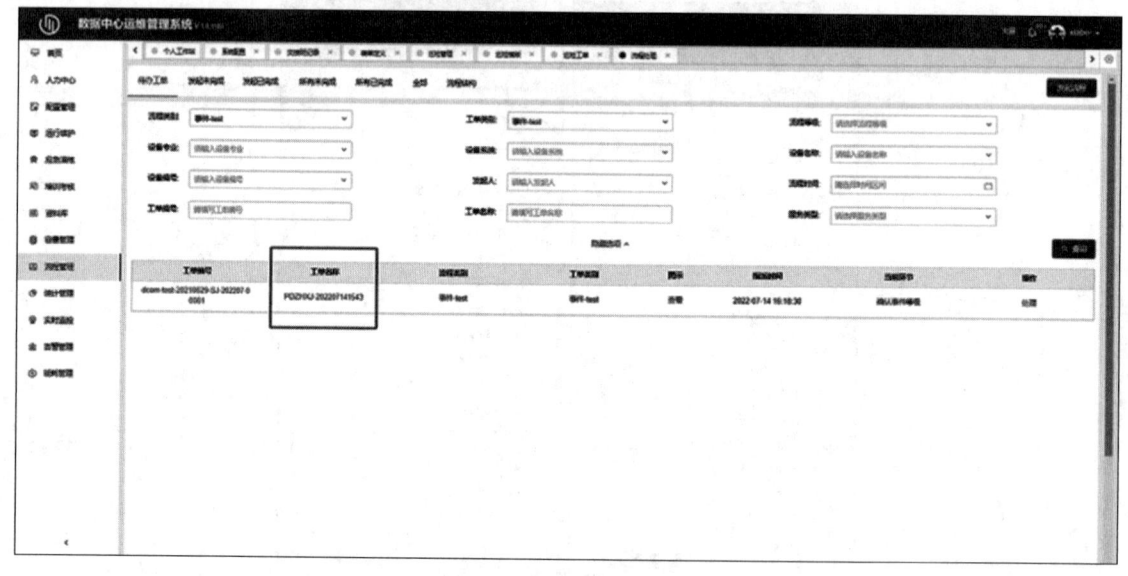

图 9-45　巡检转单界面

3. 维护管理

维护管理包括维护计划管理、维护模板管理、维护项管理、维护流程审批、重点时段维护计划调整、维护延期、维护任务、移动维护、维护转单、关联供应商评价、维护数据统计分析等功能。

在"维护列表"通过不同颜色及百分比的方式实时展示每个维护计划的执行进度,如图9-46所示。

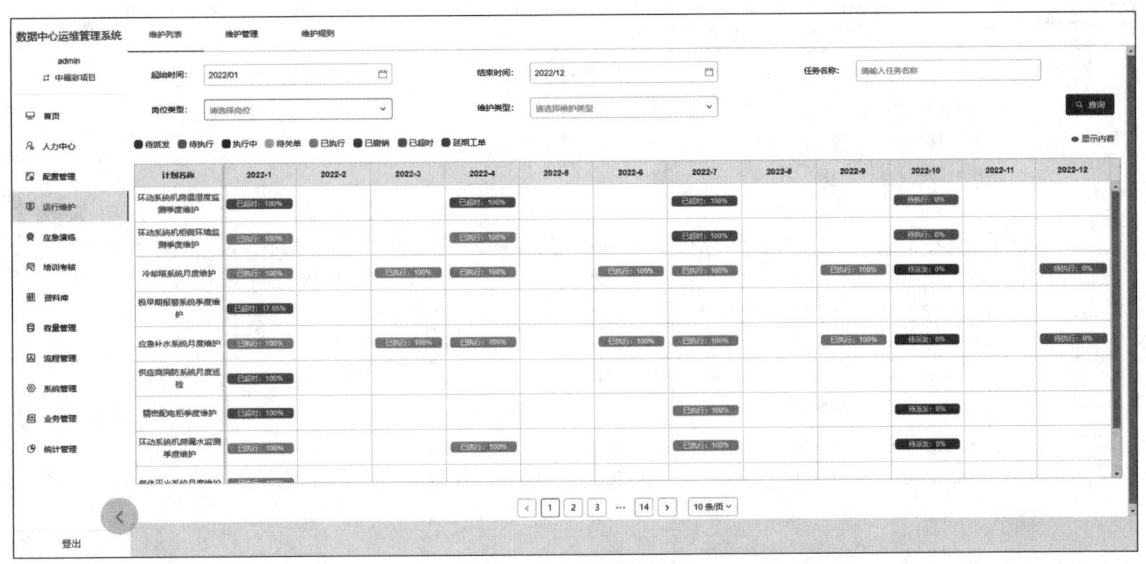

图 9-46　维护列表界面

重点时段维护计划调整:系统通过新建、发布、取消发布等操作对维护计划进行调整,以满足在春节、两会、法定节假日、年终决算等重点时段的特殊维护要求。支持根据需要增减重点时段维护,调整供应商服务计划,并对相关流程进行管理。

对于已发布的维护计划,可以通过取消发布,以对维护时间和维护内容根据要求进行调整,如图9-47所示。

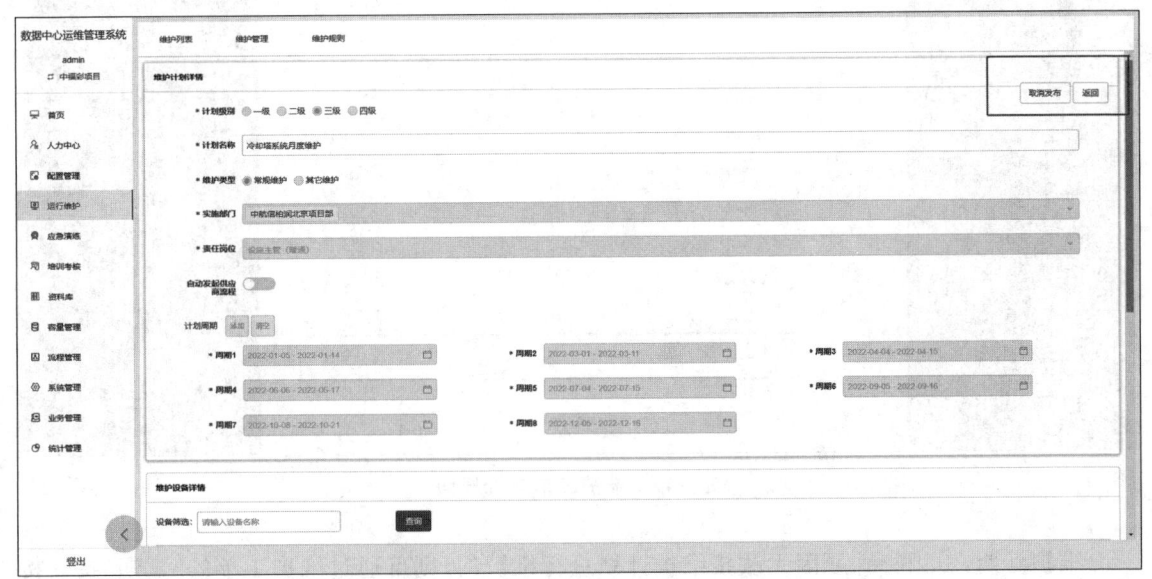

图 9-47　重点时段维护计划调整界面

维护工单管理:根据维护计划系统自动生成维护工单。对维护工单进行工单的派单,通过时与流程工单进行关联。系统自动生成维护审批单,审批通过后方可执行维护任务工单,如图9-48所示。

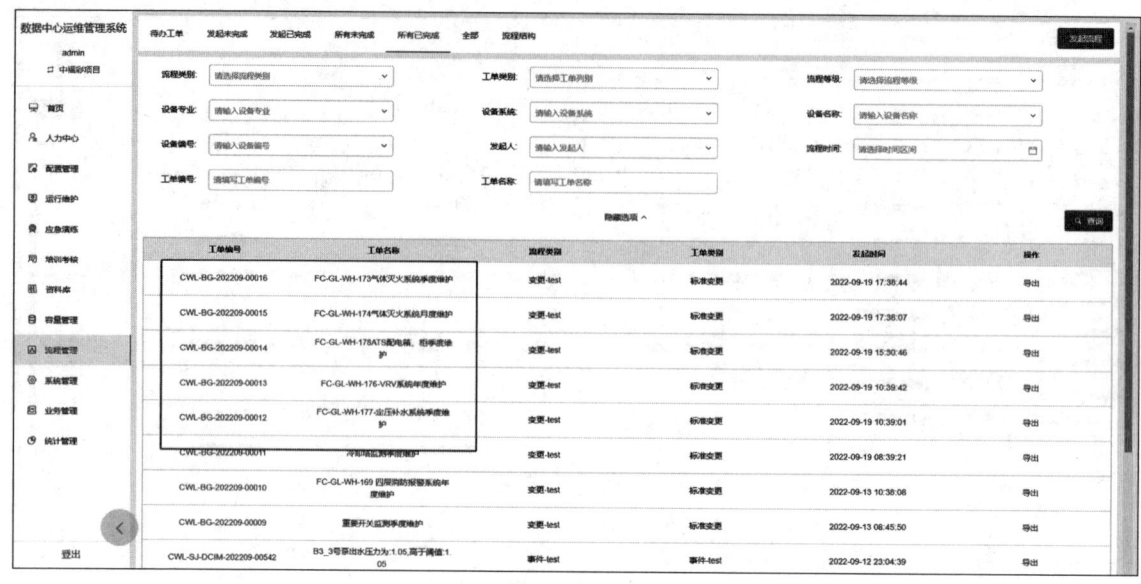

图 9-48 维护工单管理界面

维护工单审批:根据维护方关联供应商流程工单,在维护任务执行完成并完成供应商评价后,方可关闭维护工单,如图9-49所示。

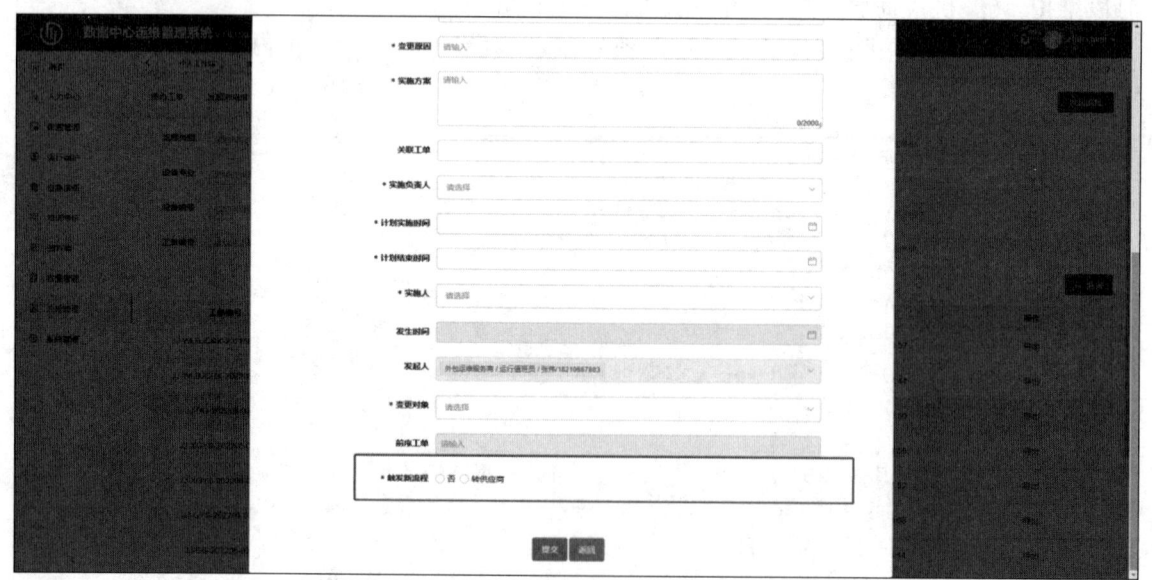

图 9-49 维护工单审批界面

维护延期:若因特殊原因无法按维护计划进行维护的,则可通过维护工单的"延期"按钮按照分批或全部进行维护延期申请。在延期申请审批通过后再执行维护任务,维护延期必须组织延期风险评估会议进行评估并上传会议评估结果。

维护延期流程界面如图9-50所示。

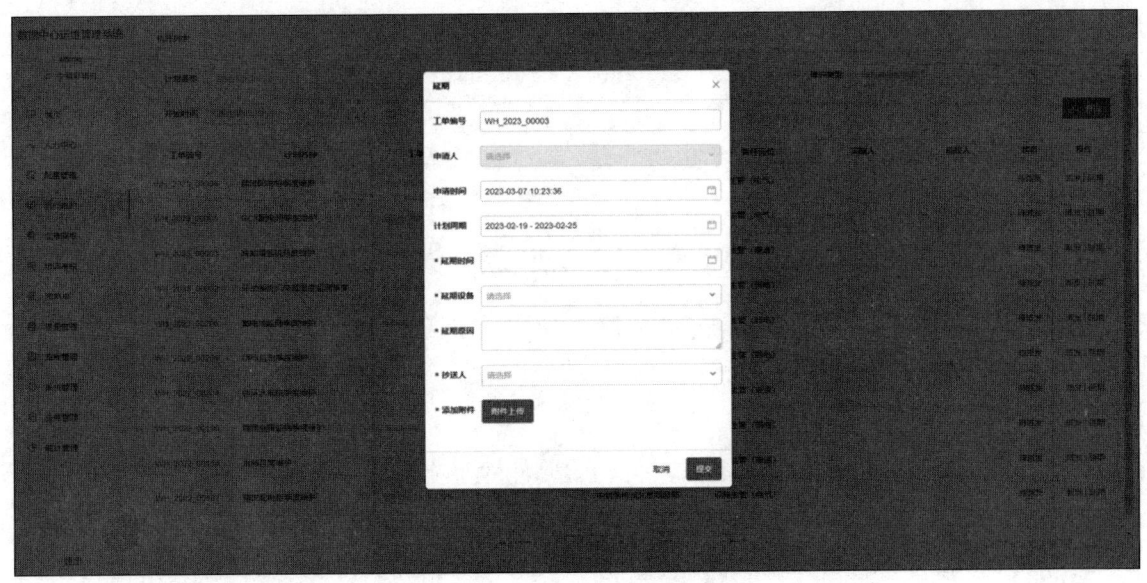

图 9-50　维护延期流程界面

维护任务管理：在维护审批通过后，系统将自动生成维护任务工单，可实现对维护服务任务进行过程跟踪和流程管理，确保运维人员能够按照各设备系统特性、维护流程及规范，及时完整地落实维护工作，如图 9-51 所示。

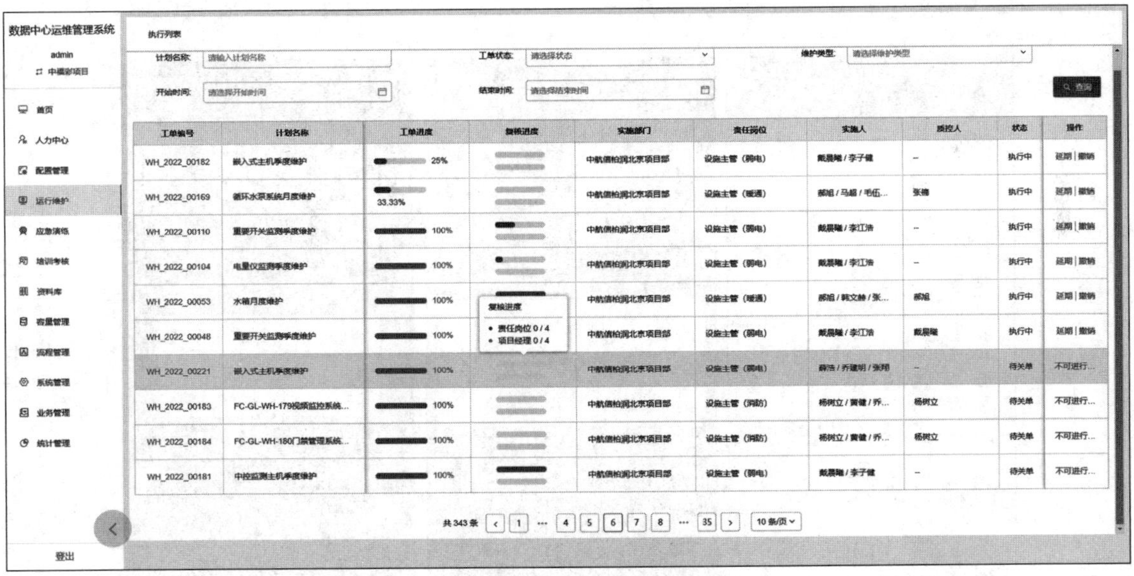

图 9-51　维护任务管理界面

维护任务执行过程实时跟踪：维护设备执行过程实时跟踪，如图 9-52 所示。

移动维护：在维护工单及流程审批工单全部通过后，系统自动将维护工单推送至移动端。移动端按照 MOP 进行设备维护，维护完成后在线上传。在维护中可查看相应设备的 MOP。同时，在维护过程中支持上传图片、PDF 格式的纸质作业记录，如图 9-53 所示。

在移动维护完成后会自动生成维护报告，且可在移动端、Web 端查看。报告内容包含完

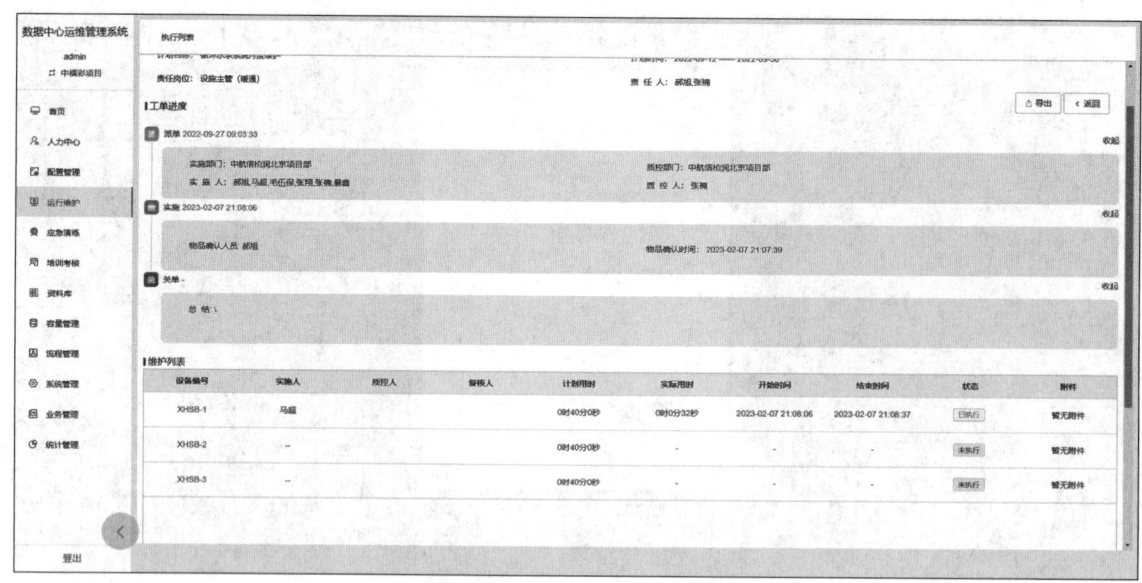

图 9-52 维护设备执行过程实时跟踪界面

整的执行过程,即维护任务单号、计划开始时间、实际开始时间、任务状态、维护作业记录、维护任务是否异常、导出维护报告、打印操作等,如图 9-54 所示。

关联供应商评价:维护变更工单须与供应商流程关联。在维护任务完成后,可通过系统对供应商的维护服务进行评价,如图 9-55 所示。

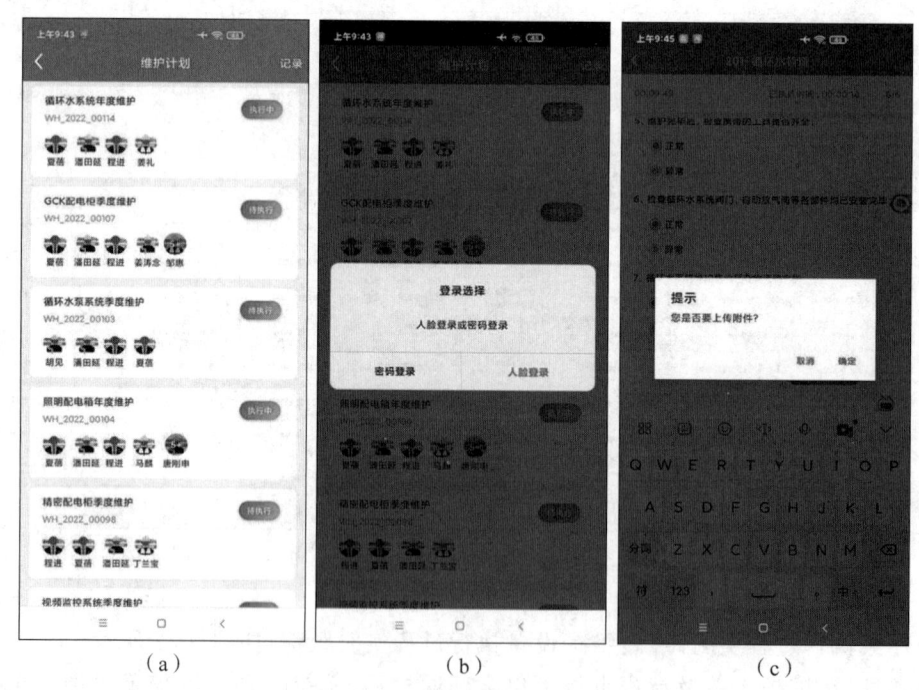

图 9-53 移动维护流程

(a)维护任务清单;(b)维护身份识别;(c)维护上传附件

图 9-53 移动维护流程（续）

(d) 维护附件选择；(e) 附件上传；(f) 维护完成；(g) 维护完成记录复核；(h) 提交复核记录；(i) 复核完成

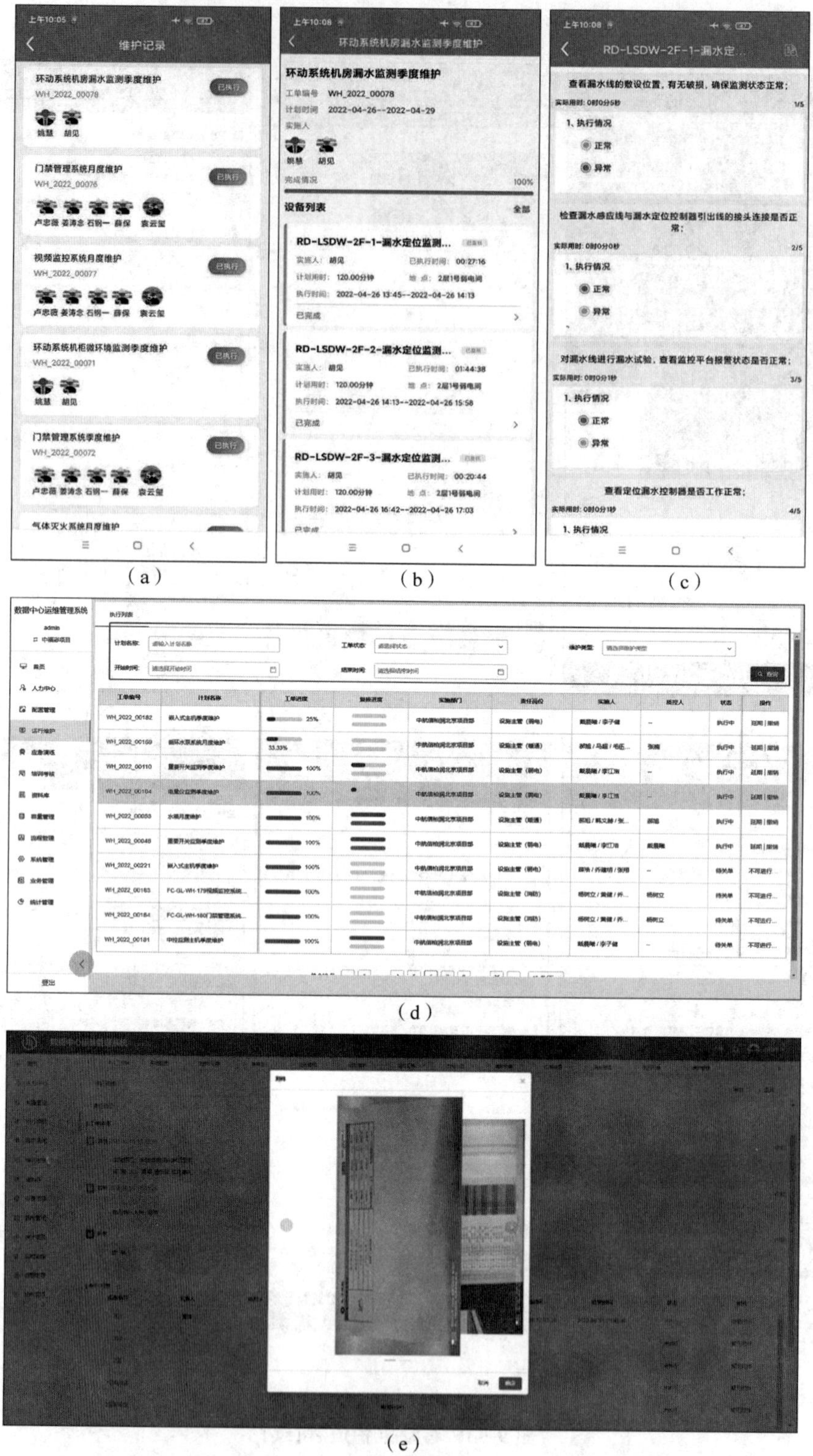

图 9-54 维护报告的内容
(a) 维护记录查询列表;(b) 维护任务设备列表;(c) 维护设备记录;
(d) Web 端多条件维护记录查询;(e) 维护附件查询

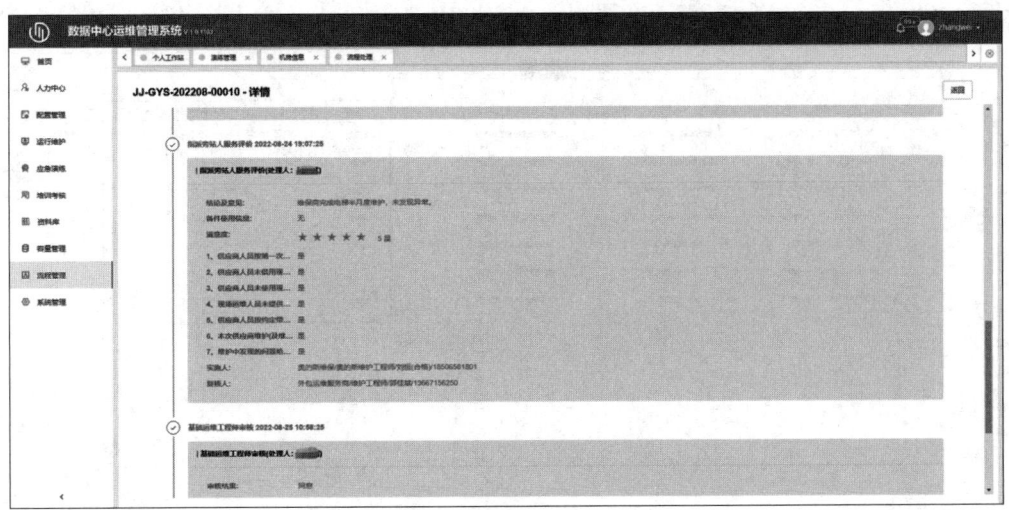

图 9-55　关联供应商评价界面

9.5.3　应急演练管理

应急演练通过在 Web 端建立演练计划，按时推送演练到移动端。通过手持移动端进行应急演练，按照标准化应急演练流程执行，以确保重要细节不被遗漏。

1. 演练计划

演练列表："演练列表"通过不同颜色及百分比的方式实时展示每个演练计划的执行进度，如图 9-56 所示。

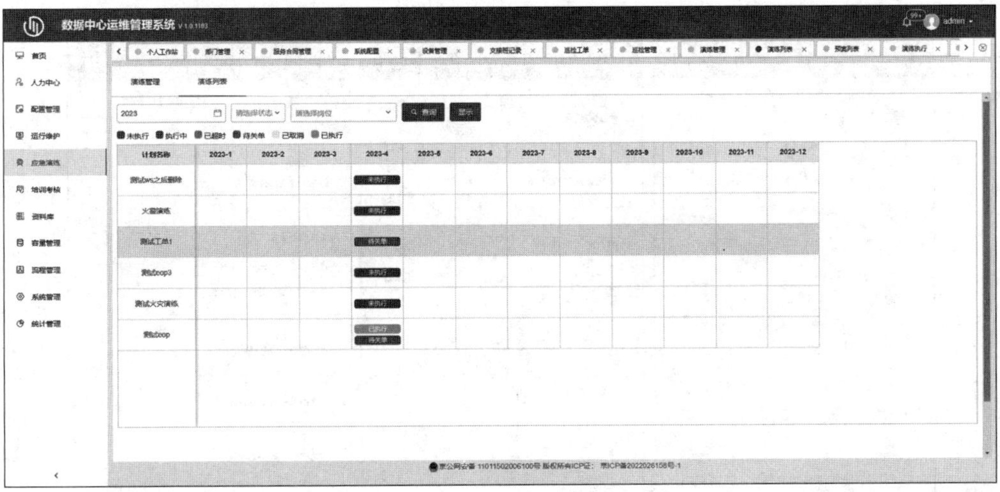

图 9-56　演练列表界面

流程审批：系统根据演练计划自动生成演练任务。任务的执行与流程关联，实现对演练计划触发的演练工单审批。审批通过后方可执行演练任务工单。

演练任务管理：系统根据演练计划自动生成并派发演练任务，可实现对演练任务进行过程跟踪和流程管理，确保运维人员能够按照演练流程及规范，及时完整地落实演练工作，如图 9-57 所示。

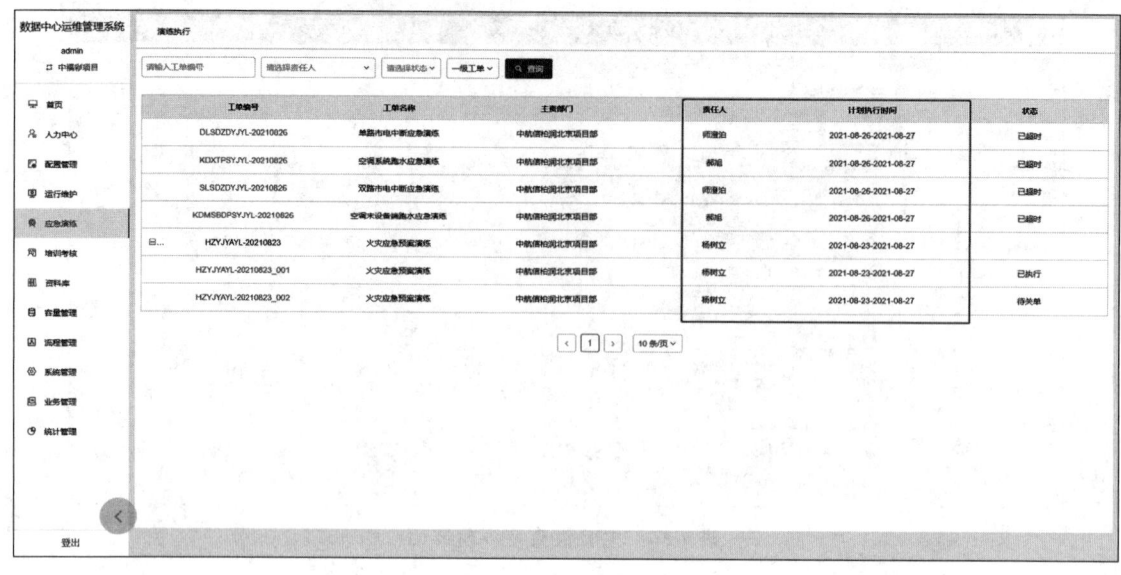

图 9-57　演练任务管理界面

2. 移动演练

在演练工单生成后，系统将其自动推送至移动端。在移动端进行演练支持多种演练方式，包括在线演练、个人演练、多人演练等方式。在演练完成后可在线上传。在演练中可记录演练过程、查看相应设备 EOP，如图 9-58 所示。

在演练结束后，考核员对演练进行个人评价，并由演练负责人对本次演练进行总结，形成演练报告。报告内容包括演练任务单号、计划开始时间、实际开始时间、任务状态，演练过程记录、演练任务是否异常、导出演练报告操作等，如图 9-59 所示。

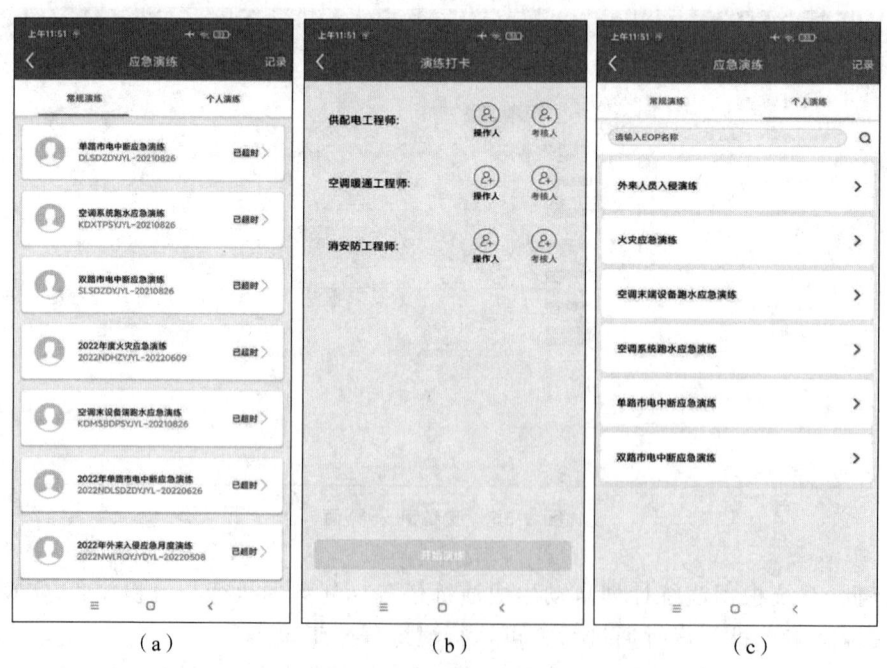

图 9-58　演练方式界面

（a）演练任务列表；（b）多人演练（在线）；（c）单人演练（离线）

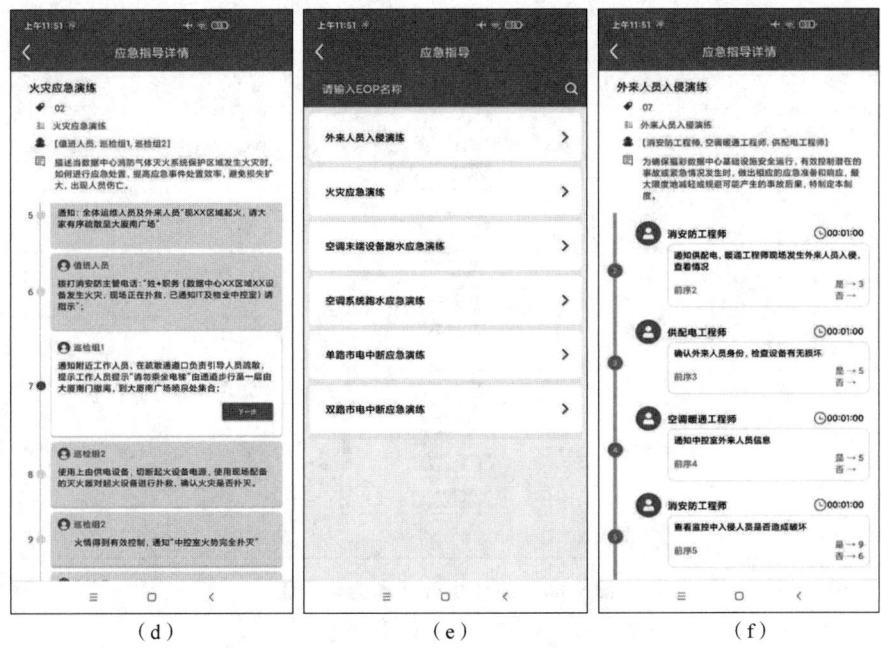

图 9-58 演练方式界面(续)

(d) 演练过程;(e) 演练指导;(f) 演练指导内容

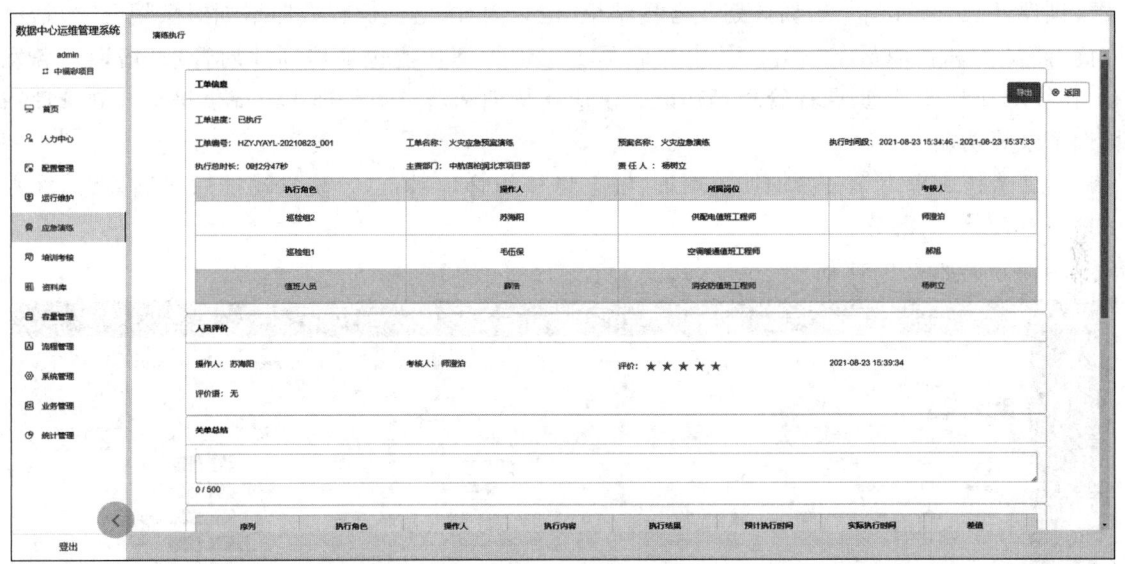

图 9-59 演练报告界面

演练执行基本信息界面如图 9-60 所示。

9.5.4 培训配置

进入系统,单击菜单栏"系统管理"下的"角色管理",进入角色管理界面。角色管理的主要功能是对登录用户的操作、查看权限进行管理。管理员需要根据数据中心人员权限情况进行分类,建立角色,便于管控风险。

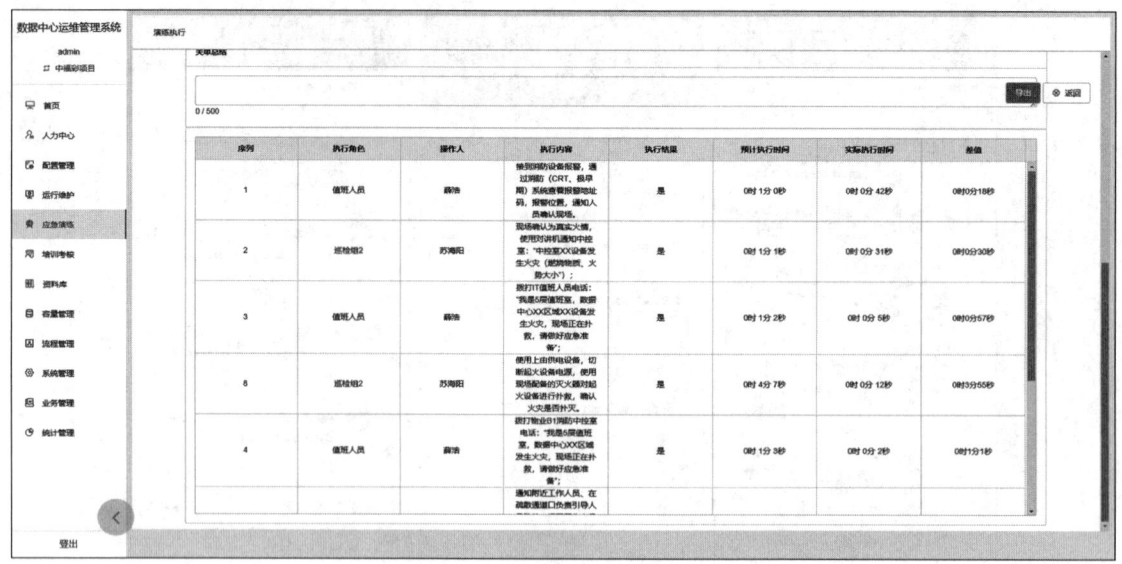

图 9-60 演练执行基本信息界面

1. 培训管理

培训管理分为培训课程管理、培训考核管理两种。培训课程管理为培训管理后台,建立相关培训课件、试题、试卷、培训计划及考核结果、记录内容,培训课程按照培训对象划分,包括供应商、新员工和在职员工三类。其中在职员工培训管理功能包括培训计划管理、培训任务发布、在线培训管理、培训课程管理等功能。供应商培训和新员工培训主要提供培训计划管理和培训记录等功能。

培训考核管理为学员参加线上培训、线上考核的管理后台,系统自动推送培训课程,并提供培训考核,自动得分。

培训分类如图 9-61 所示。

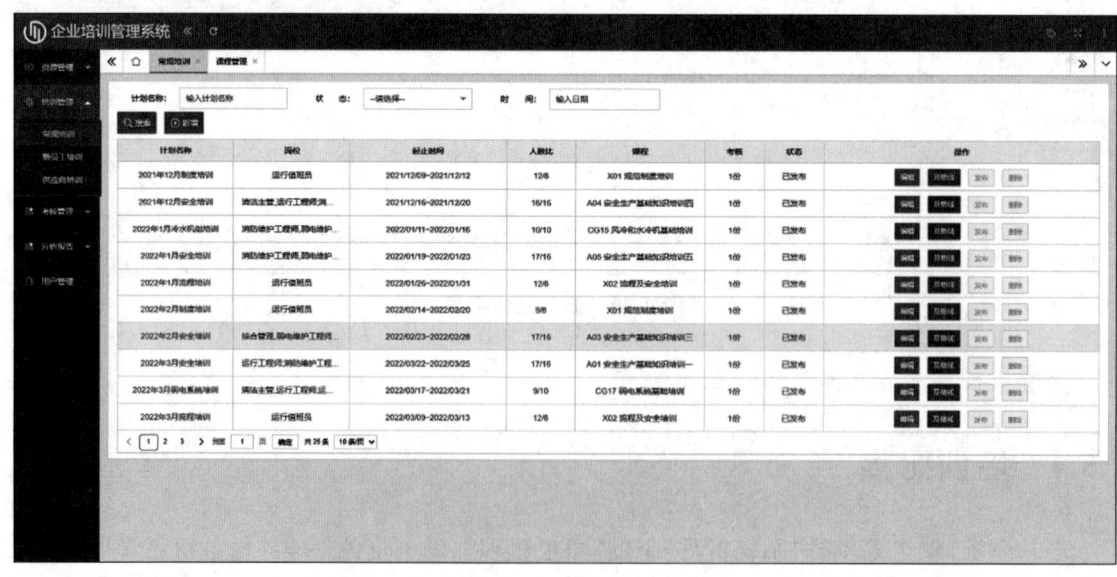

图 9-61 培训分类

2. 培训大纲管理

支持根据岗位职责制定岗位培训课程,组成培训大纲。支持在线编制培训课程,包括新建、编辑、删除等功能。培训课程包括课程名称、课程图片、课程内容、培训时间等。

培训课程大纲如图 9-62 所示。

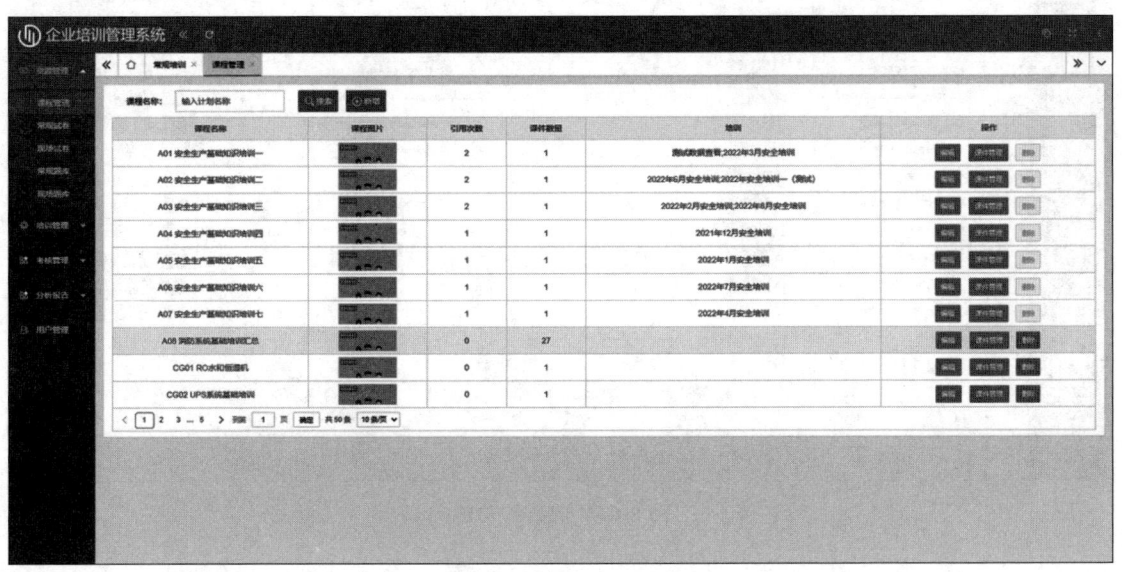

图 9-62 培训课程大纲

3. 培训课程管理

通过新建培训课程类型,设置培训课程名称、课时、适用对象,并对课程人数等信息进行管理;支持设定岗位必修课,课程进度可通过培训地图显示;课程教案可关联文档附件。

课程上传课件如图 9-63 所示。

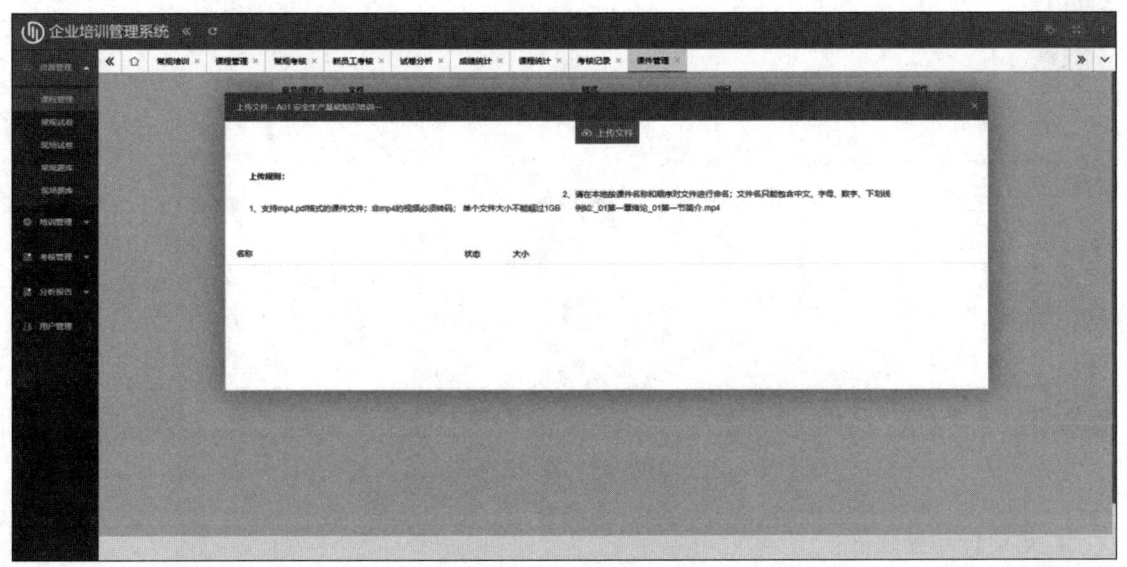

图 9-63 课程上传课件

支持课程库的线上管理功能，包括课程的增加、编辑、删除功能。
课程的新增、编辑、删除功能如图 9-64 所示。

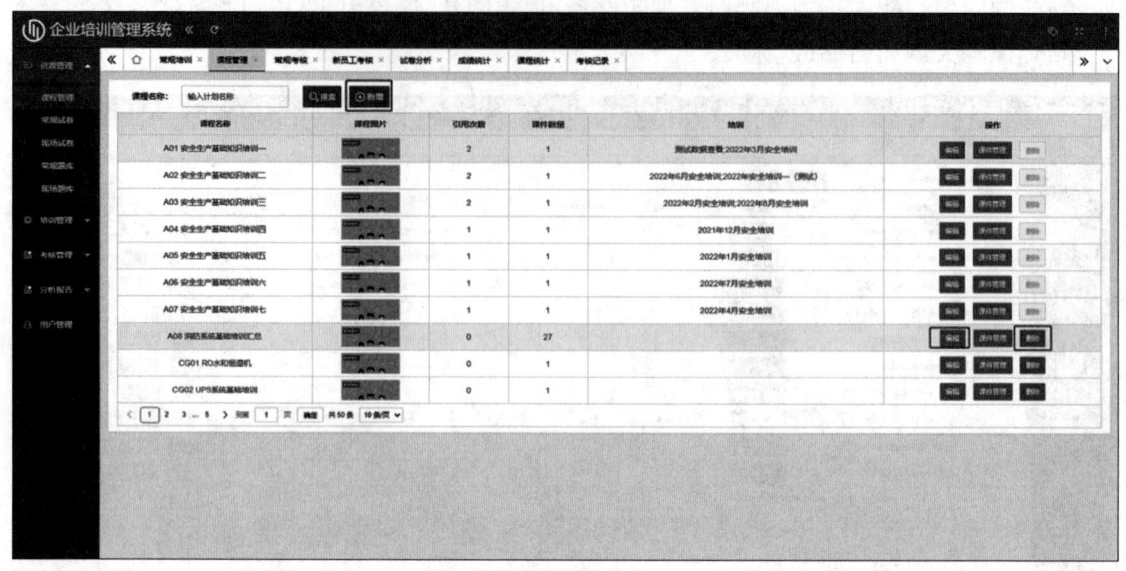

图 9-64　课程的功能

支持课程对应题库的线上管理功能，包括考题的增加、编辑、删除功能，并可根据课程内容自动组卷。

自动组卷如图 9-65 所示。

图 9-65　自动组卷

4．培训计划管理

通过新建培训计划制订年度培训计划，包括培训计划的新建、编辑、删除功能。培训计划内容包括计划名称、选择课程、培训时间、讲师、受训岗位、考核试卷等。

培训计划管理界面如图9-66所示。

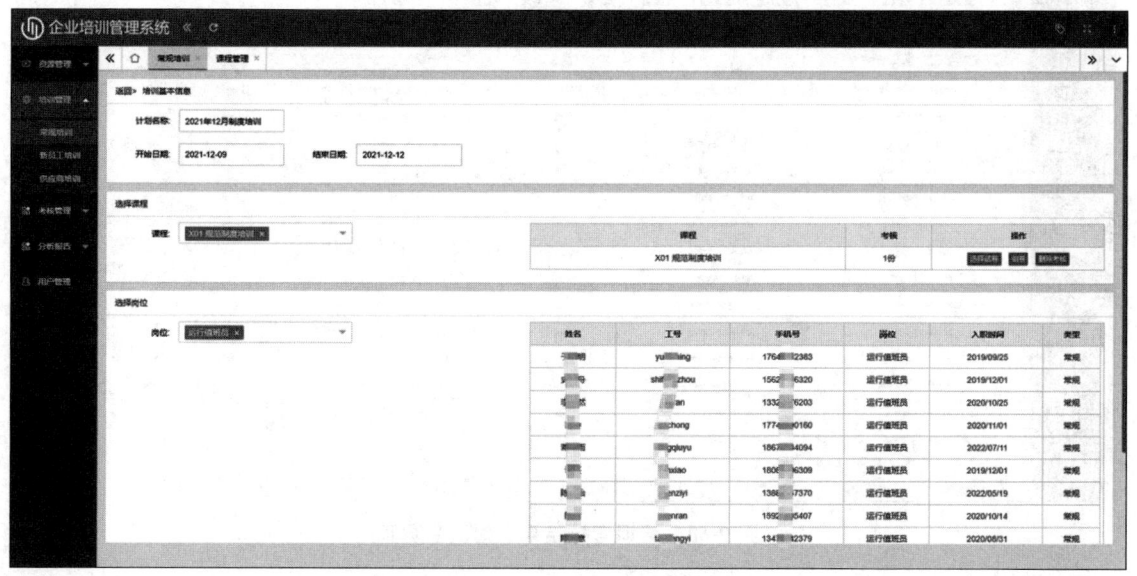

图9-66 培训计划管理界面

对于已完成编制培训计划的线上审批、发布和已发布的培训计划,可根据培训执行状态动态进行更新,并对每个岗位人员参加培训的情况实时同步更新。

培训发布界面如图9-67所示。

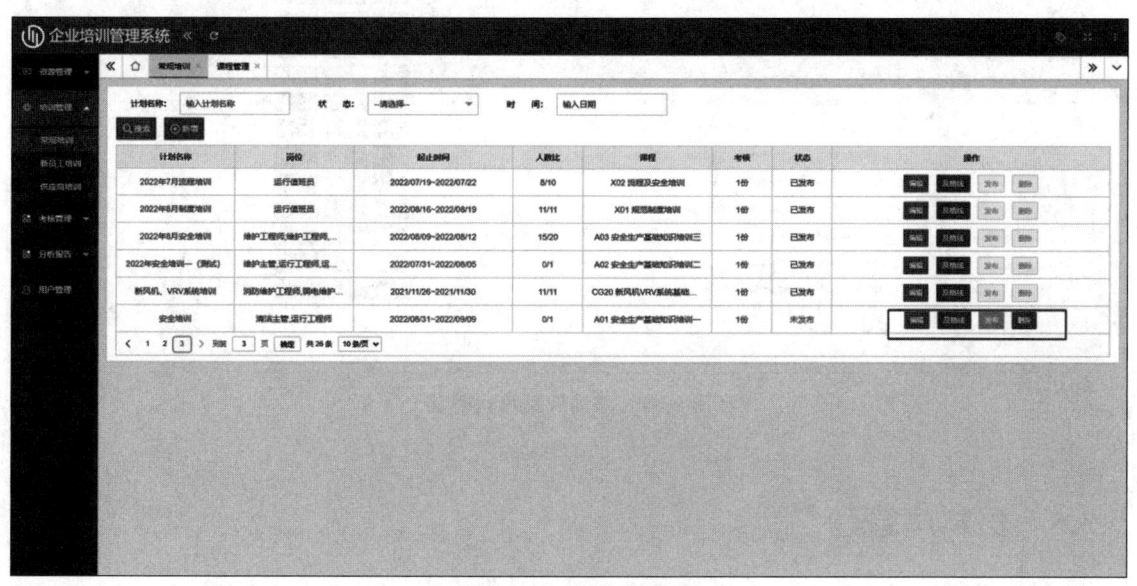

图9-67 培训发布界面

对培训考核结果实时更新,如图9-68所示。
支持根据培训计划自动推送、派发学习任务的功能,实现员工学习任务线上管理。
培训课程推送,如图9-69所示。

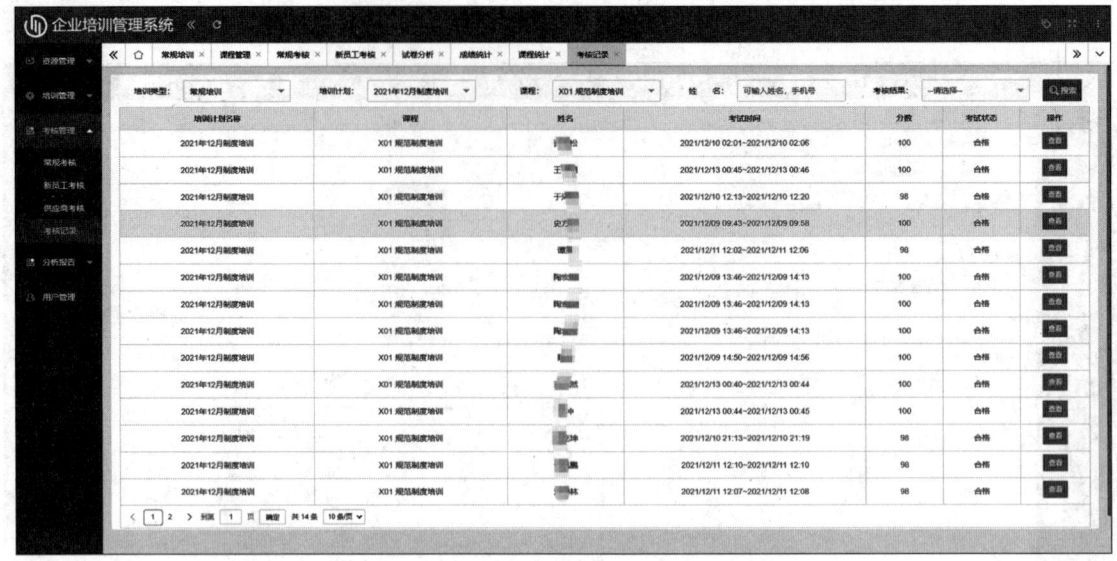

图 9-68　培训考核结果实时更新界面

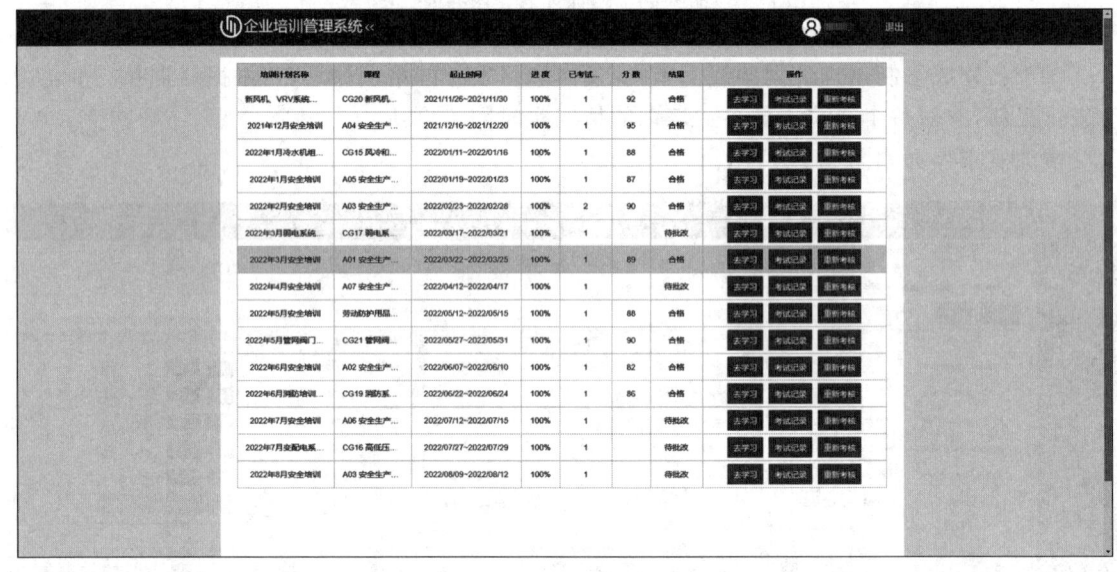

图 9-69　培训课程推送界面

9.5.5　资料库管理

资料库资料查看：进入"资料库"菜单页面，可查看、下载、更新具有权限的相关电子资料，如图 9-70 所示。

对资料库的文件进行更新发布，并与流程进行关联，对文档版本进行管理，以确保资料库文件资料的有效性，如图 9-71 所示。

文档自动化存档：支持对系统中经过编辑、发布、审批完成的文档自动化存档管理，如图 9-72 所示。

第 9 章 管理软件的使用

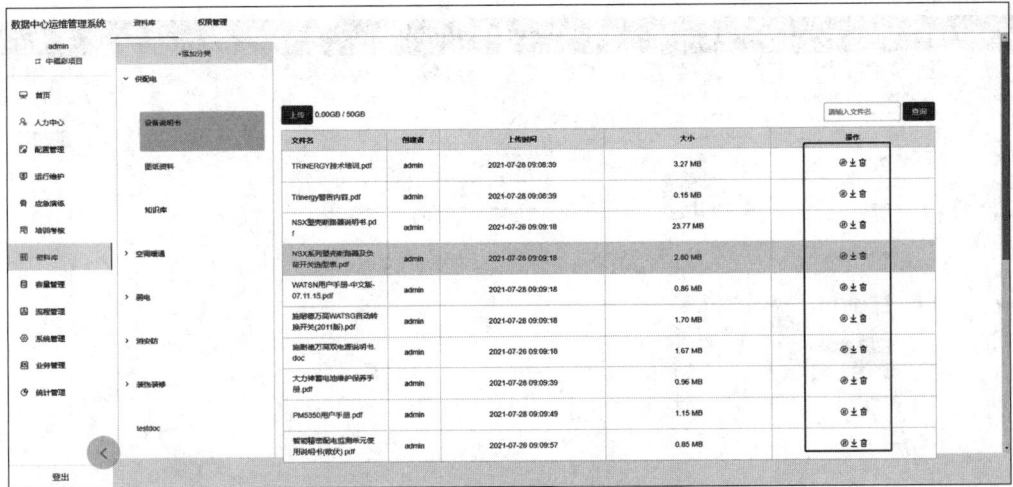

图 9-70 资料库资料查看界面

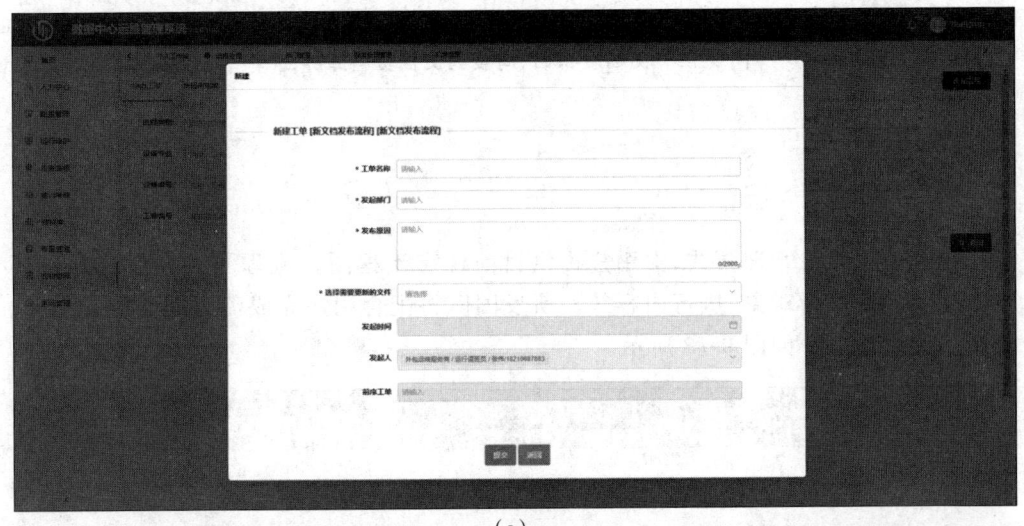

(a)

(b)

图 9-71 文档发布申请界面和工单的处理和审批

(a)文档发布申请界面；(b)文档发布工单的处理、审批

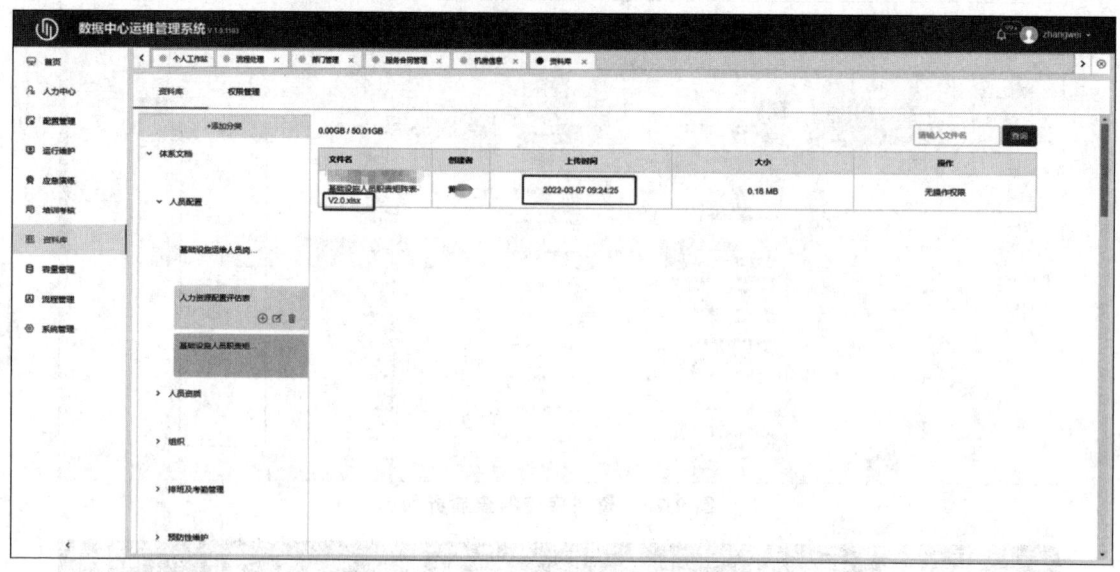

图 9-72　文档发布后,同步到文档资料库界面

9.5.6　流程配置

流程配置使用后台管理模式,由用户提供目前现有流程图。流程图内容应包含各环节流转方式、提醒对象、执行对象、执行内容等。研发团队将配合用户完成流程图的配置工作。

流程后台管理平台如图 9-73 所示。

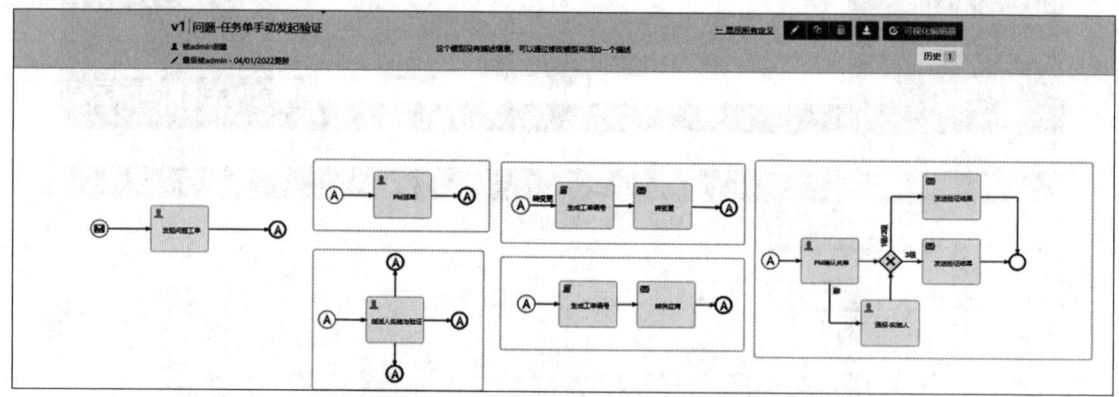

图 9-73　流程后台管理平台界面

9.5.7　系统功能使用

智兔运维管理系统实现多数据中心(站点)运营管理的各项运维管理、监控系统、数据分析关键指标、关键任务、关键数据及运行状态的集中展示功能,并借助 2D/3D 技术实现园区、建筑、楼层、房间、设备、监控告警、容量、配电链路等的可视化展示。

(1) 运维模块展示

个人工作站：登录系统后单击系统菜单栏"首页"如图 9-74 所示，进入"个人工作站"可查看与个人相关的所有运维管理相关的工作事项的进度情况。该模块可根据用户需要进行定制开发。

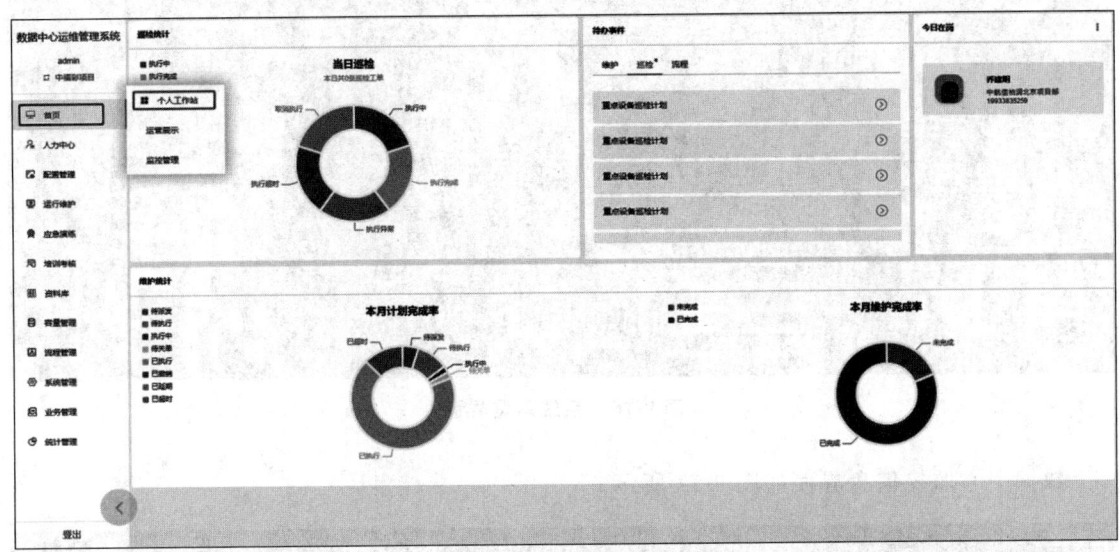

图 9-74 系统界面

运营模块展示：登录系统后单击系统菜单栏"首页"，进入"运营展示"可看到与运营相关的监控数据及展示大屏。在运营管理界面单击"系统总览"进入"系统总览"界面，可查看各数据中心的供电、PUE、机房使用率、告警等内容，页面可根据需要定制。

进入运营展示界面如图 9-75 所示。

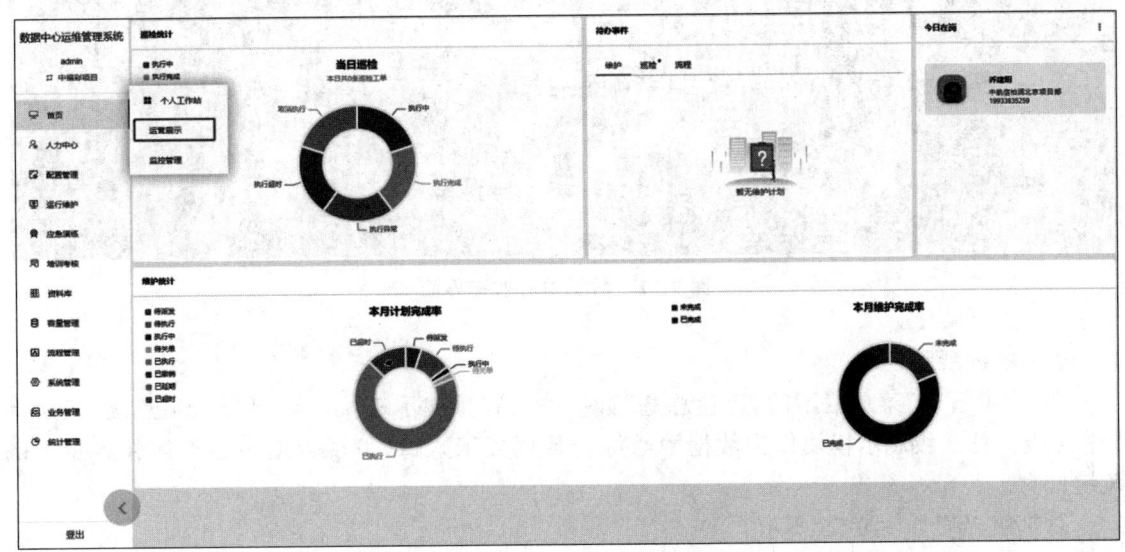

图 9-75 运营展示界面

系统总览：通过单击中心区域中国地图上标注的各地数据中心，可进入对应数据中心的监控管理界面，可查看该数据中心的告警、容量、能耗等信息如图 9-76 所示。

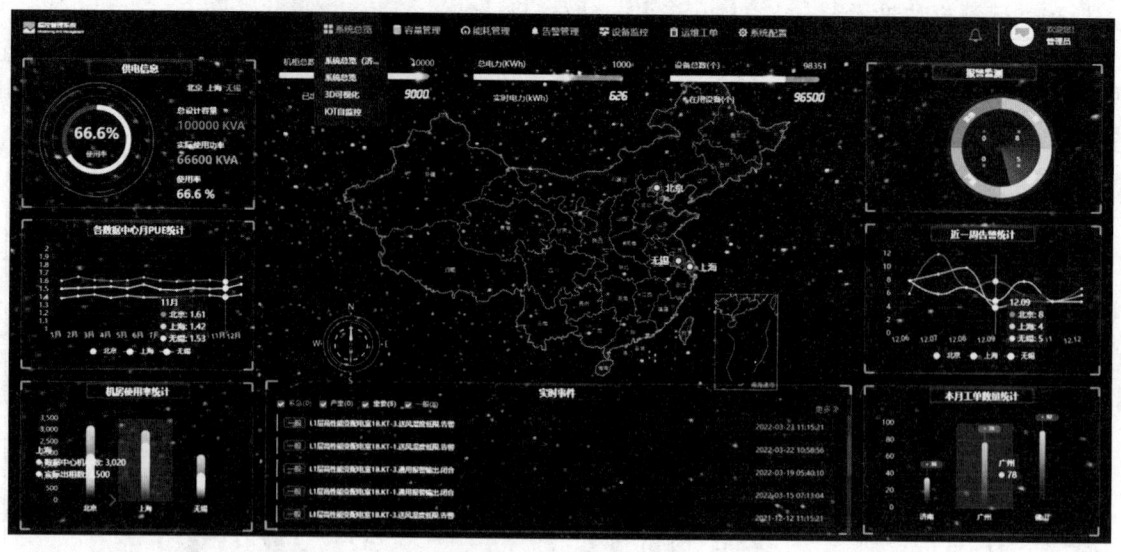

图 9-76　系统总览界面

数据中心监控信息界面如图 9-77 所示。

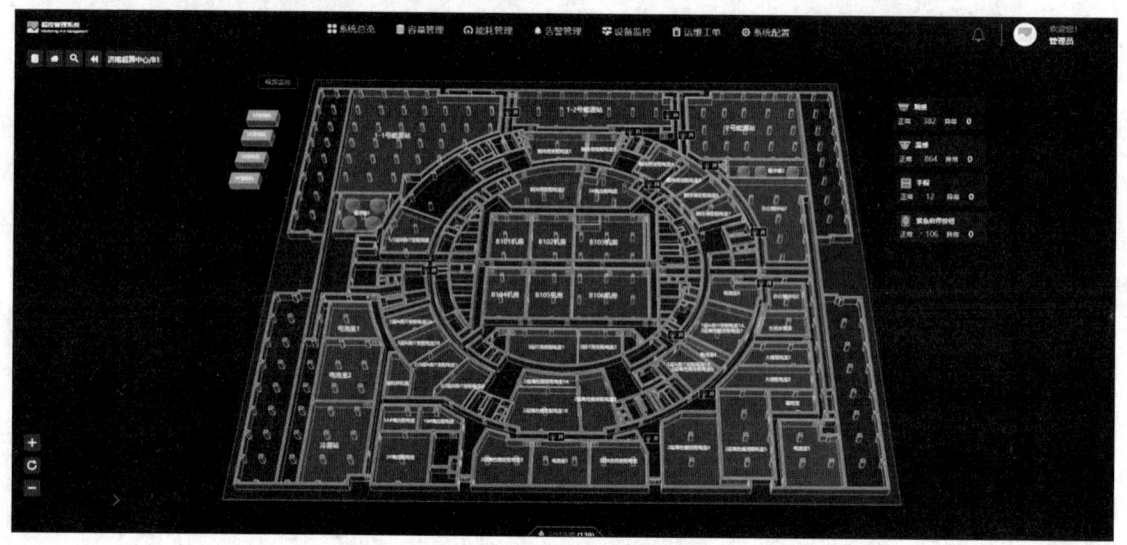

图 9-77　数据中心监控界面

（2）容量展示模块

在"容量管理"菜单栏下的"容量总览"页签进入容量展示模块，分总部级、站点级、机房级 3 个层级。总部级展示模块作为数据中心综合数据展示入口，呈现数据中心整体在容量上的关键信息。

总部级界面如图 9-78 所示。

站点级别：在地图上选中某一站点，进入展示模块，呈现属地站点的容量信息，如图 9-79 所示。展示内容用户可自定义进行配置。

机房级别：在站点级界面选中某一机房，进入机房级展示模块，呈现机房容量信息，如图 9-80 所示。对于展示内容，用户可自定义进行配置。

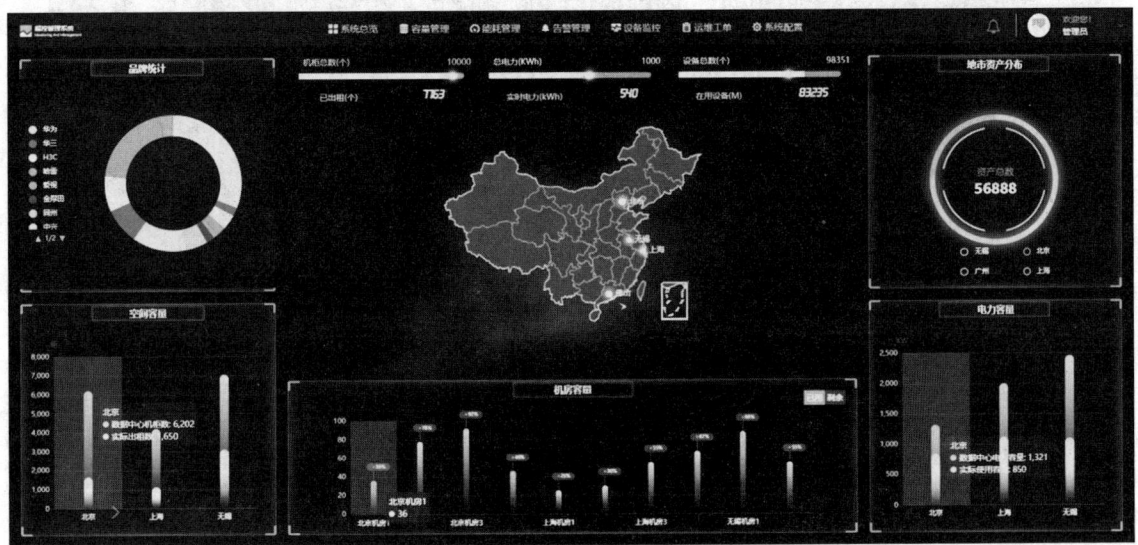

图 9-78　总部级界面

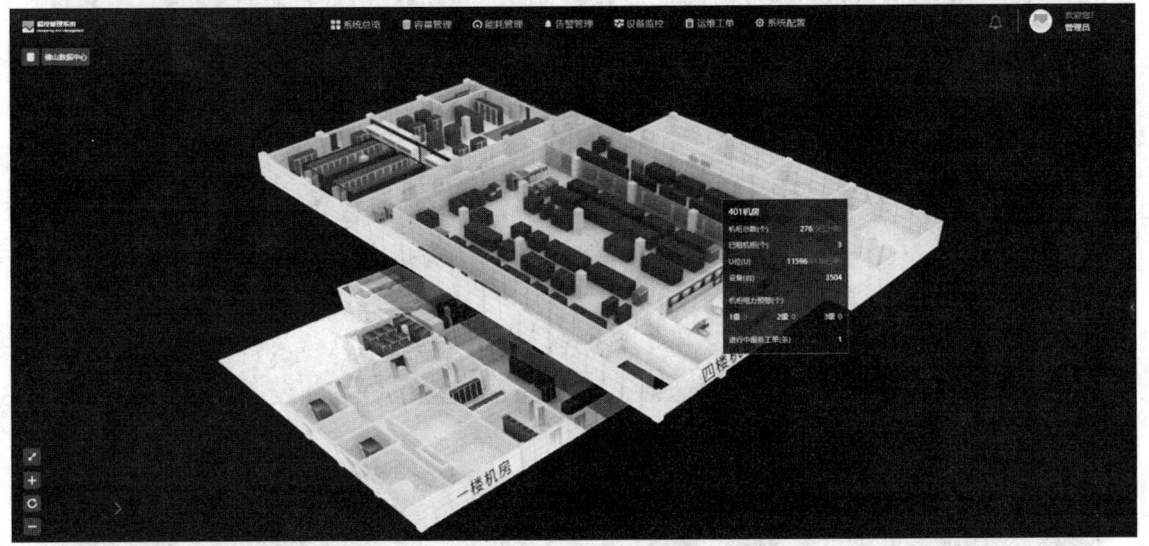

图 9-79　站点级别界面

(3) 能耗展示模块

在"能耗管理"菜单栏包含"能耗总览""PUE 监控""能耗统计"页签。能耗总览页面展示通过不同时间、不同空间展示总能耗、同比、环比等数据。PUE 监控页面展示 PUE 计算方法、数据,并可展示总 PUE、机房 PUE。能耗统计页面可根据需要(周期、数据点)生成所需的统计图表及数据展示。

能耗总览界面如图 9-81 所示。

PUE 界面如图 9-82 所示。

能耗统计界面如图 9-83 所示。

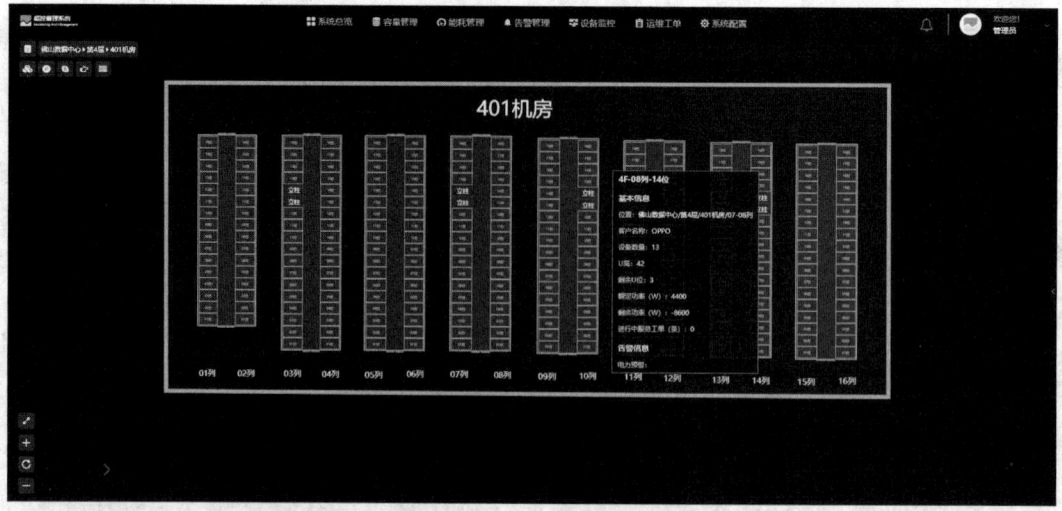

图 9-80　机房级别界面

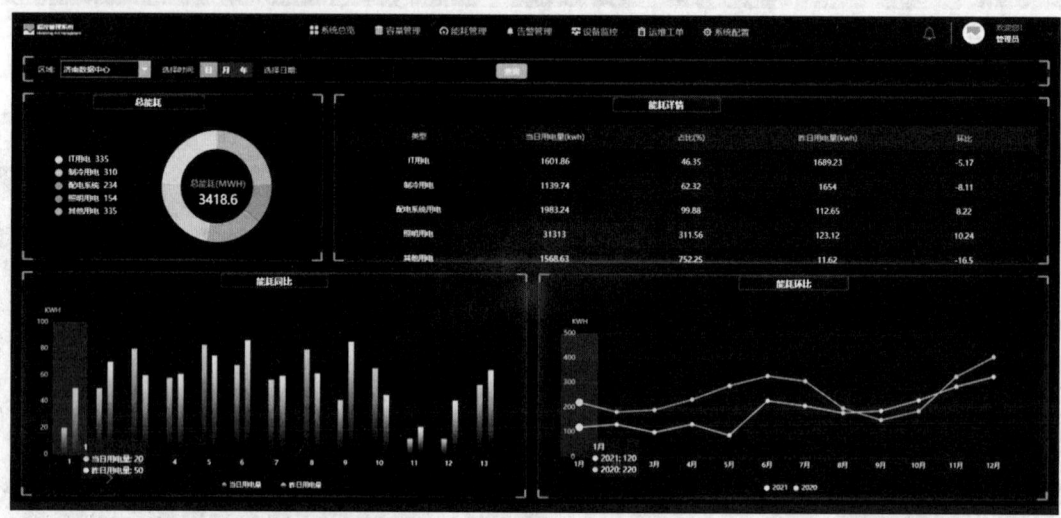

图 9-81　能耗总览界面

图 9-82　PUE 界面

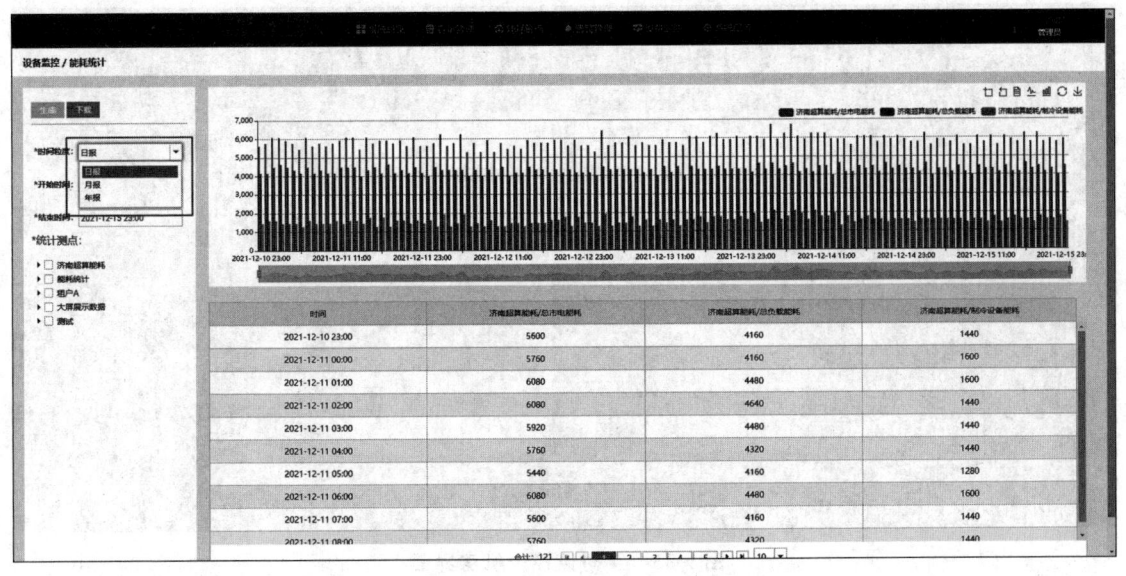

图 9-83 能耗统计界面

(4) 设备监控展示模块

在"设备管理"菜单栏包含"实时监控""BA 系统""配电链路"页签。其中,实时监控页面集中展示数据中心所有设备的运行情况,包括配电设备、暖通设备、消防、门禁、视频、环境等设备的运行情况;BA 系统以架构图形方式展示空调系统的运行情况;配电链路以架构图形方式展示配电链路的运行情况。

实时监控界面如图 9-84 所示。

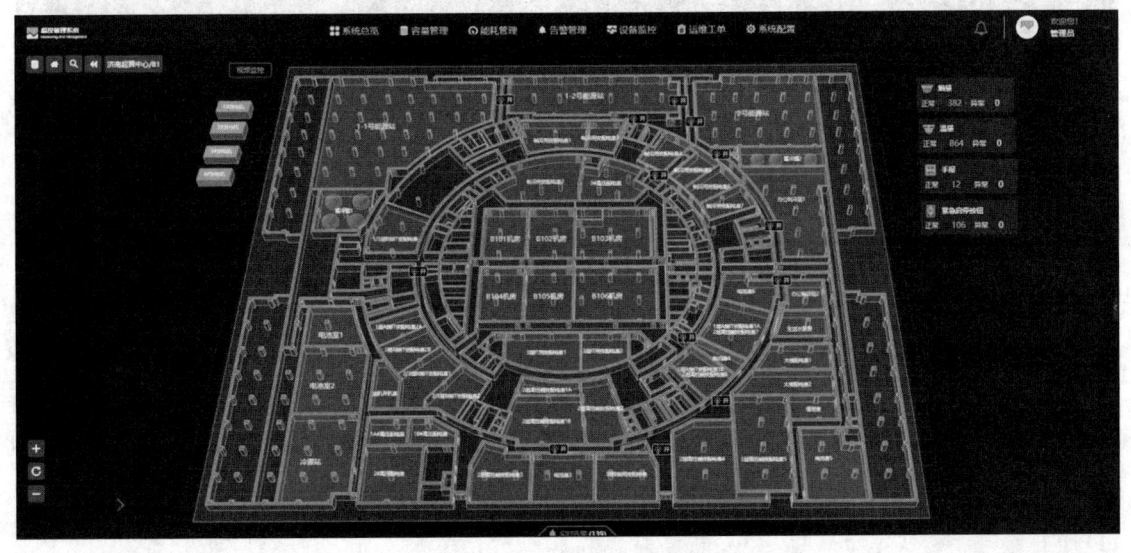

图 9-84 实时监控界面

实时监控—机房界面如图 9-85 所示。

BA 链路界面如图 9-86 所示。

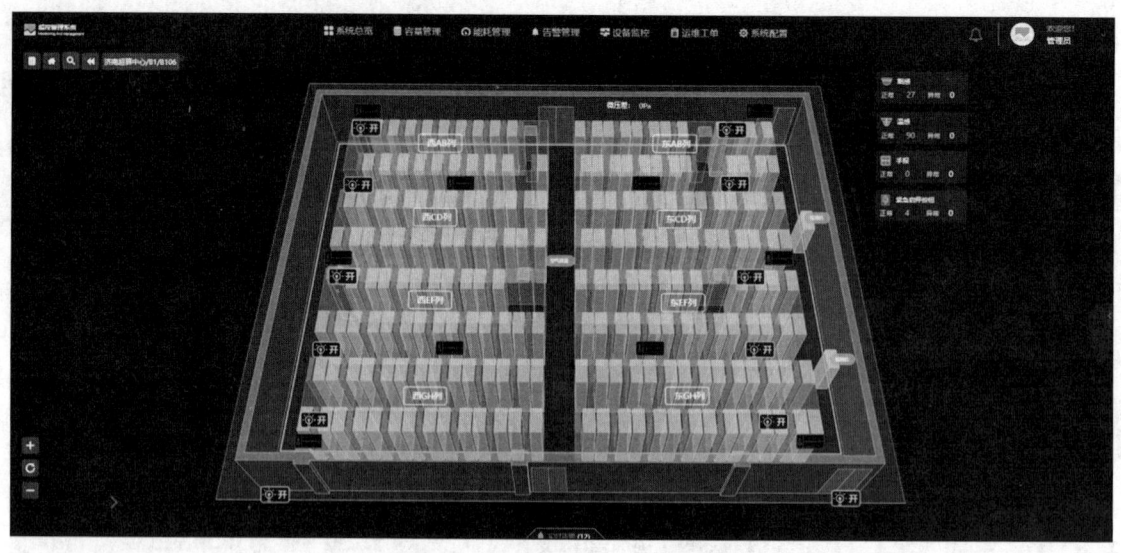

图 9-85 实时监控—机房界面

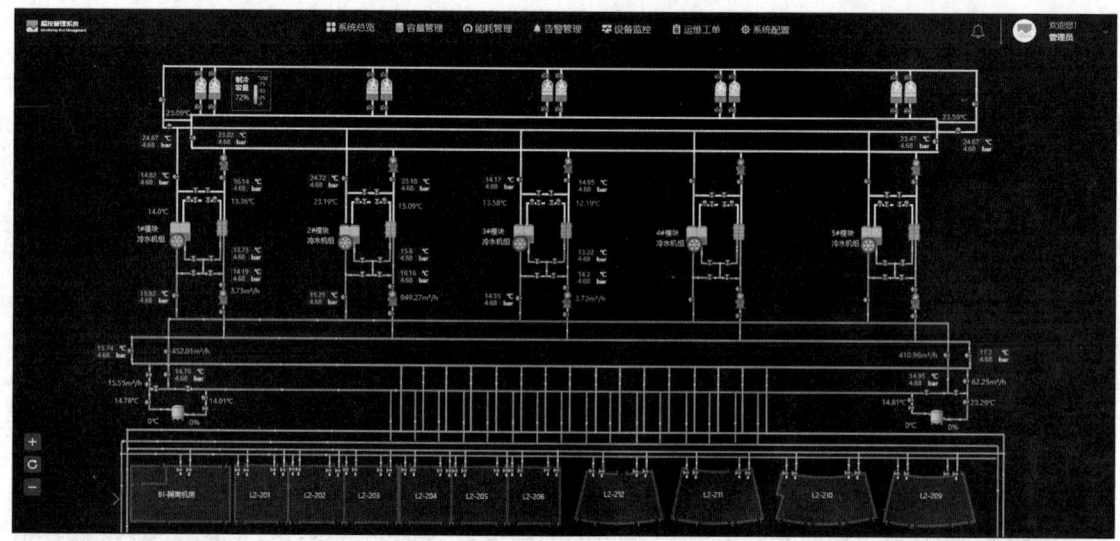

图 9-86 BA 链路界面

(5) 3D 可视化功能展示

利用强大的可视化引擎,将多维度动态数据,融入数据中心实物 3D 呈现之中,实现全元素三维可视化呈现。支持园区、建筑、楼层、房间、设备(柴油发电机、高低压配电柜、变压器、UPS、电池、机房配电柜、小母线、列头柜、机柜、机架、精密空调、压缩机、加湿器等)层级的 3D 可视化。

3D 可视图界面如图 9-87 所示。

实现数据中心的园区、建筑、楼层、房间的 3D 可视化展示。

3D 楼层、房间展示界面如图 9-88 所示。

支持数据中心视图,在数据中心视图上通过鼠标、键盘的简单操作即可实现设备、端口及连线信息的模糊查询、检索、分类、定位、变更、移除等操作。

机房信息搜索界面如图 9-89 所示。

|第 9 章| 管理软件的使用

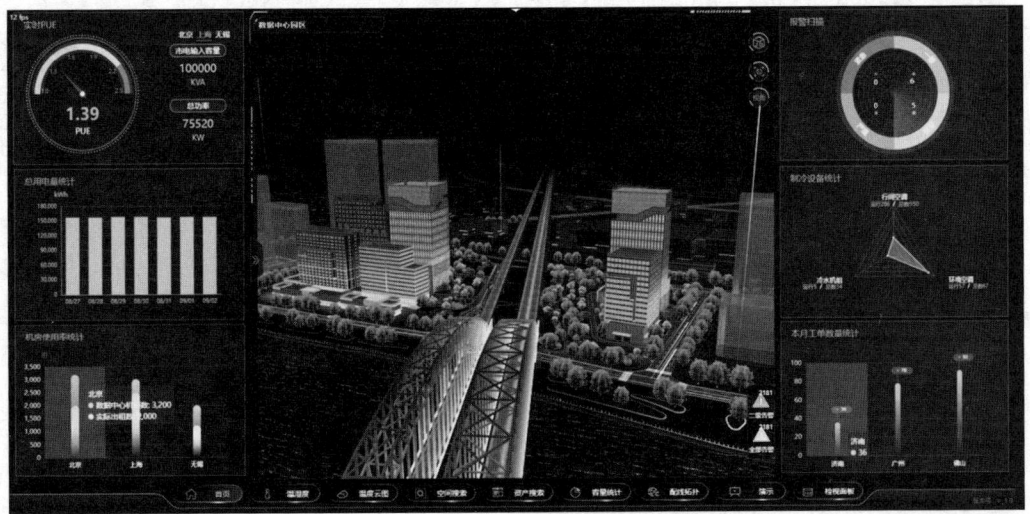

图 9-87 3D 可视图界面

图 9-88 3D 楼层、房间展示界面

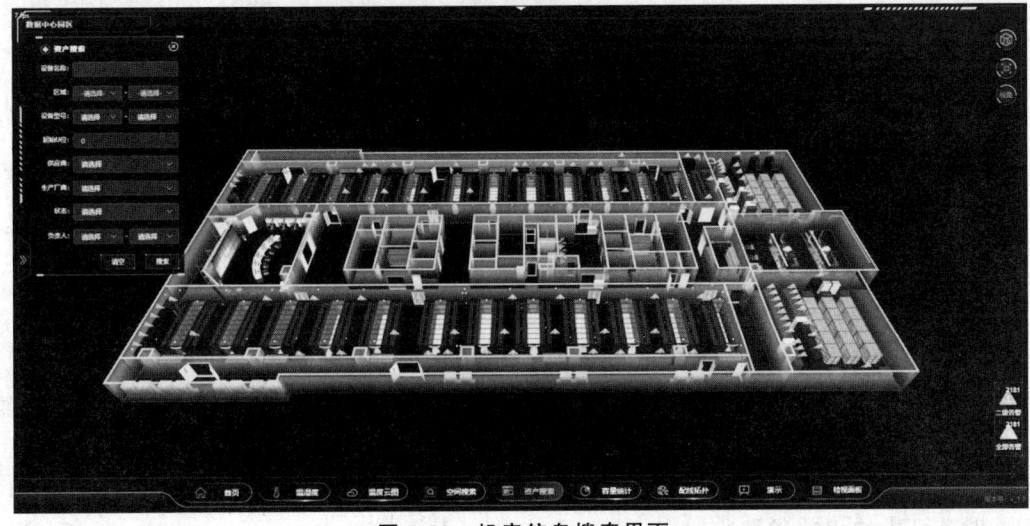

图 9-89 机房信息搜索界面

附 录
常用表单与报告模板

附录1：数据中心机房施工安全协议书

数据中心机房施工安全协议书
甲方：
乙方：

一、甲方安全监管义务和责任

1.认真执行国家政策、法令、行业规程、标准及上级部门有关安全生产的规章制度，对承建工程项目的劳动保护、安全生产负全面管理责任。

2.制定和完善安全生产管理制度，明确各级及各个岗位安全职责，建立安全保证体系并负责实施。

3.保证安全设施、设备和物资的投入，使施工过程中的安全生产环境符合生产要求。

4.对施工现场进行安全检查、对存在的问题及时进行解决。

5.根据施工项目的不同情况制定相应的安全教育计划，做好对职工的安全教育培训。

6.制定应急救援措施，配置应急医疗设施。

7.对出现的安全事故，积极组织救援并严格按照国家有关规定进行处理。

二、乙方安全管理义务

1.认真学习国家、行业有关安全生产的政策、法令、规程、标准，切实执行上级关于施工安全生产的各项规章制度。施工单位在进场前，应在向甲方单位送审的施工组织设计中，认真编写施工安全措施，措施要求有针对性和可靠性。

2.乙方施工单位及其相关施工人员进入机房施工时，须填写《施工申请单》，经机房运维管理部门审核通过后，方可进行施工。

3.施工人员进入园区后，须至保卫处凭借有效证件（身份证、护照、驾驶证）办理机房访问手续，同时签订本协议并领取临时卡。

4.临时卡须随身佩戴,不可随意放置。丢失或故意损坏需缴纳100元人民币补办。当天施工完毕后须至前台处办理归还等相关手续。

5.乙方须制定安全生产管理措施,必须成立施工现场安全施工和防火领导小组,对所承担工程施工的安全负管理责任。

6.加强全体施工人员的安全生产教育,定期组织施工人员学习安全生产管理规定,提高思想认识,始终树立安全生产意识。做好工人岗前培训,做到使每个工人明确自己岗位的安全技术,操作规范。

7.经常检查安全防护设施的安全性能,对不符合要求的,有权不进行使用。对安全负责人及上级管理部门检查出的问题随时进行解决。

8.出现安全事故应立即停止作业,积极组织救援,防止事态扩大。同时,保护现场并及时向甲方报告。配合甲方相关部门查清事故原因和责任,接受相应的处罚。

9.对施工作业人员要进行高处作业、交叉作业安全交底,强化作业人员的安全意识,杜绝违章作业。

10.施工人员进入施工作业区域后,须在各项工作准备充分的情况下,经施工人员授权同意,才能开始作业。严禁暴力施工、野蛮施工。

11.施工人员应在指定施工区域内活动,不得随意进出其他管制区域。机房施工人员有权对不遵守管理规定的施工人员进行管控。

12.施工人员应在规定时间窗口内完成施工作业任务。超出规定时间,机房随工人员有权对其进行清场处理。

13.施工单位须提前配备安全防护器材,确保施工过程中安全防护措施得力。如因违章操作等原因造成意外的人身伤害或事故损失由施工单位负责。

14.必须及时清理现场垃圾、杂物等,要保持施工现场平整,材料按规定摆放整齐。乙方应对施工现场彻底清理,做到工完、料尽、场地清。清理出的垃圾不能堆放在甲方管理的场地内,否则根据实际情况给予经济处罚。

15.严禁拍照、录像。

16.严禁将背包、饮料、矿泉水等物品代入数据机房。

三、乙方安全管理责任

1.对于不符合国家规定和工程施工上岗要求的人员,乙方严禁使用。经甲方发现提出警告后,若强行使用,出现事故后应由乙方负责人承担责任。

2.乙方施工单位须提前配备安全防护器材及防护用品,确保施工过程中安全防护措施得力。如因违章操作等原因造成意外的人身伤害或事故损失由施工单位负责。

3.对于特殊作业的工种,乙方应对工人进行岗前安全培训。对于不能适应者,决不允许强行安排上岗作业。

4.在不能保证安全生产的条件时(天气变化、未达到作业条件),乙方若强行作业,出现事故,由乙方负责人承担责任。

5.施工现场的用电须符合用电操作规程,严禁乙方乱拉乱接。否则,若出现事故由违章指挥者或操作者承担责任。

6.对于已发现存在安全隐患的情况下,未经处理擅自指挥作业的,出现事故后追究违章指挥人员的责任。

7.在交叉作业时,乙方应对作业场所采取必要的安全防护,并要求工人有保护自己和保护他人的意识。如有必须多工种交叉作业的工作,在安排作业时尽可能减少相互间交叉作业的层次、时间和人员数量,防止出现意外事故。

8.乙方应对所属范围内的施工人员进行安全培训教育,并同施工人员签订《安全责任协议》,明确责任,规范管理。

9.在施工期间发生安全事故,一切责任由乙方承担,甲方不承担任何责任。

10.乙方负责人必须要求工人在施工现场禁止吸烟。对于不按要求执行的,发现一次对乙方罚款100~200元。

甲方：

乙方签字(盖章)：

年　　月　　日

附录2:数据中心机房施工申请单

		施工申请单			
工单号			申请日期		年　月　日
申请单位/部门			申请人		
施工负责人			联系电话		
施工人员					
动火需求	□是 □否	临电需求	□是 □否	施工区域	
施工期限：＿＿年＿＿月＿＿日至＿＿＿＿年＿＿月＿＿日（共计　　天）					
施工项目：					
基础设施专业审批意见： 　　　　　　　　　　　　　　　□同意　□拒绝　　签字：　　　　日期：					
基础设施运维经理审批意见： 　　　　　　　　　　　　　　　□同意　□拒绝　　签字：　　　　日期：					
运营管理审批意见： 　　　　　　　　　　　　　　　□同意　□拒绝　　签字：　　　　日期：					
施工注意事项： 1. 未经运维部门审批前不准动工； 2. 所有参与施工人员需办理入室登记并置换"临时工作卡"，无卡人员禁止进入数据中心； 3. 施工人员必须佩戴"临时工作卡"，管理人员有权禁止不出示"临时工作卡"人员进入，施工区域发现无卡人员，管理人员有权清出数据中心； 4. 必须符合安全及政府相关规定，施工中需动火、用电前必须办理《动火证》《用电审批表》； 5. 施工人员禁止在施工区域以外的其他区域活动； 6. 施工人员未经审批私自施工，造成的一切损失将由施工队承担； 7. 申请单签字即代表施工人员同意遵循现场《施工协议》内条款。					
施工负责人确认： 　　　　　　　　　　　　　　　□同意　□拒绝　　签字：　　　　日期：					

附录 3:数据中心机房施工用电申请单

施工用电申请表				
申请用电单耗				
关联单号				
申请部门		申请时间		
申请人		联系电话		
电源用途		加电时间		
电源位置	房间号	上电区域/位置(配电箱编号/插座)		
电源类型及容量	用电设备电源等级(单相 220 V/三相 380 V)		设备额定功耗/电流(W/A)	
	□380 V	□220 V		
	供电设备电源等级(单相 220 V/三相 380 V)		设备额定功耗/电流(W/A)	
	□380 V	□220 V		
	检查项目		结果确认	
电源审核	加电: 1. 系统、开关、线缆容量满足供电需求。 2. 用电设备线路容量负荷符合要求。 3. 用电设备有漏电保护,移动工具、手持工具应一机一闸一保护。		符合加电条件,同意加电 二线审批: 年 月 日	
下电审核	下电: 1. 确认用电设备、供电设备正常。 2. 确认配电箱等设备已上锁。	二线审批: 年 月 日		
实施结果			随工加电人员签名: 年 月 日	

附录4：数据中心机房动火作业证

动火作业证
编号：　　　　　　日期：　　　　　　关联施工单号：

动火人		监护人			动火地点	
动火时间			特种作业证			
动火现场检查情况			现场消防措施情况			
供配电用电审批			现场随工			
消防主管审批		运维经理审批			运营管理审批	
动火类型		□电焊　□气焊　□气割　□喷灯　□切割　□其他				

注意事项：
1. 动火前需清理动火现场易燃、易爆物品，对不能清理的大型物品进行隔离。
2. 动火现场必须配备灭火器材（灭火器等），并安排专人看火，动火现场禁止交叉作业。
3. 动火人必须持相关岗位证书，并到运营管理部门办理动火证方可动火。
4. 动火完毕，检查现场情况，并恢复现场，确保安全。
5. 室外动火当室外风力达到3级以上时禁止动火。

一式两联：第一联存档、第二联发放动火人

（第一联存档）

动火作业证
编号：　　　　　　日期：　　　　　　关联施工单号：

动火人		监护人			动火地点	
动火时间			特种作业证			
动火现场检查情况			现场消防措施情况			
供配电用电审批			现场随工			
消防主管审批		运维经理审批			运营管理审批	
动火类型		□电焊　□气焊　□气割　□喷灯　□切割　□其他				

注意事项：
1. 动火前需清理动火现场易燃、易爆物品，对不能清理的大型物品进行隔离。
2. 动火现场必须配备灭火器材（灭火器等），并安排专人看火，动火现场禁止交叉作业。
3. 动火人必须持相关岗位证书，并到运营管理部门办理动火证方可动火。
4. 动火完毕，检查现场情况，并恢复现场，确保安全。
5. 室外动火当室外风力达到3级以上时禁止动火。

一式两联：第一联存档、第二联发放动火人

（第二联动火人）

附录5：数据中心机房工程施工日志

机房工程施工日志

日期：　　年　　月　　日

施工内容		关联施工申请工单	
施工负责人		电话	
施工人员			
运维随工人员			
施工内容	人数	施工总进度	施工质量
随工日总结			

附录6:数据中心施工流程管理统计表

数据中心施工流程管理统计表

序号	工单编号	申请时间	申请单位	服务情况简述	服务评价	关联工单	工单状态	备注
1								
2								
3								
4								
5								
6								
7								
8								
9								

附录7:数据中心机房施工管理承诺书

机房施工管理承诺书

数据中心对于机房施工管理要求如下:

施工期间驻场人员严格控制人员进出,非常驻人员(已备案)不再办理出入手续。如有特殊需求,须有运营团队相关领导审批。

施工期间驻场人员严禁将施工人员带入除施工机房外的其他机房区域。

施工人员须遵守园区相关规定,严格执行施工安全协议规定。特别明确如下:

园区内禁止吸烟,如发现吸烟行为每人每次100元罚款。

生产楼内严禁携带食品进出,如有饮食需求,前往餐厅区域。

施工用电须由运营管理部审批后方可实施,严禁私自动用电力设施。

施工人员须对机房设施做好防护,特别是机房接地排的安全,目前施工机房接地排均完好无损。如发现损坏,须每个机柜罚款50元,作为整改及配件费用。

人员进出须遵守园区门卫及前台管理规定,做好人员登记、出示证件(必须本人身份证)。

物品出入须到运营管理部开具出入证明,方可出行。否则园区有权扣押相关设备。

承诺人: 日期:

附录8：数据中心工作票(动火、有限空间、高处、吊装、临时用电、一般作业)

动火作业工作票

申请部门			编号		
动火级别			动火地点		
作业负责人		监火人		动火方式	
作业人员					
动火时间		年 月 日 时 至		年 月 日 时	
采样检测时间	年 月 日 时	年 月 日 时		年 月 日 时	
采样地点					
分析结果					
分析人					
危害识别：					

序号	主要安全措施	措施执行情况	
		是否执行	执行人签字
1	动火设备内部构件清理干净,蒸汽吹扫或水洗合格,达到用火条件		
2	断开与用火设备相连接的所有管线,加盲板( )块		
3	动火点周围(最小半径15 m)无易燃易爆或极易燃烧的物品		
4	易燃易爆罐体动火作业时应对罐内介质进行置换		
5	动火作业周边做好隔离、防护,防止火花飞溅		
6	电焊回路线应接在焊件上,地线不得与其他设备、管道搭接		
7	乙炔/液化气瓶(禁止卧放)、氧气瓶之间距离不得少于5 m,与火源间的距离不得少于10 m		
8	现场配备消防水带( )根,灭火器( )具,其他物资		
9	作业人员配备劳动防护用品情况		
10	其他(补充)安全措施		

工作票签发人	作业单位安全员签批	作业单位负责人签批	审批部门签批	安全管理部签批	公司分管领导签批
	年 月 日	年 月 日	年 月 日	年 月 日	年 月 日

工作票许可：上述安全措施已全部执行,自　年　月　日　时　许可开始工作。
作业负责人：　　　　　　　　　　　作业许可人：

工作票终结：作业人员安全撤离,现场已清理完毕,全部工作于　年　月　日　时　完结,工作票已收回。
作业负责人：　　　　　　　　　　　作业许可人：

有限空间作业工作票

作业单位						编 号		
有限空间名称						级 别		
有限空间主要介质						主要危险因素		
作业内容						作业负责人		
作业人						作业监护人		
作业时间		年 月 日 时 至 年 月 日 时						
采样分析	分析项目	硫化氢含量（mg/m³）	可燃气含量（%LEL）	氧含量（%）	一氧化碳含量（mg/m³）	取样时间	取样部位	分析人
	分析标准	≤10	10	19.5~23.5	≤30			

序号	主要安全措施	措施执行情况	
		是否执行	执行人签字
1	作业前对进入有限空间危险性进行了分析		
2	对所有与有限空间有联系的阀门、管线进行关闭		
3	设备经过置换、吹扫		
4	设备打开通风孔进行自然通风,温度适宜人作业;必要时采用强制通风或佩戴空气呼吸器。但设备内缺氧时,严禁用通氧气的方法补氧		
5	相关设备带搅拌机的应切断电源,挂"禁止合闸、有人工作"标示牌		
6	检查有限空间内部具备作业条件,清罐时应用低压电器,清理金属罐应使用防爆工具		
7	检查有限空间进出口通道,不得有阻碍人员进出的障碍物		
8	盛装过可燃有毒液体、气体的有限空间,应分析可燃、有毒有害气体含量		
9	作业人员清楚有限空间内存在的其他危险有害因素,如内部构造及附件等		
10	作业监护措施:消防器材（ ）、救生绳（ ）、气防装备（ ）、检测仪器（ ）		
11	其他补充措施		

工作票签发人	作业单位安全员签批	作业单位负责人签批	审批部门签批	安全管理签批	公司分管领导签批
	年 月 日	年 月 日	年 月 日	年 月 日	年 月 日

工作票许可:上述安全措施已全部执行,自 年 月 日 时 分许可开始工作。
作业负责人： 作业许可人：

工作票终结:作业人员安全撤离,现场已清理完毕,全部工作于 年 月 日 时 分完结,工作票已收回。
作业负责人： 作业许可人：

有限空间作业现场气体检测记录
（每 30 min 记录一次，气体检测不合格时，禁止作业）

序号	检测时间	检测人	硫化氢含量 （H₂S≤10 mg/m³）	可燃气含量 （10%LEL）	氧含量 （19.5%～23.5%）	一氧化碳含量 （CO≤30 mg/m³）
1						
2						
3						
4						
5						
6						
7						
8						
9						
10						
11						
12						
13						
14						
15						
16						
17						
18						
19						
20						

高处作业工作票

申请部门			编号	
作业地点			作业负责人	
作业高度			作业类别	
作业专业			作业人	
作业内容			监护人	
作业时间	自 年 月 日 时 分至 年 月 日 时 分			
危害识别:				

序号	高处作业安全措施	措施执行情况	
		是否执行	执行人签字
1	作业人员身体条件符合要求,无高血压、心脏病等疾病或登高易眩晕		
2	作业人员着装符合工作要求,不应穿硬底鞋		
3	作业人员佩戴合格的安全帽		
4	作业人员佩戴安全带,安全带要高挂低用		
5	作业人员携带有工具袋		
6	现场搭设的脚手架、防护网、围栏符合安全规定		
7	垂直分层作业中间有隔离设施		
8	梯子、绳子符合安全使用要求		
9	石棉瓦等轻型棚的承重梁、柱能承重负荷的要求		
10	作业人员在石棉瓦等不承重物上作业所搭设的承重板应稳定牢固		
11	高处作业有充足的照明、安装临时灯		
12	30 m 以上高处作业配备通信、联络工具		
13	补充措施:	执行人签字	

工作票签发人	作业单位主管签批	作业单位管理负责人签批	审批主管签批	安全管理负责人签批	运营部负责人签批
	年 月 日	年 月 日	年 月 日	年 月 日	年 月 日

工作票许可:上述安全措施已全部执行,自 年 月 日 时 许可开始工作。
作业负责人: 作业许可人:

工作票终结:作业人员安全撤离,现场已清理完毕,全部工作于 年 月 日 时 完结,工作票已收回。
作业负责人: 作业许可人:

吊装作业工作票（正面）

吊装地点			编号	
吊装指挥（负责人）			吊装工具名称	
起重操作人			监护人	
吊装作业辅助人员				
作业时间	自　年　月　日　时　分　至　年　月　日　时　分			
吊装内容				
起吊重物质量(t)				
危害因素识别：				
安全措施(具体事项见背面)：				
工作票签发人	作业单位安全员签批 年　月　日		作业单位负责人签批 年　月　日	
	装备部签批 年　月　日		安全管理部签批 年　月　日	
	公司分管领导签批 年　月　日			
工作票许可:安全措施已全部执行,自　年　月　日　时　分许可开始工作 作业许可人：　　　　　　　　　　　　　　　　　　　　　　　　　作业负责人：				
工作票终结:作业人员安全撤离,现场已清理完毕,全部工作于　年　月　日　时　分完结,工作票已收回。 作业负责人：　　　　　　　　　　　　　　　　　　　　　　　　　作业许可人：				

吊装作业工作票安全措施(背面)

序号	安 全 措 施	措施执行情况	
		是否执行	执行人签字
1	作业前对作业人员进行安全教育,检查相关人员资质证件和设备设施证件是否满足施工要求,且在有效期内		
2	吊装质量大于10 t的重物和土建工程主体结构或吊装物体虽不足10 t,但形状复杂、刚度小、长径比大、精密贵重,以及作业条件特殊的情况下,需编制吊装作业方案,并经作业主管部门和安全管理部门审查		
3	现场指派专人监护,坚守岗位,禁止无关人员入内		
4	作业人员已按规定佩戴防护器具和个体防护用品		
5	应事先与分厂(车间)负责人取得联系,建立联系信号		
6	在吊装现场设置安全警示标志,无关人员不许进入作业现场		
7	夜间作业要有足够的照明		
8	室外作业遇到大雪、暴雨、大雾及6级以上大风时,停止作业		
9	检查起重吊装设备、钢丝绳、缆风绳、链条、吊钩等各种机具,保证安全可靠。涉及强制检验的设备,检查其证书有效性		
10	应分工明确、坚守岗位,并按规定的联络信号,统一指挥		
11	吊装绳索、拖拉绳等避免同带电线路接触,并保持安全距离		
12	人员随同吊装重物或吊装机械升降,应采取可靠的安全措施,并经过现场指挥人员批准		
13	严禁利用管道、管架、电杆、机电设备等作吊装锚点进行吊装		
14	严禁悬吊重物下方站人、通行和工作		
15	严禁在超负荷或重物质量不明时进行吊装		
16	严禁斜拉重物,当重物埋在地下或重物坚固不牢,绳打结、绳不齐时,不准吊装		
17	严禁在棱角重物没有衬垫措施时进行吊装		
18	严禁在安全装置失灵情况下进行吊装		
19	用定型起重吊装机械(轮胎吊车、轿式吊车等)进行吊装作业,遵守该定型机械的操作规程		
20	作业过程中应先用低高度、短行程试吊		
21	作业现场出现危险品泄漏,立即停止作业,采取可能的应急措施后进行人员撤离		
22	作业完成后清理现场杂物		
23	地下通信电(光)缆、局域网络电(光)缆、排水沟的盖板、承重吊装机械的负重量已确认,保护措施已落实		
24	起吊物的质量(t)经确认,在吊装机械的承重范围		
25	在吊装高度的管线、电缆桥架已做好防护措施		
26	作业现场围栏、警戒线、警告牌、夜间警示灯已按要求设置		
27	作业高度和转臂范围内,无架空线路		
28	人员出入口和撤离安全措施已落实:A.指示牌;B.指示灯		
29	在火灾等危险生产区域内作业,机动车排气管已装防火帽		
30	作业人员已佩戴防护器具		
31	补充措施:		

临时用电作业工作票

申请作业单位			编号	
工程名称			属地单位	
施工地点			用电设备及功率	
电源接入点			电源级别	
作业负责人			电工作业人员	
临时用电时间		年 月 日 时 分至 年 月 日 时 分		

序号	主要安全措施	措施执行情况	
		是否执行	执行人签字
1	使用临时线路人员持电工作业操作证		
2	在防爆场所使用的临时电源、电气元件和线路应达到相应的防爆等级要求		
3	临时用电的单相和混用线路采用五线制		
4	临时用电线路架空高度在装置内不低于 2.5 m,道路不低于 5 m		
5	临时用电线路架空进线不得采用裸线,不得在树上或脚手架上架设		
6	暗管埋设及地下电缆线路设有"走向标志"和安全标志,电缆埋深大于 0.7 m		
7	现场临时用电配电盘、箱应有防雨措施		
8	临时用电设施安装有漏电保护器。移动工具、手持工具应一机一闸一保护		
9	用电设备、线路容量、负荷符合用电要求		
10	其他补充安全措施:		

危害因素识别:

工作票签发人	作业单位安全签批	作业单位负责人签批	审批部门签批	安全管理部签批	公司分管领导签批
	年 月 日	年 月 日	年 月 日	年 月 日	年 月 日

工作票许可:上述安全措施已全部执行,自 年 月 日 时 分许可开始工作。
作业负责人: 作业许可人:

工作票终结:作业人员安全撤离,现场已清理完毕,全部工作于 年 月 日 时 分完结,工作票已收回。
作业负责人: 作业许可人:

一般作业工作票

编号：

单位：	作业负责人：	工作内容：
参加作业人员：		
计划作业期限： 年 月 日 时 分开始 年 月 日 时 分完结		

序号	必须采取的安全措施（作业负责人填写）	措施是否执行	措施执行人签字
1			
2			
3			
4			
5			
补充措施			

工作票签发人：(安全员： 经理/副经理：) 年 月 日 时 分
上述安全措施已全部执行，自 年 月 日 时 分 许可开始工作。
　作业许可人： 作业负责人：
工作票终结：作业人员安全撤离，现场已清理完毕，全部工作于年月日时分完结。
　作业负责人： 作业许可人：

附录9：交接班记录表

交接班记录表

检查人：

交接日期			交班工程师	
交接时间			接班工程师	
检查项目	检查状态		检查记录	填写情况
工作台卫生			机房环境	
重要通知				
当班重要事项				
未完成事宜				
备注				

（当班期间如发现异常事件或潜在事件请在备注中注明）

附录 10：变更工单

基础设施运维管理－变更工单					
工单编号					
变更状态		新建【 】→ 审批【 】→ 实施【 】→ 完成【 】			
变更申请	变更类型		配置变更【 】 故障维修【 】 其他【 】		
	变更等级		一级【 】 二级【 】 三级【 】 四级【 】		
	变更申请人		申请时间	年 月 日	
	变更原因			关联工单	
	变更影响				
	变更方案	参数调整	是【 】否【 】	实施人	
		计划实施时间	年 月 日 分	计划完成时间	年 月 日 分
	申请审批	专业主管审批	批准【 】拒绝【 】	年 月 日 时 分	
		关联专业会签			
		运维经理审批	批准【 】拒绝【 】	年 月 日 时 分	
		运营管理审批	批准【 】拒绝【 】	年 月 日 时 分	
变更实施	实施情况说明				
	完成时间	年 月 日 时 分	实施结论	成功【 】失败【 】撤销【 】	
	关联文档修订	是【 】否【 】	实施人		
变更关闭	设备状态标识变更	是【 】否【 】	动环监控参数调整	是【 】否【 】	
	专业主管审核	批准【 】拒绝【 】 年 月 日 时 分			
	关联专业会签				
	运维经理审核	批准【 】拒绝【 】 年 月 日 时 分			
	运营管理审核	批准【 】拒绝【 】 年 月 日 时 分			
备注					

工单保存期限：2 年　　　　工单保存人：

附录11：维护变更工单

<table>
<tr><td colspan="5">基础设施运维管理－维护工单</td></tr>
<tr><td colspan="2">工单编号</td><td colspan="3"></td></tr>
<tr><td colspan="2">维护状态</td><td colspan="3">新建【 】→ 审批【 】→ 实施【 】→ 完成【 】</td></tr>
<tr><td rowspan="8">维护申请</td><td>维护类型</td><td colspan="3">预防性维护【 】 预测性维护【 】 供应商维护【 】</td></tr>
<tr><td>维护等级</td><td colspan="3">一级【 】 二级【 】 三级【 】 四级【 】</td></tr>
<tr><td>维护设备</td><td colspan="2"></td><td>关联文档</td></tr>
<tr><td>维护申请人</td><td colspan="2"></td><td>申请时间</td></tr>
<tr><td>维护影响</td><td colspan="3">设备不断电，不影响设备正常运行</td></tr>
<tr><td rowspan="3">维护方案</td><td colspan="3"></td></tr>
<tr><td>参数调整</td><td>是【 】否【 】</td><td>实施人</td></tr>
<tr><td>计划实施时间</td><td>年 月 日 时 分</td><td>计划完成时间　年 月 日 时 分</td></tr>
<tr><td rowspan="4">维护审批</td><td>专业主管审批</td><td colspan="3">批准【 】 拒绝【 】　年 月 日 时 分</td></tr>
<tr><td>关联专业会签</td><td colspan="3"></td></tr>
<tr><td>运维经理审批</td><td colspan="3">批准【 】 拒绝【 】　年 月 日 时 分</td></tr>
<tr><td>运营管理审批</td><td colspan="3">批准【 】 拒绝【 】　年 月 日 时 分</td></tr>
<tr><td rowspan="4">维护实施</td><td>实施情况说明</td><td colspan="3"></td></tr>
<tr><td>完成时间</td><td>年 月 日 时 分</td><td>实施结论</td><td>成功【 】失败【 】撤销【 】</td></tr>
<tr><td>关联文档修订</td><td>是【 】否【 】</td><td>实施人</td><td></td></tr>
<tr><td>设备状态标识变更</td><td>是【 】否【 】</td><td>动环监控参数调整</td><td>是【 】 否【 】</td></tr>
<tr><td rowspan="4">维护关闭</td><td>专业主管审核</td><td colspan="3">批准【 】 拒绝【 】　年 月 日 时 分</td></tr>
<tr><td>关联专业会签</td><td colspan="3"></td></tr>
<tr><td>运维经理审核</td><td colspan="3">批准【 】 拒绝【 】　年 月 日 时 分</td></tr>
<tr><td>运营管理审核</td><td colspan="3">批准【 】 拒绝【 】　年 月 日 时 分</td></tr>
<tr><td colspan="2">备注</td><td colspan="3"></td></tr>
</table>

工单保存期限：2 年　　　　　　　　　　工单保存人：

附录13：容量管理表

机房空间容量管理表								
区域	机房	设计安装机柜数量/个	已上架机柜安装数量/个	本月累计机柜新安装数量/个	机柜环比变化率/%	设计占用率及分级预警	剩余可增机柜/个	备注

机房配电容量管理表									
区域	机房	设计安装机柜数量/个	设计容量/kW	上月运行功率/kW	本月运行功率/kW	容量环比变化率/%	设计容量占用率及分级预警	系统剩余可增容量/kW	备注

机房制冷容量管理表										
区域	设备制冷量/kW	设计冷负荷/kW	环境负荷/kW		上月冷负荷/kW	本月冷负荷/kW	容量环比变化率/%	设计容量占用率及分级预警	系统剩余冷负荷/kW	备注
			机房面积/m²	结构热负荷						

附录 12：关键设备全生命周期管理规划表

关键设备全生命周期管理规划表									
序号	专业	系统/设备	投用年份	设备/组件	电信要求	规划使用年限	规划年份	规划内容	备注
1									
2									
3									
4									
5									
6									
7									
8									
9									
10									

附录14：设备状态配置表(SCP)

<table>
<tr><td colspan="13">设备状态配置表(SCP)－配电柜</td></tr>
<tr><td rowspan="2">序号</td><td rowspan="2">位置</td><td rowspan="2">设备名称</td><td rowspan="2">设备编号</td><td rowspan="2">生产日期</td><td rowspan="2">功能分类</td><td rowspan="2">开关类别</td><td rowspan="2">路由</td><td colspan="6">开关设备状态配置信息</td><td rowspan="2">负荷电流/A</td></tr>
<tr><td>状态</td><td>额定值/A</td><td>整定值/A</td><td>过负荷/A</td><td>过流/A</td><td>速断/A</td></tr>
<tr><td>1</td><td></td><td></td><td></td><td></td><td></td><td></td><td></td><td></td><td></td><td></td><td></td><td></td><td></td></tr>
<tr><td>2</td><td></td><td></td><td></td><td></td><td></td><td></td><td></td><td></td><td></td><td></td><td></td><td></td><td></td></tr>
<tr><td>3</td><td></td><td></td><td></td><td></td><td></td><td></td><td></td><td></td><td></td><td></td><td></td><td></td><td></td></tr>
</table>

<table>
<tr><td colspan="14">设备状态配置表(SCP)-UPS</td></tr>
<tr><td rowspan="2">序号</td><td rowspan="2">位置</td><td rowspan="2">设备名称</td><td rowspan="2">设备编号</td><td rowspan="2">生产日期</td><td rowspan="2">设备容量/KVA</td><td rowspan="2">归属系统</td><td rowspan="2">并机系统冗余方式</td><td rowspan="2">蓄电池组数</td><td rowspan="2">单组蓄电池数量</td><td rowspan="2">蓄电池容量/AH</td><td colspan="2">标准配置</td><td rowspan="2">负荷电流/A</td></tr>
<tr><td>内置输出电压/V</td><td>运行状态</td></tr>
</table>

（注：UPS表标准配置下含：内置输出电压/V、运行状态、运行模式、均充电压/V、浮充电压/V）

附录15：值机记录表

数据中心运行值机记录表

日期时间： 年 月 日 时至 年 月 日 时 班次：(白天□/夜晚□)					
值班人：					
视频监控系统	设备在线	正常 □ 异常 □	环境动力监控系统	报警功能	正常 □ 异常 □
	图像显示	正常 □ 异常 □		通讯状态	正常 □ 异常 □
	录像回放	正常 □ 异常 □			
日常值班情况记录					
专项事宜、通知及跟进记录					
物品交接	对讲机2台□、钥匙串2串□、手电1把□、头灯1个□、温湿度仪1台□、地板吸1个□、点温枪1个□、工具包1套□、板夹6个□、电话1部□				
接班人签字			审阅		
备注：各班次交接时仔细检查各系统运行情况，并清点物品确认，经签字后对值班记录情况负责					

附录 16：年度维护计划表

数据中心年度维护计划表					
序号	系统分类	设备名称	维护单位	计划时间	备注
1	供配电系统	工业连接器温度贴			
2		柴油发电机系统			
3		蓄电池			
4		变频器			
5		高压配电柜			
6		低压配电柜			
7		EPS			
8		列头柜			
9		48 V 直流			
10		动力配电箱			
11		UPS 系统			
12		机房 PDU			
13		机房照度			
14	暖通系统	辅助设备装置			
15		加药装置			
16		三层精密空调			
17		三层加湿器			
18		列间空调及主机			
19		水箱			
20		漏水绳			
21		排水系统			
22		一层精密空调			
23		一层加湿器			
24		蓄冷罐			
25		板换			
26		水(管)路系统			
27		二层精密空调			
28		二层加湿器			

续 表

序号	系统分类	设备名称	维护单位	计划时间	备注
29	暖通系统	新风机组			
30		集水井潜水泵			
31		冷却塔			
32		冷水机组			
33		水泵			
34		VRV 系统			
35		电伴热			
36		水源热泵机组			
37	弱电系统	动力环境监控			
38		视频监控系统			
39		门禁系统			
40		电力监控			
41		BA 系统			
42	消防系统	消防水系统			
43		气灭系统			
44		送、排风系统			
45		应急、疏散指示灯			
46		火灾报警联动系统			
47		消防维保			
48		防雷检测			
49	供配电系统	柴发系统			
50		UPS 系统			
51	空调暖通系统	加药装置			
52		冷机系统			
53		冷机冷凝器			
54		冷机安全阀			
55		板换			
56		冷却塔填料			

附录 17：巡检表

数据中心机房巡检表		主管审核：				
××模块机房			日期：		巡检人	
机房\项目	温度(℃)/湿度(%)	异响/异味	天花翻板	列头柜运行状态	异常人员	清洁
	11:00	11:00	11:00	11:00	11:00	11:00

备注：

填表说明：
1. 温湿度：巡检时需关注机房温湿度挂表数值，机房环境温湿度范围值：温度≤37℃，湿度30%～70%属正常范围。如发现异常，及时上报主管。
2. 异响：机房内无异常报警声（含服务器、列头柜等）无异常气味，如有异常需记录并将详细信息及时上报主管。
3. 检查冷通道天花翻板是否正常。
4. 列头柜运行状态：检查列头柜运行状态指示灯是否正常/有无异常报警。分合闸状态与标识是否一致。如发现异常及时通知基础运维组人员。
5. 异常人员：检查机房内人员是否佩戴机房登记出入证。如发现人员未佩戴出入证，需进行人员信息核查，确认此人是否具备进入机房的权限，并要求其佩戴出入证。
6. 清洁：检查机房内有无闲杂物品堆放，防止机房发生火灾，及时通知相关人员进行清理。
7. 需注：正常"√"，异常"×"。严格按照巡检路线和规定时间进行巡检。